Il concetto di materia

AF621867

Florestano Evangelisti

Il concetto di materia

Dal mondo antico al mondo dei quanti

Springer

Florestano Evangelisti
Università degli Studi Roma TRE
Roma, Italy

ISBN 978-3-031-83564-3 ISBN 978-3-031-83565-0 (eBook)
https://doi.org/10.1007/978-3-031-83565-0

Translation from the English language edition: "The Concept of Matter" by Florestano Evangelisti, © The Author(s), under exclusive license to Springer Nature Switzerland AG 2023. Published by Springer Nature Switzerland. All Rights Reserved.
© The Editor(s) (if applicable) and The Author(s), under exclusive license to Springer Nature Switzerland AG 2025

This work is subject to copyright. All rights are solely and exclusively licensed by the Publisher, whether the whole or part of the material is concerned, specifically the rights of translation, reprinting, reuse of illustrations, recitation, broadcasting, reproduction on microfilms or in any other physical way, and transmission or information storage and retrieval, electronic adaptation, computer software, or by similar or dissimilar methodology now known or hereafter developed.
The use of general descriptive names, registered names, trademarks, service marks, etc. in this publication does not imply, even in the absence of a specific statement, that such names are exempt from the relevant protective laws and regulations and therefore free for general use.
The publisher, the authors and the editors are safe to assume that the advice and information in this book are believed to be true and accurate at the date of publication. Neither the publisher nor the authors or the editors give a warranty, expressed or implied, with respect to the material contained herein or for any errors or omissions that may have been made. The publisher remains neutral with regard to jurisdictional claims in published maps and institutional affiliations.

This Springer imprint is published by the registered company Springer Nature Switzerland AG
The registered company address is: Gewerbestrasse 11, 6330 Cham, Switzerland

If disposing of this product, please recycle the paper.

A Fulvia e Fabrizia

Indice

Parte II Materia nel Mondo dei Quanti

Capitolo 1
Introduzione

In questo libro si intende illustrare il lungo cammino che ha portato all'odierna concezione della *materia*, la cui determinazione rappresenta uno dei maggiori successi della ricerca scientifica. Oggi, grazie alla meccanica quantistica e ai progressi della fisica e della chimica, abbiamo una conoscenza precisa della struttura e delle proprietà della materia, conoscenza che, come è noto, si può riassumere succintamente nel seguente modo: la materia è costituita da atomi e molecole; gli atomi sono strutture complesse costituite da un nucleo centrale e da elettroni che lo circondano; a loro volta i nuclei sono strutture complesse costituite da particelle fondamentali denominate quark; l'enorme numero di differenti sostanze materiali che conosciamo sono aggregati, più o meno complessi di atomi; le proprietà fisiche e chimiche della materia su scala microscopica ubbidiscono alle leggi della *meccanica quantistica*.

L'odierna concezione della materia è stata messa a punto in tempi relativamente recenti, pur essendo la risposta a domande molto antiche, molte delle quali erano state poste contestualmente al sorgere della riflessione filosofica nella Grecia antica. Il lungo cammino, che ha portato all'acquisizione di questa conoscenza, è cominciato contestualmente con il sorgere della civiltà e può essere diviso in due fasi. Una prima fase, terminata alla fine del XIX secolo, che ha visto lo sviluppo della concezione della materia basata sulla fisica e sulla chimica classiche; una seconda fase che ha visto la costruzione della meccanica quantistica e l'elaborazione dell'attuale concezione della materia su scala atomica e nucleare.

Questa narrazione comincia con l'illustrazione dell'eredità dell'antichità, riscoperta e fatta propria dalla cultura occidentale nel tardo Medioevo e nel Rinascimento. La parte più rilevante di questa eredità è costituita dal sistema aristotelico. Aristotele aveva costruito un grande corpo di teorie, all'interno delle quali aveva cercava di spiegare la natura in un modo più dettagliato di quanto tentato da ognuno dei suoi predecessori. Col tempo questa descrizione della natura e della materia è divenuta il canone accettato da filosofi ed eruditi e ha dominato il pensiero colto fino alla rivoluzione scientifica del XVI e XVII secolo.

Per quanto riguarda la materia, c'è un secondo filone di conoscenze, nato e trasmesso al di fuori del sapere ufficiale, che comprende l'insieme di nozioni e pratiche

© The Author(s), under exclusive license to Springer Nature Switzerland AG 2025
F. Evangelisti, *Il concetto di materia*, https://doi.org/10.1007/978-3-031-83565-0_1

empiriche acquisite da coloro che lavoravano metalli, fabbricavano oggetti ceramici, tingevano tessuti, lavoravano pelli, confezionavano monili e gioielli. Tutte queste attività necessitavano di un'appropriata competenza tecnica e hanno richiesto una sperimentazione che, lentamente, ha fatto nascere la consapevolezza dell'esistenza di sostanze ben definite, dotate di proprietà caratteristiche. Da questa consapevolezza si è evoluto il moderno concetto di *sostanza chimica*. Ulteriori conoscenze empiriche erano contenute nelle pratiche di laboratorio e nelle ricette di manipolazione delle sostanze descritte nei testi di alchimia, che costituivano la parte credibile di questi scritti. Quest'ultimo bagaglio di conoscenze si è considerevolmente accresciuto nel suo passaggio attraverso il mondo arabo. La ricerca storica ha di recente messo in evidenza come esso abbia avuto un ruolo importante nell'evoluzione delle concezioni della materia nei secoli.

Come è ben noto, nel XVI secolo, in concomitanza con l'avvio della rivoluzione scientifica, è iniziato un processo di analisi critica delle conoscenze trasmesse dall'antichità. Per quanto riguarda la materia, questo cambiamento culturale ha causato una lenta ma continua evoluzione verso procedure più rigorose nell'analisi e manipolazione delle sostanze e una maggior attenzione agli aspetti quantitativi delle reazioni, alla riproducibilità dei risultati e alla comprensione e alla spiegazione degli esperimenti. E' iniziato, inoltre, un progressivo abbattimento delle barriere tra il sapere erudito e le conoscenze degli artigiani, che nel mondo antico e nel mondo medioevale avevano separato le arti meccaniche dalle arti liberali. Grazie alla riscoperta della teoria atomistica di Democrito, si è diffusa la consapevolezza di come potesse esserci una spiegazione della natura antitetica a quella aristotelica, spiegazione in cui i fenomeni macroscopici e le proprietà dei corpi dipendevano dalle caratteristiche e dalle aggregazioni di corpuscoli microscopici. In questo contesto è ritornato attuale l'antico dibattito sulla divisibilità delle sostanze e sulla possibilità del *vuoto*, e la contrapposizione tra materia continua e materia discreta. Una problematica che era stato al centro della speculazione filosofica fin dai tempi dall'antica Grecia.

Nel Settecento si ha il definitivo passaggio da concezioni della materia ancora legate al vecchio retaggio classico a teorie e visioni in linea con i cambiamenti apportati dalla rivoluzione scientifica. Le proprietà delle sostanze vengono sempre più distinte in proprietà di tipo *fisico* e proprietà di tipo *chimico*, studiate con tecniche di indagine differenti. Le nuove prassi metodologiche portano a scoperte ed a elaborazioni teoriche che rappresentano progressi fondamentali verso la moderna concezione della materia: si scopre che la materia si conserva nelle trasformazioni e nelle reazioni chimiche; si acquista consapevolezza che le sostanze hanno composizioni ben definite e costanti; si comincia a distinguere tra sostanze semplici, gli *elementi chimici*, e sostanze composte.

Nell'Ottocento si ha l'affermazione definitiva della moderna visione di una materia composta da un numero preciso di sostanze elementari, gli *elementi chimici*, dotati di proprietà fisiche e chimiche peculiari e la cui combinazione dà luogo alle differenti sostanze. Epitome di questo rilevante successo della ricerca scientifica sono la *Legge della periodicità degli elementi* e la *Tavola periodica*, elaborata quasi simultaneamente e indipendentemente da Dmitrij Ivanovich Mendeleev e da Julius Lothar Meyer. In concomitanza con la definizione e la scoperta degli *elementi chimici* si ha il rilancio del moderno atomismo, che, per la prima volta, introduce parametri quantitativi, soggetti a verifiche sperimentali, nella spiegazione della fenomenologia delle sostanze. La teoria atomistica viene elaborata in modo che sia rispondente alle problematiche di maggiore attualità, riguardanti la definizione di *elemento chimico*, la formazione dei composti, i pesi equivalenti e le proporzioni di combinazione.

L'Ottocento si chiude con la scoperta degli *elettroni* e con la dimostrazione finale di come la materia sia costituita da *atomi*, al cui interno esistono cariche elettriche positive e negative che si bilanciano. Contestualmente, però, le ricerche hanno degli sviluppi del tutto imprevisti e di grande rilevanza per la scienza: si trova che, per spiegare le proprietà della materia su scala microscopica, è necessario *rifondare la fisica*. Agli inizi del Novecento la narrazione dell'evoluzione della concezione della materia diventa anche la narrazione dello sviluppo della nuova *meccanica quantistica*. All'origine di questa trasformazione ci sono le numerose osservazioni di effetti fisici e chimici, che non si riescono a spiegare utilizzando le teorie esistenti, e le crescenti evidenze che per spiegarli è necessario introdurre un concetto rivoluzionario: su scala microscopica le grandezze fisiche (energia, quantità di moto, momento angolare, ecc.) sono *quantizzate*, ossia possono assumere solo valori multipli di un valore minimo caratteristico.

Il concetto di *quantizzazione* fa il suo ingresso nel mondo della fisica alla fine dell'anno 1900 grazie al fisico tedesco Max Planck, che mostra come lo spettro della radiazione emessa dal *corpo nero* possa essere spiegato se si assume che l'*energia* sia quantizzata. La credibilità dell'ipotesi di *quantizzazione* si rafforza nel 1905, quando Albert Einstein la estende alla radiazione elettromagnetica, introducendo il concetto di *fotone*. Ma è con la teoria di Niels Bohr dell'*atomo* di *idrogeno* (e la sua generalizzazione da parte di Arnold Sommerfeld) che comincia a prendere corpo una nuova meccanica basata sugli assiomi di *quantizzazione*.

Alla fine degli anni Venti, grazie ad una generazione di fisici geniali (Heisenberg, Schroedinger, Dirac, ...) le basi di questa nuova meccanica, la *meccanica quantistica non relativistica*, sono essenzialmente poste. Nel processo si è scoperto che la materia su scala microscopica gode di proprietà peculiari, puramente *quantomeccaniche*: la *dualità onda-particella*, lo *spin* dell'elettrone, l'*interazione di scambio*, il *principio di esclusione*, il *principio di indeterminazione*.

Con l'avvento della nuova teoria quantistica viene sostanzialmente risolto il problema della struttura degli atomi ed inizia il processo di comprensione delle proprietà fisiche e chimiche delle strutture più complesse (molecole, metalli, semiconduttori, ...). Questo filone di ricerche ha costituito la base dello sviluppo dell'attuale società tecnologica.

In parallelo con le ricerche di fisica atomica, nei primi decenni del Novecento, stimolati dalla dimostrazione dell'esistenza dei nuclei atomici da parte di Rutherford, si sono anche intensificati gli studi dei fenomeni nucleari. Queste ricerche hanno portato a una serie di scoperte, sia sperimentali che teoriche (l'esistenza degli *isotopi*, l'esistenza di *protoni e neutroni*, lo *spin nucleare*, la possibilità di innescare *reazioni nucleari*), che hanno rapidamente fatto crescere l'interesse e l'importanza delle indagini sulla materia nucleare e sulle *particelle elementari*. Nei primi anni Cinquanta si hanno le prime avvisaglie di come la materia nucleare nasconda una realtà ben più complessa di quanto si fosse ritenuto fino ad allora. Le prime evidenze sono fornite dalla scoperta di nuove *particelle* difficili da inquadrare negli schemi correnti e dal loro numero, che tende a moltiplicarsi con l'entrata in funzione dei primi moderni acceleratori, che permettono di produrle e studiarle in laboratorio.

Prende corpo l'idea che di questa pletora di nuove particelle solo alcune siano realmente *elementari* (*fondamentali*), mentre la maggior parte siano sistemi composti da poche *particelle fondamentali*. Che questa possa essere la realtà diventa credibile nel 1964, quando Murray Gell-Mann e George Zweig mostrano come le *particelle* allora conosciute possano essere classificate come combinazioni di tre costituenti fondamentali, battezzati *quark*. Come il modello di Bohr del 1913 ha svolto un ruolo chiave nella comprensione della struttura degli atomi, così il modello a quark rappresenta un passo fondamentale verso la determinazione della struttura della materia subatomica e la comprensione delle interazioni a cui è soggetta. Segue un ventennio di intensa attività di ricerca, sia teorica che sperimentale, volta a provare la veridicità del modello a quark e a fare luce sulla natura delle interazioni a cui le particelle fondamentali sono soggette. Queste ricerche portano alla costruzione di uno schema teorico coerente, denominato Modello Standard, che rappresenta la presente concezione della materia sulla scala subatomica.

Questo appena delineato è il percorso della concezione della materia che si è voluto illustrare in questo libro. L'obiettivo principale è di fornire una descrizione dei concetti di fisica e di chimica sviluppati nel tempo per interpretare i fatti osservati, mantenendo questa descrizione ad un livello accessibile ai possessori di conoscenze elementari di fisica e chimica. Per chiarire alcuni temi importanti, senza appesantire eccessivamente il testo, si è scelto di compilare alcune Appendici di approfondimento.

Il libro è diviso in due parti. La prima parte espone le concezioni della materia, basate sui concetti della scienza *classica* (*non quantistica*), oggetto di dibattito dalle origini alla fine del XIX secolo, La seconda illustra le tappe che hanno portato all'attuale concezione quantistica della materia.

Parte I
Materia nel Mondo Classico

Capitolo 2
Il Retaggio dell'Antichità

Quando nel XVI e XVII secolo, in concomitanza con l'avvio della Rivoluzione Scientifica, è cominciato il cammino che ha portato alla moderna concezione della *materia*, i primi problemi che si sono posti erano legati alla verifica della validità del bagaglio culturale ereditato dal passato. Questo bagaglio culturale si basava su idee, conoscenze empiriche e credenze riguardanti la *materia* che risalivano, per la massima parte, al mondo antico e che erano il risultato di indagini e di elaborazioni, che possono essere sommariamente raggruppate in tre filoni. Il primo filone, che potremmo definire della "tradizione dotta", comprendeva le teorie sulla *materia* contenute all'interno dei sistemi filosofici dell'Antichità ed era nato contestualmente alla riflessione filosofica. Il secondo filone, il più antico, era quello delle conoscenze empiriche e tecniche degli artigiani ed era sorto insieme alla civiltà. Il terzo filone, il più recente dei tre, comprendeva le descrizioni, basate su esperienze reali, delle pratiche di laboratorio e delle ricette di manipolazione delle sostanze, che costituivano la parte concreta e credibile dei testi di *alchimia*, al di là dell'insieme di fantasie, astrusità e superstizioni ivi contenute.

2.1 La Materia nella Tradizione Filosofica Antica

I Greci sono stati i primi a riflettere in modo esteso sulla natura della *materia* e hanno lasciato una vasta letteratura sulle loro speculazioni. Si può affermare che la riflessione sull'*essere* del mondo, di cui la *materia* è una parte rilevante, e sul *divenire* del mondo, di cui la trasformazione dei corpi e delle sostanze è una manifestazione essenziale, sia intrinsecamente legata alla nascita delle prime scuole di filosofia nella Grecia antica. Nel mondo greco la riflessione sulla natura della *materia* non è mai disgiunta e rimane parte integrante di una problematica più ampia, che riguarda l'origine e la struttura del mondo, la creazione e il senso della vita, il divenire delle sostanze animali e vegetali. Solo con l'avvento della rivoluzione scientifica, nel XVI e XVII secolo, le problematiche specifiche sulla struttura della *materia* cominceranno a diventare autonome e ad acquistare dignità propria.

© The Author(s), under exclusive license to Springer Nature Switzerland AG 2025

F. Evangelisti, *Il concetto di materia*, https://doi.org/10.1007/978-3-031-83565-0_2

2.1.1 La Materia dei Presocratici

La nascita del pensiero filosofico si fa tradizionalmente risalire a Talete (circa 640–546 a. C.), proprio perché il suo pensiero si presenta come il primo che si sia focalizzato chiaramente sul problema della natura del mondo e ne abbia identificato l'essenza non con un'entità divina ma con un elemento fisico. Talete è stato il primo a chiedersi se le cose che ci circondano possano essere manifestazioni di una singola realtà, che si presenta sotto aspetti differenti, una domanda che, in varie forme, è stata al centro delle speculazioni dei filosofi greci per generazioni. Per Talete la risposta è positiva: egli credeva nell'esistenza di una *sostanza primaria*, l'*archè*, principio e origine di tutte le cose, che rimaneva sé stessa dietro tutte le apparenti trasformazioni. Per Talete l'*archè* era l'*acqua*. Aristotele nel primo libro della *Metafisica* dichiara che Talete aveva scelto l'*acqua* come *archè* basandosi sull'osservazione del ruolo dell'*umido* nei fenomeni vitali. L'*acqua* di Talete era un'essenza mobile, cangiante, fluttuante, soggetta a un ciclo di esistenza per cui passava dal cielo e dall'aria alla terra, da qui ai corpi vegetali e animali e di nuovo all'aria e al cielo [1]. L'*acqua* è normalmente liquida, ma diventa vapore quando viene riscaldata e si trasforma in ghiaccio quando viene raffreddata, per cui la stessa sostanza si manifesta in tutti e tre gli stati della materia (solido, liquido e gassoso). L'aspetto più importante della riflessione di Talete è che egli ha cercato di rispondere alla domanda di quale sia la natura della realtà dietro i fenomeni che osserviamo, una domanda che ha caratterizzato l'inizio della filosofia greca ed è un tratto distintivo della Scuola Ionica [2].

Talete è stato il primo dei tre filosofi di Mileto che hanno fatto parte della Scuola Ionica e sono considerati i primi filosofi della natura. Aristotele si riferisce a loro con il termine *physikoi* (*fisici*), dal termine greco *physis*, che significa *natura* nel senso più generale, e li ha opposti ai precedenti *theologoi* (*teologi*), in quanto erano stati i primi che avevano tentato di spiegare i fenomeni della natura in termini puramente fisici invece di fare ricorso al mito e al supernaturale.

Il secondo filosofo della Scuola Ionica è stato Anassimandro (circa 610–545 a. C.), un allievo di Talete, che ha generalizzato ulteriormente il concetto di *sostanza primaria*. Anassimandro riteneva che l'*acqua* di Talete non potesse essere l'*archè*, poiché essa già possiede forma e qualità specifiche, mentre la *sostanza primaria* deve essere indifferenziata e indeterminata. Egli ha chiamato *apeiron* questa sostanza. L'*apeiron* non era limitato o definito da proprietà specifiche ma era illimitato spazialmente, temporalmente infinito e indeterminato dal punto di vista delle qualità. Dall'*apeiron* scaturiscono gli esseri e le cose che danno forma alla realtà che osserviamo e all'*apeiron* essi ritornano secondo una legge di necessità. Per Anassimandro questa *sostanza primaria* ha dato origine ai molti mondi che sono esistiti in ogni epoca e che sono apparsi e scomparsi nel tempo come *bolle* nell'*apeiron*. Questi mondi emergono dall'*apeiron* come risultato dell'azione di due qualità opposte, il *caldo* e il *freddo*. Con questa concezione Anassimandro ha introdotto l'idea degli *opposti* come meccanismo fondante nella spiegazione cosmologica del mondo, un concetto caratteristico della scienza primitiva che sarebbe rimasto alla base della successiva fisica greca [3].

Il terzo filosofo della Scuola Ionica è Anassimene (circa 560–500 a. C.), un allievo di Anassimandro. Anche Anassimene riteneva che l'unica spiegazione concepibile per la realtà fisica fosse che *tutte le cose derivano da una e ritornano in una*. Questa *sostanza primaria* è stata da lui identificata con lo *pneuma* (*aria, respiro*). Lo *pneuma* è una nebbia o un vapore più o meno sottile, che non differisce molto, per grado di indeterminatezza, dall'*apeiron* di Anassimandro. Esso è concepito in un perenne movimento, che dà luogo a *condensazione* e *rarefazione* ed è la causa del cambiamento [4]. Secondo Simplicio, filosofo del sesto secolo d. C., Anassimene sosteneva che [2]:

> lo pneuma differisce in rarefazione e densità secondo le varie sostanze. Rarefatto esso diventa fuoco, condensato diventa dapprima vento e poi nuvola, condensato ulteriormente diventa acqua, quindi terra e pietra. Ogni altra cosa è fatta da queste sostanze.

Sotto la spinta degli opposti processi di *condensazione* e *rarefazione*, a cui lo *pneuma* è soggetto, queste trasformazioni avvengono continuamente in entrambe le direzioni. Tradotto nel linguaggio moderno, Anassimene ha invocato le mutue conversioni tra gli stati della materia (gas, liquido e solido), che sono apparenti nella vita quotidiana, per spiegare l'evoluzione dell'intero sistema della natura [3]. Pertanto, oltre a identificare l'*archè*, egli ha anche cercato di descrivere i fenomeni naturali attraverso cui la *sostanza primaria* assume una forma o un'altra, compiendo in questo modo un ulteriore passo verso lo sviluppo del pensiero scientifico. Simplicio nota che Anassimene ha anche postulato l'esistenza del *moto eterno, che è la causa del cambiamento*.

Per concludere, la speculazione dei primi tre filosofi ionici ha prevalentemente riguardato il problema della *natura* e dell'origine della *materia* e delle *sostanze* e ha integrato in una visione naturalistica le considerazioni sull'uomo e sull'universo. Essa ha costruito uno schema generale secondo cui la diversità e il cambiamento sono dovute ad alterazioni di un substrato primitivo e indefinito, che può assumere forme diverse per effetto di forze antagoniste. Questo schema resterà alla base delle spiegazioni della *natura* e delle concezioni della *materia* anche nella speculazione filosofica posteriore, quando gli interessi primari si sposteranno verso altri settori del sapere (logica, etica, politica, esistenza del divino).

Fra gli altri filosofi presocratici quelli nella cui dottrina la riflessione sulla *natura* e sulla *materia* ha svolto un ruolo centrale sono Empedocle di Agrigento (circa 490–432 a. C.), Anassagora di Clazomene (circa 499–428 a. C.) e Leucippo di Mileto (vissuto probabilmente tra l'inizio e la seconda metà del V secolo a. C.), fondatore dell'*atomismo*.

Anche Empedocle cerca di spiegare la pluralità degli esseri e il divenire delle cose mantenendo una realtà di fondo eterna e indistruttibile.[1] La sua soluzione consiste nel trasferire i caratteri di eternità e indistruttibilità ad alcuni *elementi pri-*

[1] All'inizio del V secolo Parmenide, fondatore della Scuola Eleatica, aveva sostenuto con forza che la molteplicità e i mutamenti del mondo fisico sono illusori e che la realtà è l'*essere*, immutabile, ingenerato, immortale, omogeneo e immobile.

mordiali. Secondo Aristotele, Empedocle è stato il primo a sostenere che ci sono quattro *sostanze fondamentali* o *elementi primitivi* (*terra*, *aria*, *acqua* e *fuoco*), da lui definiti le *radici* di ogni cosa, affermando che *da essi sono sorte tutte le cose che furono, sono e saranno* [2]. I quattro *elementi primitivi* sono eterni e sempre identici a sé stessi, ma si mescolano a formare le altre sostanze, che sono sostanze composte. Chiaramente i tre elementi *terra, acqua e aria* corrispondono agli stati solido, liquido e gassoso della materia, mentre al *fuoco* Empedocle assegna un posto speciale nel mondo, definendolo una *sostanza eterea* che, per la sua leggerezza, può essere la sostanza di cui sono composti i corpi celesti [3].

Per spiegare il *divenire* del mondo e delle cose Empedocle ha inoltre assunto l'esistenza di due ulteriori *componenti (forze)* della natura: l'*amore* e la *discordia*. Sotto l'influenza di queste due *forze* i quattro *elementi* si mescolano e si separano, con l'*amore* che li spinge verso l'unione e la *discordia* che cerca di separarli, producendo una realtà soggetta a continui cambiamenti alterni. Compare qui per la prima volta il concetto dell'esistenza di *forze*, distinte dalla *materia*, come causa fisica dei fenomeni della natura. Empedocle ha concepito il cosmo come uno stato di equilibrio dinamico tra forze opposte, con il cambiamento che si origina quando una di esse prende il sopravvento. Egli ha chiaramente enunciato per la prima volta la teoria dei *quattro elementi*, destinata a dominare la concezione della *materia* nell'antichità e nel medioevo, fino alla soglia del mondo moderno. Infatti, ripresa e approfondita da Aristotele, questa teoria è durata più di duemila anni ed è stata una delle teorie più longeve della storia della scienza.

L'altro filosofo, il cui pensiero si riconnette al naturalismo degli ionici e ha come obiettivo dominante la spiegazione del divenire dei fenomeni, è Anassagora di Clazomene (circa 499–428 a. C.). Per Anassagora la realtà ultima è costituita da un numero infinito di corpuscoli minuscoli da lui chiamate *semi*, increati e indistruttibili. I cambiamenti e il divenire delle cose derivano dal loro continuo mescolamento e separazione. Va, tuttavia, tenuto presente che non abbiamo a che fare con una *teoria atomistica* e che questi *semi* differiscono in modo basilare dagli *atomi* della teoria del suo contemporaneo Leucippo (vedi paragrafo successivo). Mentre il concetto di *atomo* implica un limite alla divisibilità della *materia* e l'esistenza del *vuoto*, Anassagora postula una *divisibilità* indefinita delle parti di cui consta qualunque composto e rigetta l'esistenza del *vuoto*. Inoltre, per Anassagora la composizione resta la stessa, per quanto lontano si spinga la divisione dei corpi, e non si troveranno mai elementi semplici. Infine, ciascun *seme* contiene porzioni estremamente piccole di tutto quello che esiste nel mondo visibile e i *semi* differiscono tra loro per le differenti proporzioni dei contenuti. I *semi* sono tuttavia caratterizzati dalla *materia* dominante al loro interno: i *semi* della carne hanno un contenuto dominante di carne, quelli dell'osso un contenuto dominante di osso, e così via. I *semi* simili tendono ad attrarsi tra loro, formando in questo modo le sostanze su scala macroscopica: la carne risulta dall'aggregarsi dei *semi* di carne, un osso da quelli di osso, etc. Per spiegare il divenire del mondo e la continua comparsa e scomparsa delle cose, Anassagora introduce una intelligenza regolatrice, il *nous*, che ha il compito di ordinare, comprendere e controllare la realtà. Il *nous* è l'*intelligenza del mondo*, separato dalla realtà che controlla, ma non crea.

2.1.2 L'Atomismo

Nell'ambito dei sistemi filosofici che si sogliono definire presocratici, l'*atomismo* è quello che, insieme alla filosofia di Aristotele, ha avuto maggiore influenza sull'evoluzione del concetto di *materia* nel pensiero filosofico e scientifico. Esso già conteneva in modo embrionale alcuni dei concetti successivamente utilizzati e sviluppati nella concezione moderna. La *teoria atomistica* è stata formulata da Leucippo di Mileto (vissuto probabilmente tra l'inizio e la seconda metà del V secolo a. C.) e dal suo allievo Democrito di Abdera (circa 460–370 a. C.), è stata ripresa con qualche modifica da Epicuro (342–270 a. C.) ed è stata divulgata nel mondo romano dal poeta e filosofo Tito Lucrezio Caro (94–55 a. C.). Essa è stata in forte contrasto con la visione del mondo delle altre scuole filosofiche greche.

Leucippo e Democrito sostenevano che l'universo è uno spazio *vuoto*, che si estende all'infinito, occupato da particelle indivisibili, da essi chiamate *atomi*, dal termine greco *atomos* (*indivisibile*). Il *vuoto* è definito come ciò che *non è* ed è considerato una realtà primaria quanto gli *atomi*. L'ammissione del *vuoto* è un fatto eccezionale nel pensiero filosofico antico. Infatti, per la maggioranza dei filosofi greci l'universo era quello del senso comune, ossia un universo *pieno* [5]. Gli *atomi* sono indistruttibili, il loro numero è infinito, sono tutti fatti della stessa materia e differiscono l'uno dall'altro solo per forma, dimensione e posizionamento. Come gli *atomi* sono eterni e increati, così lo è anche il loro movimento, che è uno *status naturale* degli *atomi*, che non necessita di spiegazione.

Secondo gli atomisti, le qualità che distinguiamo nelle cose sono prodotte dagli urti e dal diverso ordinarsi degli *atomi*. Due aggregati di *atomi*, due "oggetti", possono differire per la grandezza, per la forma e per il numero degli *atomi* che li compongono, ma anche per la disposizione degli *atomi* all'interno dell'aggregato. Gli urti tra *atomi* sono quindi all'origine del mondo, o meglio, degli infiniti mondi che popolano lo spazio *vuoto*. La *terra* è nata dall'istaurarsi di moti vorticosi che hanno trascinato gli *atomi* più pesanti verso il centro, dove essi si sono legati tra loro e dove non si possono più muovere se non facendo piccole oscillazioni. Nel moto vorticoso, gli *atomi* dell'*acqua*, dell'*aria* e del *fuoco*, più leggeri, sono stati spinti al di fuori della *terra*, dove essi ruotano in grandi vortici. Alcuni *atomi* sono stati scagliati lontano nello spazio, accesi dalla frizione tra vortici, e hanno formato i corpi celesti. Poiché gli *atomi* sono infiniti come infinito è lo spazio, ci sono infiniti mondi simili alla *terra*, dei quali alcuni stanno morendo e alcuni stanno nascendo [6]. Poiché ogni cosa è costituita da *atomi* eterni e immutabili, ne consegue che ogni nascere e perire non è altro che una diversa combinazione di *atomi*. Noi stessi non siamo che aggregati temporanei di *atomi*, che ben presto si separeranno per entrare a far parte della sostanza di altri esseri o cose. Nel corso del tempo forse ci ricostituiremo, semmai accada che i nostri *atomi* tornino a riconnettersi fra loro. In questo dissolversi e riaggregarsi di *atomi* la storia si ripete all'infinito.

Nella teoria di Democrito c'è anche il tentativo di spiegare il meccanismo della percezione che noi abbiamo del mondo sensibile. Sulla base di ipotesi già espresse da Empedocle, egli ipotizza che ogni percezione sensibile sia dovuta al contatto con flussi di *atomi* [7]. La percezione visiva di un corpo, per esempio, è dovuta ad un flusso di *atomi* che, partendo da quel corpo, giunge a colpire l'occhio. Ciò che esiste è soltanto questo urto delle particelle, mentre il colore non è che un effetto secondario dell'urto sull'organo sensoriale. Altrettanto può venir ripetuto per il gusto, il tatto e l'olfatto. Quanto alla percezione dei suoni, essa sarebbe provocata dalle vibrazioni dell'aria interposta tra la sorgente sonora e l'orecchio.

La *teoria atomistica* era una costruzione sofisticata, fornita di una evidente modernità, e destinata ad avere un'importante influenza sugli sviluppi del pensiero scientifico nell'era moderna. Si tratta di una teoria dichiaratamente meccanicistica e materialista, cioè una teoria che descrive i fenomeni della natura in base a pure leggi meccaniche e nettamente contraria al concetto di una finalità del mondo e di un'armonia preordinata. Essa postula un universo dal quale è esclusa ogni ingerenza divina. Per queste ragioni essa è stata combattuta sia dal pensiero filosofico più tradizionale sia dalle varie religioni dominanti nell'antichità e nel medioevo. Secondo Ludovico Geymonat [7]:

> L'atomismo di Democrito, ripreso poi, seppure parzialmente modificato, da Epicuro, costituisce il patrimonio più prezioso che i greci trasmisero, nel campo delle interpretazioni generali della natura, alle epoche successive, ed ebbe una funzione determinante per la formazione della scienza moderna nel XVI e XVII secolo. È stata la sorda lotta contro il filosofo di Abdera, costantemente condotta da tutte le correnti idealistiche (a partire da Platone, che non ne cita mai neppure il nome, fino agli hegeliani) a seppellire nel silenzio molti risultati – anche di argomenti particolari, come, per esempio, la matematica – delle sue meravigliose ricerche.

Condannata dalla chiesa, la *teoria atomistica* sarebbe risorta con l'affermarsi della rivoluzione scientifica.

Bisogna tuttavia rammentare che gli *atomi* di Democrito, come il *movimento* e il *vuoto* in cui si muovevano, erano pure ipotesi, non fondate su alcuna evidenza diretta. D'altra parte, sottoporle a verifica avrebbe richiesto una capacità di indagine su scala microscopica, che è stata raggiunta solo decine di secoli più tardi.

2.1.3 La Materia nel Sistema Aristotelico

La filosofia della natura e la concezione della *materia* hanno avuto un posto rilevante nell'opera di Aristotele (384–322 a. C.). Aristotele era più portato all'indagine scientifica di Platone e ha costruito un grande corpo di teorie che cercava di spiegare la natura in un modo più dettagliato di quanto tentato da ognuno dei suoi predecessori. La descrizione della natura da lui sviluppata è divenuta, nel tempo, il canone accettato dalla scienza e dalla filosofia e lo è rimasta fino al Rinascimento. Gli scienziati ellenistici, gli studiosi arabi e quelli della cristianità latina hanno studiato Aristotele così profondamente che le sue idee sulla *filosofia naturale* sono divenute l'eredità inconscia di tutti i pensatori per quasi duemila anni [3]. In questo periodo di tempo ogni fatto osservato e ogni nuova speculazione sono stati automaticamente interpretati all'interno del quadro aristotelico.

Lo schema generale del sistema aristotelico e la sua cosmologia derivavano dalla tradizione pitagorico-platonica, che distingueva tra il mondo terrestre, imperfetto e transitorio, situato all'interno della sfera della *luna*, e la regione celeste esterna, perfetta ed eterna. La *terra* era una sfera immobile al centro di un cosmo costituito da una serie di *sfere cristalline* concentriche. La regione terrestre era delimitata dalla *sfera* ruotante in cui era incastonata la *luna*, il primo dei sette *pianeti* dell'antichità. Seguivano le *sfere* ruotanti, di raggio crescente, in cui erano incastonati gli altri *pianeti* (nell'ordine: *mercurio, venere, sole, marte, giove e saturno*) e la sfera delle *stelle fisse*. Ciascuna *sfera* era soggetta all'influenza di quelle più esterne. Tutte le *sfere celesti* erano cristalline e perfette. Questa concezione generale, di origine pitagorica, era stata mutuata da Eudosso di Cnido (408–355 a. C.) [1]. Per la sostanza di cui era costituita la regione celeste, dalla sfera della *luna* fino alla periferia dell'universo, Aristotele aveva adottato da Anassagora il concetto di *etere*. L'*etere* o *quintessenza* era la *materia* perfetta, immutabile ed eterna, il cui moto era circolare, ossia perfetto.

Per quanto riguarda la *materia* all'interno della *sfera* lunare, Aristotele ha adottato la credenza, appartenuta a molte civiltà del mondo antico, che la complessità della natura potesse essere il risultato della trasformazione e della combinazione di poche sostanze semplici in continuo divenire. Questa credenza ha permeato, con diverse sfumature, le principali scuole filosofiche greche. Nello specifico, Aristotele ha adottato la concezione di Empedocle, secondo cui tutte le *cose* sono il risultato di una combinazione di *quattro elementi primitivi*: *terra, aria, acqua e fuoco*. Questi *elementi*, se fossero liberi di seguire la loro tendenza naturale, si disporrebbero in ordine di densità, con l'*elemento terra* immobile al centro, circondato dagli strati concentrici dell'*acqua* (l'*oceano*), dell'*aria* (l'*atmosfera*) e del *fuoco*. Tuttavia, il movimento delle *sfere celesti*, agendo attraverso la sfera della *luna*, crea un continuo disturbo fra gli *elementi*, che, di conseguenza, si mescolano e non si possono mai trovare nel loro stato puro. Pertanto, nella regione terrestre i quattro *elementi primitivi* si trovano solo in combinazione e non coincidono con le sostanze a cui noi diamo i nomi di terra, acqua, aria e fuoco. Per esempio, la sostanza che conosciamo come acqua è costituita in gran parte dall'*elemento primitivo acqua* ma contiene anche piccole proporzioni degli altri tre elementi. L'*elemento primitivo acqua* costituisce l'*essenza* dell'acqua, *essenza* che gli umani non possono in alcun modo sperimentare. Lo stesso vale per gli altri *elementi primitivi*.

Secondo Aristotele il divenire del mondo fisico è spiegato dal costante tentativo da parte degli *elementi* di ritornare nella propria posizione naturale. Il *moto naturale* degli oggetti terrestri è, quindi, verso la loro collocazione naturale, di modo che, se la *terra* viene spostata verso l'alto nell'*aria* e poi rilasciata, essa cade in linea retta, mentre l'*aria*, liberata nell'*acqua*, sale e analogamente sale il *fuoco* nell'*aria*. Il moto rettilineo è temporaneo, poiché esso cessa quando gli oggetti raggiungono la loro collocazione naturale.

Aristotele è il primo a cercare di dare una soluzione esplicita al problema di quale sia il processo che porta all'esistenza (*attualizzazione*) dei singoli *esseri, oggetti* o *sostanze*, tutti caratterizzati da una specifica combinazione dei quattro *elementi primitivi*, e quale sia l'origine della specificità. Il tentativo di soluzione di questo problema è alla base della sua teoria fisica ed è il fulcro dei primi due libri del trattato *Physica* [8]. La risposta viene data nell'ambito di una concezione filosofica in cui ogni *cosa (essere, sostanza, oggetto)* è concepita come l'unione indissolubile di *forma* e *materia*. Il concetto di *forma* ricalca la teoria delle *idee* di Platone. Le *forme* aristoteliche sono le *essenze ideali* delle *cose*, che, agendo sulla *materia*, rendono *attuali* le *cose* e fanno sì che una *cosa* sia ciò che è. Ad esempio, la *forma* del cavallo agendo sulla *materia* fa sì che un certo animale sia un cavallo, analogamente la *forma* dell'oro fa sì che un certo minerale sia oro, ecc.

Il processo di *attualizzazione*, ossia la modalità secondo cui la *forma* agisce sulla *materia* è alquanto involuto e sarebbe diventato, in tempi successivi, uno dei concetti più dibattuti della dottrina aristotelica. Aristotele, in accordo con le teorie dei pensatori precedenti, assume che tutte le *sostanze* siano ottenute a partire da una *materia primaria*, definita come *substrato* comune a tutti i corpi, sulla quale si può indurre qualsiasi *forma*. Questa *materia primaria* è chiaramente lo sviluppo dell'*archè* dei primi filosofi ionici. La *materia primaria* è pura *potenzialità*, in sé indeterminata, completamente indifferenziata, su cui possono venire impresse le differenti *forme*. Il processo è assimilabile a quello di uno scultore che può fare statue differenti a partire da uno stesso blocco di marmo, benché Aristotele preferisse pensare la *forma* come qualcosa che si evolve dall'interno, come nella crescita della materia organica. Tuttavia, per imprimere la *forma* dell'*oggetto* da attualizzare c'è la necessità di introdurre un passaggio preliminare, che si rivelerà fonte di incessanti controversie. Poiché tutte le *cose* sono formate da una combinazione dei quattro *elementi primitivi*, ne consegue che, nel processo di attualizzazione, la *materia primaria* indifferenziata dovrà innanzitutto attualizzarsi negli *elementi primitivi* che andranno a comporre l'oggetto da attualizzare. Solo come ultimo passo il processo di attualizzazione può essere completato con l'introduzione della *forma* dell'oggetto da attualizzare. Ne consegue che al centro del processo di *attualizzazione* viene ad esserci l'assunzione, e l'associata teoria, che i *quattro elementi* possano trasformarsi l'uno nell'altro e combinarsi per formare le sostanze più complesse. Questo processo avviene attraverso l'azione delle *qualità attive* (*caldo* e *freddo*, *umido* e *secco*), assegnate da Aristotele agli *elementi primitivi*. Ciascuno degli *elementi* è, infatti, caratterizzato da due delle *quattro qualità* come schematizzato nel diagramma di Fig. 2.1. Il *fuoco* è *caldo* e *secco*, l'*aria* è *calda* e *umida*, l'*acqua* è *fredda* e *umida*, la *terra* è *fredda* e *secca*. Gli *elementi* aristotelici contenuti nelle sostanze non sono pertanto immutabili, ma ciascuno può essere trasformato in qualsiasi altro attraverso il mutamento di una o di tutte e due le *qualità*. Il *fuoco* può diventare *aria* per mezzo del calore, l'*aria* riesce a trasformarsi in *acqua* grazie all'umidità e così via. Infine, ogni *forma* può essere rimossa e sostituita con una nuova *forma*, trasformando una *cosa* in un'altra: da questo concetto è nata l'idea della *trasmutazione degli elementi*, che sarebbe stata al cuore dell'*alchimia*.

Le idee aristoteliche di variazione delle proporzioni dei *quattro elementi* e delle quattro *qualità* appaiono in tutte le spiegazioni dei fenomeni naturali dei successivi scrittori greci e romani. Esse sono state applicate alla medicina da Galeno di Pergamo (129–199 d. C.) nella forma della teoria dei quattro *umori* (*sangue, flemma, bile nera e bile gialla*), che devono essere bilanciate nei corpi se si vuole preservare

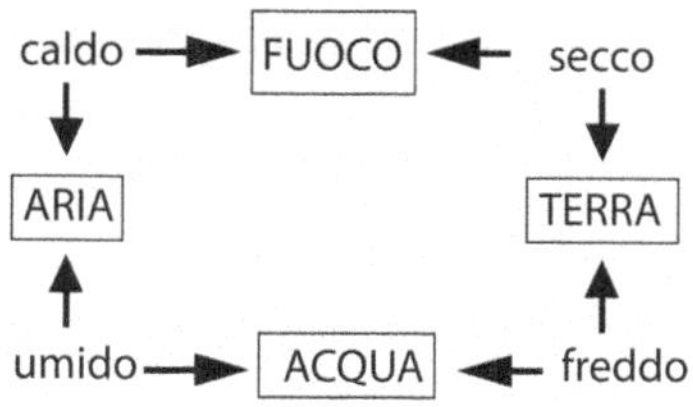

Figura 2.1 Relazione tra *elementi primitivi* e *qualità* secondo Aristotele

la salute. La malattia è causata dal predominio di un elemento ed è curata dall'elemento opposto. Questa teoria è stata altrettanto influente in medicina quanto lo è stata quella dei quattro *elementi* nella concezione della *materia*.

La *materia* di Aristotele è un continuo che non ammette l'esistenza del *vuoto*. La polemica contro il *vuoto* è uno dei cardini della sua concezione fisica. L'argomento principale apportato a sostegno della sua tesi è una conseguenza della sua teoria del moto. Secondo Aristotele, quando si lancia un oggetto, l'oggetto lanciato avanza nello spazio e mantiene in parte la sua velocità iniziale solo perché esiste l'*aria* intorno ad esso, che, scossa dal lancio, continua a spingerlo in avanti sia pure con una forza decrescente. Se fosse lanciato nel *vuoto* e quindi non fosse circondato dall'*aria*, l'oggetto non potrebbe proseguire nel suo moto. Un secondo argomento contro la possibilità del *vuoto* viene ricavato dall'osservazione della velocità degli oggetti lanciati in mezzi differenti (per esempio, nell'aria e nell'acqua). L'osservazione ci dice che la velocità di un oggetto è inversamente proporzionale alla densità del mezzo in cui esso si muove: minore la densità, maggiore la velocità. Ne consegue, secondo Aristotele, che nel *vuoto*, la cui la densità è nulla, la velocità sarebbe infinita, cosa che egli considera manifestamente assurda.

La continuità della materia apre però un problema, destinato ad avere una grande influenza nel futuro dibattito sulla natura e struttura della *materia*, vale a dire la questione della sua divisibilità in parti sempre più piccole. Aristotele lo risolve introducendo il concetto di *minimi naturali*, intendendo con questo che in ogni *sostanza* ci sia una dimensione minima in cui la sostanza stessa può essere divisa senza perdere le sue caratteristiche essenziali. In linea di principio i *minimi naturali* possono essere ulteriormente divisi e, quindi, non sono indivisibili come gli *atomi* delle teorie atomistiche, ma quando sono divisi perdono le caratteristiche della sostanza. Quindi il *minimo naturale* è il limite della identità di una sostanza.

Sopravvissuto e trasmesso al mondo occidentale grazie al lavoro di conservazione ed interpretazione della scienza antica da parte del mondo arabo e riscoperto nella sua forma originale grazie al lavoro degli umanisti, il sistema aristotelico ha dominato il pensiero colto dal tardo medioevo fino alla rivoluzione scientifica del XVI e XVII secolo. Per quanto concerne la concezione della *materia*, il motivo principale di tale longevità sta nel fatto che la teoria dei *quattro elementi* era in grado di dare una spiegazione qualitativa ad una grande quantità di osservazioni quotidiane ed era vicina all'esperienza sensoriale corrente. Queste spiegazioni erano difficili da confutare senza l'introduzione di verifiche sperimentali quantitative nello spirito e con le tecniche che sarebbero emerse solo a partire dal XVI secolo grazie alla rivoluzione scientifica.

2.1.4 La Materia nel Mondo Ellenistico

La morte di Alessandro Magno nel 323 a. C. (e di Aristotele l'anno successivo) è convenzionalmente assunta come l'inizio del periodo ellenistico, che si fa terminare con la battaglia di Azio nel 31 a. C. In questo periodo la speculazione sulla *natura* e sulla *materia* ha una rilevanza disuguale nelle principali scuole che dominano la filosofia. La tendenza di fondo è un progressivo disinteresse verso la scienza e i problemi della natura a favore delle problematiche riguardanti l'uomo e l'etica. Nonostante ciò, nelle due principali correnti di pensiero del periodo, la *filosofia stoica* e quella *epicurea*, la speculazione sulla *natura* continua ad occupare una parte importante. Tuttavia, il fatto che l'interesse principale sia concentrato sull'uomo e sull'etica comporta una limitata originalità della concezione fisica.

Per Epicuro (341–270 a. C.), fondatore della Scuola Epicurea, il mondo fisico è il mondo prettamente meccanicistico descritto da Democrito, composto di *atomi* in movimento in uno spazio vuoto, i cui urti casuali sono alla base del divenire del mondo. Ma sull'origine del movimento Epicuro non concorda con Democrito. Mentre per quest'ultimo il *moto* è un attributo intrinseco degli *atomi*, per Epicuro c'è bisogno di una forza che li spinga e questa forza è dovuta al loro peso. Questa opinione è probabilmente dovuta all'influenza di Aristotele, che riteneva che non ci potesse essere *moto* senza una forza agente. Di conseguenza, mentre gli *atomi* di Democrito sono caratterizzati da forma e dimensione, quelli di Epicuro hanno forma, dimensione e peso. Poiché, però, il peso tenderebbe a far muovere gli atomi in direzioni parallele, per avere gli urti Epicuro deve postulare che le traiettorie atomiche siano soggette a deviazioni casuali (il processo è denominato *clinamen* da Lucrezio nel suo poema *De rerum natura*). Il *clinamen* è essenzialmente spontaneo e indeterminato. Esso rappresenta una rottura delle ferree leggi del destino ed è all'origine del libero arbitrio [7].

Analogamente alla filosofia epicurea, anche nel sistema filosofico costruito dagli stoici la fisica della *natura* e la concezione della *materia* hanno un ruolo importante. La materia degli stoici è molto simile a quella di Aristotele, ma la concezione stoica differisce negli aspetti che riguardano l'*attualizzazione* e il divenire delle cose e delle sostanze. Per gli stoici esiste una *materia* originaria che è eterna, ingenerata e incorruttibile. Questa *materia primordiale* è continua e nell'universo non esistono spazi vuoti. Questa *materia*, differenziandosi e trasformandosi nei vari *elementi*, ha dato origine al mondo: condensandosi e acquistando peso, essa è diventata *terra*; rarefacendosi è diventata *aria*, che, per effetto dell'umidità è divenuta *acqua*; rarefacendosi ulteriormente ha dato origine al *fuoco* [9]. Ma come avviene l'*attualizzazione* di cose e sostanze? Secondo gli stoici, ci sono due *principi* che danno origine alle cose: il *principio attivo* e il *principio passivo*, che sono entrambi materiali e inseparabili l'uno dall'altro. Il *principio passivo* è la *materia primordiale*, sostanza spoglia di qualità, ma ricettiva e "paziente". Il *principio attivo* è la *forza agente* (analoga alla *forma* aristotelica) che agisce sulla materia e le conferisce il suo modo particolare di esistere e le qualità. Ma la *forza attiva*, nella fisica stoica, ha un significato di legge immanente delle cose, quindi come un germe o un seme, che contiene anticipatamente in sé la forma compiuta dell'essere, e la porta alla propria realizzazione con un'espansione graduale attraverso la materia [4]. La *forza* è chiamata *ragione seminale*, cioè principio attivo e intelligente di generazione e di sviluppo.

2.2 Conoscenze provenienti dall'Artigianato e dalla Tecnica

Un importante patrimonio di conoscenze sulla *materia*, lasciato in eredità dal mondo antico, è rappresentato dall'insieme di nozioni e pratiche empiriche accumulate da coloro che lavoravano metalli, fabbricavano oggetti ceramici, tingevano tessuti, lavoravano pelli, confezionavano monili e gioielli. Tutte queste attività necessitavano di un'appropriata competenza tecnica e hanno richiesto una sperimentazione che, lentamente, ha fatto nascere la consapevolezza dell'esistenza di *sostanze* ben definite, dotate di proprietà caratteristiche, consapevolezza da cui si è evoluto il moderno concetto di *sostanza chimica*. L'accumulo di queste nozioni è iniziato fin dalla preistoria e ha fatto sorgere una categoria di individui forniti di conoscenze tecniche specifiche, che sono state tramandate principalmente attraverso le tradizioni orali dei singoli mestieri. Nella remota antichità sono stati raramente conservati rendiconti scritti di questi processi. Questo sapere (o *saperi*) si è evoluto in parallelo alla tradizione del sapere "dotto" e ne è rimasto per la maggior parte distinto, anche se col tempo alcune di queste nozioni sono entrate a far parte dei sistemi filosofici, dai quali si è evoluta la scienza antica.

Fra questi *saperi*, le conoscenze sui *metalli* hanno avuto un ruolo prominente. Questo è dovuto, da una parte, all'insieme di caratteristiche fisiche e chimiche peculiari che contraddistinguono questa categoria di sostanze e ne hanno permesso l'identificazione fin dai tempi più remoti, dall'altra, al loro impatto sulle società come fonte di armi, di utensili e di monili. Non è un caso che le civiltà successive a quelle della pietra siano state contraddistinte dai metalli maggiormente in uso: età del *rame* e del *bronzo*, età del *ferro*.

L'origine delle conoscenze tecniche sui *metalli* si perde nella notte dei tempi ed è difficile da tracciare. I primi metalli conosciuti dall'uomo sono stati indubbiamente l'*oro* e il *rame*, che si trovano puri allo stato nativo [10]. Evidenze della loro lavorazione appaiono già prima del 3400 a. C. in Egitto e Mesopotamia. I Sumeri erano esperti nella lavorazione dell'*oro*, dell'*argento* e del *rame* [11]. Nel giro di un migliaio di anni dalla scoperta dei processi di estrazione e purificazione, avvenuta verso la fine del IV millennio a. C., la metallurgia, intesa come l'insieme di processi che permettono di impartire al *metallo* una forma nuova e controllata, si era sviluppata sia in Egitto che nel Medio Oriente. All'inizio del III millennio l'uomo già padroneggiava le tecniche metallurgiche più semplici di alcuni dei *metalli* più comuni, *oro, argento, rame, piombo, antimonio, stagno* e *bronzo* [12].

L'età del *ferro* ha avuto inizio più tardi e solo dopo che un lungo periodo di sperimentazioni aveva introdotto un nuovo gruppo di procedure tecniche e di strumenti di lavoro, più adatti alla lavorazione di questo *metallo*, che è più difficile da manipolare di quelli in uso precedentemente. A partire dalla seconda metà del II millennio a. C., nel Medio Oriente e in Egitto si è fatto un uso esteso di utensili e armi di *ferro*. E' probabile che questo primo *ferro* provenisse dalla terra degli Ittiti intorno al mar Nero.

La metallurgia greco-romana non è stata altro che la continuazione di quella del vicino oriente. I greci e i romani hanno contribuito alle conoscenze sui *metalli* con solo due apporti importanti: la produzione del *mercurio*, che era largamente utilizzato per l'estrazione dell'*oro*, e la produzione dell'*ottone*, una lega di *rame* e *zinco*. [13]. A partire dall'antichità greca classica i sette *metalli* più comuni (*oro, argento, ferro, mercurio, stagno, rame e piombo*) ed alcune loro leghe, in primis il *bronzo* (lega di *rame e stagno*), erano divenuti un fattore importante nell'economia e nella politica e, di conseguenza, la riflessione sulle loro proprietà è entrata anche nel pensiero filosofico.

Nel periodo classico, oltre ai *metalli*, erano anche conosciute e largamente usate un certo numero di differenti sostanze chimiche, che si trovavano naturalmente pure o potevano essere isolate facilmente dai minerali che le contenevano. Fra quelle più comuni c'erano lo *zolfo* e il *carbone* di legna, i *pigmenti*, il *sale* e l'*allume* [14]. Queste sostanze, insieme ad alcune semplici operazioni chimiche, sono state descritte negli scritti di Dioscoride (circa 40–90 d. C.), Plinio il Vecchio (23–79 d. C.; autore della famosa *Naturalis Historia* in 37 volumi) e Galeno (129–201 d. C.) [11].

Benché ci siano alcuni documenti scritti che hanno raccolto le cognizioni del tempo, questo patrimonio di conoscenze sui materiali e sulla manipolazione delle sostanze è stato tramandato prevalentemente attraverso la trasmissione orale e attraverso il meccanismo dell'apprendistato, che in ogni periodo ne ha assicurato la sopravvivenza. Tuttavia, è importante tenere presente che molte di queste ricette, relative alla preparazione delle pietre preziose, alla tintura delle stoffe e soprattutto alla lavorazione dei *metalli*, sono state incluse nelle raccolte di pratiche e teorie più o meno controverse, che costituivano i testi di *alchimia*, che si sono diffusi a partire dal periodo alessandrino.

2.2.1 La Filosofia e le Conoscenze Empiriche della Materia

La riflessione sulle tecniche e sul loro ruolo nella società ha avuto un influsso non trascurabile nella cultura greca. Studi importanti hanno messo in evidenza il reciproco scambio di conoscenze tra artigiani e filosofi, che ha contribuito al perfezionamento dell'agricoltura, della navigazione, della metallurgia, delle attività costruttive [15]. Questa attenzione per le conoscenze tecniche ed empiriche è stata presente anche nella filosofia della natura. In particolare, le problematiche legate ai *metalli* sono state discusse esplicitamente. Alcune delle teorie sulla loro origine e sulle loro proprietà sono giunte fino a noi.

Democrito ha cercato di spiegare le proprietà meccaniche dei *metalli* (durezza e peso) in termini atomistici. Secondo questo filosofo durezza e peso dipendono dall'ordinamento microscopico degli atomi: i metalli più leggeri e teneri sono caratterizzati da un'abbondanza di spazio vuoto tra gli atomi, mentre quelli più duri e pesanti hanno una disposizione più compatta [15].

Nel suo trattato *Meteorologica*, Aristotele espone una articolata teoria sulla formazione e proprietà dei *metalli*, nella quale comincia anche a discutere le differenze tra le sostanze metalliche e le altre estratte dalla terra [15]. Questa teoria è basata sull'antica credenza secondo cui i *metalli* crescono nelle viscere della terra seguendo un processo di evoluzione naturale, in base al quale i *metalli* meno nobili si evolvono lentamente verso forme più nobili e mature, fino a diventare da ultimo la sostanza più nobile, l'*oro*. Secondo Aristotele queste trasformazioni avvengono per effetto di due *esalazioni*, una, *secca* e *infiammabile*, l'altra, *umida* e *vaporosa*, che si generano grazie al riscaldamento da parte del sole e che agiscono sulle *qualità*, alterando il rapporto tra gli *elementi primitivi*. L'*esalazione umida* determina la crescita dei *metalli*, caratterizzati dall'essere fusibili e malleabili, mentre *l'esalazione secca* dà luogo alla formazione dei minerali non metallici.

Teofrasto (371–287), successore di Aristotele alla direzione del Liceo, tra le numerose sue opere ha scritto un trattato di *mineralogia* (a noi non pervenuto) in cui si è occupato dei *metalli* e un libro intitolato *Sulle pietre* di particolare interesse perché ha rappresentato, probabilmente, il primo tentativo di studiare in modo sistematico le sostanze minerali. Teofrasto riteneva che le rocce fossero tali in quanto principalmente formate dall'*elemento terra*, mentre i metalli provenissero dall'*elemento acqua*. Egli ha descritto varie tipologie di roccia, da lui divise in base a durezza, coesione e fusibilità. Le rocce fusibili sono a loro volta divise in rocce *calcinabili*[2] e rocce non mutate dal fuoco.

2.3 L'Alchimia

Il terzo filone di conoscenze sulla *materia*, trasmesse dall'antichità, è quello della tradizione alchimistica. In tempi moderni l'*alchimia* è diventata sinonimo di oscurantismo, simbolismo fumoso e imbroglio. Tuttavia, l'*alchimia* non è stata soltanto un insieme di fantasiose credenze, ma è stata contraddistinta da molteplici contenuti e valenze. In generale essa ha sempre avuto una duplice veste, da una parte c'era un insieme di teorie più o meno fumose e, spesso, di carattere mistico, dall'altra c'erano le raccolte di ricette pratiche per la preparazione di sostanze chimiche e l'illustrazione di strumentazioni e procedure di laboratorio. Oggi si ritiene che questo secondo aspetto abbia contribuito alla nascita della chimica sperimentale e della tecnologia dei materiali e che, pertanto, abbia avuto un ruolo importante nell'evoluzione delle concezioni della *materia* nei secoli [16].

C'è un consenso generale che l'*alchimia*, intesa come un insieme più o meno organico di dottrine, abbia avuto origine dall'incontro della cultura greca e di quella egiziana, avvenuto ad Alessandria d'Egitto nel periodo ellenistico, quando

[2] Fin dall'antichità il termine *calcinazione* ha indicato i processi di riscaldamento ad alta temperatura di sostanze solide, protratto per il tempo necessario ad eliminare tutte le sostanze volatili.

la grande biblioteca e il museo attiravano studiosi e filosofi da tutto il mondo [17]. In questo grande crogiolo culturale l'*alchimia* è nata come fusione di tre distinte tipologie di pensiero e di conoscenze: le speculazioni filosofiche sulla *materia* della filosofia greca, il misticismo orientale, le conoscenze empiriche delle antiche arti egiziane [3]. In Alessandria, per la prima volta, gli artigiani sono venuti in contatto con le idee dei filosofi e degli ambienti religiosi e mistici, e le teorie dei filosofi e le credenze religiose sono state applicate alla spiegazione dei processi tecnici. Viceversa, le speculazioni più astruse di filosofi e sacerdoti hanno ricevuto un limite dal confronto con l'effettivo comportamento della *materia* messo in evidenza dagli artigiani.

Due dei principali aspetti che hanno caratterizzato l'*alchimia* sono dovuti all'influenza della filosofia greca. Come abbiamo visto, i filosofi greci, *in primis* Aristotele, avevano elaborato concezioni della *materia* che potevano essere utilizzate per chiarificare le pratiche tecnologiche. Dalla nozione che gli oggetti originassero dal mescolamento di pochi *elementi primitivi*, è nata l'idea base della pratica alchemica, secondo cui le sostanze materiali sono una mistura che può, almeno in linea di principio, essere analizzata per risalire alla sua composizione. Inoltre, la teoria che i *quattro elementi primitivi* fossero tra loro convertibili cambiando le *qualità* impresse, aveva come corollario l'idea che fosse possibile la *trasmutazione delle sostanze*, idea che ha accompagnato la nascita dell'*alchimia*.

Queste influenze della dottrina aristotelica sono chiaramente visibili nel rapporto che gli alchimisti hanno avuto con i *metalli*. La tradizione alchimistica ha fatto propria la credenza che i vari metalli costituissero forme impure o intermedie (*immature*) di una sostanza metallica, che, nella sua forma pura e definitiva (*matura*), era l'*oro*. Questa credenza era basata sull'antica teoria, adottata da Aristotele nel suo trattato *Meteorologica*, secondo cui i *metalli* meno nobili si evolvono lentamente verso le forme più nobili e mature. Il convincimento che i differenti *metalli* siano il risultato di diversi gradi di imposizione delle *qualità* all'interno della terra ha dato origine all'*utopia centrale* dell'alchimia: la *trasmutazione* delle sostanze. Nel periodo alessandrino gli alchimisti sono arrivati al convincimento che fosse possibile replicare i processi naturali in laboratorio e che si potesse anche accelerarli: se un *metallo* comune veniva convenientemente *purificato* e *reso maturo*, esso si sarebbe trasformato in *oro* [18]. Di conseguenza, l'obiettivo principale dell'*alchimia* è divenuto quello di *denudare* i *metalli* ordinari delle loro proprietà, riportandoli a *materia primordiale* e, successivamente, imporre le *qualità* dell'*oro* su questa materia primitiva. Con il progredire dell'*alchimia*, si è cominciato a teorizzare che il potere di imporre le *qualità* risiedesse in una sostanza, la *pietra filosofale* o *quintessenza*, il cui rinvenimento è divenuto il sogno degli alchimisti.

Benché l'*alchimia* sia stata principalmente interessata alle *trasmutazioni* metalliche, vale la pena di sottolineare che, in realtà, essa era interessata a tutti i cambiamenti chimici. Un certo numero di trattati ci permette di avere un quadro abbastanza chiaro dell'*alchimia* del periodo alessandrino. Nonostante un'impostazione in cui dominano le influenze filosofiche, mescolate a idee religiose e animistiche, i testi riportano anche ricette e processi di valore eminentemente pratico. Queste parti testimoniano di una conoscenza diretta delle tecniche di metallurgia, di colorazione, di vetreria e difficilmente si possono definire alchimistiche nel significato peggiorativo che oggi comunemente si dà a questa parola. I testi mostrano una chiara padronanza dei processi di distillazione, sublimazione, filtraggio e contengono le descrizioni di apparati come alambicchi, condensatori, forni, ecc. Nel novero dei processi di manipolazione descritti ci sono, oltre a quelli concernenti i sette *metalli* di più antica tradizione, anche quelli che trattano nuove sostanze, quali i composti dello *zinco*, dell'*antimonio* e dell'*arsenico* [19]. Risulta che lo *zolfo* fosse ben noto ed ampiamente utilizzato, anche se con lo stesso nome spesso si indicavano anche altri materiali infiammabili. Inoltre, un certo numero di *sali* come il *carbonato di sodio*, l'*allume*, il *solfato di ferro* e il *sale comune* erano già utilizzati in forma abbastanza pura.

In conclusione, lo studio critico dei testi alchimistici del periodo alessandrino ha messo in luce reali conoscenze di metallurgia e di manipolazioni chimiche, che hanno avvalorato le tesi di chi vede nell'antica *alchimia* l'embrione della chimica e della scienza dei materiali. Tuttavia, questa rivalutazione non vuole sottovalutare l'influenza (eminentemente negativa per la sensibilità moderna) esercitata dall'altra *anima* dell'*alchimia*, ossia dall'insieme di credenze mistiche, di pratiche irrazionali e di superstizioni, che ne hanno costituito parte integrante fin dagli inizi. E' stata l'inclusione e, in tempi successivi, il predominio di questo filone di pensiero che ha determinato la reputazione di pseudo-scienza goduta dall'*alchimia* in tempi recenti [14].

Riferimenti bibliografici

1. Singer C (1959) A Short History of Scientific Ideas to 1900. Oxford University Press, London
2. Freely J (2010) Aladdin's Lamp. Vintage Books, New York
3. Leicester H M (1971) The Historical Background of Chemistry. Dover Publications, New York
4. De Ruggiero G (1967) La Filosofia Greca. Editori Laterza, Bari
5. Sassi M M (2015) Dai Presocratici ad Aristotele. In: Eco U, Fedriga R (ed) Storia della Filosofia, vol. 1. La Biblioteca di Repubblica-L'Espresso, p. 91
6. Mason S F (1962) A History of the Sciences. Collier Books, New York
7. Geymonat L (1970) Storia del Pensiero Filosofico e Scientifico, vol. I. Garzanti, Milano
8. Lewis E (2018) Aristotle's Physical Theory. In: Jones A, Taub L (ed) Ancient Science. The Cambridge History of Science, vol. 1. Cambridge University Press, pp. 196–214
9. Abbagnano N (2017) Storia della Filosofia: La Filosofia Antica. DeA Planeta Libri S.r.l., Milano
10. Bromehead C N (1954) Mining and quarrying. In: Singer C, Holmyard E J, Hall A R (ed) From Early Times to Fall of Ancient Empires. A History of Technology, vol. 1. Oxford University Press, London, pp. 567–580
11. Partington J R (1989) A Short History of Chemistry. Dover Publications, New York
12. Forbes R J (1954) Extracting, smelting, and alloying. In: Singer C, Holmyard E J, Hall A R (ed) From Early Times to Fall of Ancient Empires. A History of Technology, vol. 1. Oxford University Press, London, pp. 581–609
13. Forbes R J (1956) Metallurgy. In: Singer C, Holmyard E J, Hall A R, Williams T I (ed) The Mediterranean Civilizations and the Middle Ages. A History of Technology, vol. 2. Oxford University Press, London, pp. 41–82
14. Brock W H (1993) The Chemical Tree. W. W. Norton & Company, New York

15. Di Pasquale G (2013) Doni degli Dei: l'origine divina della tecnica. In: Eco U. (ed) L'Antichità, vol. 8. La Biblioteca di Repubblica-L'Espresso, p. 196–210
16. Holmyard E J (1956) Alchemical equipment. In: Singer C, Holmyard E J, Hall A R, Williams T I (ed) The Mediterranean Civilizations and the Middle Ages. A History of Technology, vol. 2. Oxford University Press, London, pp. 743–764
17. Viano C (2018) Greco-Egyptian Alchemy. In: Jones A, Taub L (ed) Ancient Science. The Cambridge History of Science, vol. 1. Cambridge University Press, pp. 468–482
18. Levere T H (2001) Transforming Matter. The Johns Hopkins University Press, Baltimore
19. Ihde A J (1984) The development of modern chemistry. Dover Publications, New York

Capitolo 3
La Materia all'Inizio della Rivoluzione Scientifica

Quanto sommariamente delineato nel capitolo precedente è l'insieme di idee e nozioni che sono state alla base della concezione della *materia* nell'Antichità e che, acquisite dall'Occidente attraverso un processo di trasmissione alquanto tortuoso, sono state alla base della visione della natura fino al Rinascimento e agli inizi della Rivoluzione Scientifica. Il sistema aristotelico, fatto proprio dalla Chiesa dopo un iniziale rigetto, ha rappresentato la visione del mondo e della natura delle persone colte a partire dal tardo Medioevo. Questo sapere è stato riscoperto nella sua organicità in una lunga operazione di recupero, cominciata nel tardo Medioevo attraverso le traduzioni dei testi antichi, precedentemente tradotti e commentati in arabo. La conquista dell'Egitto nel 640 d. C. aveva portato gli Arabi in contatto con quello che rimaneva della civiltà greco-ellenistica e, incoraggiata e favorita dai governanti, era presto cominciata una capillare opera di traduzione dei libri greci in arabo. L'operazione di recupero della cultura classica da parte dell'Occidente cristiano era proseguita attraverso le traduzioni dirette degli antichi testi greci, resi disponibili nel periodo dell'Umanesimo.

Nel lungo processo di trasmissione e acquisizione, il corpo di nozioni sui materiali e sulle sostanze, pur restando sostanzialmente immutato nel suo impianto teorico generale, si era notevolmente evoluto ed accresciuto, sia dal punto di vista dell'analisi critica sia da quello delle conoscenze empiriche. Questa evoluzione era avvenuta grazie, grosso modo, ai tre ambiti di contributi che ne avevano contraddistinto lo sviluppo nell'antichità classica: i contributi apportati dalle teorie e dai dibattiti all'interno della filosofia e della scienza "ufficiali"; i contributi provenienti dalle conoscenze empiriche degli artigiani che utilizzavano i materiali; i contributi dovuti a quella parte dell'*alchimia* che era interessata alla manipolazione e alle reazioni delle sostanze e che lentamente si sarebbe trasformata nella moderna *chimica*.

© The Author(s), under exclusive license to Springer Nature Switzerland AG 2025

F. Evangelisti, *Il concetto di materia*, https://doi.org/10.1007/978-3-031-83565-0_3

3.1 Conoscenze Empiriche della Materia

Nel lungo periodo che va dall'Antichità alla fine del Medioevo, gli artigiani hanno continuato a dare un importante contributo alle conoscenze sui materiali e sui processi di manipolazione e trasformazione delle sostanze. Questo contributo è divenuto sempre più rilevante mano a mano che la crescita economica e lo sviluppo del commercio hanno aumentato la richiesta e la diffusione di beni di consumo e di lusso, quali, utensili metallici, farmaci, profumi, tessuti, pelli colorate, ecc. Va anche ricordato che molte delle ricette che costituivano la parte pratica dell'*alchimia* sono originariamente derivate dalla pratica artigiana.

Per quanto riguarda la *metallurgia*, va tenuto presente che nei secoli successivi alla caduta dell'Impero Romano è comunque continuata la richiesta di metalli per fabbricare armi e attrezzi per l'agricoltura, anche se i progressi tecnologici sono stati scarsi. Nei secoli XIII e XIV si è avuto un potenziamento dell'industria del *ferro* ed un uso diffuso degli altri metalli nell'oreficeria e nella scultura. Questi sviluppi hanno favorito l'introduzione di nuove tecniche di estrazione e di lavorazione dei *metalli* [1]. Alla soglia dell'era moderna le industrie artigianali si dedicavano normalmente, oltre alla purificazione e alla lavorazione dei metalli, alla produzione e alla trasformazione di sostanze chimiche. Il numero di sostanze conosciute ed in uso era molto cresciuto rispetto alle conoscenze del mondo antico ed era ormai notevole: alcali, saponi e altri detersivi, acidi, prodotti ceramici, vetro, pigmenti, sostanze coloranti e mordenti, combustibili, materie incendiarie, esplosivi, sostanze medicinali, prodotti alimentari e liquori [2].

La maggior parte dei più antichi procedimenti tecnici era stata tramandata per tradizione orale e mediante la pratica dell'apprendistato. La documentazione scritta su queste attività, al di fuori delle notizie disseminate all'interno dei testi alchemici, era stata scarsa. Questa situazione è iniziata a cambiare nel tardo Medioevo con la compilazione dei primi manuali di artigianato, i primi dei quali risalgono addirittura a prima dell'anno mille. Il più antico è il trattato conosciuto come *Composiziones ad tingenda* (*Composti per la tintura*), le cui parti più importanti sono state compilate ad Alessandria verso il 600 d. C. e tradotte in latino circa 200 anni dopo [2]. Un'altra opera, la *Mappae clavicula* (*Chiave per la pittura*) è stata compilata verso l'800 d. C. nell'Italia meridionale [2]. Un altro trattato sulle arti meccaniche, *Diversarum artium schedula* (*Note su varie arti*) di Teofilo, composto in Germania verso il 950 d. C., costituisce, per contenuti e completezza della trattazione, la fonte più importante per lo studio delle tecniche nel periodo [3]. Fino al XIII secolo il materiale letterario sull'artigianato è rimasto abbastanza scarso, ma, a partire da questa data, la quantità di documenti tecnici è aumentata ad un ritmo crescente e ha comportato un miglioramento nell'istruzione degli artigiani, il cui numero è anche notevolmente cresciuto [2]. Nel Rinascimento, grazie all'introduzione della stampa, si è avuta una rapida diffusione di opere di chimica pratica, in particolare di trattati dedicati alla distillazione, alla preparazione di profumi, di solventi, di smalti, di ceramica e vetro, nonché descrizioni di strumenti e apparati.

Nel Rinascimento ha avuto inizio un'altra innovazione culturale di grande rilevanza per il successivo sviluppo scientifico e tecnologico: il progressivo abbattimento delle barriere tra il "sapere erudito" e le conoscenze degli artigiani, barriere che, nel mondo antico e medioevale, avevano separato le *arti meccaniche* dalle *arti liberali*. Da una parte, esponenti del "sapere erudito" hanno cominciato ad interessarsi alle tecniche e ai metodi degli artigiani e a cercarne la spiegazione [4]. Dall'altra, gli artigiani e quelli che dirigevano le attività manifatturiere hanno mostrato un maggiore interesse verso la cultura e il sapere. La segretezza delle gilde ha cominciato a dissolversi e gli artigiani hanno cominciato a scrivere testi che raccoglievano e divulgavano i segreti dei loro mestieri.

Un importante esempio del nuovo atteggiamento culturale viene dalla *metallurgia*, il cui sviluppo empirico ha accompagnato il progresso della civiltà fin dai suoi inizi. All'inizio dell'era moderna, il potenziamento delle artiglierie e delle armi da fuoco fa aumentare fortemente l'interesse per le attività meccaniche e metallurgiche. La produzione del *bronzo* e del *ferro* aumenta costantemente a causa delle guerre frequenti e dell'ingrandimento degli eserciti. Con l'estendersi delle attività minerarie e metallurgiche si scoprono nuovi minerali e nuovi metalli, come il *bismuto* e il *cobalto*. Da queste attività nasce, sia pure in modo embrionale, una crescente attenzione, anche da parte degli studiosi, alle speciali proprietà dei *metalli*: la manipolazione dei *metalli* rappresenta la scuola da cui si sarebbe evoluta la *chimica*. In questo ambito si sviluppa una generale comprensione dei processi di *ossidazione* e *riduzione*, di *distillazione* e di *amalgama*. L'*assaggio metallurgico*, ovvero l'analisi del *metallo* che consiste essenzialmente in una fusione su scala ridotta e in una pesatura accurata, diventa il campo di scienza applicata più progredito del sedicesimo secolo [5]. Esso ha due funzioni principali: l'esame della qualità dei minerali, per determinare la possibilità di poterli lavorare vantaggiosamente, e l'esame di monete e monili, per determinarne la purezza e scoprire le eventuali frodi. Progredito attraverso secoli di esperienze puramente empiriche, l'*assaggio* rappresenta un preciso metodo di analisi quantitativa ed è il modello da cui si svilupperà l'analisi chimica.

Da questo nuovo atteggiamento culturale viene una spinta alla codificazione delle nozioni metallurgiche in accurati trattati contenenti la descrizione dei *metalli* e delle loro *leghe* e delle tecniche di manipolazione. Un notevole esempio è il trattato *De la Pirotechnia*, scritto in italiano dal senese Vannoccio Biringuccio (1488–1537). Pubblicato nel 1540 esso rappresenta il primo libro a stampa sulla *metallurgia*. Oltre ad esporre le regole generali sulla ricerca dei minerali, sulla costruzione delle miniere e sugli strumenti necessari, Biringuccio illustra in dettaglio le conoscenze del suo tempo sui principali *metalli* e il modo di produrre l'*acciaio* e l'*ottone*. Nello stesso periodo, un altro importante contributo viene dallo scienziato e mineralogista tedesco Georg Bauer (1494–1555), più noto con il nome latinizzato di Agricola, ritenuto il padre della mineralogia. Agricola scrive vari libri di mineralogia e di metallurgia, tra cui il più celebre è il *De re metallica*. Nei suoi libri egli descrive le caratteristiche dei minerali, i processi di trasformazione dei minerali in *metalli*, la preparazione degli agenti chimici impiegati in metallurgia, i metodi di analisi [5]. Un altro scrittore di metallurgia, il cui libro ha una fortuna ancora più duratura di quello di Agricola, è il metallurgista boemo Lazarus Ercker (1530–1594), autore del *Trattato su minerali e assaggio* [6].

3.2 Materia e Sostanze nelle Alchimie Araba, Medioevale e Rinascimentale

L'*alchimia* è stata trasmessa all'occidente attraverso l'intermediazione del mondo arabo, dove essa si era diffusa molto rapidamente e dove il bagaglio di conoscenze empiriche sulle sostanze e sui processi si è notevolmente accresciuto. I primi trattati arabi sull'argomento hanno fatto la loro comparsa già verso il 700 d. C.

3.2.1 L'Alchimia Araba

Le idee di base su cui si fonda l'*alchimia* araba sono quelle già contenute nell'*alchimia* greco-ellenistica. E' accettata la teoria aristotelica dei *quattro elementi*. Si ritiene possibile la trasmutazione di un *metallo* in un altro attraverso la modifica del rapporto quantitativo degli *elementi primitivi* in esso contenuti. L'*oro* è considerato il più nobile e il più puro dei *metalli*. Nell'*alchimia* araba si incontra per la prima volta in modo esplicito la nozione dell'esistenza di una *sostanza preziosa*, variamente chiamata *elisir, quinto elemento, quintessenza, pietra filosofale*, capace di compiere la trasmutazione di un metallo vile in uno nobile [6].

I trattati arabi mostrano chiaramente come gli autori avessero una conoscenza diretta delle tecniche di manipolazione delle sostanze da loro descritte. Gli alchimisti arabi hanno dato numerosi contributi alle pratiche di laboratorio, introducendo, tra l'altro, tecniche raffinate di distillazione. Inoltre, è agli arabi che dobbiamo la scoperta e la produzione di molte nuove sostanze. I successi ottenuti dalla scienza araba nel campo delle sostanze chimiche sono legati all'emancipazione da quei pregiudizi di classe che avevano reso gli scienziati greci poco attenti al bagaglio di conoscenze dei mestieri manuali. I filosofi e i medici arabi si sono interessati al ricco patrimonio di nuove tecniche e processi che si veniva sviluppando e che, pertanto, non è rimasto solo una conoscenza all'interno delle comunità degli artigiani, come era per lo più accaduto nell'età classica. In questo ambiente culturale sono state introdotte e sviluppate nuove teorie sulla composizione e sulla trasformazione delle sostanze e sono stati affrontati con metodi razionali i problemi della *trasformazione chimica*.

Un'idea diretta e abbastanza fedele del quadro di conoscenze sulla materia del mondo musulmano e da questo trasmesso all'Occidente medioevale, si può ottenere da una succinta rassegna dei contributi apportati da tre fra i maggiori studiosi arabi e persiani: Jabir ibn Hayyan (VIII secolo), Abu Bakr Muhammad ibn Zakariya al-Razi (860–925) e Ali ibn-Sina (980–1037).

Jabir ibn Hayyan è probabilmente vissuto nell'ottavo secolo e pare fosse alchimista alla corte del califfo Harun al-Rashid. Il suo nome in Occidente è divenuto

Geber, e sotto questo nome egli è stato "venerato" durante tutto il lungo periodo dell'alchimia europea [7]. A Jabir sono stati attribuiti un enorme numero di scritti, alcuni dei quali contengono vere conoscenze chimiche, benché molti trattino di alchimia esoterica e occultistica e siano probabilmente frutto di compilatori successivi.[1] Queste opere dimostrano che l'autore possedeva una vasta conoscenza dei processi chimici e metallurgici. In esse si è occupato, tra l'altro, dei metodi di raffinazione dei *metalli*, di preparazione dell'*acciaio*, di distillazione degli *acidi*, di fabbricazione del *vetro* e di colorazione della *seta*. Il *corpus* jabiriano pone anche una importante enfasi sull'uso della *distillazione frazionata* delle sostanze al fine di isolarne le quattro *nature* o *qualità primarie (caldo, freddo, secco, umido)* prima di ricombinarle. Questo tema ha avuto un enorme impatto nell'Occidente medioevale [8].

Jabir è anche stato uno dei primi a tentare una classificazione delle sostanze inorganiche, mostrando quella chiarezza di pensiero che è stata una caratteristica degli alchimisti arabi. Le sostanze sono da lui classificate in tre categorie, in base alle loro proprietà fisiche [9]. Ci sono le sostanze che, sottoposte a riscaldamento o alla combustione, volatilizzano completamente, che egli chiama *spiriti*.[2] Ci sono poi i *metalli*, cioè le sostanze che possono fondere, sono malleabili, sonore e lucenti e producono rumore quando sono martellate.[3] Infine ci sono *i minerali*, cioè le sostanze che non sono malleabili ma che si frantumano e si polverizzano quando vengono martellate e che possono fondere o non fondere quando vengono riscaldate. I minerali sono in gran numero e, a loro volta, sono divisi in tre gruppi: quelli che contengono una certa quantità di *spirito*;[4] quelli con una piccola quantità di *spirito*;[5] quelli quasi senza *spiriti*.[6] Questa tendenza a classificare le sostanze in base a quelle che sono essenzialmente proprietà fisiche è una caratteristica dei migliori alchimisti arabi.

Per quanto riguarda le teorie della *materia*, le idee di base di Jabir sono quelle degli alchimisti di Alessandria e quindi di Aristotele. Egli sostiene che ogni *sostanza* è l'espressione di un preciso rapporto numerico di equilibrio fra gli *elementi primitivi* che la compongono. Come per Aristotele, la materia è caratterizzata dalle quattro *qualità* (*caldo, freddo, umido e secco*), le quali, per Jabir, sono reali *nature* (o *principi*), che possono venire separati dalla *materia* e si combinano in proporzioni definite per formare altre *sostanze* materiali. Il compito dell'alchimista è, pertanto, di determinare le proporzioni con le quali esse entrano nelle sostanze, di preparar-

---

[1] Paul Kraus negli anni '30 e '40 ha mostrato che, il vasto corpus di circa 3.000 opere attribuite a Jabir ibn Hayyan non può realmente risalire all'ottavo secolo, quando si suppone che l'autore sia stato attivo [Lindberg, David C.; Shank, Michael H. The Cambridge History of Science: Volume 2, Medieval Science (p. 387). Cambridge University Press].

[2] Per Jabir gli *spiriti* comprendono lo *zolfo*, i composti arsenicali, il *mercurio*, la *canfora*, il *sale ammoniacale* (*cloruro d'ammonio*).

[3] I *metalli* di Jabir sono l'*oro*, l'*argento*, il *piombo*, lo *stagno*, il *rame*, il *ferro*. In alcuni dei suoi libri il *mercurio* è classificato come *metallo*.

[4] Esempi sono la *malachite*, i *lapislazzuli*, il *turchese* e la *mica*.

[5] Esempi sono i *gusci*, le *perle*, i *vetrioli*.

[6] Esempi sono l'*onice*, la *polvere* e i *vetrioli* invecchiati.

le pure e di combinarle nelle quantità appropriate per generare le nuove *sostanze* desiderate. Per la sua teoria secondo cui ogni corpo sarebbe l'espressione di un rapporto numerico di equilibrio delle *nature* che entrano nella sua composizione, Jabir è stato considerato un autentico precursore della chimica moderna [10].

Infine, Jabir ha introdotto la teoria *zolfo/mercurio* per la composizione dei *metalli*, teoria che avrebbe avuto un grande rilievo nell'*alchimia* rinascimentale [11]. Abbiamo visto come nel *Meteorologica* Aristotele avesse spiegato come i *metalli* fossero generati e si evolvessero dentro la terra per l'influenza di due *esalazioni* (o *principi*) opposte, una secca e infiammabile, l'altra umida e vaporosa. Jabir ha dato una identità materiale a questi due *principi*, identificando l'*esalazione* secca con lo *zolfo* e l'*esalazione* umida con il *mercurio*. Di conseguenza, secondo questa teoria, che ha avuto una lunga durata in ambito alchimistico, i vari *metalli* sono una combinazione di *mercurio e zolfo* in differenti proporzioni. Essi differiscono l'uno dall'altro solamente nelle loro qualità accidentali, e tale differenza a sua volta è determinata dal diverso tipo di terreno e dalla sua posizione rispetto al calore solare [7]. Tale teoria ha influenzato l'alchimia per vari secoli e spiega le motivazioni di molti processi che sono stati intrapresi nella speranza di attuare le trasmutazioni.

Il secondo importante nome dell'*alchimia* musulmana, Abu Bakr Muhammad ibn Zakariya al-Razi (860–925), chiamato Rhazes in latino, è stato un medico e alchimista persiano, che ha praticato a Baghdad ed è stato il maggiore trattatista arabo di *alchimia*. Egli è l'autore del *Secretum secretorum* (*Segreto dei segreti*), un trattato che, nonostante il titolo esoterico, è nella sostanza un manuale di chimica pratica e fornisce una classificazione chiara di molte sostanze, insieme alla descrizione della strumentazione di laboratorio necessaria per la loro manipolazione. Il *Secretum secretorum* è diviso in sezioni sulle sostanze, sugli apparati e sulle ricette. Al-Razi mostra una conoscenza diretta di moltissimi prodotti chimici e di molti procedimenti di alto livello tecnico. La sua classificazione delle sostanze mostra una maggiore sofisticazione rispetto a quella di Jabir [12]. Egli distingue le sostanze in quattro *classi*: *minerali, vegetali, animali e sostanze derivate*. I *minerali* sono a loro volta raggruppati in sei sottoclassi denominate: *spiriti*, *corpi*, *pietre*, *vetrioli, boraci e sali*. Uno sguardo ai contenuti delle sottoclassi permette di rendersi conto di quanto le conoscenze chimiche della *materia*, contenute nelle opere di *alchimia*, fossero ormai avanzate. Dal suo trattato e da altre fonti contemporanee risulta evidente che Al-Razi ha reso l'*alchimia* più sistematica e ordinata di quanto non fosse in precedenza. Egli ha introdotto nei suoi studi delle sostanze un approccio pratico e scientifico che era stato raramente visto prima di lui [9].

Il terzo studioso che dobbiamo menzionare è il persiano Ali ibn-Sina (980–1037), chiamato Avicenna dai latini, uomo di grande cultura e versatilità, che ha esercitato una grande influenza sulla filosofia e sulla medicina sia nell'oriente che nell'occidente. Nella sezione del suo *Canone della medicina*, dedicata alla farmacologia, egli elenca ben 760 sostanze, tra le quali alcune sostanze stupefacenti come la *mandragola*, l'*oppio*, la *cicuta* e la *canapa indiana* [13]. Benché la sua influenza sull'*alchimia* sia stata minore di quella dei due autori precedenti, egli è memorabile nella tradizione alchimistica per essere stato tra i primi a negare la possibilità delle *trasmutazioni*. Nonostante il suo schema teorico riproduca essenzialmente la teoria dei *metalli* aristotelica, ripresa e sviluppata dalla tradizione iniziata da Jabir, Avicenna sostiene che il processo di formazione dei *metalli* non è riproducibile artificialmente. Per lui gli alchimisti possono al massimo mutare lo stato apparente delle sostanze, senza tuttavia alterarne l'essenza [13]:

> Io non escludo – dice Avicenna – che possa essere raggiunto un tale grado di perfezione nell'imitare i metalli da trarre in inganno anche il più scaltro esperto, ma la possibilità della trasmutazione non mi è mai stata chiara alla mente. Anzi io la ritengo impossibile perché non c'è modo di distinguere una combinazione metallica dall'altra.

3.2.2 L'Alchimia nell'Occidente Medioevale e Rinascimentale

Le prime informazioni sull'*alchimia* sono arrivate all'Europa medioevale con le traduzioni dei trattati arabi fatte in Spagna, il cui inizio si può collocare alla caduta di Toledo nel 1085, durante le crociate per la riconquista della Spagna musulmana. Il periodo della massima attività di traduzione si colloca tra il 1125 e il 1280 [4]. La Spagna è stato il maggiore centro di contatto tra il mondo musulmano e quello cristiano, perché qui si trovavano sia cristiani assimilati da comunità musulmane, sia musulmani assimilati da comunità cristiane, che erano bilingui, sia un grande numero di ebrei, molti dei quali erano trilingui [4].

Benché in occidente l'*alchimia* sia stata oggetto di diffidenza e sia stata avversata dalla chiesa, nel periodo medioevale il corpo di conoscenze si è esteso, anche con contributi di studiosi rispettati come Alberto Magno (1200–1280), Ruggero Bacone (1219–1292), Raimondo Lullo (1232–1316), Tommaso d'Aquino (1225–1274), e Arnaldo da Villanova (1240–1312) [12]. Una breve descrizione delle idee in proposito dei primi tre autori ci permette di avere un'idea dell'attitudine degli studiosi del tempo verso l'*alchimia*.

Nelle sue numerose opere, molte delle quali sono dedicate alla filosofia della natura, Alberto Magno ha sottoposto l'*alchimia* ad una critica approfondita, seppur benevola. Il suo trattato *De Mineralibus* (*Sui minerali*) ha esercitato una grande influenza sulle opere medioevali di *alchimia*. Riguardo ai *metalli* egli ha sostenuto, in base alla propria esperienza, che ogni *metallo* ha il suo peculiare insieme di proprietà e che, in circostanze normali, i *metalli* sono stabili e non si trasformano in altri *metalli*. Tuttavia, Alberto non negava la possibilità della *trasmutazione* e ha argomentato contro l'affermazione di Avicenna secondo cui le specie dei *metalli* non possono essere trasmutate. Basandosi sulla teoria aristotelica, ben consolidata nella scolastica, secondo cui una *forma* può essere sostituita da un'altra, egli ha sostenuto che la *forma* di un *metallo* comune poteva essere rimossa e sostituita con quella di un *metallo* prezioso. Gli alchimisti dovevano favorire questo processo rimuovendo lo *zolfo* e le impurità contenute nei *metalli* comuni mediante lavaggio e sublimazione [14].

Anche le opere di Ruggero Bacone rivelano un vivo interesse per l'*alchimia* [14]. Come avevano sostenuto molti alchimisti arabi, Bacone riteneva che la distillazione frazionata consentisse di analizzare i componenti più basilari delle sostanze e di conoscere il loro legame con gli *elementi primitivi*. Questa capacità faceva dell'*alchimia* la giusta fonte di conoscenza su tutte le cose che discendono dagli *elementi* stessi, come i *metalli*, i *pigmenti*, i *sali*, gli *zolfi*, gli *oli* e le sostanze chimiche. Inoltre, l'*alchimia* pratica insegnava anche come fabbricarle. Secondo Bacone erano stati gli alchimisti a scoprire che i quattro *umori* che si trovano negli animali sono in realtà dei composti formati da quattro *umori semplici* e che questi *umori semplici* sono a loro volta formati dagli *elementi primitivi*. Di conseguenza l'ignoranza dell'*alchimia* teorica implicava necessariamente l'ignoranza e il fallimento della medicina. Secondo Bacone l'*alchimia* pratica forniva anche la chiave per creare medicine di un tipo molto più perfetto di quelle allora disponibili.

Anche a Raimondo Lullo vengono attribuite varie opere di *alchimia*. Egli considerava l'*alchimia* uno dei fattori del progresso umano in quanto era in grado di assolvere a molti importanti compiti, quali la purificazione delle pietre preziose, la preparazione di medicinali efficaci, lo studio dell'esatta costituzione dei *metalli* e la loro trasmutazione in *oro* [10].

L'*alchimia* medievale, come già quella araba, si è occupata di tutti gli aspetti della tecnologia e della teoria delle sostanze ed ha avuto stretti legami con la farmaceutica, anche se il trattamento e la trasmutazione dei *metalli* hanno continuato ad occupare una posizione dominante. Sia gli alchimisti che i *filosofi naturali* del tardo Medioevo hanno visto nell'*alchimia* un mezzo per aumentare la conoscenza del mondo minerale, che non era stata sviluppata in maniera esauriente nell'antichità. Nei manoscritti medievali risulta accresciuta la quantità di processi e tecniche descritti, in sintonia con l'accresciuto numero di prodotti chimici in commercio e il miglioramento dei processi di purificazione mediante tecniche quali la sublimazione, la distillazione, la soluzione, la cristallizzazione. Il miglioramento degli apparati ha permesso di preparare distillati alcolici a grande concentrazione e la produzione di tre importanti acidi: l'*olio di vetriolo* (*acido solforico* [H_2SO_4]), l'*aqua fortis* (*acido nitrico* [HNO_3]) e l'*aqua regia* (una miscela di *acido nitrico* e *acido cloridrico* [HNO_3 + HCl]) [12]. A partire dall'inizio del XIV secolo le pratiche alchimistiche hanno costituito il luogo primario della sperimentazione sugli acidi minerali appena scoperti. Va tuttavia notato che, nonostante i grandi progressi, le pratiche e le ricette dell'alchimia sono rimaste eminentemente qualitative. Secondo Holmyard [7]:

> Chiunque esamini l'attrezzatura di un laboratorio alchimistico non può fare a meno di notare l'assenza o la scarsa importanza della bilancia. Il fatto che gli alchimisti dessero scarsa importanza alle determinazioni quantitative non sorprende, se si considera che non si era ancora giunti a concepire l'esistenza degli elementi chimici allo stato puro. Tale concetto, che è alla base della chimica scientifica, si sviluppò lentamente e non può essere ricondotto a un'origine unica.

Nel Medioevo l'*alchimia* ha rappresentato un vasto campo di attività che si è occupato di ogni ramo della tecnologia chimica e mineraria e ha fatto avanzare in modo sostanziale le conoscenze empiriche della *materia*. Inoltre, è importante sottolineare come venissero anche fatti tentativi di inquadrare le osservazioni nell'ambito di uno schema teorico. Infatti, la struttura caratteristica di un trattato alchimistico medievale era costituita, oltre che dalla descrizione delle pratiche artigianali, da una sezione "teorica" che di solito conteneva una recitazione della teoria degli *elementi* di Aristotele.

Nel periodo umanistico e nel Rinascimento, malgrado l'aura di segretezza che continuava a caratterizzarne gli scritti, l'*alchimia* ha consolidato la sua posizione, soprattutto nelle corti di re e principi, e si è maggiormente legata alla medicina. Il Rinascimento è stato un periodo in cui si è avuto un particolare interesse per l'*alchimia*. I testi alchemici, anche se non originali dal punto di vista teorico, hanno avuto una larga diffusione in vari ambienti della cultura europea. Mentre nel medioevo alla base dell'*alchimia* c'è stato il sistema aristotelico, l'*alchimia* rinascimentale ha introdotto nuove nozioni derivanti dall'affermarsi di dottrine legate alla ripresa di tradizioni filosofiche diverse dall'aristotelismo, in particolare il *neoplatonismo*. Queste dottrine hanno dato luogo ad una concezione animistica dell'*alchimia*, con forti sfumature cosmologiche e religiose, concezione che nel Cinquecento è stata adottata da molti alchimisti e medici rinascimentali. Una importante novità del periodo è rappresentata dal sorgere di una nuova scuola di *alchimia*, la *iatrochimica*, una dottrina medica, che poneva le sostanze chimiche, naturali o sintetiche, alla base della terapia con lo scopo di ripristinare gli equilibri corporei alterati dalla malattia. Gli iatrochimici hanno sostenuto che l'*alchimia* doveva essere principalmente applicata alla preparazione di medicine e alla comprensione dei processi negli organismi viventi.

Fondatore della *iatrochimica* è stato Theophrastus Bombastes von Hohenheim (1493–1541), detto Paracelso, un rivoluzionario ed un iconoclasta. Egli ha scatenato una rivoluzione nell'alchimia e nella medicina, che per lui erano due discipline strettamente legate, il cui obiettivo doveva essere l'abbattimento della medicina e dell'alchimia tradizionali. Paracelso vede i processi della natura come processi essenzialmente alchemici. Dice Levere [15]:

> La crescita degli animali e delle piante, la maturazione dei frutti e delle verdure, i processi di fermentazione per fare vino e birra, la digestione dei cibi, tutti i processi naturali che implicano trasformazione, crescita e sviluppo sono, secondo lui, processi alchemici. La natura è un alchimista e Dio, che governa la natura, è il supremo alchimista.

Paracelso credeva nella *pietra filosofale* e nell'*elisir della vita*. Credeva anche nei *quattro elementi* aristotelici, ma pensava che essi si manifestassero nei corpi come *tre principi* (*tria prima*): *sale*, *zolfo* e *mercurio*. Il *sale* era il *principio* della fissità e dell'incombustibilità, il *mercurio* era il *principio* della fusibilità e della volatilità, lo *zolfo* era il *principio* dell'infiammabilità.[7] Per giustificare la teoria dei *tria prima*, Paracelso utilizzava l'esempio della distillazione distruttiva del legno, già utilizzato da Aristotele [11]: Il *fumo* prodotto dalla combustione è la manifestazione della parte volatile, il *mercurio*; la luce e il bagliore dimostrano la presenza dello *zolfo*; la cenere, incombustibile e non volatile, è il residuo dovuto alla presenza del *sale*. Secondo Paracelso le trasformazioni alchemiche di tutti i corpi erano spiegabili sulla base dei *tria prima*, che costituivano una *trinità materiale* corrispondente ai

[7] Non è del tutto chiaro quale sia stata la relazione tra la *tria prima* e i *quattro elementi* aristotelici, né cosa siano diventate *forma* e *materia* nello schema paracelsiano.

tre principi costitutivi dell'uomo (*spirito vitale, anima e corpo*) e alla *trinità divina* (*padre, figlio e spirito santo*).

Paracelso è stato una figura molto discussa sia dai contemporanei che dai posteri, ma è doveroso sottolineare che le sue teorie hanno avuto un ruolo importante nello sviluppo del concetto di *purezza* delle sostanze, che è alla base della chimica e della scienza dei materiali. Secondo Paracelso, compito dell'alchimia era rimuovere le impurità, convertire sostanze *impure* in sostanze *pure*, separare sostanze benefiche da sostanze nocive, convertire sostanze inutili o anche malefiche in medicine salubri. Paracelso e i suoi seguaci ritenevano che, quanto più gli estratti per medicine erano esenti da sostanze contaminanti, tanto più sarebbero stati efficaci. Questo concetto ha portato allo sviluppo di saggi e capitolati di purezza. In tal modo è stata aperta la via alla concezione dell'individualità delle sostanze chimiche, che lentamente, ma decisamente, si è successivamente imposta attraverso le opere di Boyle, van Helmont, Black, Lavoisier e Dalton [7].

Le idee di Paracelso hanno portato l'*alchimia* al centro di una riforma medica globale e controversa, che ha grandemente contribuito alla crescente popolarità di cui l'alchimia stessa ha goduto nel Rinascimento. Questa popolarità ha però avuto anche altre motivazioni. Da una parte c'era il fatto che il suo potenziale tecnologico e industriale ha iniziato a dispiegarsi in un momento in cui le arti manuali stavano guadagnando prestigio, dall'altra, c'era la sua congenialità con il fiorente neoplatonismo del Rinascimento, attento alla filosofia e alla magia occulte.

3.3 Materia e Sostanze nel Dibattito Filosofico e nel Sapere Ufficiale

Per quanto riguarda la riflessione filosofica sulla materia e le sostanze, bisogna tenere presente che, nel lungo periodo che va dall'inizio del Cristianesimo al tardo Medioevo, lo studio della natura ha avuto un interesse marginale nelle speculazioni delle scuole filosofiche. Il sapere filosofico ufficiale, orientato dalle religioni dominanti, si è principalmente concentrato su problematiche quali la natura della divinità, l'origine e la finalità dell'universo, la natura e il fine dell'uomo, le modalità della conoscenza e il ruolo delle verità rivelate. Tuttavia, con il ritorno in auge dell'aristotelismo nel tardo Medioevo, il carattere della speculazione filosofica comincia a cambiare. L'aristotelismo si presenta come una completa enciclopedia del sapere, comprendente in sé anche le scienze della natura, che tendono a diventare un aspetto importante della ricerca filosofica e assumono un posto riconosciuto nell'economia generale delle conoscenze [16]. La scienza della natura insegnata e praticata nelle università medioevali coincide con ciò che Aristotele aveva definito *filosofia naturale*.[8] Al crescere dell'attenzione per la natura da parte della filosofia

[8] Nella definizione di Aristotele la *filosofia naturale* comprendeva lo studio di tutta la natura e includeva i campi che oggi sono l'oggetto della fisica, della chimica, delle scienze naturali e della biologia.

ufficiale, si moltiplicano i commentari sulla *filosofia naturale* di Aristotele. Questo aspetto risulta particolarmente evidente nello sforzo di assimilazione del sistema aristotelico da parte della filosofia scolastica.

L'interesse per la natura dei filosofi medioevali ha avuto come conseguenza l'avvio di una analisi critica della concezione aristotelica della *materia* e, contestualmente, il suo utilizzo nel tentativo di mettere ordine nel crescente numero di fenomeni osservati. Si trattava di spiegare le mutazioni indotte nella *materia* dal riscaldamento e dalla combustione e, di grande rilevanza per le credenze alchimistiche, di identificare le "vere" *trasmutazioni* delle sostanze. In questo ambito, a partire dal XIII e XIV secolo, al centro dei dibattiti si trovano le teorie sulle modalità di *attualizzazione* delle sostanze, che nella dottrina aristotelica sono un'unione indissolubile di *forma* e *materia*. Il meccanismo di *attualizzazione* era stato oggetto di controversie sin dalle origini. Come esempio paradigmatico, grande rilevanza viene data al problema delle *sostanze miste* (i *misti*), in cui si dibatte su quale sia la relazione tra la *forma sostanziale* della *sostanza mista* (per esempio, una lega metallica prodotta dalla combinazione di due *metalli* fusi) e le *forme* delle *sostanze componenti* e ci si chiede se la *forma sostanziale* della *sostanza mista* davvero esista. Da un punto di vista filosofico il problema dei *misti* è un aspetto particolare di una problematica più ampia, considerata di estrema rilevanza sin dal tempo degli antichi greci: la *continuità* e la *divisibilità* della *materia*.

Come abbiamo visto, Aristotele aveva cercato di risolvere il problema della *divisibilità* in parti sempre più piccole introducendo il concetto di *minimo naturale*, intendendo con ciò che in ogni sostanza ci sia una dimensione minima in cui la sostanza stessa può essere divisa senza perdere le sue caratteristiche essenziali. Il *minimo naturale* aristotelico non aveva un'esistenza fisica, ma era un limite alla divisibilità della sostanza e alla sussistenza della *forma*. Nel medioevo si ritiene che la soluzione di questo tipo di problemi (e anche versioni filosoficamente più complesse) sia cruciale come prova della validità delle teorie aristoteliche sulla *materia*. Di conseguenza, queste problematiche vengono affrontate dai più celebri filosofi e studiosi del tempo,[9] i quali non solo danno risposte differenti e spesso contrastanti, ma mettono anche in luce come, nell'ambito dei principi aristotelici, non sia possibile trovare criteri per stabilire quale sia la corretta soluzione [17].

Nel Rinascimento i filosofi aristotelici tentano di superare lo stato di crisi evidenziato dal problema dei *misti* e la situazione di grande incertezza dell'intero schema teorico, imboccando una strada che sarebbe sfociata nell'introduzione di concezioni di carattere corpuscolare, tradizionalmente estranee all'aristotelismo. Si comincia ad ipotizzare che i *minimi naturali* abbiano un'esistenza reale. Secondo queste teorie,[10] quando due sostanze reagiscono chimicamente, sono i loro rispettivi *minimi* a reagire e in tal modo si formano i *minimi* del composto [18]. Si ipotizza, inoltre,

---

[9] Tra di essi ci sono Alberto Magno (1200–1280), Avicenna (980–1037), Averroè (1126–1198), Ruggero Bacone (1219–1292), Tommaso d'Aquino (1225–1274), Giovanni Duns Scoto (1266–1308), Alberto di Sassonia (1320–1390).

[10] Sostenute da Agostino Nifo (1469–1538), Giulio Cesare Scaligero (1484–1558), Francisco de Toledo (1532–1596).

che i *minimi* delle differenti sostanze abbiano differenti dimensioni e che la composizione chimica sia il risultato dei loro urti reciproci e del successivo aggregarsi. Con l'introduzione di queste ulteriori ipotesi la teoria dei *minimi naturali* diventa in pratica indistinguibile dalle teorie *atomistiche e corpuscolari*, che nel frattempo si stanno riscoprendo. Il passo finale di interpretare i *minimi* in termini decisamente atomistici, verrà fatto dal medico tedesco Daniel Sennert (1572–1637) all'inizio del Seicento.

Il Rinascimento vede anche la ricomparsa di teorie esplicitamente *atomistiche* e *corpuscolari*. Si tratta di concezioni della *materia*, alternative a quella aristotelica dominante, che ipotizzano l'esistenza, su scala microscopica, di *corpuscoli* o *atomi*, dalle cui caratteristiche e dalle cui aggregazioni derivano le proprietà dei corpi e i fenomeni macroscopici osservati. Questo tipo di teorie si sarebbero rafforzate nel secolo successivo, come conseguenza della diffusione delle idee meccaniciste, sulla scia dei trionfi della *meccanica* nello spiegare il *moto* sia sulla terra che nei cieli.

Già nel medioevo c'erano stati filosofi e studiosi che avevano proposto spiegazioni dei fenomeni materiali in termini corpuscolari, sia nel mondo arabo,[11] sia nell'occidente cristiano.[12] Queste voci erano però rimaste marginali. La vera rinascita delle *teorie atomistiche* si ha durante l'Umanesimo. Il processo inizia in ambito filologico, grazie alla traduzione in latino delle *Vite dei filosofi* di Diogene Laerzio (la principale fonte di conoscenza della filosofia di Epicuro) ad opera di Ambrogio Traversari (1386–1439) e la riscoperta ad opera di Poggio Bracciolini (1380–1459) del *De rerum natura* di Lucrezio (poema che esercita un'influenza considerevole nel Rinascimento) [18]. Queste opere permettono ai filosofi rinascimentali di acquisire la consapevolezza di come possa esserci una spiegazione della natura antitetica a quella aristotelica. Di conseguenza, *teorie atomistiche* vengono introdotte in molti degli ambiti culturali del tempo. In ambito filosofico, l'*atomismo* è sostenuto in modo esplicito da Giordano Bruno (1548–1600), per il quale tutti i corpi sono composti da *atomi*, indivisibili e indistruttibili. In ambito medico, teorie corpuscolari emergono nelle discussioni sulle cause del contagio. Per Girolamo Fracastoro (1478–1550) i focolai di contagio si diffondono attraverso *semi*, da lui concepiti come *corpuscoli* [18]. Nel campo della metallurgia, Vannoccio Biringuccio (1488–1537) interpreta le proprietà chimico-fisiche dei *metalli* in termini corpuscolari. Le sue teorie costituiscono un compromesso tra la dottrina aristotelica degli *elementi* e la concezione atomista: i *quattro elementi* aristotelici sono da lui concepiti come *particelle* di materia qualitativamente determinate, che si compongono in diverse proporzioni dando luogo alle proprietà che caratterizzano i vari *metalli* [18].

[11] Mu'tazili (VIII sec.) e al-Razi (860–925).

[12] Nicola d'Autrecourt (circa 1300–1350), seguace di Guglielmo di Ockham e critico della filosofia di Aristotele.

Riferimenti bibliografici

1. Bernardoni A (2014) Mineralogia e metallurgia nell'Europa del XIII e XIV secolo. In: Eco U. (ed) Il Medioevo, vol. 11. La Biblioteca di Repubblica-L'Espresso, p. 442–449
2. Taylor E S, Singer C (1956) Pre-Scientific industrial chemistry. In: Singer C, Holmyard E J, Hall A R, Williams T I (ed) The Mediterranean Civilizations and the Middle Ages. A History of Technology, vol. 2. Oxford University Press, London, pp. 352–388
3. Bernardoni A (2014) La tradizione dei ricettari e dei libri di mestiere. In: Eco U. (ed) Il Medioevo, vol. 5. La Biblioteca di Repubblica-L'Espresso, p. 247–253
4. Mason S F (1962) A History of the Sciences. Collier Books, New York
5. Forbes R J, Smith C S (1957) (1956) Metallurgy and assaying. In: Singer C, Holmyard E J, Hall A R, Williams T I (ed) From Renaissance to Industrial Revolution. A History of Technology, vol. 3. Oxford University Press, London, p. 63
6. Singer C (1959) A Short History of Scientific Ideas to 1900. Oxford University Press, London
7. Holmyard E J (1956) Alchemical equipment. In: Singer C, Holmyard E J, Hall A R, Williams T I (ed) The Mediterranean Civilizations and the Middle Ages. A History of Technology, vol. 2. Oxford University Press, London, pp. 743–764
8. Newman W R (2013) Medieval Alchemy. In: Lindberg D C, Shank M H (ed) Medieval Science. The Cambridge History of Science, vol. 2. Cambridge University Press, pp. 385–403
9. Leicester H M (1971) The Historical Background of Chemistry. Dover Publications, New York
10. Geymonat L (1970) Storia del Pensiero Filosofico e Scientifico, vol. I. Garzanti, Milano
11. Brock W H (1993) The Chemical Tree. W. W. Norton & Company, New York
12. Ihde A J (1984) The development of modern chemistry. Dover Publications, New York
13. Bernardoni A (2014) Medioevo Centrale. In: Eco U. (ed) Il Medioevo, vol. 5. La Biblioteca di Repubblica-L'Espresso, p. 220
14. Newman W R (2003) Medieval Alchemy. In: Lindberg D C, Shank M H. The Cambridge History of Science: Volume 2, Medieval Science (pp. 391–392). Cambridge University Press
15. Levere T H (2001) Transforming Matter. The Johns Hopkins University Press, Baltimore
16. Abbagnano N (2017) Storia della Filosofia: La Filosofia Antica. DeA Planeta Libri S.r.l., Milano
17. Joy L S (2006) Scientific Explanation from Formal Causes to Laws of Nature. In: Park K, Daston L (ed) Early Modern Science. The Cambridge History of Science, vol. 3. Cambridge University Press, pp. 82–105
18. Clericuzio A (2012) Il Cinquecento. In: Eco U. (ed) L'Età Moderna e Contemporanea, vol. 3. La Biblioteca di Repubblica-L'Espresso, p. 261

Capitolo 4
La Materia nel Seicento

Nel XVII secolo si afferma il cambiamento culturale associato alla rivoluzione scientifica, iniziato nella seconda metà del Cinquecento. Prende forma un nuovo modo di affrontare le problematiche scientifiche, basato sulla rivalutazione dell'indagine empirica e della sperimentazione e sulla sempre maggiore importanza attribuita alla pratica. Si cercano di introdurre le prime formulazioni matematiche per le teorie scientifiche. Le teorie del passato vengono sottoposte ad un esame critico, che porterà al crollo dell'edificio aristotelico. In questo periodo si registra un considerevole aumento del numero di coloro che si dedicano ad attività di carattere scientifico e delle pubblicazioni di contenuto scientifico e tecnico. Si diffonde la pratica di pubblicare dettagliate descrizioni degli esperimenti e le immagini degli strumenti utilizzati, così da consentire al lettore di ripeterli e di controllarli.

La scienza e le tecniche assumono una crescente importanza nell'economia, nella politica e nella vita intellettuale di gran parte dei paesi europei. Inizia una complessa fase di trasformazione, in cui i mutamenti tecnici si estendono alla scienza, e questa a sua volta rende possibile un nuovo e più rapido progresso tecnico. Ciò determina l'affermarsi, in misura assai maggiore che nel passato, dei settori di ricerca legati alle applicazioni pratiche, quali la metallurgia, la costruzione di strumenti di precisione, la cartografia, le costruzioni navali, l'artiglieria, la scienza delle acque e la chimica pratica.

Si hanno i primi grandi trionfi dell'osservazione e della sperimentazione scientifica, fra cui vanno ricordati: la definitiva affermazione della nuova concezione del sistema solare, grazie a Galilei e nonostante la condanna della chiesa; la descrizione del campo magnetico terrestre da parte di Gilbert; la scoperta della circolazione del sangue da parte di Harvey; lo sviluppo e le applicazioni del telescopio e del microscopio.

Per quanto riguarda la concezione della *materia* e lo studio delle sue proprietà, cominciano a delinearsi due ambiti di indagine paralleli che, usando una denominazione moderna, potremmo definire indagini di tipo *chimico* e di tipo *fisico*. Il primo è legato alla lenta ma continua evoluzione delle pratiche alchemiche verso procedure più rigorose di analisi e manipolazione delle sostanze, con maggior at-

© The Author(s), under exclusive license to Springer Nature Switzerland AG 2025

F. Evangelisti, *Il concetto di materia*, https://doi.org/10.1007/978-3-031-83565-0_4

tenzione agli aspetti quantitativi delle reazioni, alla riproducibilità dei risultati e alla comprensione e alla spiegazione degli esperimenti. Una evoluzione che segna l'inizio del processo di smantellamento dei retaggi della filosofia antica e medioevale e della vecchia alchimia, con il suo ingombrante bagaglio di superstizioni e pratiche fumose, e la nascita della chimica come disciplina scientifica. Il filone di indagini di tipo fisico si colloca all'interno della *filosofia naturale* seicentesca[1] ed è strettamente legato alle problematiche e alle nuove tecniche nate dai progressi della scienza meccanica, dallo sviluppo della strumentazione e dalla maggiore attenzione verso nuovi fenomeni, come l'elettricità e il magnetismo.

4.1 Materia e Indagini Alchemico-chimiche nella Prima Metà del Seicento

Agli inizi del Seicento, in confronto ai grandi successi ottenuti dall'applicazione del metodo scientifico nella meccanica e nell'astronomia, l'applicazione del nuovo modo di fare scienza all'indagine delle proprietà *chimiche* della *materia* sembra progredire ad un passo decisamente più lento. Grazie alla descrizione delle attività pratiche e dei processi chimici, riportate nella letteratura tecnica e nei testi di alchimia, si è ormai raggiunta una solida conoscenza empirica delle proprietà generali dei metalli, dei minerali e delle sostanze in genere e si hanno a disposizione una grande massa di dati. Tuttavia, non si riesce ad inquadrare questa vasta conoscenza empirica in un soddisfacente sistema di classificazione né a spiegarla in modo convincente. La complessità delle sostanze e dei processi chimici rende ogni teorizzazione estremamente difficile. In questo periodo non c'è ancora una percezione della differenza tra sostanze inorganiche e sostanze organiche. Chimici e alchimisti pongono sullo stesso piano i minerali e le sostanze di provenienza animale e vegetale. Non c'è una chiara consapevolezza della differenza tra sostanze semplici e sostanze composte, se non nel modo vago e qualitativo delle teorie legate ai *quattro elementi* aristotelici o ai *tre principi* di Paracelso. C'è poi il problema di capire cosa succede quando le sostanze vengono manipolate utilizzando i processi più familiari, quali la combustione, il riscaldamento, l'attacco o la soluzione nei liquidi. Non c'è ancora una chiara percezione del fatto che nelle reazioni alcune sostanze possono essere sostituite da altre. Spesso i cambiamenti osservati sono ancora interpretati come prova della *trasmutazione* delle sostanze. Manca un linguaggio universalmente concordato [1]: nella lunga tradizione alchemica differenti sostanze erano state spesso confuse tra loro e sostanze identiche erano conosciute con differenti nomi e considerate differenti.

Con il progredire del XVII secolo questa situazione comincia a cambiare. In concomitanza con l'analisi critica delle vecchie teorie, si cominciano a mettere a fuoco problemi più specifici da risolvere in modo da pervenire ad una identificazione certa

[1] La *filosofia naturale* nel Rinascimento e nel Seicento si identifica con le problematiche della fisica.

delle sostanze, alla comprensione della loro natura e alla loro classificazione. Con il crescere dell'influenza generale del meccanicismo, si assiste ad una revisione sempre più radicale dei temi di indagine e dei problemi affrontati. Cresce l'attenzione per le modalità delle reazioni e per la definizione delle sostanze, mentre diminuisce l'interesse per gli esperimenti di *trasmutazione*, che perdono credibilità, anche se la maggioranza dei *filosofi chimici* del tempo non ne esclude a priori la possibilità.

Fra gli autori più rappresentativi di questo rinnovamento troviamo il medico tedesco Daniel Sennert (1572–1637), il medico lorenese Sebastien Basson (1573–1625 circa), il medico francese Jean Rey (1583–1645), ma, soprattutto, il medico fiammingo Joan Baptista van Helmont (1579–1644). Va tuttavia tenuto presente che questi autori, così come molti altri in questo periodo, sono ancora largamente influenzati dalla tradizione alchemica, soprattutto quando cercano di elaborare spiegazioni teoriche dei fenomeni osservati. Una succinta illustrazione dell'attività e delle teorie di van Helmont sulla *materia* ci fornisce un quadro abbastanza accurato delle concezioni e delle problematiche del periodo.

Van Helmont è stato uno iatrochimico, ossia un medico seguace dell'*alchimia* nel senso paracelsiano. Egli ha rigettato la teoria dei *quattro elementi* aristotelici e quella dei *tre principi* di Paracelso, ma, ragionando secondo i vecchi schemi, ha ritenuto che dovesse esserci una *sostanza primaria* e che questa fosse l'*acqua*, poiché le acque erano menzionate nella Bibbia come il caos primordiale antecedente al resto della creazione [2]. Tuttavia, van Helmont, nello spirito del tempo, ha anche cercato di supportare questa sua opinione con una serie di esperimenti. In quello più famoso, egli ha seguito la crescita di un *salice piangente* per cinque anni, ha pesato la terra nel vaso all'inizio e alla fine, ed è giunto alla conclusione che la crescita del salice e il suo aumento di peso erano dovuti soltanto all'acqua, in quanto l'acqua era la sola sostanza aggiunta e non c'erano stati cambiamenti osservabili nella terra del vaso. In seguito, tuttavia, di fronte all'impossibilità pratica di *ricondurre* l'*aria* ad *acqua*, van Helmont ha anche accettato l'*aria* come un elemento primario, arrivando alla conclusione che tutte le sostanze in ultima analisi sono derivate da *acqua* e *aria*.

Nonostante queste idee, fondamentalmente in linea con l'approccio tradizionale, van Helmont ha dato due contributi importanti al processo di transizione dall'*alchimia* alla *chimica*. Il primo è legato al carattere eminentemente *quantitativo* che ha caratterizzato la sua attività, in confronto alla prevalente attitudine *qualitativa* dei contemporanei. Secondo lo storico della chimica James Partington [3]:

> van Helmont ha fatto un uso esteso della *bilancia* ed ha espresso chiaramente la legge dell'indistruttibilità della *materia*.

Il secondo importante contributo è legato al suo ruolo di pioniere della ricerca sulle sostanze gassose. Van Helmont è stato il primo a riconoscere chiaramente come, in molti processi chimici, si abbia la produzione di sostanze aeriformi differenti dall'*aria*, i *gas*. Egli è quindi stato il precursore di un settore di ricerca, che si sarebbe rivelato di importanza cruciale nel promuovere la cosiddetta rivoluzione chimica del XVIII secolo. Il suo interesse era nato dall'osservazione che, durante le reazioni chimiche, spesso si sprigionavano delle sostanze, da lui chiamate *effluvi* o *spiriti*, il cui comportamento era simile a quello dell'*aria*. Descrivendo un tipico esperimento in cui aveva bruciato *62 libbre* di *carbone* di legna fino a che era rimasto con *1 libbra* di *cenere*, egli sostiene che il materiale sparito si doveva essere dissolto sotto forma di un *effluvio*, da lui battezzato *spiritus silvester* (*spirito selvaggio*, l'odierna *anidride carbonica*). A riprova di questo cita il fatto che se il carbone viene riscaldato in un contenitore sigillato, la combustione spesso non avviene, ma quando avviene si ha un'esplosione, in cui l'*effluvio* intrappolato fuoriesce in modo violento e disordinato (da cui il nome di *spiritus silvester*). Questi esperimenti accompagnati da esplosioni hanno portato van Helmont a coniare la parola *gas*, (che significa *caos* nella lingua fiamminga) e alla sua definizione [1]:

> Questo *spiritus silvester*, finora sconosciuto, che non può essere trattenuto nei recipienti né ricondotto a un corpo visibile ... io chiamo con il nuovo nome di *gas*.

Risulta chiaramente dai suoi scritti che van Helmont ha ottenuto vari altri *gas* allo stato impuro, tra cui un *gas infiammabile* (l'odierno *metano*), da lui denominato *gas pingue*, proveniente dagli intestini e dal concime in fermentazione [4].

Van Helmont è stato, quindi, il primo ad avere una chiara percezione dell'esistenza di sostanze aeriformi differenti dall'*aria*. Si tenga presente che i *filosofi naturali* e gli alchimisti del tempo, come del resto i loro predecessori, ritenevano che esistesse un solo tipo di sostanza aeriforme, l'*aria*,[2] e che i fluidi gassosi di cui si aveva evidenza, altro non fossero che *aria* più o meno contaminata da impurità. Erano le impurità che le conferivano la caratteristica di essere, di volta in volta, velenosa, odorosa, infiammabile, colorata. Inoltre, in accordo con la tradizione alchemica secondo cui i *corpi* erano composti di *materia* e *spirito* (la *forma* aristotelica), si riteneva che l'*effluvio* emesso quando si scaldava un *corpo* altro non fosse che lo *spirito*, che fuoriusciva e che poteva quindi essere isolato mediante condensazione. Era sulla base di simili credenze che van Helmont aveva cominciato ad isolare questi *spiriti*, non solo usando i metodi pirotecnici tradizionali, ma anche sfruttando l'azione degli *acidi* sulle sostanze. Quelli da lui chiamati *gas* erano gli *spiriti* che non riusciva a condensare. Siccome egli riteneva che lo *spirito* di una *sostanza* fosse specifico, era dell'opinione che i *gas* differissero l'uno dall'altro in base alla loro provenienza ed erano differenti dall'*aria* e dai vapori condensabili [2]. Si trattava di idee estremamente innovative, a cui, però, i contemporanei hanno prestato poca attenzione, perché a quei tempi era in realtà impossibile distinguere tra loro queste emissioni aeriformi, mancando ancora le appropriate strumentazioni per raccoglierle ed analizzarle dal punto di vista chimico [1].

4.2 Materia e Proprietà Fisiche: l'Aria e il Vuoto

Nel Seicento, la rinascita delle teorie *atomistico-corpuscolari* e i crescenti dubbi sulla validità del sistema aristotelico danno luogo ad un acceso dibattito su di un cruciale problema alla base di entrambe le teorie: la possibilità del *vuoto*. Il

[2] A maggior ragione non si sospettava che l'*aria* fosse una miscela complessa di *gas* differenti.

dibattito sul *vuoto* che ha luogo in questo periodo è strettamente connesso, per ragioni sia sperimentali che di speculazione filosofica, a quello sulle proprietà fisiche dell'*aria*.[3]

Una visione antitetica sulla possibilità di uno spazio *vuoto* aveva caratterizzato le teorie filosofiche fin dalle loro formulazioni originarie ai tempi dell'antica Grecia. Per Democrito il *vuoto* era essenziale per permettere il moto e la combinazione degli *atomi*. Viceversa, la polemica contro il *vuoto* era stata uno dei cardini della concezione aristotelica. Questa dicotomia rifletteva la contrapposizione tra la concezione di una *materia* composta da entità discrete e la concezione di *materia* come un continuo. Secoli di dibattiti filosofici in merito avevano mostrato come le argomentazioni teoriche non fossero in grado di risolvere il problema. La risposta non poteva che venire dagli esperimenti ed è stato uno dei meriti della rivoluzione scientifica del Seicento l'aver affermato questo concetto.

La prima evidenza sperimentale diretta della possibilità del *vuoto*, inteso come *assenza di aria* in un recipiente, è venuta dalla sperimentazione legata allo studio del *peso* dell'*aria*, nell'ambito delle problematiche di meccanica dei fluidi che si sono sviluppate nel Seicento. Già nell'Antichità si era discusso della natura dell'*aria* e se essa avesse o meno un peso. Nel Medioevo alchimisti e filosofi ritenevano generalmente che l'*aria* non avesse un peso e spesso arrivavano addirittura ad attribuirle un peso "negativo", poiché, come il *fuoco*, essa tendeva a salire verso l'alto [5]. C'era, inoltre, il problema della sua relazione con l'*elemento primitivo aria* della teoria aristotelica dei *quattro elementi*, ancora largamente seguita all'inizio del Seicento.

Il primo celebre esperimento, che mostra in modo inequivocabile come l'*aria* abbia effettivamente un peso e come la sua rimozione possa dar luogo ad uno spazio *vuoto*, è quello fatto nel 1644 dal matematico e fisico italiano Evangelista Torricelli (1608–1647). Torricelli era stato assistente di Galileo nell'ultimo periodo di vita di quest'ultimo. Galileo era rimasto incuriosito dall'osservazione che, quando si aspirava l'acqua da un pozzo mediante un tubo, non si riusciva a superare un'altezza di circa nove metri e aveva segnalato a Torricelli questo problema[4] [6]. Analizzando le evidenze disponibili, Torricelli giunge alla conclusione che il fenomeno sia legato al peso dell'*aria* atmosferica. E' il peso dell'*aria* sulla superficie dell'acqua del pozzo che produce la pressione che spinge l'acqua nel tubo verso l'alto e questo è possibile solo fino a che la pressione della colonna d'acqua nel tubo rimane inferiore alla pressione esercitata dall'*aria* atmosferica. L'altezza massima dell'acqua nel tubo corrisponde quindi ad una pressione della colonna d'acqua pari alla pressione atmosferica. Per verificare questa ipotesi Torricelli concepisce il suo celebre esperimento, in cui usa il *mercurio*, un liquido molto più pesante dell'acqua, in modo da poter eguagliare la pressione atmosferica con una colonna molto più corta e maneggevole di quella necessaria con l'acqua.

---

[3] Le proprietà chimiche e la composizione dell'aria diventeranno oggetto di studio solo nel XVIII secolo.

[4] Si narra che, in seguito all'insuccesso dei suoi tecnici nel sollevare acqua da una profondità di 15 m per mezzo di una pompa aspirante (l'esperienza dimostrava un limite di sollevamento di circa 9 m), Cosimo II dei Medici, granduca di Toscana, si sia rivolto per spiegazioni a Galileo.

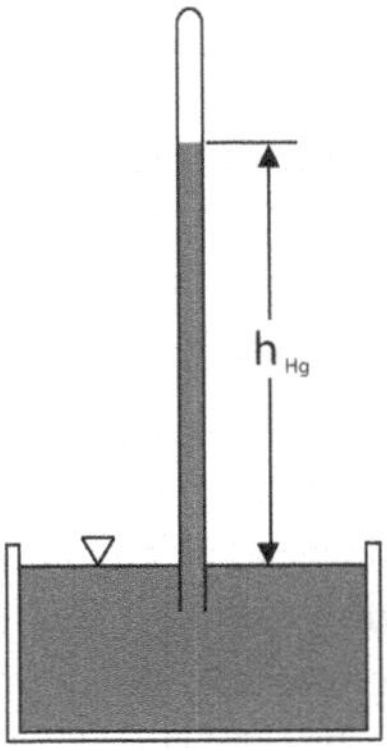

Figura 4.1 Schizzo dell'apparato usato da Torricelli

Come descritto in tutti i testi elementari di fisica, Torricelli, dopo avere riempito di *mercurio* un tubo lungo circa 1 m, sigillato a un'estremità, immerge l'altra estremità in una bacinella anch'essa piena di *mercurio*. Quando apre l'estremità immersa, egli osserva che il *mercurio* nel tubo discende fino ad un'altezza di circa 760 mm al di sopra della superficie del *mercurio* della bacinella (Fig. 4.1). Da questa evidenza sperimentale Torricelli trae due importanti conclusioni. La prima è la conferma dell'ipotesi che il *mercurio* del tubo non può scendere a causa della pressione che l'*aria* esercita sulla superficie libera del *mercurio* della bacinella e, quindi, che questa pressione è pari a quella esercitata dal peso del *mercurio* del tubo. Pertanto, non solo l'*aria* ha un peso, ma si è anche scoperto un modo semplice per misurarlo, una scoperta di incalcolabile importanza pratica. La seconda conclusione è che lo spazio lasciato libero dal *mercurio* nella sommità chiusa del tubo sia privo di aria e quindi *vuoto*.

I risultati di Torricelli vengono confermati poco dopo da Blaise Pascal (1623–1677), il quale, nel 1647, pubblica l'esito dei suoi primi esperimenti *barometrici* con il titolo *Expériences nouvelles touchant le vide* (*Nuovi esperimenti sul vuoto*). Nel testo egli afferma esplicitamente che la parte superiore del tubo è vuota, che il *vuoto* è possibile in natura e che il cosiddetto *horror vacui* (ripugnanza del vuoto) non sia altro che il risultato della tendenza dei fluidi a riempire gli spazi vuoti che li circondano [7].

4.2.1 Sperimentazione con il Vuoto

Alla metà del Seicento, nello spirito della trionfante rivoluzione scientifica in cui si moltiplicano le invenzioni di nuove strumentazioni, viene inventata la *pompa da vuoto*, un nuovo strumento in grado di ridurre la quantità di *aria* contenuta in un recipiente sigillato. Questa invenzione dà l'avvio ad una metodologia sperimentale destinata a dare un grande contributo alla conoscenza della *materia* e, più in generale, alla scienza e alla tecnologia. Nell'immediato, l'invenzione della *pompa*

Figura 4.2 Antichi disegni delle pompe da vuoto di von Guericke. (*Sopra*) La prima pompa con contenitore di legno. (*Sotto*) La seconda pompa con contenitore sferico di rame. (Riprodotto da Ottonis de Guericke, *Experimenta nova*; Cortesia di The Linda Hall Library of Science, Engineering & Technology)

da vuoto permette ai ricercatori del periodo di studiare le proprietà dell'*aria* e di eseguire sofisticati esperimenti sulla combustione e sulla respirazione.

La *pompa da vuoto* è stata inventata dal fisico tedesco Otto von Guericke (1602–1686), borgomastro di Magdeburgo. Si trattava essenzialmente di un cilindro provvisto di pistone (Fig. 4.2) che, attaccato ad un recipiente, permetteva, estraendo il pistone stesso, di aspirare parte dell'*aria* in esso contenuta. La tenuta era tutt'altro che perfetta e l'azione di estrazione dell'*aria* molto faticosa. Il *vuoto* massimo ottenibile corrispondeva a pressioni dell'ordine della decina di *millimetri di mercurio* (*mm-Hg*), ossia alla riduzione della quantità d'*aria* contenuta nel recipiente ad un valore circa 80 volte più piccolo di quello corrispondente alla pressione atmosferica.[5]

Nel 1654 von Guericke ha effettuato il celebre esperimento degli *emisferi di Magdeburgo* per mostrare il funzionamento della *pompa* agli alti dignitari del Sacro Romano Impero, durante la Dieta di Ratisbona. Esperimento che ha dimostrato in modo clamoroso la forza della pressione atmosferica e lo ha reso famoso. Nell'esperimento von Guericke ha fatto combaciare due emisferi metallici, di circa 50 cm di diametro, dotati di guarnizioni di cuoio, ed ha estratto l'aria dal loro interno grazie alla *pompa*. Come conseguenza la pressione dell'aria esterna, non più con-

[5] Come dimostrato da Torricelli, la pressione atmosferica corrisponde a circa 760 mm-Hg.

trobilanciata, faceva aderire i due emisferi. La forza esercitata dalla pressione era tale che neppure 16 cavalli (tirando 8 per parte) riuscivano a staccarli. I due emisferi si staccavano da soli non appena si faceva rientrare l'aria mediante una valvola.

Il chimico e fisico inglese Robert Boyle (1627–1691) ha avuto il merito di essere stato il primo scienziato che ha utilizzato la *pompa da vuoto* per uno studio sistematico delle proprietà dell'*aria*. Boyle ha dato contributi importanti alla conoscenza della materia e all'evoluzione della scienza nel passaggio dalla tradizione alchimistica alla chimica moderna. Tra il 1658 e il 1659, dopo aver appreso dell'invenzione di von Guericke, Boyle, in collaborazione con Robert Hooke (1636–1703), ha costruito una sua versione molto migliorata della *pompa da vuoto*, che consentiva di aspirare l'aria con relativa facilità. L'apparato gli ha permesso di condurre sofisticati esperimenti, che hanno dato inizio ad una nuova fase di studi sperimentali e sono divenuti il modello della nuova pratica scientifica [7].

Studiando l'andamento della *pressione* dell'*aria* al variare del *volume* da essa occupato, Boyle ha dimostrato che l'aria è un *fluido elastico* ed è giunto a formulare quella che verrà denominata *legge di Boyle* (o anche *legge di Boyle-Mariotte*). La legge afferma che la *pressione* p di una determinata quantità di *aria* è inversamente proporzionale al *volume* V da essa occupato: minore il *volume*, maggiore la pressione e viceversa (In formule: $p\ V = costante$). La legge è stata enunciata per la prima volta nel 1662 nella pubblicazione *A Defence of the Doctrine Touching the Spring and Weight of the Air*. Nel 1676 la legge è stata riformulata in modo più preciso dal fisico francese Edme Mariotte (1620–1684), che, confermando i dati di Boyle, ha specificato un aspetto molto importante, cioè che essa vale soltanto se la *temperatura* dell'*aria* rimane costante. La legge rappresenta la prima formulazione quantitativa di una proprietà fisica che vale per tutti i *gas* in condizioni di bassa *densità* e alta *temperatura*. Questi *gas* saranno in seguito definiti *gas perfetti*.[6] Come vedremo, la capacità di spiegare quantitativamente la *legge di Boyle* avrebbe costituito uno dei punti di forza della *teoria cinetica* dei gas e dell'interpretazione corpuscolare della materia.

4.2.2 Combustione, Respirazione e Calcinazione. Natura Complessa dell'Aria

La disponibilità delle prime *pompe da vuoto* permette, nella seconda metà del Seicento, di studiare il ruolo dell'*aria* in fenomeni essenziali come la *combustione* e la *respirazione* e di mettere in evidenza, per la prima volta, come l'*aria* non sia una sostanza semplice ma una miscela. Si tenga presente che, come affermato in precedenza, i *filosofi naturali* e gli alchimisti del tempo, ritenevano che esistesse un solo tipo di sostanza aeriforme, l'*aria*, e che i fluidi gassosi di cui si aveva evidenza, altro

[6] Si tenga presente che ai tempi di Boyle, nonostante le osservazioni fatte in precedenza da van Helmont, non si aveva in realtà ancora coscienza dell'esistenza di *gas* differenti dall'*aria* e il termine *gas* non era ancora in uso.

non fossero che *aria* più o meno contaminata da impurità. Questi primi esperimenti possono essere visti come il prodromo dello sviluppo della fisica e della chimica dei *gas*, che, nel secolo successivo, avrebbe portato alla scoperta di vari *gas* elementari come l'*idrogeno*, l'*ossigeno*, l'*azoto* e l'*anidride carbonica* e alla comprensione del ruolo dell'*ossigeno* nella *combustione* e nella *respirazione*, tutti successi che sono stati tappe fondamentali nel cammino verso la comprensione della struttura della materia. Pionieri di queste prime ricerche sono stati Boyle, Hooke e il medico inglese John Mayow (1641–1679), che per primi hanno fatto studi quantitativi sul ruolo dell'*aria* nella *combustione* e nella *respirazione*.

Tipici esperimenti consistevano nello studio della *combustione* di candele o di sostanze infiammabili, poste all'interno di contenitori in cui si faceva il *vuoto*, e nell'esame delle condizioni di estinzione della fiamma. Dall'osservazione che, senza *aria*, la fiamma non si sviluppava, ma che essa appariva non appena si immetteva di nuovo aria nel contenitore evacuato, si è giunti alla conclusione che l'*aria* è necessaria per la produzione e il mantenimento della *combustione*. Analogamente, osservando cosa succedeva a piccoli animali posti all'interno dei recipienti evacuati, è stato anche dimostrato che la presenza dell'aria è essenziale per la *respirazione*. Esperimenti successivi più accurati hanno mostrato che, in realtà, la combustione si spegneva, quando nei contenitori rimaneva ancora una larga quantità di *aria*. Si è osservato che questa *aria* residua non era più in grado di supportare la *combustione*. Altri esperimenti, in cui un topolino veniva inserito nel recipiente chiuso insieme ad una candela accesa, hanno permesso di dimostrare che, analogamente alla combustione, anche la respirazione esauriva solo parte dell'aria. I resoconti di questi esperimenti e le teorie inerenti sono stati pubblicati da Boyle nel 1672 nell'opera *New experiment touching the relation betwixt flame and air*, da Hooke nella sua grande opera *Micrographia* e da Mayow nel suo *Tractatus quinque medico-physici*, pubblicato a Oxford nel 1674.

L'osservazione che solo una parte dell'aria viene utilizzata nei processi di *combustione* e *respirazione* è stata estremamente rilevante, in quanto ha rappresentato la prima evidenza che l'*aria* non è una sostanza semplice, ma una miscela di *fluidi* differenti. Il fenomeno è stato ben descritto da Hooke nella sua opera *Micrographia* (1665), dove egli afferma che l'*aria* è il *solvente* universale di tutti i corpi *sulfurei* (cioè, in grado di bruciare), la cui *dissoluzione* è determinata da una *sostanza inerente all'aria e mescolata ad essa*, e che è questa azione di *dissoluzione* che provoca il fuoco [5].

Anche Mayow, come Boyle e Hooke, ha concluso dall'analisi dei suoi esperimenti che l'*aria* deve contenere due tipi di componenti. Un tipo, che viene rimosso durante i processi di *combustione* e di *respirazione* e che egli ha chiamato *spiritus nitro-aereus*, e un altro tipo, che rimane dopo i processi occupando un volume ridotto e che non è in grado di sostenere né la *combustione* né la *respirazione*. Inoltre, secondo Mayow, tutti i *corpi combustibili* contengono *particelle sulfuree* (cioè, in grado di bruciare) e il calore prodotto nella *combustione* è dovuto alla collisione violenta tra le *particelle sulfuree* e quelle contenute nello *spiritus nitro-aereus* [3]. La *sostanza inerente all'aria e mescolata ad essa* di Hooke e lo *spiritus nitro-aereus* di Mayow altro non erano che l'*ossigeno* e in questo senso Boyle, Hooke e Mayow sono arrivati molto vicino alla sua scoperta. Tuttavia, essi non sono stati in grado di identificare questa nuova *sostanza* in quanto non c'erano ancora metodi convenienti per preparare e analizzare i *gas* né la consapevolezza della loro esistenza. La consapevolezza dell'esistenza dell'*ossigeno* si sarebbe avuta soltanto più di un secolo dopo, grazie a Priestley e Lavoisier.

Accanto alla *combustione* e alla *respirazione*, un altro settore specifico su cui si è indirizzata l'attenzione degli studiosi del Seicento e che si sarebbe rivelato di grande importanza per la comprensione della struttura della *materia*, è stato la *calcinazione* dei *metalli*. Dai tempi dell'antica alchimia, il termine *calcinazione* ha indicato i processi di riscaldamento ad alta temperatura di sostanze solide, protratto per il tempo necessario ad eliminare tutte le sostanze volatili. Per quanto riguarda i *metalli*, era noto fin dall'antichità che essi, con l'eccezione dell'*oro* e dell'*argento*, subiscono notevoli cambiamenti quando sono riscaldati in forni aperti. Il processo determina la formazione di un *residuo*, chiamato *calce* (dal latino *calx*).[7] Nel XVI secolo, quando si era cominciato a porre una maggiore attenzione alla comprensione del fenomeno e a chiedersi cosa distinguesse un *metallo* dalla sua *calce*, si era notato che la *calce* era più pesante del *metallo* da cui proveniva, un fatto difficile da spiegare. Le spiegazioni usualmente date erano molto vaghe, del tipo che un'*anima* fuoriusciva dal *metallo* o che la materia dei *metalli* diventava più densa o che fosse assorbito un qualche tipo di *acido* proveniente dal fuoco o che il fuoco stesso avesse un peso, che si trasferiva al *metallo* durante la *calcinazione* [3].

Nel Seicento un primo studio molto accurato della calcinazione è stato fatto dal medico francese Jean Rey (1583–1645) e illustrato nel suo *Essays de Jean Rey sur la Recerche de la cause pour laquelle l'Estain et le Plomb augmentent de poids quand on les calcine*, pubblicato nel 1630. Nel suo saggio Rey ha avanzato una teoria della *calcinazione* incredibilmente accurata per i suoi tempi. Avendo osservato che il peso di *piombo* e *stagno* aumentava quando venivano calcinati, egli ha spiegato questo aumento come dovuto al peso dell'*aria* incorporata nei *metalli* durante il riscaldamento. La spiegazione proposta da Rey conteneva due importanti elementi di novità. Il primo era che l'*aria* avesse un peso. Si ritiene che questa opinione di Rey, portata da padre Mersenne all'attenzione della comunità scientifica del tempo (che includeva Torricelli, Galilei, Cartesio, Pascal), abbia contribuito a stimolare le ricerche di Torricelli e Pascal sull'argomento [8]. La seconda novità era che la *calcinazione* implichi l'incorporazione di *aria* nel *metallo*. Questa ipotesi, largamente ignorata dai contemporanei, sarebbe stata successivamente confermata da Lavoisier, oltre un secolo dopo.

Nella seconda metà del Seicento, sia Boyle che Mayow hanno fatto studi accurati sulla *calcinazione* dei metalli. Boyle ha esposto i suoi risultati, ottenuti usando principalmente lo *stagno* e il *mercurio*, nello scritto *New experiments to make fire and flame stable and ponderable* del 1673. Egli ha descritto accuratamente l'aumento di peso del *residuo* dei *metalli calcinati*, ma ha sottovalutato il ruolo dell'*aria*, ritenendo che l'effetto fosse dovuto ai *corpuscoli ignei* del fuoco, che passati attraverso il vetro, venivano assorbiti dal *metallo*. Ne ha concluso che il fuoco ha un peso [3].

[7] Oggi sappiamo che si tratta degli *ossidi* del *metallo* calcinato.

Su questo punto le opinioni di Boyle erano un chiaro arretramento rispetto a quelle di Rey.

L'opinione di Mayow (1641–1679) sul fenomeno è stata, invece, essenzialmente quella corretta. Nel suo *Tractatus quinque medico-physici* egli nota che quando dell'*antimonio* metallico in polvere viene calcinato su di una lastra di marmo mediante una lente ustoria, la *calce* residua è più pesante del *metallo* originario, nonostante si osservi la fuoriuscita di molti *fumi*. Mayow afferma [3] che sono le particelle dello *spiritus nitro-aereus* dell'*aria* atmosferica a fissarsi nel *metallo*.[8]

4.3 Meccanicismo e Concezioni Atomistico-corpuscolari nel Seicento

La concezione atomistico-corpuscolare della materia, che aveva cominciato a diffondersi alla fine del Cinquecento, viene rafforzata dal trionfo del meccanicismo seicentesco. Nell'interpretazione delle proprietà della materia prende forza l'idea che esse siano il risultato della dinamica delle particelle che la costituiscono. Di conseguenza, nella prima metà del secolo appaiono varie interpretazioni dei fenomeni basate su concezioni atomistiche e corpuscolari.

Il medico tedesco Daniel Sennert (1572–1637) elabora una teoria che si può definire un compromesso tra atomismo e aristotelismo. Egli rielabora in senso atomistico la teoria dei *minimi naturali*, asserendo che gli *elementi* aristotelici non possono essere infinitamente divisi e sono quindi riducibili a parti minime, che egli identifica con gli *atomi*. Sennert postula l'esistenza di quattro tipi di *atomi* corrispondenti ai *quattro elementi* aristotelici [9]. Il suo atomismo può essere a buon diritto definito una transizione dalla filosofia aristotelica all'atomismo.

Una radicale confutazione della teoria aristotelica delle *forme* e dei *quattro elementi* è contenuta nel libro "*Philosophia naturalis adversus Aristotelem*" pubblicato nel 1621 dal medico lorenese Sebastien Basson (1573–morto dopo il 1625). Basson adotta una concezione atomistica, secondo cui il moto locale degli *atomi*, la loro posizione, il loro aggregarsi o disaggregarsi, rendono conto di tutti i fenomeni che gli aristotelici ritenevano essere il risultato dell'azione delle *forme* [7].

Il medico e chimico italiano Angelo Sala (1575–1637) spiega la fermentazione come una riaggregazione delle particelle elementari volta a formare nuove sostanze [9].

L'esame più attento e dettagliato delle singole proprietà della *materia*, con l'intento di costruire modelli corpuscolari per la loro spiegazione, fa nascere il problema di individuare quali di queste proprietà siano quelle intrinseche della materia e quali siano invece il risultato della reazione dei sensi dell'uomo. Per rispondere a questi problemi i *filosofi naturali* del Seicento, in particolare Galileo, sviluppano la dottrina della *soggettività* delle *qualità sensibili*, che divide le qualità dei corpi e delle sostanze materiali in due categorie, le *qualità primarie*, che appartengono in

[8] Si ricordi che lo *spiritus nitro-aereus* di Mayow altro non era che l'*ossigeno*.

proprio alla *materia*, e le *qualità secondarie*, che sono il risultato della reazione dei nostri sensi. Questa distinzione è sostenuta con forza da Galileo, che afferma, più chiaramente di quanto avesse fatto chiunque prima di lui, che le qualità oggettive e reali dei corpi, le uniche realmente suscettibili di trattazione matematica e perciò di conoscenza certa, sono solo quelle di carattere *quantitativo* ovvero *forma*, *grandezza*, *posizione* e *movimento* (*qualità primarie*). Tutte le altre, il *colore*, l'*odore*, il *gusto*, ecc. (*qualità secondarie*) non sono attributi intrinseci della *materia*, ma sono il risultato dell'interazione con i nostri sensi. Ne consegue che, per Galileo e per i fautori della nuova scienza, la *materia* si riduce ad un aggregato di *corpuscoli* in moto, i quali hanno solo proprietà di tipo geometrico-meccanico, e gli esperimenti sulla *materia* devono limitarsi allo studio delle *qualità primarie* di *forma*, *grandezza* e *moto* [10].

Nella seconda metà del Seicento la filosofia meccanicista e corpuscolare acquista un peso crescente ed è sostenute dai maggiori scienziati del tempo. Non c'è più alcuna difficoltà concettuale nell'accettare che le sostanze e i corpi possano essere un aggregato di minuscoli corpuscoli, che per il momento sono tuttavia destinati a rimanere invisibili. Le teorie corpuscolari sostituiscono le spiegazioni delle proprietà delle sostanze in termini di *forme* e *qualità* aristoteliche. Senza dubbio, lo sviluppo del microscopio da parte di Hooke e altri ha molto aiutato nello stimolare l'immaginazione ad accettare un mondo di cose infinitamente piccole. Già Francesco Bacone (1561–1626) aveva commentato che [1]:

> Se Democrito avesse avuto un microscopio, avrebbe fatto salti di gioia pensando che era stata trovata una via verso la visione degli *atomi*.

4.3.1 Atomismo di Gassendi, Boyle e Newton

A metà del Seicento un notevole contributo alla diffusione dell'*atomismo* viene dato dall'abate francese Pierre Gassendi (1592–1655), il quale mostra come esso possa fornire un modello meccanicista innovativo e coerente per rappresentare a livello microscopico le proprietà macroscopiche della *materia*. L'ipotesi atomistica, come formulata da Gassendi, corrisponde perfettamente alla tendenza matematico-corpuscolare del tempo. Secondo Ludovico Geymonat [11]:

> Gassendi, restaurando la filosofia atomistica, voleva mostrare come questa potesse accordarsi alle esigenze del nuovo spirito scientifico, offrendo un'ipotesi di lavoro capace di spiegare le recenti esperienze.

Nella sua opera di riabilitazione dell'*atomismo*, Gassendi si sforza di *cristianizzare* la filosofia epicurea, eliminandone gli aspetti tradizionalmente ritenuti incompatibili con i principi della religione cristiana. In particolare, egli nega che gli *atomi* siano eterni ed infiniti in numero, affermando che essi sono stati creati da Dio e che il loro moto nel *vuoto* non è casuale ma il risultato dei moti iniziali impartiti da Dio [12]. In accordo con il nuovo meccanicismo, gli atomi di Gassendi sono corpuscoli materiali, caratterizzati da *estensione*, *forma* e *peso*. Per spiegare la tremenda varietà di corpi e sostanze naturali, egli ritiene che sia necessario ipotizzare moltissimi tipi diversi di atomi. Gassendi riprende le argomentazioni di Democrito e di Epicuro secondo cui, senza il *vuoto* tra le parti dei corpi, non si possono spiegare né la struttura e le trasformazioni dei corpi e delle sostanze né il loro movimento. Come prova dell'esistenza del *vuoto* egli cita gli esperimenti barometrici del suo tempo, alcuni dei quali fatti da lui stesso. Infine, riprendendo la tradizione epicurea, sostiene che il solo moto degli *atomi* è sufficiente a spiegare molti dei fenomeni fisici osservati, senza bisogno di introdurre ipotesi *ad hoc* per ciascuno di questi fenomeni. Si tratta di un concetto molto importante che sarà alla base del successo della *teoria cinetica* dei gas, come vedremo più avanti.

Il modello *atomistico-corpuscolare* di Gassendi ha avuto un enorme successo fra i suoi contemporanei. Esso mostrava come, sulla base della dinamica galileiana e cartesiana, fosse diventato più agevole spiegare la struttura della *materia* e le sue trasformazioni utilizzando lo schema di aggregati di piccole particelle puntiformi, piuttosto che immaginando l'evoluzione di una materia costituente *continua*, come richiesto dagli oppositori del *vuoto*. Oltre al sostanziale accordo fra la concezione atomistica e le più ammirate conquiste scientifiche dell'epoca, il successo era anche dovuto alle modifiche apportate al vecchio schema democriteo per renderlo conciliabile con il dogma cristiano. Come conseguenza, al tempo della fondazione della Royal Society, nel 1660, quando il *meccanicismo* era diventato la nuova ortodossia, *atomi* e *corpuscoli* di qualche tipo erano inseriti nelle teorie che dominavano il discorso scientifico in tutta Europa [12].

In piena sintonia con questo nuovo clima, anche Boyle, sperimentatore di ispirazione galileiana che coniugava indagini sperimentali e concezioni meccaniciste della materia, ha dato un contributo importante alla visione *atomistico-corpuscolare* della *materia*. Egli ha supposto l'esistenza di una sostanza universale, comune a tutti i corpi, estesa, divisibile e penetrabile, formata da *corpuscoli* solidi e impercettibili, i cui unici attributi erano la *forma* (intesa nel senso di *sagoma*) e la *dimensione*. Questi corpuscoli elementari sono stati chiamati da Boyle *prima naturalia* [5]. I *prima naturalia* si combinavano tra loro per formare degli *aggregati* (*primitive clusters*), che costituivano le unità fondamentali delle sostanze ed erano anch'essi caratterizzati da *forma*, *dimensione* e *moto*. Questi *primitive clusters*, costituiti da più corpuscoli elementari, erano in linea di principio scomponibili, ma ciò accadeva di rado, essendo la loro struttura estremamente compatta e resistente alla separazione. Pertanto, i *primitive clusters* rimanevano integri in un gran numero di reazioni chimiche e potevano essere recuperati. A dimostrazione di ciò Boyle citava la possibilità di recuperare l'*oro* e l'*argento* o altri metalli sottoposti all'azione di solventi [7]. I *primitive clusters* erano, quindi, dotati di proprietà chimiche, non di semplici proprietà meccaniche, come accadeva invece per i *prima naturalia*.

Primitive clusters e *prima naturalia* potevano anche combinarsi ulteriormente tra loro, dando luogo a raggruppamenti più complessi, dotati di proprietà caratteristiche [5]. Le disposizioni in cui essi si aggregavano sono state chiamate da Boyle *textures* (*tessiture*). Le differenti *tessiture* determinavano le qualità sensibili delle sostanze. La *tessitura* di una sostanza non era qualcosa di stabile e immutabile, ma poteva essere modificata dall'aggiunta o sottrazione di altri *corpuscoli* (*primitive clusters* e *prima naturalia*), o dal mutamento della posizione reciproca dei *corpuscoli* che la formavano. Secondo Boyle ogni sostanza era costantemente esposta all'azione di *corpuscoli* che, essendo in costante movimento, ne modificavano le proprietà fisico-chimiche [7]. Pertanto, per Boyle era possibile rendere conto delle proprietà delle varie sostanze semplicemente come risultante di quattro proprietà dei corpuscoli: *dimensione*, *tessitura*, *forma* e *moto*. Come si vede, *primitive clusters* e *prima naturalia* possedevano una notevole analogia con le *molecole* e gli *atomi* moderni.

Isaac Newton (1642–1727), che è stato il modello dello scienziato moderno e dell'uomo di scienza, è anche stato un serio studioso dell'*alchimia* e ha avuto un notevole interesse per le problematiche legate alla struttura della *materia*. Anche Newton, come Boyle, ha aderito alla *filosofia corpuscolare*. Tuttavia, benché entrambi abbiano invocato spiegazioni meccaniciste per la struttura della *materia*, i loro modelli differivano alquanto nei dettagli. Mentre Boyle e i suoi sostenitori ritenevano che i differenti fenomeni chimici fossero legati a *forma, dimensione, disposizione e moto* dei *corpuscoli* e dei gruppi di *corpuscoli*, le spiegazioni di Newton erano basate sull'idea che i corpi agissero e interagissero attraverso *principi attivi* (*forze di interazione*). Partendo dall'assunto che i corpi macroscopici agiscono l'uno sull'altro attraverso forze quali la *gravità*, l'*elettricità* e il *magnetismo*, egli si è chiesto se queste stesse forze o altre ancora sconosciute non potessero anche essere al lavoro sulle *piccole particelle che compongono i corpi* [13]. Nel caso dei fenomeni chimici, queste forze agivano su distanze molto piccole e, quindi, era anche necessario comprendere come queste forze agissero su piccola scala.

4.4 Critica di Boyle alle Concezioni Aristoteliche e Alchemiche

Con Boyle la critica alle concezioni aristoteliche della *materia*, ancora largamente condivise dai chimici e dagli alchimisti del tempo, prende un taglio più definito dal punto di vista scientifico e più in accordo con il *meccanicismo* ormai dominante nella seconda metà del secolo. In sintonia con la nuova metodologia scientifica, egli cerca di dimostrare l'inconsistenza dei tentativi di spiegare i risultati degli esperimenti utilizzando le teorie aristoteliche o quelle di Paracelso o, più in generale, le teorie alchemiche. Le sue idee sono riportate nel libro *The sceptical chymist*, pubblicato nel 1661, in cui pone sotto accusa sia quelli che ritiene modi sbagliati di ragionare sia errori e incompetenze negli esperimenti. In particolare, l'attacco è rivolto alle teorie degli *elementi primitivi* (quella aristotelica dei *quattro elementi* e quella paracelsiana dei *tre principi*) che, secondo Boyle, sono pensate da chi è più sedotto dal teorizzare astratto che dall'evidenza sperimentale [12].

Nella sua critica Boyle parte dall'analisi degli esperimenti citati a sostegno delle teorie aristoteliche ed elenca le inconsistenze nelle spiegazioni [1]. Un esempio di rilievo è la *combustione della legna*, che fin dai tempi di Aristotele era comunemente citata in supporto della teoria dei *quattro elementi*. Quando si brucia un ramo verde si osserva prima di tutto la produzione di fumo, il che, secondo gli aristotelici, dimostra come la legna contenga una parte dell'*elemento aria*. Successivamente, se il ramo è verde, si vede la fuoriuscita di liquido in ebollizione, che, sempre secondo gli aristotelici, proviene dalla componente dell'*elemento acqua*. La fiamma sprigionata dalla combustione mostra la presenza di una componente dell'*elemento fuoco* che si dissolve. Infine, la cenere che rimane è la manifestazione della presenza dell'*elemento terra*. Boyle solleva varie obiezioni a questa interpretazione. Prima di tutto egli nota che le sostanze ottenute durante e dopo la combustione, sia della legna che di altre sostanze, non sono sostanze elementari, ma prodotti complessi, come si può dimostrare mediante un'ulteriore manipolazione chimica. Fa presente come i residui della combustione varino al variare delle modalità di riscaldamento e come il numero delle sostanze sprigionate e di quelle residue vari al variare degli oggetti combusti. Spesso, questo numero è anche maggiore di quattro. Cita l'*oro* e l'*argento*, che rimangono inalterati, e il *sangue*, che dà cinque sostanze residue. Boyle conclude che queste analisi sono completamente inappropriate per dimostrare che tutte sostanze siano composte da una base di pochi *elementi primitivi*. Egli nota come le *teorie corpuscolari* siano più adatte a spiegare i fenomeni osservati ma precisa anche che, al momento, non è possibile condurre alcun esperimento che lo dimostri in modo scientificamente inequivocabile.

Nel suo libro *The sceptical chymist* Boyle non si limita ad attaccare criticamente le vecchie idee di stampo aristotelico, ma sostiene anche un nuovo concetto di *elemento*, molto più simile a quello moderno. A suo modo di vedere, i chimici non devono avere preconcetti circa il numero di *elementi* esistenti, ma devono considerare come *elementi* tutte le sostanze che essi non sono in grado di scomporre in altre sostanze. Boyle dice [4]:

> Per elementi, come fanno i chimici che usano il linguaggio più semplice in base ai loro principi, io intendo certi corpi primitivi e semplici, o non miscelati perfettamente; questi, non essendo costituiti da nessun altro corpo, sono gli ingredienti di cui tutti i cosiddetti corpi perfettamente miscelati sono intimamente composti e nei quali essi in definitiva si scompongono ... io non devo considerare un qualsiasi corpo come una sostanza fondamentale o elemento, se non è perfettamente omogeneo, ma è scomponibile in un qualsiasi numero di sostanze diverse.

Tuttavia, questo concetto empirico di *elemento chimico*, che quando è stato riproposto da Lavoisier alla fine del XVIII secolo è stato rapidamente accettato, al momento non ha avuto proseliti ed è stato ignorato per molto tempo. Le ragioni sono facili a comprendersi. Esso sostituiva gli schemi precedenti, eleganti e ingannevoli nella loro semplicità, con una molteplicità di possibili nuovi *elementi*, senza peraltro fornire o suggerire mezzi pratici per la loro ricerca. Di conseguenza, i chimici del tempo hanno avuto l'impressione che esso non avesse alcuna utilità pratica.

Riferimenti bibliografici

1. Brock W H (1993) The Chemical Tree. W. W. Norton & Company, New York
2. Mason S F (1962) A History of the Sciences. Collier Books, New York
3. Partington J R (1989) A Short History of Chemistry. Dover Publications, New York

4. Holmyard E J (1958) The chemical industry. In: Singer C, Holmyard E J, Hall A R, Williams T I (ed) The Industrial Revolution. A History of Technology, vol. 4. Oxford University Press, p. 222
5. Singer C (1959) A Short History of Scientific Ideas to 1900. Oxford University Press, London
6. Gribbin J (2003) Science: a History. Penguin Books
7. Clericuzio A (2012) La fisica sperimentale: pneumatica, magnetismo ed elettricità. In: Eco U. (ed) *L'età moderna e contemporanea*, vol. 5. La Biblioteca di Repubblica-L'Espresso, p. 481–494
8. W. A. D. (1908) The discovery of the weight of the air. Nature 78: 219
9. Ihde A J (1984) The development of modern chemistry. Dover Publications, New York
10. Bernal J D (1954) Science in History. Watts & Co., London
11. Geymonat L (1970) Storia del Pensiero Filosofico e Scientifico, vol. II. Garzanti, Milano
12. Levere T H (2001) Transforming Matter. The Johns Hopkins University Press, Baltimore
13. Baggott J (2017) Mass. Oxford University Press, London

Capitolo 5
La Materia nel Settecento

Per quanto riguarda le concezioni della *materia*, il Settecento vede il definitivo passaggio da concezioni ancora legate al vecchio retaggio classico a teorie e visioni in linea con i cambiamenti apportati, nella fisica e nella chimica, dalla rivoluzione scientifica del secolo precedente. Agli inizi del secolo, nonostante i progressi fatti nell'ambito sperimentale e metodologico e nonostante la diffusione del meccanicismo e dei modelli corpuscolari, la concezione della *materia* degli alchimisti, degli iatrochimici e di coloro che, in seguito, saranno definiti chimici, ossia di chi si occupa di reazioni e trasformazioni delle sostanze, è ancora largamente basata su idee che discendono da impostazioni filosofiche di tipo aristotelico, alchimistico e paracelsiano. Viceversa, negli ultimi decenni del secolo l'insostenibilità di tali teorie viene definitivamente dimostrata e si afferma una visione della materia decisamente vicina a quella moderna. La conoscenza empirica di materiali e sostanze fa notevoli progressi. Vengono elaborate teorie, si affermano prassi metodologiche e si fanno scoperte, che rappresentano tappe fondamentali nella elaborazione della moderna concezione della *materia*. Fra queste figurano la formulazione del principio di *conservazione della materia* nelle trasformazioni e nelle reazioni chimiche, la scoperta dei *gas* e dello *stato gassoso*, la moderna teoria della *combustione*. Si accentua la distinzione tra proprietà di tipo *fisico* (Il termine *fisica* ha cominciato ad essere usato al posto di *filosofia naturale* nel primo decennio dopo la morte di Newton.) e proprietà di tipo *chimico*, studiate con tecniche di indagine differenti e caratterizzate da dinamiche e teorie esplicative spesso divergenti e qualche volta addirittura in contrasto.

5.1 La Teoria del Flogisto

Agli inizi del Settecento, per spiegare i fenomeni della *combustione* e della *calcinazione*, problemi oggetto di grande attenzione sin dai secoli precedenti, si afferma una teoria che è ancora sostanzialmente in linea con la tradizione aristotelico-paracelsiana, la teoria del *flogisto*. Per un lungo periodo questa teoria rappresenta

© The Author(s), under exclusive license to Springer Nature Switzerland AG 2025
F. Evangelisti, *Il concetto di materia*, https://doi.org/10.1007/978-3-031-83565-0_5

la spiegazione comunemente accettata per la *combustione* e per la *calcinazione* e, benché erronea, esercita un'influenza notevole sulla ricerca scientifica del tempo.

La nascita della teoria del *flogisto* si fa risalire alle idee del chimico tedesco Joachim Becher (1635–1682), il quale, in linea con opinioni allora assai diffuse nella *iatrochimica*, sostiene nel suo trattato *Physicae subterraneae* del 1669, che tutti i corpi solidi sono costituiti da una mescolanza di *aria*, *acqua* e di tre *terre*: la *terra lapidea* o *vetrosa*, contenente il *principio* della fusibilità; la *terra fluida o mercurialis*, che fornisce fluidità, sottigliezza, volatilità e metallicità alle sostanze; la *terra pinguis o grassa*, che fornisce proprietà oleose, sulfuree e combustibili [1]. Queste tre *terre* corrispondono al *sale*, al *mercurio* e allo *zolfo* di Paracelso e degli iatrochimici. Becher ritiene che le *sostanze combustibili* siano ricche di *terra pinguis* e che la combustione non sarebbe altro che la manifestazione della fuoriuscita della *terra pinguis* dal corpo che brucia. Anche i *metalli*, secondo Becher, contengono un certo quantitativo di *terra pinguis* che fuoriesce durante la *calcinazione*.

Nei primi decenni del Settecento questa concezione prende vigore e si afferma grazie soprattutto all'opera del medico e chimico tedesco Ernst Stahl (1660–1734), che ne è il massimo sostenitore e la popolarizza nel suo libro di grande successo, *Fundamenta chymiae*, del 1723. Seguendo Becher, anche Stahl ammette tre differenti tipi di *terre*, ma le descrive in modo alquanto differente [2]. La *terra mercurialis* o *metallica* è quella che dà lucentezza e malleabilità ai *metalli* ed è l'origine della loro capacità di essere modellati e lavorati da orafi e fabbri. La *terra lapidea* o *vetrosa* rende le sostanze in grado di fondere e rende conto della natura pesante e massiccia dei minerali. Infine, la *terra pinguis* o *sulfurea* permette ai corpi di bruciare e produrre la fiamma. Stahl ribattezza la *terra pinguis*, con il nome *flogisto*, dal greco *phlògiston* (*combustibile*) e lo considera il *principio di infiammabilità*. Per Stahl, che cerca una spiegazione della grande varietà di sostanze e di proprietà chimiche conosciute, queste *tre terre* sono *principi chimici*, ossia sono la causa delle proprietà particolari dei corpi che le contengono. Esse mantengono una proprietà cruciale dei vecchi *elementi* aristotelici: benché siano sostanze materiali, esse non possono essere isolate.

Il *flogisto* conferisce ai corpi la capacità di bruciare e, secondo Stahl, tutte le sostanze contengono una quantità più o meno grande di *flogisto*. Quando bruciano, le sostanze cedono il *flogisto* in esse contenuto all'*aria* circostante e, quando tutto il *flogisto* è stato ceduto, la sostanza smette di bruciare. L'ammontare di calore emanato dalla sostanza che brucia è una misura della quantità di *flogisto* in essa contenuto. L'*aria* non partecipa direttamente alla reazione di *combustione*, ma accetta il *flogisto* dalla sostanza che brucia ed eventualmente lo cede ad altre sostanze. Questa azione dell'*aria* è essenziale per la *combustione* e spiega perché le sostanze non brucino in assenza di *aria*. Questa teoria della *combustione* era in linea con le credenze dei primi alchimisti e degli iatrochimici, secondo cui le sostanze sono in generale composte di una *materia* e di uno *spirito* e lo *spirito* fuoriesce dalla *materia* quando la sostanza viene scaldata [3]. Il *flogisto* verrebbe liberato anche nel processo di *calcinazione* dei *metalli*. Quando il *metallo* viene riscaldato il *flogisto* fuoriesce e lascia la *calce* dietro di sé. Quando la *calce* viene a sua volta riscaldata, il *flogisto* si ricombina con essa (o, meglio, "rientra in essa") riformando il *metallo*.

Quindi, secondo la teoria del *flogisto*, i *metalli* non sarebbero sostanze *semplici*, ma sarebbero sostanze *composte*, un misto di *calce* e di *flogisto*.

Nonostante la teoria del *flogisto* sia stata sostenuta dalla maggior parte dei chimici del Settecento e applicata ad una varietà di trasformazioni, la natura del *flogisto* è rimasta alquanto vaga e le proprietà ad esso attribuite sono state multiformi. Il *flogisto* talvolta era la *materia del fuoco*, talvolta una *sostanza terrosa secca* (fuliggine), talvolta un *principio grasso* (nello zolfo, negli oli, nei grassi e nelle resine) e talvolta un insieme di particelle invisibili emesse da una sostanza che brucia [4]. Era contenuto nei corpi animali, vegetali e minerali ed era lo stesso dappertutto e poteva essere trasferito da un corpo ad un altro. Inoltre, era la causa delle proprietà dei *metalli*. Infine, poiché nella *calcinazione* accadeva che le *calci* fossero più pesanti delle sostanze originarie, molti seguaci della teoria sostenevano che il *flogisto* avesse un *peso negativo* e fosse capace di rendere più leggere le sostanze in cui penetrava.

Il grande favore goduto dalla teoria del *flogisto* nel Settecento era legato alla sua capacità di offrire una interpretazione unitaria dei processi di *combustione* e di *calcinazione* e di unire un grande numero di fatti sperimentali differenti in un unico schema coerente (anche se erroneo).

Va notato che Stahl è stato anche un sostenitore dell'esistenza degli *atomi*. Tuttavia, egli riteneva che le *teorie atomistiche e corpuscolari* non fossero in grado di spiegare la grande quantità di mutamenti osservati nella *materia* né che fossero sufficienti per descrivere i processi chimici. Secondo Stahl le qualità dei corpi sono qualità *chimiche* che non possono ridursi alle visioni meccanicistiche, implicite nelle *teorie atomistiche*. Quanto all'*alchimia*, in cui aveva creduto in gioventù, Stahl ne ha messo in evidenza gli aspetti illusori e fraudolenti. Come prova contro la possibilità di *trasmutazione* e la credenza che i *metalli* maturino nella terra fino a diventare *oro*, citava il caso dello *stagno* delle isole britanniche, che, diceva, era rimasto lo stesso dai tempi del suo sfruttamento da parte dei fenici [4].

5.2 La Materia allo Stato Gassoso

Nel XVIII secolo un contributo rilevante alla conoscenza della materia viene dallo studio delle sostanze aeriformi e dalla scoperta dei *gas*. Gli uomini di scienza si rendono finalmente conto che l'*aria* non è una singola sostanza, ma che è composta da diversi componenti, inizialmente chiamati genericamente *arie* da chi le scopre, ciascuna *aria* avente proprietà caratteristiche. Più di un secolo dopo le osservazioni di van Helmont, viene finalmente riconosciuta l'esistenza dei *gas* come sostanze dotate di una propria identità chimica. Questi studi portano al definitivo abbandono delle credenze basate sulle varie tradizioni, aristotelica, alchemica, paracelsiana.

Nel passato, lo studio delle proprietà chimiche e la manipolazione delle sostanze avevano riguardato essenzialmente la materia allo *stato solido* e *liquido*. L'esistenza di sostanze allo stato gassoso, dotate di identità chimica, era stata sostanzialmente misconosciuta dagli alchimisti e dai primi chimici. Anche quando l'odore e la combustione rendevano evidente la presenza di sostanze aeriformi con caratteristiche molto diverse da quelle dell'*aria ordinaria*, questo era imputato all'effetto di impurità o altre alterazioni dell'*aria* stessa. C'era una ragione storica per questa situazione. Da tempo immemorabile si era in grado di trattare *materiali solidi e liquidi*, di riscaldarli, di bruciarli, di esporli ad una varietà di test e di esaminarne la variazione nelle varie reazioni. Tuttavia, né gli antichi alchimisti, né i nuovi chimici, né gli artigiani che utilizzavano sostanze chimiche avevano ritenuto necessario sviluppare tecniche adatte ad analizzare l'unico sistema aeriforme allora conosciuto, l'*aria* atmosferica, né le eventuali impurità in esso contenute. Lo stesso Van Helmont, che aveva inventato il nome *gas* e aveva descritto almeno due nuovi *gas*, il *gas silvestre* (*anidride carbonica*) e il *gas pingue* (*metano*), pensava che i *gas* non potessero essere né imprigionati né analizzati. Di conseguenza per gli alchimisti e per i primi chimici lo studio della *materia* si limitava alla sola analisi delle *sostanze solide* e *liquide* [2].

Nel Seicento, come abbiamo visto, si erano trovate le prime evidenze della natura complessa dell'*aria*, ma esse erano state generalmente ignorate dalla nascente comunità dei chimici. Quando si era cominciato a prendere coscienza di come l'*aria atmosferica* avesse un ruolo nella *combustione*, nella *respirazione* e in altre reazioni, questa azione non era stata attribuita alle proprietà dell'*aria*, ma all'esistenza di sostanze che l'*aria* poteva assorbire o rilasciare a seconda delle circostanze. Sia secondo la concezione corpuscolare della *materia* sia nella visione di Stahl e dei suoi seguaci, l'*aria* non era una sostanza chimicamente attiva ma aveva solo proprietà fisico-meccaniche. Per Stahl, come anche per Becher, l'aria era un *ambiente fisico* nel quale i fenomeni chimici potevano avvenire. Per esempio, come abbiamo visto nella teoria della *combustione*, essa operava come una spugna in grado di assorbire un limitato quantitativo di *flogisto*.

Questa situazione comincia a cambiare verso la metà del Settecento. Il primo passo sulla via del cambiamento lo dobbiamo al reverendo inglese Stephen Hales (1677–1761). Hales si è occupato di botanica, di chimica e di teologia ed è considerato uno dei fondatori della fisiologia vegetale. Egli, per primo, si è posto il problema di determinare la quantità di *aria* che fuoriesce dalle varie sostanze quando vengono riscaldate. A questo fine ha inventato il *trogolo pneumatico*, un nuovo strumento che si sarebbe rivelato essenziale per la sperimentazione chimica e per raccogliere la materia allo *stato gassoso* nello studio delle proprietà delle sostanze. Il *trogolo pneumatico* consiste in un'ampolla riempita d'acqua e capovolta in un recipiente anche esso pieno d'acqua (Fig. 5.1). Grazie ad un tubo opportunamente sagomato che porta all'interno dell'ampolla, i *gas* prodotti nel riscaldamento delle sostanze possono passare nel *trogolo*. In tal modo si ha la possibilità di raccogliere i *gas* sprigionati dalle reazioni in modo riproducibile e di misurarne il volume.

Utilizzando il trogolo pneumatico Hales ha condotto una vasta sperimentazione sulle emissioni dovute a *riscaldamento* e *combustione*, da lui descritte nel volume *Vegetable Staticks* del 1727. Tuttavia, essendo interessato principalmente alla determinazione del volume di *aria* emesso dalle varie sostanze, egli non ne ha studiato le proprietà, perdendo, di conseguenza, l'occasione di scoprire l'esistenza dei singoli *gas*. Per Hales le emissioni erano tutte di *aria* ed egli è giunto alla vaga conclusio-

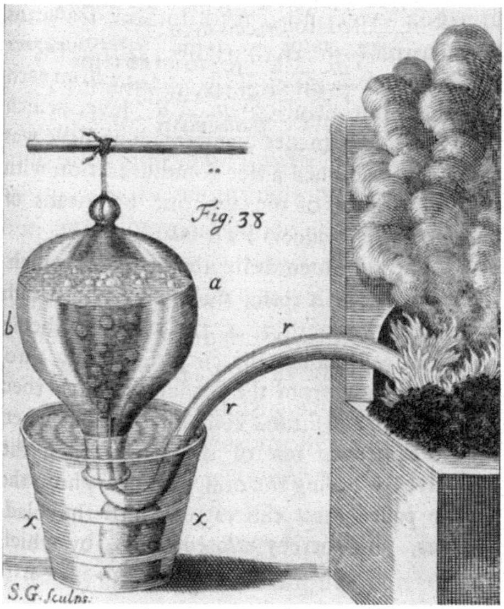

Figura 5.1 Un'antica riproduzione del *trogolo pneumatico*. (Wikipedia Public Domain)

ne che *l'aria abbonda nelle sostanze animali, vegetali e minerali* [4]. Per questo motivo i suoi studi e le sue conclusioni non hanno suscitato reazioni di rilievo tra i suoi contemporanei e si è dovuto aspettare qualche decennio prima che i suoi esperimenti fossero apprezzati per le novità sperimentali introdotte e per le conseguenze sul piano teorico.

5.2.1 Black e l'Aria Fissa (Anidride Carbonica)

La presa di coscienza da parte della comunità scientifica dell'esistenza di una molteplicità di differenti sostanze gassose e della natura complessa dell'*aria* è iniziata grazie alle ricerche del chimico e medico scozzese Joseph Black (1728–1799), ricerche che hanno portato alla scoperta dell'*anidride carbonica*, da lui denominata *aria fissa*. La vicenda è cominciata quando Black, studente di medicina, ha scelto di studiare per la propria tesi di dottorato le proprietà chimiche della *magnesia alba*, in vista di un suo possibile uso per curare i calcoli biliari e renali. La *magnesia alba* (che oggi sappiamo essere essenzialmente *carbonato di magnesio* [$MgCO_3$]) era stata allora introdotta in medicina come rimedio per l'acidità di stomaco.

Nel corso dei suoi esperimenti, Black ha osservato che, quando la *magnesia alba* veniva riscaldata, oltre ai prodotti della *calcinazione* (ossia, *magnesia calcinata* e una piccola quantità di *acqua*), si aveva la fuoriuscita di una notevole quantità di *aria*. Egli ha inoltre trovato che la *magnesia alba* era più pesante dei residui della *calcinazione* e ha attribuito la differenza al peso dell'*aria* liberata. Infine, ha scoperto che questa *aria*, quando attraversava *l'acqua di calce* (una soluzione di *idrossido di calcio* ($Ca(OH)_2$) in acqua), la faceva diventare opalescente, cosa che non accadeva con l'*aria* ordinaria. Da queste evidenze Black ha dedotto che si dovesse trattare di una sostanza differente dall'*aria* ordinaria e l'ha chiamata *aria fissa*, perché, prima del riscaldamento, essa era fissata nella *magnesia alba* solida.

Con successivi esperimenti con *calcare*, *alcali* e *acidi*, Black è stato in grado di dimostrare che *l'aria fissa* era presente anche nel *calcare* e negli *alcali deboli* e che la sua fuoriuscita determinava il passaggio alla forma *caustica* di queste sostanze. Si trattava di una scoperta importante, perché fino ad allora si era pensato che le *proprietà caustiche* delle sostanze fossero il risultato del passaggio di qualche forma di *materia ignea* dalla fornace ai materiali riscaldati. Inoltre, facendo vedere che l'*aria fissa* poteva essere nuovamente reintrodotta nei residui di *calcinazione*, Black ha dimostrato che la nuova *aria* aveva la capacità di combinarsi con liquidi e solidi per formare nuove sostanze.

Il resoconto di queste ricerche è stato esposto da Black nel suo lavoro di tesi di dottorato *De tumore acido a cibis orto et magnesia alba*, nel *1754* e pubblicata in forma più estesa nel 1756 nel saggio *Experiments upon magnesia alba, quicklime, and some other alcaline substances*. L'accuratezza degli esperimenti illustrati, il rigore metodologico e la dimostrazione incontrovertibile che l'*aria fissa* era una sostanza chimica distinta dall'*aria atmosferica* lo hanno immediatamente reso famoso. Come abbiamo visto, nell'opera di van Helmont era già implicita l'esistenza di *arie* (o *gas*, come lui li aveva chiamati) diverse *dall'aria ordinaria*, ma la circostanza non era stato dimostrata con chiarezza ed era rimasta praticamente inosservata.

In una ulteriore serie di esperimenti Black ha dimostrato che questa nuova *aria* era più densa dell'*aria atmosferica* e che non era in grado di sostenere né la *combustione* né la *respirazione*. Inoltre, dall'osservazione che la *calce viva*, esposta all'*aria atmosferica*, si trasformava lentamente in *calce spenta*, ha dedotto che l'*aria fissa* doveva essere anche contenuta in piccole quantità nell'*aria atmosferica*. Black ha infine mostrato che *l'aria fissa* è prodotta nella respirazione degli animali, nei processi di fermentazione e nella combustione del carbone.

L'opera di Black riveste grande importanza trattandosi del primo studio particolareggiato di reazioni chimiche [5]. Egli non solo ha caratterizzato la nuova *aria* in modo *qualitativo* in base al suo comportamento chimico, ma ha aggiunto alle ricerche anche l'analisi *quantitativa*, facendo accurate misure del peso delle sostanze prima e dopo le reazioni. Pur non essendo stato il primo a pensare che una sostanza possa essere caratterizzata identificando i suoi costituenti e le loro proporzioni in peso e che l'analisi quantitativa possa rinforzare l'analisi qualitativa, è stato il primo ad applicare queste metodologie allo studio dei *gas* [2].

Nella seconda metà del XVIII secolo, dopo gli esperimenti seminali di Black, la ricerca sulle *arie* è stata attivamente perseguita da alcuni importanti scienziati inglesi, i così detti *chimici pneumatici*, i quali in pochi anni hanno isolato i principali *gas*, che, tuttavia, hanno continuato ad essere chiamati *arie* fino alla riforma della nomenclatura chimica, introdotta da Lavoisier alla fine del secolo.

5.2.2 Cavendish e l'Aria Infiammabile (Idrogeno)

Dobbiamo a Henry Cavendish (1731–1810), uno dei famosi *chimici pneumatici* inglesi, la scoperta dell'*idrogeno*, da lui denominato *aria infiammabile* per la facilità con cui bruciava. In passato, vari sperimentatori, in particolare Paracelso già nel '500 e Boyle, avevano notato che un'*aria infiammabile* si evolveva quando alcuni *metalli*, per es. il *ferro*, erano trattati con *acidi*. Al riguardo c'era però molta confusione, anche perché in altri esperimenti si erano scoperte altre *arie infiammabili* diverse da quella prodotta dal trattamento dei *metalli* con *acidi* (oggi sappiamo essere stati *idrocarburi*). Cavendish è stato il primo a raccogliere questa *aria*, utilizzando una versione sofisticata del *trogolo pneumatico* introdotto da Hales, ed a sottoporla a studi sistematici, dimostrandone l'individualità chimica. Nei suoi esperimenti Cavendish ha ottenuto *l'aria infiammabile* per l'azione dell'*olio di vetriolo* (*acido solforico* (H_2SO_4)) diluito e dello *spirito di sale* (soluzione acquosa di *acido cloridrico (HCl)*) su *zinco*, *ferro* e *stagno*. Mostrando che *l'aria infiammabile* non era solubile né in *acqua* né negli *alcali*, contrariamente a quanto accadeva per l'*aria fissa* di Black, ha dimostrato trattarsi di un'*aria* differente da quella *fissa*. Ha inoltre trovato che *l'aria infiammabile*, mescolata con l'*aria atmosferica*, formava una miscela esplosiva. Infine, accurato e abile sperimentatore, è stato in grado di determinarne il peso e ha dimostrato che essa era leggerissima, undici volte più leggera dell'*aria* atmosferica [4].

Cavendish credeva nella teoria del *flogisto* e, basandosi sul fatto che la stessa sostanza aeriforme si liberava in reazioni molto diverse, ha concluso che *l'aria infiammabile* aveva le stesse caratteristiche del *flogisto* e che, addirittura, potesse trattarsi di questa fantomatica sostanza. Secondo Stahl, i *metalli* erano un composto di *calce* e *flogisto*, Cavendish ha speculato che l'azione degli *acidi* fosse di rilasciare il *flogisto* dai *metalli*.[1]

Cavendish ha esposto le sue scoperte in una serie di tre articoli pubblicati nel 1766 su *Philosophical Transactions* dal titolo *On factitious airs*, denominazione con cui intendeva denotare le *arie contenute nei corpi in stato anelastico e liberate dall'arte chimica*, vale a dire, i *gas* prodotti artificialmente in laboratorio e distinti dall'*aria atmosferica* [6].

5.2.3 Ossigeno, Azoto e la Composizione dell'Aria

L'*ossigeno*, l'altro gas che, insieme all'*idrogeno*, gioca un ruolo di primaria importanza nella composizione delle sostanze, è stato scoperto in maniera indipendente da Joseph Priestley (1733–1804), un altro dei famosi *chimici pneumatici* inglesi, e dal chimico e farmacista svedese Carl Wilhelm Scheele (1742–1786).

[1] Cavendish ha rappresentato l'azione dell'*acido* sul *metallo* con la seguente reazione: *metallo* (ossia: *calce* + *flogisto*) + *acido* → *sale* (ossia: *calce* + *acido*) + *aria infiammabile* (*flogisto*).

Priestley è stato uno sperimentatore di grande successo, capace di preparare e identificare tra il 1770 e il 1780 circa venti nuove *arie* [1], fra cui (usando i loro nomi moderni) l'*ammoniaca*, l'*acido cloridrico*, l'*anidride solforosa*, il *monossido di azoto* e il *monossido di carbonio*. Qualche evidenza di ciascuno di questi *gas* era già stata trovata in precedenza, ma è stato Priestley che li ha raccolti sistematicamente, ne ha analizzato le proprietà chimiche e ha dimostrato che si trattava di *arie* tra loro differenti. Il suo successo sperimentale era dovuto principalmente alla sua capacità di progettare nuovi apparati. Ad esempio, egli ha introdotto un miglioramento importante nel *trogolo pneumatico*, inventato da Hales, facendo gorgogliare i *gas* attraverso il *mercurio* al posto dell'*acqua*. In questo modo è stato in grado di isolare ed esaminare per la prima volta i *gas* che sono solubili in acqua. I suoi esperimenti sulle *arie* sono stati da lui descritti nei tre volumi *Experiments and observations on different kinds of air* (1774–1777), nei tre volumi *Experiments and observations relating to various branches of natural philosophy* (1779–1786) e in una dozzina di articoli sui *Philosophical Transactions* della Royal Society [4].

La scoperta che maggiormente ha contribuito alla fama di Priestley, la scoperta dell'*ossigeno*, da lui denominato *aria deflogisticata*, è stata fatta nel 1774, durante una serie di esperimenti in cui cercava di estrarre le *arie* da una varietà di sostanze chimiche. Una delle sostanze era la *calce rossa* del *mercurio* (*ossido di mercurio*, preparato per riscaldamento del *mercurio* in aria). Priestley ha trovato che questa *calce*, quando veniva riscaldata, si trasformava in *mercurio* metallico, sviluppando un'*aria* incolore, insolubile in acqua. Questo risultato era alquanto sorprendente per un convinto aderente alla teoria del *flogisto*, quale era Priestley. Come abbiamo visto, secondo la teoria del *flogisto*, la *calce* di un *metallo* era il *residuo* del *metallo*, che aveva perso il suo *flogisto* durante il riscaldamento, e, pertanto, un nuovo riscaldamento non avrebbe dovuto avere alcun effetto su di essa. Egli ha, quindi, sottoposto questa nuova *aria* alla serie di esperimenti da lui normalmente usati per la caratterizzazione delle *arie* che veniva scoprendo. Fra questi c'erano esperimenti di *combustione* e di *respirazione*. Negli esperimenti di *combustione* egli poneva delle candele in un recipiente riempito con la nuova *aria* e osservava la brillantezza e la durata della fiamma. Negli esperimenti sulla *respirazione* nel recipiente erano posti dei topi, di cui misurava il tempo di sopravvivenza. Priestley ha così trovato che la nuova *aria*, pur mostrando le stesse caratteristiche dell'*aria atmosferica*, ne era molto superiore nella capacità di supportare sia la *combustione* che la *respirazione*. Interpretati secondo la teoria del *flogisto*, i risultati sperimentali sembravano dimostrare che la nuova *aria* fosse totalmente priva di *flogisto*, perché, durante la combustione, sembrava assorbirne quantità significative molto rapidamente e molto meglio dell'*aria ordinaria*.[2] Di conseguenza, egli ha denominato *aria deflogisticata* questa nuova *aria*.

---

[2] La spiegazione delle osservazioni secondo la teoria del *flogisto* è la seguente. Una candela bruciando emette *flogisto* e l'aria ordinaria permette la combustione assorbendo il *flogisto* che fuoriesce dalla candela. In un recipiente chiuso, la candela si spegne dopo un certo tempo perché l'aria diventa satura di *flogisto* e non può assorbirne altro. L'aria ordinaria ne può comunque assorbire una quantità limitata in quanto già contiene una certa quantità di *flogisto*.

Nello stesso periodo, questa stessa *aria* (*ossigeno*) è stata isolata e caratterizzata indipendentemente anche dal farmacista svedese, Carl Wilhelm Scheele (1742–1786), che l'ha denominata *aria ignea*. Scheele è arrivato a scoprire l'*aria ignea* partendo dallo studio del comportamento dell'*aria atmosferica* nelle reazioni chimiche e nella *combustione*. Questi esperimenti erano stati motivati dall'osservazione che la quantità di *aria ordinaria*, contenuta in un recipiente chiuso, diminuiva quando essa era posta in contatto con sostanze ricche di *flogisto* [4]. La diminuzione si arrestava quando circa un quarto dell'aria originaria era sparita. Contestualmente la fiamma di una candela si spegneva, mostrando che l'*aria* rimanente aveva perso la sua capacità di supportare la *combustione*.[3] Dopo aver caratterizzato accuratamente l'*aria* residua e dimostrato che pesava meno dell'*aria ordinaria*, Scheele è arrivato alla conclusione che [4]:

> l'aria è composta da due fluidi, differenti l'uno dall'altro, uno dei quali non manifesta affatto la proprietà di attrarre *flogisto*, mentre l'altro, che costituisce tra un terzo e un quarto dell'intera massa dell'*aria*, è particolarmente disposto a questa attrazione.

Egli ha denominato il primo fluido (l'odierno *azoto*) *aria nociva*, perché non era in grado di supportare la respirazione o di bruciare i combustibili, il secondo (l'*ossigeno*) *aria ignea*. Scheele è stato, quindi, tra i primi a mostrare in modo univoco che l'*aria ordinaria* non è una sostanza singola (o *elemento*, secondo la tradizione aristotelica), ma una miscela composta principalmente da due *gas*, *ossigeno* e *azoto*.

Nel frattempo, anche Priestley e Cavendish avevano perfezionato i loro studi sulla composizione dell'*aria atmosferica* ottenendo risultati simili. Pertanto, alla fine degli anni '70 del Settecento era un fatto acquisito che l'*aria atmosferica* fosse una miscela di *gas*.

A questo riguardo, è interessante ricordare un esperimento che testimonia dell'accuratezza raggiunta dai ricercatori del tempo, in particolare da Cavendish, nella determinazione quantitativa dei *gas*. Si tratta di uno dei numerosi esperimenti in cui Cavendish ha analizzato molte centinaia di campioni di *aria atmosferica*, facendoli reagire con sostanze diverse, capaci di fissare le diverse *arie* e monitorando la diminuzione di volume. In una sua memoria a riguardo si legge [7]:

> dopo aver condensato tutta l'*aria flogisticata* (*azoto*) possibile, feci assorbire l'*aria deflogisticata* (*ossigeno*). Rimase solo una piccola bollicina di *aria* che rappresentava 1/120 del volume dell'*aria flogisticata*.

Senza saperlo e senza poterne avere consapevolezza, Cavendish aveva fatto la prima osservazione di un gas nobile, l'*argon*, che, come oggi sappiamo, è il terzo componente dell'*aria atmosferica*.[4] La menzione di questo residuo misterioso è rimasta senza seguito ed è stata poi dimenticata. L'esperimento è stato ripetuto, cento anni

[3] Oggi sappiamo che le sostanze usate da Scheele reagiscono con l'ossigeno assorbendolo e la reazione prosegue fino all'esaurimento dell'ossigeno contenuto nell'aria.

[4] L'aria deumidificata al suolo è composta per il 78,09% di *azoto* (N_2), per il 20,9% di *ossigeno* (O_2), per lo 0,93% di *argon* (Ar) e per lo *0,031%* di *anidride carbonica* (CO_2), più altri componenti in quantità minori, tra cui anche particelle solide in sospensione, che costituiscono il cosiddetto *pulviscolo atmosferico*.

dopo, da Ramsay e Rayleigh, che hanno trovato un residuo in un rapporto 1/107 con l'*azoto*, in buon accordo con il risultato di Cavendish. Questi autori hanno dimostrato trattarsi di un nuovo *gas* sconosciuto, che non reagiva con gli altri elementi e che, per questo, è stato chiamato *argon* (*pigro*).

5.3 Combustione e Calcinazione

Al momento della loro scoperta dell'*aria deflogisticata* o *aria ignea*, né Priestley né Scheele, aderenti alla teoria del *flogisto*, erano in grado di rendersi pienamente conto dell'importanza di questa nuova *aria*. Dobbiamo al grande chimico francese Antoine Lavoisier (1743–1794) il pieno riconoscimento del ruolo rilevante dell'*ossigeno* nelle proprietà chimiche della *materia*.

Negli anni '70 anche Lavoisier aveva intrapreso lo studio delle *arie*, avendo però come obiettivo primario la comprensione del meccanismo della *combustione*, essendo in partenza molto scettico sulla validità della teoria del *flogisto*. Infatti, benché la teoria fosse generalmente accettata nel mondo dei chimici, non mancava chi era tiepido o anche francamente critico. Nonostante l'apparente logicità del sistema che era stato costruito intorno a questa ipotetica sostanza, alcuni fatti importanti continuavano ad essere spiegati con difficoltà. Uno di questi era il ruolo dell'*aria* nella *combustione*. Era stato osservato ripetutamente che l'*aria* era essenziale alla *combustione* e che in sua assenza la *combustione* non riusciva ad avvenire. La spiegazione dei fautori della teoria era che l'*aria* attirasse il *flogisto* e che la *combustione* non potesse avvenire in assenza di *aria* o se l'*aria* era già satura di *flogisto*, perché in questi casi il *flogisto* non poteva lasciare la sostanza che bruciava. Per molti si trattava di una spiegazione non molto soddisfacente. Ma una difficoltà maggiore, in quanto di tipo quantitativo, sorgeva quando si cercava di spiegare l'aumento di peso che si osservava durante la *calcinazione* dei *metalli*. Come abbiamo visto, secondo la teoria, quando un *metallo* veniva riscaldato, il *flogisto* usciva dal *metallo* stesso e lasciava la *calce* del *metallo* come residuo del processo di *calcinazione*. Questa spiegazione implicava che, secondo la teoria del *flogisto*, i *metalli* non fossero sostanze *semplici*, ma fossero sostanze *composte* da *calce* e *flogisto*. Per spiegare come mai la *calce*, avesse un peso maggiore di quello del *metallo* originario, nonostante la perdita di *flogisto*, molti aderenti alla teoria sostenevano che una caratteristica del *flogisto* fosse di avere un *peso negativo*, una *leggerezza*, che spingeva verso l'alto le sostanze che lo contenevano.[5]

Questa era la situazione che Lavoisier si proponeva di chiarire nei primi anni della sua carriera scientifica [1]. Basandosi su alcune sue precedenti speculazioni sul ruolo dell'*aria*, egli pensava che l'*aria* stessa venisse in qualche modo *fissata* nel *metallo* durante la *combustione* e che questo inglobamento fosse la causa dell'aumento del peso.

[5] Ricordiamo che il moto verso l'alto era una proprietà dell'*elemento fuoco* aristotelico e che nel XVIII secolo ancora resistevano teorie della *materia* che si rifacevano all'impianto filosofico di Aristotele.

A partire dal 1772, Lavoisier ha effettuato una serie di esperimenti per studiare i processi di *combustione* e di *calcinazione* in modo quantitativo, utilizzando vari materiali e misurando accuratamente il peso di tutte le sostanze presenti, prima e dopo il riscaldamento. Egli ha studiato, la *combustione* di sostanze non metalliche, come lo *zolfo* e il *fosforo*, la calcinazione di *metalli*, come lo *stagno* e il *piombo*, e la riduzione di *ossidi di piombo*, come il *litargirio* e il *minio*. (Per maggiori dettagli si veda *Esperimenti di Lavoisier* nell'Appendice A)

Alla fine di un primo ciclo di esperimenti, Lavoisier ha dimostrato che l'aumento di peso, che si osservava nella *combustione* e nella *calcinazione*, era effettivamente dovuto all'inglobamento di una qualche *aria*, della cui natura non aveva però ancora certezza. All'inizio aveva ritenuto potersi trattare dell'*aria fissa* di Black e successivamente dell'*aria atmosferica* o di parte di questa. La situazione si è chiarita quando Priestley ha reso noto di aver ottenuto il rilascio di *aria deflogisticata* (*ossigeno*) riscaldando la *calce rossa* del *mercurio*. Ricevuta questa informazione, Lavoisier ha immediatamente intrapreso un secondo ciclo di studi, alla fine dei quali è stato in grado, non solo di confermare i risultati di Priestley e di Scheele della presenza nell'*aria atmosferica* di due *arie*, da lui denominate, rispettivamente, *aria pura (ossigeno)* (l'*aria deflogisticata* di Priestley e l'*aria ignea* di Scheele) e *mofette atmosphérique (azoto)* (l'*aria flogisticata* di Priestley e l'*aria nociva* di Scheele), ma anche di elaborare la nuova teoria secondo cui l'*aria pura (ossigeno)* è l'agente della *combustione* e della *calcinazione*.

Lavoisier ha presentato la nuova teoria della *combustione* nel 1777 in una memoria dal titolo *Sulla combustione in generale*. La teoria può essere riassunta nei seguenti punti salienti. Un corpo può bruciare solo in presenza di *aria pura* (*ossigeno*). Nella *combustione* c'è *distruzione* o *decomposizione* di *aria pura* e l'aumento di peso del corpo bruciato è esattamente uguale al peso dell'*aria pura distrutta* o *decomposta*. A causa dell'addizione dell'*aria pura* il corpo bruciato si trasforma in un *acido*.[6] Per spiegare la fiamma e il calore, che si sviluppano nella *combustione*, da lui denominati, rispettivamente, *luce* e *materia* del *fuoco*, Lavoisier postula l'esistenza di un *fluido imponderabile*, la *materia del calore*, successivamente denominato *calorico*, dando origine ad una teoria del *calore*, che sarebbe rimasta in voga per tutta la prima metà del XIX secolo.[7] Il *calorico* di Lavoisier è l'insieme di *luce* e *materia* del *fuoco* e si combina chimicamente con le sostanze. In particolare, l'*aria pura* è una sostanza composta da *calorico* e da una *base*. Nella combustione l'*aria pura* si scinde: la *base* si fissa nel corpo che brucia e il *calorico* viene rilasciato come fiamma e calore.

Per quanto riguarda la *calcinazione*, Lavoisier afferma che essa altro non sia che una *combustione* lenta, nella quale, invece di un *acido*, si produce una *calce*, una sostanza composta dal *metallo* e dalla *base* dell'*aria pura*.

---

[6] Lavoisier chiama "acidi" le *anidridi*.

[7] La nozione di *fluido imponderabile* era assai comune nella scienza del XVIII secolo. L'elettricità era generalmente ritenuta consistere in uno o due *fluidi imponderabili* e si riteneva che il magnetismo si potesse spiegare in modo analogo.

Nella teoria di Lavoisier il *calorico* prende il posto del *flogisto* come *principio di combustibilità*. A prima vista sembrerebbe che l'unico cambiamento sia che il *flogisto*, cambiato di nome, viene trasformato da proprietà del *combustibile*, come previsto dalla vecchia teoria, a proprietà dell'*aria pura*. In realtà, ci sono maggiori differenze tra i due [1]. Il *calorico* viene assorbito o emesso durante la maggior parte delle reazioni ed è presente in tutte le sostanze, mentre il *flogisto* era presente solo nelle sostanze combustibili. Inoltre, quando viene aggiunto ad una sostanza, il *calorico* ne causa un'espansione o un cambiamento di stato, da *solido* a *liquido* o da *liquido* a *gas*. Infine, il *calorico* può essere misurato con tecniche termometriche mentre il *flogisto* non poteva.

Il termine *ossigeno* per designare l'*aria pura* è stato usato da Lavoisier per la prima volta in una memoria datata 5 settembre 1777, in cui trattava della natura degli *acidi* [6]. Il termine era derivato dal greco e significa *generatore di acido*. In questa memoria Lavoisier ha sviluppato la teoria secondo cui il carattere *acido* di una sostanza risulta dalla presenza dell'*ossigeno*. In precedenza, Lavoisier aveva dimostrato che tutti gli *acidi* formati dallo *zolfo*, dal *carbonio*, dall'*azoto* e dal *fosforo* contenevano *aria pura* e ne aveva concluso che quest'*aria* era essenziale per la loro formazione.

Lavoisier ha anche fatto tutta una serie di esperimenti sulla *respirazione*, i cui risultati possono essere così riassunti (utilizzando la nomenclatura moderna). La respirazione è una forma di lenta *combustione*. Nella respirazione, l'*ossigeno* brucia il *carbonio* del cibo per formare *l'anidride carbonica*, che viene espulsa, mentre il *calore* rilasciato nel processo è la sorgente del *calore* animale. La parte non-respirabile dell'*aria*, la *mofette atmosphérique*, successivamente da lui denominata *azoto* (*senza vita*), viene espulsa inalterata.

In conclusione, benché la scoperta dell'*ossigeno* non sia a lui dovuta, va sottolineato che Lavoisier è stato il primo a comprenderne l'importanza, a capire la sua natura di *elemento chimico* e a stabilire la vera chimica della *combustione* e della *calcinazione*. In questo modo egli ha rivoluzionato completamente la concezione chimica della *materia*.

5.4 Composizione dell'Acqua. Confutazione della Teoria del Flogisto

Nonostante la rilevante novità della sua teoria della *combustione*, al momento della sua presentazione Lavoisier non era ancora in grado di proclamarne esplicitamente la superiorità rispetto alla teoria del *flogisto*. Nella memoria del 1777 *Sulla combustione in generale* egli si è limitato a commentare che la vecchia teoria spiegava i fenomeni *in modo molto felice*, ma che essa collocava il principio di combustibilità, la *materia* del *fuoco*, nel *combustibile*, mentre egli proponeva l'ipotesi alternativa che essa fosse nell'*aria pura* [4]. La ragione principale della sua cautela era dovuta all'incapacità di spiegare alcune importanti osservazioni fatte nella recente sperimentazione sulle *arie* e sui *metalli*.

Era stato trovato che, quando alcuni *metalli*, ad esempio lo *stagno* e lo *zinco*, venivano disciolti negli *acidi*, formando i rispettivi *sali*, era emessa *aria infiammabile* (*idrogeno*). Quando invece erano le *calci* dei *metalli* ad essere dissolte negli *acidi*, i *sali* si formavano senza emissione di *aria infiammabile*. Con la sua teoria Lavoisier non era in grado di spiegare né l'emissione di *aria infiammabile* né la differenza fra le due reazioni. Viceversa, utilizzando la teoria del *flogisto* la spiegazione era quasi immediata! Secondo questa teoria, l'*aria infiammabile* altro non era che *flogisto*, il *metallo* era *calce* + *flogisto*, il *sale* era *calce* + *acido*. Nel primo esperimento, il *metallo* si scindeva nei suoi componenti *calce* e *flogisto*, il *flogisto* fuoriusciva come *aria infiammabile* e la *calce* si combinava con l'*acido* a formare il *sale*. Nel secondo esperimento, inizialmente si avevano solo *calce* e *acido*, che si combinavano a formare il *sale*.

Anche la spiegazione della *combustione* dell'*aria infiammabile (idrogeno)* creava problemi a Lavoisier. Dopo la scoperta di Cavendish, vari investigatori avevano condotto esperimenti sulla combustione dell'*aria infiammabile*, ma nessuno di essi aveva notato la presenza di prodotti della combustione chiaramente identificabili, mentre, secondo la teoria di Lavoisier dell'*ossigeno* come formatore di *acidi*, la combustione dell'*aria infiammabile* avrebbe dovuto produrre un *acido*.[8] La presenza di umidità in seguito alla combustione era stata fino ad allora ignorata o sottovalutata, probabilmente sia perché essa era molto diffusa nelle reazioni chimiche condotte nelle condizioni sperimentali del tempo, sia perché, secondo la tradizione, l'*acqua* era considerata un *elemento* e non c'erano ragioni per aspettarsi una sua comparsa quando si bruciava l'*aria infiammabile*.

Lavoisier è stato in grado di risolvere questi problemi solo alcuni anni dopo, quando ha avuto notizia degli esperimenti in cui Cavendish aveva dimostrato che l'*aria infiammabile (idrogeno)* e l'*aria deflogisticata (ossigeno)* si combinano a formare *acqua* (Per maggiori dettagli si veda *Composizione dell'acqua* nell'Appendice A). Lavoisier è venuto a conoscenza degli esperimenti di Cavendish nel 1783, quando Charles Blagden, assistente di Cavendish e futuro segretario della Royal Society, ha visitato Parigi [6]. In breve tempo, Lavoisier li ha ripetuti ed ampliati. Dapprima ha confermato la composizione dell'*acqua* mediante il processo di *sintesi*, ossia producendo l'*acqua* facendo esplodere assieme *aria infiammabile (idrogeno)* e *aria deflogisticata (ossigeno)*. Successivamente ne ha dimostrato la natura di sostanza composta utilizzando l'*analisi*, ossia facendo passare il *vapore acqueo* su un *ferro* rovente e liberando le due *arie*. In seguito a questi esperimenti, nel 1784, Lavoisier è giunto alla conclusione che l'*acqua* non è una sostanza elementare, come ritenuto nella tradizione aristotelica e, più di recente, dai seguaci della teoria del *flogisto*, ma è una sostanza composto dalle due *arie*. In accordo con questa visione ha ribattezzato l'*aria infiammabile* con il nome di *idrogeno*, che in greco significa produttore di acqua.

Lavoisier, che era stato incerto sul ruolo dell'*ossigeno* nella combustione dell'*idrogeno*, ha visto confermata la sua previsione che la combustione dell'*aria infiammabile* avrebbe dovuto produrre un *acido* ed ha immediatamente inserito le

[8] Si ricordi che la combustione di *idrogeno* in *aria* dà luogo alla formazione di *acqua*.

nuove informazioni nella teoria generale che stava sviluppando. Egli era ora in grado di offrire una spiegazione alternativa a quella del *flogisto* per quello che si osservava nelle reazioni dei *metalli* e delle *calci* con gli *acidi*. Un *metallo* disciolto in un *acido* prendeva l'*ossigeno* dall'*acqua* presente nella soluzione e formava la sua *calce* (*ossido*), la quale, poi, si univa con l'*acido* per dare il *sale*, mentre l'*idrogeno* dell'acqua veniva liberato. Quando, invece, era la *calce* ad essere dissolta nell'*acido*, il *sale* si poteva formare direttamente senza la partecipazione dell'*acqua* e senza fuoriuscita di *idrogeno*. A questo punto Lavoisier era convinto che la sua teoria era in grado di spiegare tutti i fatti noti della chimica in modo molto più soddisfacente della teoria del *flogisto*. Nel 1786 ha pubblicato una memoria intitolata *Riflessioni sul flogisto*, in cui ha attaccato la vecchia teoria di Stahl e ha mostrato come tutte le principali operazioni della chimica si potevano spiegare senza ricorrere a quella ipotetica sostanza.

5.5 Chimica e Materia alla Fine del Settecento

Grazie principalmente all'opera dei *chimici pneumatici* inglesi (Black, Cavendish e Priestley) e di Lavoisier e dei suoi collaboratori, il XVIII secolo ha visto l'affermarsi di una serie di concetti e prassi metodologiche che sono state vere pietre miliari nel cammino verso la moderna concezione della *materia* e le conoscenze chimiche ad essa correlate. Si tratta della formulazione del principio di *conservazione della materia* nelle trasformazioni e nelle reazioni chimiche, del concetto di *elemento chimico*, del concetto di *equivalenti* nelle reazioni, della consapevolezza dell'esistenza di *sostanze composte* con composizione ben definita.

5.5.1 Conservazione della Materia. Elementi Chimici

La convinzione che, nelle trasformazioni e nelle reazioni chimiche, la *materia* non si distrugga e non si crei, era stata presente, in modo più o meno esplicito, in molti dei procedimenti di misura e di analisi, anche fuori dalla sfera scientifica, già prima del Settecento. Nel XVII secolo questo convincimento è talvolta affiorato in modo palese. Per esempio, Francesco Bacone ha scritto [5]:

> è abbastanza chiaro che tutto diviene e nulla realmente perisce, e che la quantità di *materia* rimane assolutamente la stessa.

Passi analoghi si trovano negli scritti di Boyle. L'idea della *conservazione della materia* ottiene una conferma definitiva negli esperimenti dei chimici del Settecento, in cui la determinazione del peso, prima e dopo le trasformazioni chimiche, diventa una prassi rigorosa e la bilancia uno strumento essenziale. L'applicazione sistematica di metodi quantitativi nello studio delle reazioni era cominciata con van Helmont, Boyle e Black, ma è Lavoisier ad essere il campione della *chimica quan-*

titativa. Egli dà chiarezza e coerenza ai concetti di indistruttibilità della materia e di conservazione della massa alla base dei metodi quantitativi. Dice Lavoisier [4]:

> ... può essere preso come un assioma che in ogni operazione una stessa quantità di *materia* esiste prima e dopo l'operazione ... e che avvengono solo cambiamenti e modifiche. L'intera arte di fare esperimenti di chimica è fondata su questo principio: noi dobbiamo sempre supporre un'eguaglianza esatta tra le sostanze del corpo esaminato e quelle dei prodotti della sua analisi.

Per merito di Lavoisier il concetto di conservazione della massa nelle reazioni chimiche e nelle trasformazioni della *materia* è divenuto un postulato esplicito.

Di grande importanza metodologica è anche la chiara distinzione che si afferma nel Settecento tra *sostanze elementari* e *sostanze composte* e la definitiva messa a punto in senso moderno del concetto di *elemento chimico*, ancora da parte di Lavoisier. Seguendo le idee di Boyle, Lavoisier definisce *elemento* una sostanza che non può essere ulteriormente scomposta da nessun metodo conosciuto dell'analisi chimica. Quindi, gli *elementi* non rappresentano più entità metafisiche o *principi* stabiliti a priori, come nelle dottrine di stampo aristotelico, ma costituiscono il risultato finale dell'analisi di laboratorio. Sulla base di questa definizione, Lavoisier individua 32 sostanze, che classifica come *elementi* in quanto non scomponibili. La sua lista include, oltre a veri *elementi*, anche *luce* e *calorico*, che egli ritiene essere sostanze materiali *imponderabili*.

Alla fine del XVIII secolo, con l'accettazione da parte della comunità scientifica del concetto di una pluralità di *elementi* come sostanze semplici non ulteriormente scomponibili e la teoria della formazione dei *composti chimici* a partire da questi *elementi*, elaborata da Lavoisier, si ha una svolta importante verso la moderna concezione della *materia* e il definitivo superamento delle teorie di origine aristotelica e medievale.

5.5.2 Composti e Affinità

Nei primi decenni del Settecento Georg Stahl (il propugnatore della teoria del *flogisto*) ha sostenuto con forza l'importanza dello studio delle *sostanze composte* e della loro caratterizzazione con metodologie chimiche per arrivare alla comprensione della struttura della *materia*. Egli ha messo in evidenza come bisognasse distinguere tra i *composti chimici* e i semplici aggregati di sostanze diverse, le *miscele* [2]. Un *composto chimico* era una sostanza le cui proprietà non erano la semplice somma delle proprietà delle sostanze che si erano unite a formarlo. La formazione di un *composto chimico* comportava un cambiamento nei costituenti, i quali venivano modificati nel processo di combinazione, come accadeva, per esempio, quando un *acido* e una *base* reagivano per formare un *sale*. Aggregati o *miscele*, al contrario, erano il risultato del semplice mescolamento fisico dei costituenti invariati, in processi simili al mescolamento di tipi differenti di sabbia.

Nel proseguo del secolo XVIII, l'attenzione alla natura dei *composti chimici* ha stimolato lo studio delle *reazioni chimiche* e ha fatto sorgere il problema della loro selettività, ossia del perché una certa sostanza si combini con alcune sostanze determinate e solo con quelle. Si trattava, in realtà, di un problema antico, che aveva interessato gli studiosi sin dal Medioevo e a cui si era cercato di rispondere con il concetto di *affinità*. Gli alchimisti avevano ipotizzato un rapporto di *amicizia* tra le sostanze che si combinano. Nel XIII secolo Alberto Magno, quando si era posto il problema della natura delle forze che tengono insieme le parti nelle sostanze composte, aveva introdotto il concetto di una *affinitas* fra corpi che si combinano [6]. Nel XVII secolo Glauber, Boyle e Mayow avevano tutti cercato di spiegare le *reazioni di sostituzione*,[9] utilizzando il concetto di *affinità relativa*. Newton aveva parlato di *sociabilità* e di *attrazione* tra i componenti e aveva suggerito che ci siano poteri attrattivi molto forti tra le particelle dei corpi che si combinano, ma che queste attrazioni si estendano solo su distanze molto piccole e che la loro forza vari da una sostanza all'altra. Per esempio, secondo Newton l'*acqua regia* agisce sull'*oro* perché ha una forza attrattiva verso questo *metallo* che le consente di penetrare dentro di esso, mentre la mancanza di tale forza rispetto all'*argento* le impedisce di agire su quest'ultimo.

Nel XVIII secolo lo studio delle *affinità elettive* (come erano chiamate dai chimici del tempo) diventa uno dei problemi rilevanti nello studio della struttura della *materia*. Si compongono tavole di *affinità*, in cui gli *acidi* sono ordinati secondo la loro maggiore o minore propensione a legarsi con una determinata *base*, e i *metalli* secondo la loro maggiore o minore reattività con lo *zolfo*. I gradi relativi di *affinità* vengono valutati accertando se una *base sposta* un'altra *base* da un dato composto e un *metallo sposta* un altro *metallo*. Le prime tavole vengono compilate nel 1718 dal medico francese Etienne-Francois Geoffroy (1672–1731). Tavole più elaborate sono compilate dal chimico e mineralogista svedese Torbern Bergman (1735–1784) e da altri dal 1750 in poi [1]. Un testo di chimica molto influente, pubblicato nel 1749, *Elementi di chimica teorica* del chimico francese Pierre Joseph Macquer (1718–1784), che contribuisce a diffondere l'interesse per le tavole di *affinità*, dedica un intero capitolo all'argomento e conclude [2]:

> Tutti gli esperimenti che sono stati fatti fino ad oggi e quelli che si continuano a fare giornalmente concorrono nel dimostrare che tra le differenti sostanze, sia primarie che composte, esiste un accordo o relazione o affinità o attrazione. Questo predispone alcune sostanze a unirsi tra loro, mentre non sono capaci di unirsi ad altre. E' questo effetto, qualunque sia la sua causa, che ci aiuterà a dare una ragione a tutti i fenomeni forniti dalla chimica e a collegarli insieme tra loro.

In verità, anche se le tavole di *affinità* rappresentavano un primo passo verso una classificazione delle sostanze, la realtà delle reazioni chimiche era molto più complessa. Agli inizi dell'Ottocento è stato messo in evidenza dagli studi del chimico francese Claude-Louis Berthollet (1748–1822) che la formazione di un composto è legata ad una varietà di fattori oltre che all'*affinità*. Nel suo *Essai sur les etats chimiques*, pubblicato nel 1803, egli ha mostrato che sono parametri, quali la con-

[9] Le reazioni di sostituzione sono definite come: 1) Reazioni in cui il gruppo funzionale di un composto chimico è sostituito da un altro gruppo; 2) reazioni che comportano la sostituzione di atomi o molecole di un composto con altri atomi o molecole; 3) reazioni come quelle in cui, nei sali, una base sostituisce un'altra base o un acido un altro acido.

centrazione, la quantità di reagenti, la temperatura e la pressione, a decidere se una particolare reazione sia o no possibile [1]. Berthollet è arrivato alla conclusione che questi effetti rendono impossibile determinare le *affinità* relative di due sostanze verso una terza, dando un duro colpo all'utilità pratica delle tavole.

5.5.3 Combinazione ed Equivalenti

Strettamente connesso con la problematica delle *affinità*, e quindi molto discusso nel periodo, è anche il concetto di *peso equivalente* e di *rapporto equivalente* nelle reazioni di sostituzione. Il concetto di *peso equivalente* è nato dall'osservazione che il rapporto dei pesi delle differenti *basi*, che erano necessari per neutralizzare una determinata quantità di *acido* nelle reazioni di formazione dei *sali*, era una quantità che non variava quando si ripetevano le reazioni utilizzando quantità di acido differenti. Una analoga costanza si aveva nei rapporti dei pesi dei differenti *acidi* necessari per neutralizzare una determinata quantità di una *base* e nei rapporti di peso di un *metallo* che spostava un altro *metallo* nelle soluzioni acide. Nella prima metà del Settecento vari chimici, tra cui Johann Kunckel (1630–1703), Nicolas Lémery (1645–1715), Georg Stahl (1659–1734), Wilhelm Homberg (1652–1715) e Carl Friedrich Wenzel (1740–1793), hanno studiato il problema con l'intento di giungere alla determinazione dei *pesi equivalenti* [6]. Nella seconda metà del secolo, grazie soprattutto a Cavendish, a Torbern Bergman (1735–1784) e al geologo e chimico irlandese Richard Kirwan (1733–1812), c'è stato un accumulo di conoscenze che ha condotto alla generalizzazione del concetto, generalizzazione conosciuta come *legge delle proporzioni reciproche* o *legge delle proporzioni equivalenti*. Tale la legge è stata elaborata nel 1791 dal chimico tedesco Jeremiah Richter (1762–1807) e così da lui formulata [3]:

> il peso di una sostanza A, che si combina con una quantità conosciuta di una sostanza B, si combina anche esattamente con quel peso della sostanza C, che si era combinato con lo stesso peso della sostanza B.

In seguito a questi sviluppi si sono cominciate a preparare tavole di *pesi equivalenti*, che riportavano le quantità relative degli elementi chimici che si combinavano l'uno con l'altro.

L'utilità del concetto di *peso equivalente* è stata sancita negli ultimi anni del secolo dall'opera del chimico francese Joseph Louis Proust (1755–1826). Proust, utilizzando nelle sue analisi sostanze della migliore purezza allora disponibile,[10] osserva che una determinata sostanza composta, comunque ottenuta, in natura o in laboratorio, contiene sempre gli stessi *corpi semplici* (cioè gli stessi *componenti*) combinati nelle identiche proporzioni di peso. Nei suoi primi esperimenti Proust aveva notato che la *pirite*, un minerale contenente *ferro* e *zolfo* aveva sempre la

[10] Possiamo vedere i risultati di Proust come una conseguenza pratica della diffusa consapevolezza dell'importanza della purezza dei materiali nella sperimentazione chimica, che si era affermata nel XVIII secolo, grazie principalmente ai lavori di Black, Cavendish e Lavoisier.

stessa composizione indipendentemente dal luogo di provenienza. In particolare, aveva trovato che per ogni grammo di *ferro* erano sempre presenti 0,57 g di *zolfo* e che tale composizione era rispettata anche dalla *pirite* da lui ottenuta in laboratorio. In una lunga serie di ricerche sulla composizione dei minerali e sui composti artificiali di molti *metalli*, egli ha successivamente constatato che tale regolarità di comportamento era comune ad una varietà di sostanze minerali e metalliche. Queste osservazioni lo hanno portano ad elaborare la *legge delle proporzioni definite* (nota anche come *legge di Proust*), la quale afferma che *quando due o più elementi reagiscono, per formare un determinato composto, si combinano sempre secondo proporzioni di massa definite e costanti.*

Proust ha elaborato la legge nel 1797 e l'ha commentata nel seguente modo [4]:

> Dobbiamo riconoscere la presenza di una mano invisibile che tiene il bilancio nella formazione dei composti. Un composto è una sostanza a cui la natura assegna rapporti fissi, esso è, in breve, un oggetto che la natura non crea mai senza una bilancia in mano.

Riferimenti bibliografici

1. Brock W H (1993) The Chemical Tree. W. W. Norton & Company, New York
2. Levere T H (2001) Transforming Matter. The Johns Hopkins University Press, Baltimore
3. Mason S F (1962) A History of the Sciences. Collier Books, New York
4. Partington J R (1989) A Short History of Chemistry. Dover Publications, New York
5. Singer C (1959) A Short History of Scientific Ideas to 1900. Oxford University Press, London
6. Ihde A J (1984) The development of modern chemistry. Dover Publications, New York
7. Villani V (2014) Piccola biografia del chimico Henry Cavendish. http://www.chimicare.org

Capitolo 6
Materia ed Elettricità

Un contributo decisivo alla nostra conoscenza della struttura della *materia* proviene dallo studio dell'*elettricità*. La scoperta delle proprietà elettriche porta naturalmente a domandarsi quale sia la loro relazione con la *materia* in cui le si osserva.

La storia dell'*elettricità* comincia con le prime osservazioni delle peculiari proprietà dell'*ambra* (*elektron* in greco), una resina traslucida giallastra. Quando viene strofinata con un pezzo di pelliccia, l'*ambra* sviluppa la capacità di attrarre piccoli pezzi di materiale leggero come le piume. La tradizione storica greca riferisce che Talete di Mileto (640–546 a. C.) sia stato tra i primi a parlarne. Non è chiaro, tuttavia, se egli avesse scoperto personalmente questa proprietà o se l'avesse appresa dai sacerdoti egizi o da altri durante i suoi viaggi. Nel mondo antico si sono avute anche altre menzioni di fenomeni legati all'*elettricità*. Per esempio, Aristotele ha scritto di un pesce chiamato *torpedo*, che dava scosse e paralizzava i muscoli se veniva toccato [1]. Si diceva che gli Etruschi avessero attratto i fulmini lanciando frecce di metallo verso le nuvole. Nel corso dei secoli la menzione di queste proprietà è stata ripetuta negli scritti di vari studiosi fino a quando, alla fine del XVI secolo, l'interesse per i fenomeni elettrici e il loro studio più sistematico sono entrati nella storia della scienza, in concomitanza con la nascente rivoluzione scientifica.

6.1 L'Elettricità nel XVII e XVIII Secolo

La moderna storia dell'elettricità comincia con il medico inglese William Gilbert (1544–1603). Nel 1600, dopo quasi vent'anni di sperimentazione, Gilbert completa la sua opera *De magnete, magneticisque corporibus et de magno magnete tellure* (*Sul magnete, i corpi magnetici e il grande magnete della terra*), dedicata principalmente allo studio delle proprietà magnetiche, ma che include anche studi sui fenomeni elettrici. Nel suo libro Gilbert analizza l'*elettricità statica* generata dall'*ambra* e mostra come la stessa proprietà sia posseduta da altre sostanze, come il *vetro*, le *resine*, lo *zolfo*, ecc. Dal nome greco dell'*ambra*, *elektron*, egli conia

© The Author(s), under exclusive license to Springer Nature Switzerland AG 2025
F. Evangelisti, *Il concetto di materia*, https://doi.org/10.1007/978-3-031-83565-0_6

Figura 6.1 Antica riproduzione del *versorium* di Gilbert. (Riprodotto da S. P. Thompson, *Elementary Lessons in Electricity and Magnetism*, 1902; Wikipedia Public Domain)

il neologismo latino *electricus* per significare simile all'*ambra* nelle sue proprietà attraenti. Il lavoro include la prima classificazione di sostanze in *elettriche*, cioè sostanze che, dopo lo strofinio, attirano gli oggetti, e *non-elettriche*, cioè sostanze che, dopo lo strofinio, non hanno proprietà attraenti. Si tratta del primo esempio di studio sistematico delle proprietà elettriche della *materia*, reso possibile dall'uso del primo *elettroscopio*,[1] inventato dallo stesso Gilbert e da lui chiamato *versorium*.

Il *versorium* di Gilbert è un ago di metallo che può ruotare liberamente su di un perno, come mostrato nella Fig. 6.1. E' quindi simile all'ago di una bussola, ma non è magnetizzato. L'ago è attratto dai corpi caricati per strofinio posti nelle vicinanze e ruota verso l'oggetto carico. La risposta dell'ago del *versorium* è indipendente dalla polarità della carica elettrica e, quindi, non può distinguere tra una carica positiva e una negativa, a differenza dell'ago della bussola, che ha le estremità *nord* e *sud* e può distinguere tra polo nord e polo sud. Dato lo stato primitivo delle conoscenze, il motivo dell'attrazione, l'*induzione elettrostatica*, non poteva essere compreso da Gilbert, ma il *versorium* gli era comunque utile per rivelare se l'oggetto strofinato acquisiva *proprietà elettriche*. Gilbert ha ipotizzato che le sostanze *elettriche* possiedano una sostanza particolare, che egli ha chiamato *effluvio elettrico* [2]. Come conseguenza dello strofinio questo *effluvio* viene rimosso dalle sostanze *elettriche* e si diffonde nell'*aria* circostante spostandola. Quando torna nella sua posizione originale, l'*aria* spostata spinge i corpi leggeri e li fa muovere verso l'oggetto attraente.

Nei suoi esperimenti Gilbert ha osservato ed analizzato solo gli effetti *attrattivi* generati dagli oggetti strofinati. La proprietà che i corpi carichi possano anche respingersi, la *repulsione elettrostatica*, sembra essere stata notata per la prima volta, in modo accidentale, dal filosofo e matematico gesuita Niccolò Cabeo (1586–1650), che, nella sua *Philosophia Magnetica* del 1629, ha descritto come piccoli oggetti, attratti dall'*ambra* carica, a volte si ritraessero ad una distanza anche di parecchi centimetri dopo essere stati in contatto con l'*ambra* stessa. Seguendo Gilbert, anche Cabeo ha descritto l'*attrazione elettrostatica* in termini di un *effluvio elettrico*, che viene rilasciato sfregando i materiali tra loro e si diffonde nell'*aria* circostante, la quale, spostandosi, fa muovere i corpi leggeri. La necessità dell'*aria* per l'osservazione dei *fenomeni elettrici* è stata successivamente smentita dagli esperimenti fatti da Robert Boyle (1627–1691) utilizzando la *pompa da vuoto*. Questi esperimenti hanno mostrano come i *fenomeni elettrici* persistano anche in assenza di aria.

[1] L'*elettroscopio* è uno strumento che misura la carica elettrica.

Figura 6.2 Antica riproduzione della macchina elettrostatica di von Guericke. (Riprodotta da Ottonis de Guericke, *Experimenta nova*; Cortesia di The Linda Hall Library of Science, Engineering& Technology)

A metà del Seicento la consapevolezza che i *fenomeni elettrici* siano importanti proprietà della *materia*, degne di indagine, può considerarsi acquisita da parte della comunità scientifica e nella seconda metà del secolo si assiste a un notevole progresso nel loro studio. Vengono inventate le prime macchine per la generazione di *effluvi elettrici* in modo più controllato e riproducibile, le *macchine elettrostatiche* (o *generatori elettrostatici*), che diventeranno fra gli strumenti più importanti dei gabinetti scientifici nei secoli successivi. La prima di queste macchine viene inventata intorno al 1660 da Otto von Guericke (1602–1686), celebre, come abbiamo visto, anche per l'invenzione della prima *pompa da vuoto* e per il famoso esperimento degli *emisferi di Magdeburgo*. Essa consiste in una sfera di *zolfo* imperniata su di un asse di ferro, che viene fatta ruotare da una manovella (Fig. 6.2). L'elettrizzazione si produce mantenendo un panno a contatto con la sfera, posta in rapida rotazione.

Un *generatore elettrostatico*, che rappresenta un miglioramento significativo rispetto alla versione più primitiva inventata da Otto von Guericke, viene costruito nel 1706 dallo scienziato britannico Francis Hauksbee (1666–1713). Il *generatore* di Hauksbee è costituito da una sfera di vetro che è fatta ruotare rapidamente da una ruota con puleggia. La macchina genera una quantità di elettricità sufficiente a mettere in evidenza un altro fenomeno legato all'*elettricità statica*: le *scariche elettriche* e la concomitante emissione di *luce*. I primi generatori di Hauksbee producono abbastanza *luce* da permettere la lettura e sono veri e propri precursori delle odierne *lampade a scarica*. Nel 1709 Hauksbee pubblica *Physico-Mechanical Experiments on Various Subjects. Containing an Account of Several Surprizing Phenomena Touching Light and Electricity*, un libro che rappresenta un importante aggiornamento delle conoscenze sui *fenomeni elettrici*. In esso egli riporta che nei suoi esperimenti ha osservato non solo l'*attrazione*, ma anche la *repulsione* elettrostatica, che, sebbene descritta per la prima volta da Niccolò Cabeo, era passata inosservata.

Un notevole progresso nella conoscenza delle proprietà elettriche si ha nella prima metà del Settecento, grazie agli esperimenti dello scienziato inglese Stephen Gray (1666–1736). Gray è il primo a scoprire ed investigare il fenomeno della *conduzione elettrica*. Prima dei suoi esperimenti l'attenzione era rimasta concentrata sulla generazione di *elettricità statica* e sulle indagini dei fenomeni connessi. Pur con le difficoltà inerenti all'utilizzo di sorgenti di elettricità poco affidabili come quelle a *strofinio* allora in uso, Gray è in grado di dimostrare che la *virtù elettrica* (così egli chiama i fenomeni elettrici) non è solo un fenomeno *statico*, ma piuttosto assomiglia a un *fluido* capace di propagarsi. Come spesso accade nella ricerca scientifica, la prima osservazione del fenomeno è del tutto casuale. Una notte Gray nota che anche il tappo alla fine del tubo di vetro, da lui usato come generatore di elettricità per *strofinio*, attrae piccoli pezzi di carta e di paglia quando il tubo viene strofinato. Di norma, negli esperimenti il tappo non è elettrizzato, ma quella notte le condizioni climatiche e gli effetti dell'umidità fanno sì che anche il tappo abbia accumulato la *virtù elettrica*. Nel ciclo di prove successivo Gray scopre che i fili metallici e lo spago spesso e umido trasportano la *virtù elettrica*, mentre i fili di seta non sono in grado di farlo. Si tratta delle prime osservazioni che distinguono fra materiali *conduttori* di elettricità e materiali *isolanti*.

Gray ha anche dato un importante contributo all'*elettrostatica*. Infatti, ha fornito la prima descrizione non ambigua del fenomeno dell'*induzione elettrostatica*, dimostrando che è possibile trasmettere la *virtù elettrica* agli oggetti metallici, che a quei tempi venivano considerati sostanze *non elettriche*, in quanto non si caricavano per *strofinio*.

Nello stesso periodo, importanti studi sull'elettricità sono stati fatti in Francia da Charles-François de Cisternay du Fay (1698–1739) e dall'abate Jean-Antoine Nollet (1700–1770), che hanno avuto stretti contatti con Gray. Ispirato dalle scoperte di quest'ultimo, du Fay ha eseguito una metodica attività di ricerca, in cui ha verificato che tutti i materiali, eccetto i *metalli*, potevano essere elettrizzati per *strofinio*, arrivando alla conclusione che l'*elettricità è una proprietà generale della materia*. Inoltre, partendo dall'osservazione che gli oggetti strofinati non sempre attraevano i piccoli corpi ma, in certi casi, li respingevano, du Fay ha studiato in modo sistematico questo fenomeno. Egli ha trovato che due pezzi di *ambra* elettrizzati quando venivano avvicinati si respingevano e che lo stesso accadeva a due pezzi di *vetro* elettrizzati, ma che, se avvicinava un pezzo di *ambra* elettrizzato ad un pezzo di *vetro* elettrizzato, i due si attiravano. Du Fay ne ha dedotto che dovevano esistere due tipi di elettricità che ha chiamato *elettricità resinosa* ed *elettricità vetrosa* (le odierne *elettricità negativa* ed *elettricità positiva*). Coerentemente, ha distinto le sostanze in *resinose* e *vetrose*, a seconda che respingessero, rispettivamente, l'*ambra* o il *vetro* elettrizzati. Nel 1733 du Fay ha formulato la prima teoria dell'elettricità, chiamata teoria dei *due fluidi*, secondo la quale i corpi contengono due *fluidi elettrici* distinti, che sono di uguale misura nei corpi non elettrizzati e che diventano

Figura 6.3 Primo tipo di *bottiglie di Leida* (*sinistra*); tipo successivo più comune (*destra*). (Riprodotto da W. J. Harrison, C. A. White, *Magnetism and Electricity*, 1898 and R. A. Houstoun *Elements of Physics*, 1919; Wikipedia Public Domain)

disuguali in seguito allo *strofinio*, con il predominio dell'uno o dell'altro nei corpi elettrizzati.

Un importante progresso sul fronte della strumentazione elettrica viene fatto nel 1745, con l'invenzione della *bottiglia di Leida* inventata indipendentemente dal canonico tedesco Ewald von Kleist (1700–1748) e dal fisico olandese Pieter van Musschenbroek (1692–1761). La *bottiglia di Leida* costituisce la forma più antica di *condensatore elettrico*, vale a dire un dispositivo in grado di immagazzinare cariche elettriche ed energia elettrostatica. Il nome deriva dalla città di Leida, sede dell'università dove van Musschenbroek era professore.

La prima forma di dispositivo (Fig. 6.3) consisteva in un contenitore di vetro (quasi sempre appunto una bottiglia) riempito d'acqua, la quale fungeva da *elettrodo* (*piastra*) interno del condensatore. Un chiodo di metallo conficcato nel tappo di sughero era posto in contatto con l'acqua, consentendo all'acqua stessa di caricarsi e scaricarsi. La bottiglia era tenuta in mano e la mano fungeva da secondo *elettrodo* del condensatore. I tipi successivi consistevano in un contenitore di vetro, le cui pareti erano coperte da un rivestimento metallico, uno all'interno e uno all'esterno. I due fogli metallici costituivano l'armatura del condensatore, mentre la parete di vetro fungeva da *dielettrico*. Un'asta conduttrice o una catena metallica, che attraversava il tappo di sughero della bottiglia e che terminava superiormente con una sferetta metallica, fungeva da elettrodo per la parte interna. Le *bottiglie di Leida* possedevano una capacità elettrica piuttosto elevata, che unita all'alta rigidità dielettrica e spessore del vetro, le rendeva ideali come *condensatori* per alta tensione.

Grazie a questa invenzione chi indaga i *fenomeni elettrici* ha a disposizione il primo dispositivo pratico per immagazzinare l'*elettricità* (più precisamente, *l'energia elettrostatica* che si genera tra cariche elettriche opposte). La *bottiglia di Leida* diventa rapidamente uno strumento basilare nei laboratori del Settecento e rende possibili una serie di nuovi esperimenti. In proposito, può essere divertente ricordare alcuni clamorosi esperimenti fatti dall'abate Nollet per supportare la teoria dell'elettricità come *fluido*, che scorre con continuità tra oggetti in contatto. In una dimostrazione organizzata per il re Luigi XV nel 1746, egli scarica una batteria di *bottiglie di Leida* in modo che la corrente passi attraverso una linea di 180 guardie reali messe in contatto tra di loro mediante fili di ferro. Poco dopo ripete l'esperimento allungando la catena per cercare di misurare la velocità di propagazione dei *fenomeni elettrici*. Egli dispone in circolo 200 monaci certosini, uniti tra loro da aste di ferro, ottenendo una circonferenza lunga circa 1,6 km. Quando scarica su questa catena umana una batteria di *bottiglie di Leida*, osserva come lo *shock elettrico* sui monaci sia pressoché simultaneo e conclude che la propagazione è istantanea.

Tentativi analoghi, anche se meno spettacolari, di determinare la velocità di propagazione dei fenomeni elettrici vengono fatti nello stesso periodo anche in Inghilterra. Il 14 agosto 1747 lo scienziato britannico William Watson (1715–1787) è autore, insieme ad altri studiosi, tra cui Henry Cavendish, di un celebre esperimento nel quale cerca di misurare la velocità di propagazione attraverso un filo lungo circa 2 km. Poco dopo, in un altro esperimento, la lunghezza del filo viene portata a circa 3,7 km. Non riuscendo a misurare una differenza di tempo tra la partenza e l'arrivo della scarica, anche Watson giunge alla conclusione che la propagazione è istantanea.

Sul piano teorico, Watson e lo scienziato e statista americano Benjamin Franklin (1706–1790), ispirandosi alla teoria dei *fluidi imponderabili* di matrice newtoniana, ipotizzano che la causa dei *fenomeni elettrici* risieda in un'*atmosfera* o *fluido* diffuso nello spazio, all'interno e all'esterno dei corpi materiali [3]. Secondo questa nuova teoria, i due tipi di *elettricità*, *vetrosa* e *resinosa* (per la prima volta denominati da Franklin come *elettricità positiva* e *negativa*) sono la manifestazione di un *eccesso* o un *difetto* di un unico *fluido elettrico*. Quando la densità del *fluido* all'interno uguaglia quella all'esterno, i corpi sono elettricamente neutri (non elettrizzati). I corpi si elettrizzano quando si ha un trasferimento di *fluido* da un oggetto all'altro. Un corpo che acquista un eccesso di *fluido* rispetto all'esterno, diventa elettricamente *positivo*, mentre un corpo che difetta di *fluido* rispetto all'esterno, diventa elettricamente *negativo*. Il *fluido elettrico* si conserva, non viene creato o distrutto, ma solo trasferito da un oggetto all'altro [4].

Nel 1759 il fisico tedesco Franz Aepinus (1724–1802) pubblica il libro *Tentamen Theoriae Electricitatis et Magnetismi* (*Un tentativo di una teoria dell'elettricità e del magnetismo*), in cui descrive gli effetti elettrici e magnetici allora noti, cercando di spiegarli sulla base di una interazione analoga a quella della legge di gravitazione di Newton, vale a dire, come dovuti a *forze* attrattive e repulsive tra i corpi elettrizzati, che agiscono a distanza e diminuiscono in proporzione all'inverso del quadrato della distanza. Seguendo e migliorando le teorie di Benjamin Franklin, Aepinus ipotizza che un solo *fluido elettrico* sia normalmente presente in tutti i corpi materiali e che la relativa abbondanza o carenza di *fluido* si manifesti come *elettricità positiva o negativa*. Una teoria dell'elettricità, che coincide sostanzialmente con quella di Aepinus, viene elaborata nello stesso periodo, ma in maniera indipendente, dal fisico e chimico inglese Henry Cavendish (1731–1810), che però la pubblicherà solo nel 1771.

In questo stesso periodo anche il chimico inglese Joseph Priestley (1733–1804) conduce importanti ricerche sull'elettricità, che pubblica nel 1767 nel libro *History and Present State of Electricity*, in cui vengono esaminati tutti i dati disponibili al momento in questo campo. Conducendo numerosi studi sulla *conducibilità* dei materiali, Priestley mostra che non esiste una demarcazione netta tra materiali *conduttori* e *non-conduttori*, ma che una capacità, più o meno marcata, di condurre l'elettricità esiste in molte sostanze. Con queste evidenze sperimentali egli ribalta una delle credenze fino ad allora comunemente accettata, secondo cui solo l'*acqua* e i *metalli* potevano condurre l'elettricità. Inoltre, egli arriva alla conclusione che debba esistere una relazione tra elettricità e reazioni chimiche. Infine, basandosi su esperimenti con sfere cariche, anche Priestley, come Aepinus, è tra i primi a proporre che le forze elettriche varino in proporzione dell'inverso del quadrato della distanza, in analogia con la legge di gravitazione di Newton.

La dimostrazione definitiva e quantitativa di come l'interazione tra *corpi elettrizzati* sia simile alla gravitazione viene fatta alla fine degli anni '80 del Settecento dal fisico francese Charles-Augustin de Coulomb (1736–1806). Le sue classiche esperienze sono rese possibili dalla sua invenzione della *bilancia di torsione* (detta anche *bilancia di Coulomb*), basata sulla misura della torsione elastica di un filo e che permette la determinazione di *forze* anche debolissime. Negli esperimenti di Coulomb la forza (attrattiva o repulsiva), che si esercita tra due sferette elettricamente cariche, provoca una torsione del filo, che ruota fino a che la forza elastica di torsione non equilibra la forza elettrostatica. La forza è quindi proporzionale all'angolo di torsione. In questo modo, variando la quantità di carica e la distanza tra le sferette Coulomb può dimostrare la celebre legge che va sotto il suo nome e che stabilisce che tra due cariche elettriche q_1 e q_2 poste ad una distanza r si esercita una forza F proporzionale alle cariche stesse e inversamente proporzionale al quadrato delle distanze. In formule:

$$F = C\frac{q_1 q_2}{r^2}$$

con C una costante di proporzionalità. La forza è diretta secondo la congiungente le cariche ed è repulsiva o attrattiva a seconda che le cariche abbiano lo stesso segno o segno opposto.

Dal punto di vista concettuale la dimostrazione che le *interazioni elettriche* sono dovute a *forze* di tipo newtoniano si dimostra di grande importanza per lo sviluppo del campo, in quanto permette di attribuire ai *fenomeni elettrici* tutte le proprietà che la *meccanica*, a partire da Newton, aveva trovato valere per i *fenomeni gravitazionali*. Da questo momento in poi l'*elettrostatica* compie rapidissimi progressi, resi possibili proprio dal conquistato legame con la *meccanica*.

6.2 L'Invenzione della Pila

Nei primi mesi dell'Ottocento la comunità scientifica riceve la notizia di un'invenzione destinata ad avere un grande impatto sullo sviluppo della scienza e della tecnologia e che, nell'immediato, avrebbe permesso una serie di esperimenti fondamentali per la conoscenza della struttura della materia: l'invenzione della *pila* da parte dello scienziato italiano Alessandro Volta (1745–1827). Con la *pila* il mondo scientifico viene a disporre, per la prima volta, di un dispositivo in grado di produrre un *flusso di elettricità* (*corrente elettrica*) intenso e continuo, che avrebbe aperto le porte alle rivoluzionarie scoperte del XIX secolo sull'*elettromagnetismo* e sull'*elettrolisi*. Volta annuncia la sua invenzione con una lettera del 20 marzo 1800 indirizzata al presidente della Royal Society, sir Joseph Banks. La lettera, che contiene la prima descrizione della *pila*, viene pubblicata sui *Philosophical Transactions* con il titolo *On the Electricity excited by the mere Contact of conducting Substances of different Kinds*. Denominata inizialmente *organo elettrico artificiale* oppure *apparato elettromotore*, la *pila* viene successivamente battezzata con questo nome graie alla sua struttura caratteristica.

Gli effetti su cui si basa la *pila* erano stati osservati e discussi molto prima dell'invenzione di Volta. Già nel 1762 il filosofo e scienziato svizzero Johann Sulzer (1720–1779) aveva trovato che, quando toccava simultaneamente con la lingua le estremità di due metalli diversi ma in contatto tra loro, sentiva uno strano formicolio. Si trattava essenzialmente della prima rilevazione dell'*effetto Volta*. Anni più tardi, nel 1791 Luigi Galvani (1737–1798), professore di anatomia nell'Università di Bologna, osserva per caso un'altra sorprendente manifestazione dell'*elettricità*, da lui descritta in dettaglio nel saggio *De Viribus Electricitatis in Motu Musculari Commentarius* (*Commento agli effetti dell'elettricità sul moto dei muscoli*). Galvani osserva che le zampe delle rane messe ad essiccare si contraggono quando l'uncino di *ottone*, al quale le rane sono appese, entra in contatto con una rete di *ferro*. Dopo aver verificato che gli stessi effetti avvengono anche al chiuso e lontano da possibili sorgenti di *elettricità*, egli conclude che le contrazioni sono causate da una nuova forma di *elettricità*, da lui denominata *elettricità animale*, immagazzinata o prodotta dai muscoli delle rane.

Nel 1796, quando comincia a fare esperimenti simili a quelli di Johann Sulzer con *metalli* messi in bocca, Volta ritiene di stare sperimentando gli effetti dell'*elettricità animale* scoperta da Galvani. Trova, però, che è possibile produrre un *flusso di elettricità* (*corrente elettrica*) anche in assenza di tessuti animali, utilizzando, al posto della lingua, un pezzo di cartone imbevuto di *salamoia* (una soluzione di *acqua* e *sale*). Ne deduce che l'effetto è dovuto al contatto di due *metalli* diversi con un oggetto umido. Per amplificare l'effetto, Volta pensa di utilizzare più *celle individuali*, ciascuna contenente i due *metalli* a contatto con un liquido *acido*. Nella prima versione del dispositivo, ogni *cella* è costituita da un calice da vino riempito di *salamoia*, nel quale sono immersi due elettrodi di *metalli* differenti (Fig. 6.4). Collegando i due elettrodi per mezzo di un *conduttore* egli ottiene il passaggio di *corrente elettrica*. Trova inoltre che la coppia di *metalli* più efficace per la produzione di *elettricità* è costituita da *zinco* e *rame*. Nella configurazione successiva, i calici sono sostituiti da *celle* (*elementi voltaici*), costituite da un disco di *zinco* sovrapposto a uno di *rame*, separati da uno strato intermedio di feltro o di cartone imbevuto di *acqua* e *acido solforico*. La *pila* è costituita da una colonna di questi elementi sovrapposti (Fig. 6.4).

Benché il funzionamento della *pila* sia abbastanza complesso e sarebbe stato completamente capito molto più tardi e benché la teoria proposta da Volta non possa che essere approssimativa, la differenza tra le prestazioni della nuova sorgente di *elettricità* e quelle delle *macchine elettrostatiche* fino ad allora disponibili risul-

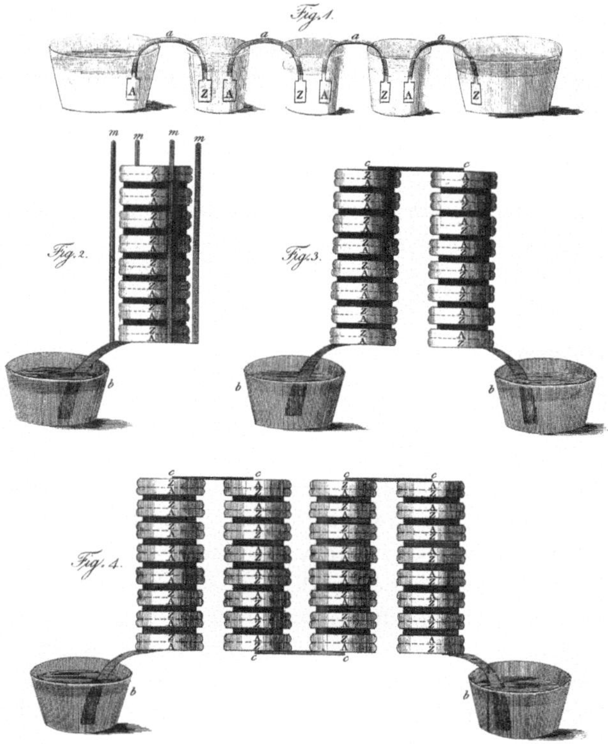

Figura 6.4 Disegni di *pile* di diverse configurazioni, contenuti nella lettera di Volta a sir Joseph Banks. (Wikipedia Public Domain)

ta immediatamente evidente a chi si occupa di fenomeni elettrici. Già nel 1801 il chimico e fisico inglese William Hyde Wollaston (1766–1828) mette in evidenza [5] come l'elettricità ottenuta dalla *pila* sia *meno intensa ma prodotta in quantità molto più grandi*, se confrontata con le scariche rapide ed esplosive generate dalle macchine elettrostatiche. Sorge il problema teorico di stabilire se il *fluido galvanico*, come allora viene chiamata l'*elettricità* generata dalla *pila*, sia identificabile con il *fluido elettrico* prodotto dalle macchine elettrostatiche. Per alcuni anni il problema è assai dibattuto, benché, fin dal 1802, Volta sostenga che essi coincidono. Ci sono due motivi per questa incertezza. Da un lato, va tenuto presente che, in quel periodo, nell'analisi dei fenomeni elettrici si utilizzano concetti non ben definiti, quali *intensità* e *quantità* di *elettricità*. I concetti di *tensione* e *corrente*, definiti con precisione, saranno introdotti più di due decenni più tardi, in seguito agli studi sulla *conduzione elettrica* del fisico e matematico tedesco Georg Ohm (1789–1854) e alla formulazione della *legge di Ohm*. Il secondo motivo di incertezza è dovuto all'esistenza delle due teorie contrapposte sulla natura dell'elettricità, la teoria dei *due fluidi* e teoria del *fluido singolo*, che rendono il concetto di *quantità di elettricità* ancora più fumoso.

Nonostante queste difficoltà di natura concettuale, le potenzialità della *pila* sono immediatamente riconosciute dalla comunità scientifica e il dispositivo ha un enorme successo. Negli anni successivi alla sua invenzione, la *pila* riceve vari perfezionamenti e il mondo scientifico viene a disporre di *generatori* (*batterie*) capaci di produrre *correnti elettriche* intense e stabili, che consentono una rapida successione di nuove scoperte e lo sviluppo di nuove tecnologie. Nell'immediato la *pila* rende possibili alcuni esperimenti, che contribuiscono in modo rilevante alla comprensione della *struttura della materia.*

6.3 L'Elettrolisi

Il primo esperimento importante utilizzante la *pila* viene fatto già nel maggio del 1800, solo poche settimane dopo l'annuncio di Volta. Il chimico William Nicholson (1753–1815) e il chirurgo Anthony Carlisle (1768–1840) costruiscono la prima versione inglese della *pila* e scoprono che, se si fa passare la *corrente elettrica* attraverso l'*acqua*, questa si scompone nei due gas costituenti, l'*idrogeno* e l'*ossigeno*, formando bolle gassose sopra gli elettrodi. Essi osservano, inoltre, il fatto ancora più sorprendente che ciascun *gas* fuoriesce ad un *polo* distinto, l'*idrogeno* a quello che Volta aveva chiamato *polo negativo* e l'*ossigeno* a quello *positivo*. Questi esperimenti rappresentano la prima evidenza dell'*elettrolisi*,[2] ossia la decomposizione delle sostanze mediante il passaggio di una *corrente elettrica*, uno dei più importanti effetti chimici prodotti dall'*elettricità* nei liquidi e mostrano come la *pila* possa essere un nuovo potente strumento per le indagini sulla *struttura della materia.*

Nel settembre dello stesso anno, lo scienziato tedesco Johann Wilhelm Ritter (1776–1810) riesce a depositare il *rame* per via *elettrolitica*. Un po' più tardi, in una memoria apparsa nel 1803, i chimici svedesi Jöns Jacob Berzelius (1779–1848) e Wilhelm Hisinger (1766–1852) dimostrano che, in generale, i *composti chimici* sono decomposti dalla *corrente elettrica* e i loro componenti sono raccolti agli *elettrodi*, con *idrogeno*, *alcali*, *terre* e *metalli* che vanno all'*elettrodo negativo* e *ossigeno*, *acidi* e *composti ossidati* che vanno all'*elettrodo positivo* [6]. L'importanza di tali ricerche risulta subito enorme, cosicché l'interesse di molti ricercatori si concentra su di esse. Ne nasce una nuova disciplina, l'*elettrochimica*. Con l'*elettrochimica* le indagini sulla struttura della *materia* perseguite con metodi chimici si incrociano per la prima volta con le problematiche connesse alla relazione tra natura dell'*elettricità* e natura della *materia*.

Negli anni successivi è lo scienziato inglese Humphrey Davy (1778–1829) a condurre una serie di esperimenti di notevole rilevanza. Nel 1806 egli formula l'ipotesi che l'attrazione tra sostanze chimiche sia di natura elettrica e, di conseguenza, ritiene che molte sostanze, che fino a quel momento hanno resistito a ogni tentativo di scissione, possano venire decomposte dal passaggio di una corrente elettrica inten-

[2] Il termine *elettrolisi* è stato introdotto da Faraday nel 1832 e deriva dai vocaboli greci *elektron* (*ambra*) e *lysis* (*dissoluzione*).

sa [7]. Due di queste sostanze sono la *soda caustica (NaOH)* e la *potassa caustica (KOH)*, che Lavoisier, col il suo speciale intuito e senza prove tangibili, aveva ritenuto essere *composti metallici* contenenti *ossigeno*. Nel 1807 Davy fa passare una intensa corrente elettrica, proveniente da una *pila* da lui stesso costruita, attraverso *potassa* e *soda* allo stato fuso e dimostra che entrambe vengono decomposte: la *soda caustica* in *ossigeno*, *idrogeno* e una nuova sostanza, tenera e bianca, il *sodio*, e la *potassa caustica* negli stessi due *gas* e una nuova sostanza di aspetto analogo, il *potassio*. Nell'anno successivo, sempre utilizzando l'*elettrolisi*, Davy isola il *calcio*, il *boro*, il *bario*, lo *stronzio* e il *magnesio*, arricchendo notevolmente la lista degli *elementi* conosciuti. Nel 1810 dimostra, inoltre, che il gas *cloro*, isolato dallo svedese Scheele nel 1774 e che si credeva contenesse *ossigeno*, è anch'esso un *elemento* singolo [8]. Nel suo testo *Elements of agricultural chemistry* del 1813 Davy, facendo propria la definizione di Lavoisier, introduce per la prima volta in un testo inglese il termine *elemento* nella sua moderna accezione chimica [8]:

> Tutte le varietà di sostanze materiali si possono risolvere in un numero relativamente piccolo di corpi che, in quanto non ulteriormente scomponibili, sono allo stato attuale della scienza chimica da considerarsi come *elementi*.

Gli *elementi* elencati da Davy sono 47.

Riferimenti bibliografici

1. Sarkar T K, Salazar-Palma M, Sengupta D L (2006) Introduction. In: Sarkar T K, Mailloux R J, Oliner A A, Salazar-Palma M, Sengupta D L (ed) History of wireless. John Wiley & Sons, Hoboken, New Jersey, p. 1–52
2. Heathcote N (1967) The early meaning of electricity. Annals of Science 23: 261–265
3. Mason S F (1962) A History of the Sciences. Collier Books, New York
4. Gribbin J (2003) Science: a History. Penguin Books
5. Lindell I V (2006) Evolution of electromagnetics in the nineteenth century. In: Sarkar T K, Mailloux R J, Oliner A A, Salazar-Palma M, Sengupta D L (ed) History of wireless. John Wiley & Sons, Hoboken, New Jersey, p. 165–188
6. Partington J R (1989) A Short History of Chemistry. Dover Publications, New York
7. Holmyard E J (1958) The chemical industry. In: Singer C, Holmyard E J, Hall A R, Williams T I (ed) The Industrial Revolution. A History of Technology, vol. 4. Oxford University Press, p. 231
8. Singer C (1959) A Short History of Scientific Ideas to 1900. Oxford University Press, London

Capitolo 7
Chimica e Materia nell'Ottocento

L'Ottocento ha visto la definitiva affermazione della moderna visione della materia composta da un preciso numero di sostanze elementari, gli *elementi*, ciascuno dotato di peculiari proprietà fisiche e chimiche, la cui combinazione dà origine alle sostanze chimiche. Durante questo periodo sono stati scoperti un gran numero di nuovi *elementi* e *composti*. Il numero degli *elementi* conosciuti (23 quando Lavoisier ha fornito la prima definizione empirica di *elemento*) era salito a 63 nel 1871 [1]. Insieme alla definizione e alla scoperta degli *elementi* c'è stato il rilancio dell'*atomismo* moderno. L'emblema del successo della ricerca scientifica in questo periodo sono la *Legge della periodicità* degli *elementi* e la *Tavola periodica*. Quest'ultima è stata redatta quasi contemporaneamente e indipendentemente da Dmitrij Ivanovich Mendeleev e Julius Lothar Meyer. Questo grande risultato scientifico è stato possibile grazie alla formulazione rigorosa del concetto di *valenza* e alla determinazione corretta dei *pesi atomici*.

7.1 Rinascita dell'Atomismo

Agli inizi del XIX secolo, grazie allo scienziato inglese John Dalton (1766–1844), si ha un rilancio dell'*atomismo* e prende forma una concezione atomistica della materia che, per la prima volta, introduce parametri *quantitativi*, soggetti a verifiche sperimentali, nella spiegazione della fenomenologia *chimica* delle sostanze. L'affermarsi di tale concezione è il naturale sviluppo delle ricerche sulle reazioni chimiche e sull'analisi delle sostanze condotte nel secolo precedente. Alla fine del Settecento la maggioranza dei chimici utilizzava, in modo più o meno esplicito, il concetto di *entità microscopiche* nelle spiegazioni dei fenomeni chimici. Si trattava di un'eredità del Seicento, quando le *idee corpuscolari* avevano ottenuto una considerevole popolarità e il concetto che tutta la *materia* fosse in ultima analisi composta da *particelle microscopiche solide*, *dure*, *impenetrabili* e *mobili* era considerato una *verità auto-evidente* [2]. Tuttavia, questi *corpuscoli* o *particelle* erano essenzialmente oggetti caratterizzati da proprietà *fisiche*, quali la dimensione, la forma e la velocità,

© The Author(s), under exclusive license to Springer Nature Switzerland AG 2025
F. Evangelisti, *Il concetto di materia*, https://doi.org/10.1007/978-3-031-83565-0_7

ed erano di scarso aiuto per la spiegazione di fenomeni *chimici*, quali le *reazioni* e le *combinazioni* delle sostanze. Di conseguenza, nella comunità dei chimici non si era prestata una reale attenzione ad esse nella teorizzazione dei fenomeni [3]. La situazione cambia grazie all'opera di Dalton.

Dalton elabora la sua *teoria atomistica* in modo che sia rispondente alle problematiche chimiche di maggiore attualità nel periodo, riguardanti la definizione di *elemento chimico*, la formazione dei *composti*, i *pesi equivalenti* e le *proporzioni di combinazione*. Uno schizzo preliminare della teoria viene presentato in un articolo letto alla Società letteraria e filosofica di Manchester nel 1803 e un'esposizione completa è contenuta dell'opera *New System of Chemical Philosophy*, pubblicata nel 1808 [4].

Partendo dal concetto di molteplicità degli *elementi*, che si era affermato alla fine del Settecento, e dall'idea di una *materia* composta da *atomi*, Dalton propone che ciascun *elemento* sia costituito da *atomi* specifici, uguali e indistinguibili, che conservano la propria individualità in tutti i cambiamenti chimici. Questi *atomi* sono particelle microscopiche indistruttibili e indivisibili, ma tanto piccole da non poter essere viste neanche con il più potente microscopio. *Atomi* di *elementi* differenti sono caratterizzati da *pesi* differenti e questa è la proprietà basilare che distingue un *elemento* da un altro e rende conto delle differenti densità degli *elementi* stessi. In accordo con il concetto di *conservazione della materia* nei cambiamenti chimici, gli *atomi* degli *elementi* non si possono né creare né distruggere, ma si possono combinare gli uni con gli altri per formare *atomi composti* (oggi diremmo *molecole*). Nel formare un *composto*, gli *atomi* di un *elemento* si combinano solamente con un piccolo numero di *atomi* di altri *elementi*.

La teoria di Dalton si adatta perfettamente al concetto di *pesi equivalenti* sviluppato nel Settecento e alla legge delle *Proporzioni definite*, elaborata da Proust nel 1797 che afferma:

> Quando due o più *elementi* reagiscono, per formare un determinato composto, si combinano sempre secondo rapporti di peso definiti e costanti.

Lo stesso Dalton aveva esteso lo studio dei *pesi equivalenti* ai casi in cui gli stessi elementi si combinano tra loro per formare composti diversi, come succede, per esempio, quando la stessa quantità di *carbonio* reagisce con due diverse quantità di *ossigeno* per formare *monossido di carbonio* e *anidride carbonica*. I risultati di queste ricerche lo avevano portato a formulare, nel 1804, la legge delle *Proporzioni multiple*, che afferma:

> Se due *elementi* si combinano tra loro, formando composti diversi, le quantità di uno di essi che si combinano con una quantità fissa dell'altro stanno fra loro in rapporti razionali, espressi da numeri interi e piccoli.

Nel caso degli ossidi del *carbonio* (*monossido di carbonio* e *anidride carbonica*) le quantità di *ossigeno* che si combinano con la stessa quantità di *carbonio* sono nel rapporto 1 a 2. Nel caso degli ossidi dell'*azoto*, che Dalton stesso aveva investigato [4], le quantità di *ossigeno* che si combinano con la stessa quantità di *azoto* sono nel rapporto 1:2:4.

Un grande merito di Dalton è di avere intuito che, utilizzando il suo schema teorico, era possibile, partendo dai *pesi equivalenti*, determinare il *peso relativo* degli *atomi*, anche se questi erano troppo piccoli perché si potesse determinarne le dimensioni o il peso. A questo scopo era sufficiente conoscere i differenti *elementi* che formavano un *composto* e i *pesi relativi* con cui vi partecipavano. Per esempio, se *m* grammi di un *elemento A* si univano a *n* grammi di un *elemento B* per formare una *sostanza AB*, i cui *atomi composti* (*molecole*) erano formati da un *atomo A* e un *atomo B*, il rapporto dei *pesi atomici* dell'*elemento A* e dell'*elemento B* era proprio *m/n*. Sulla base di questo concetto, Dalton ha costruito la prima tabella dei *pesi relativi* (*pesi atomici*) degli *elementi*. Egli ha assunto come unità di riferimento il peso dell'*atomo* della sostanza più leggera, l'*idrogeno*, ed ha espresso i *pesi atomici* degli altri elementi riferiti all'*idrogeno*, posto uguale a uno. Procedendo in questo modo è arrivato a compilare una tavola con i *pesi relativi* di 37 sostanze, che ha pubblicato nel 1808 nell'opera *A New System of Chemical Philosophy*. E' importante sottolineare il grande merito della procedura escogitata da Dalton. Anche se le *particelle atomiche* non si fossero mai potute *pesare* individualmente, si era individuata una procedura che, per la prima volta nella storia, coniugava la teoria con una quantità misurabile in laboratorio, costruendo un ponte tra i dati sperimentali e gli ipotetici *atomi*. Finalmente veniva dato un elemento di *concretezza* ad entità che fino ad allora erano state solamente ipotetiche [2].

Tuttavia, ai tempi di Dalton lo schema aveva una evidente difficoltà, che sarebbe rimasta per molti anni il punto di maggiore controversia della teoria: per determinare il *peso relativo* degli *atomi* a partire dalle *proporzioni di combinazione* era necessario conoscere il numero di *atomi* che formavano gli *atomi composti* (*molecole*) costituenti la sostanza. Purtroppo, a quei tempi si avevano ben poche informazioni sperimentali che potessero dare indicazioni su questo punto. Di conseguenza, Dalton ha cercato di risolvere il problema ipotizzando alcune regole generali, che però in molti casi si sono rivelate errate e hanno dato luogo a dispute che, per molto tempo, hanno ritardato l'accettazione del suo *atomismo*. Le regole di combinazione da lui assunte prevedevano che: a) Se due *elementi*, A e B, formano un solo composto, si presume che questo composto sia *binario* (*molecola* formata da un *atomo* A e un *atomo* B), a meno che non ci sia una motivazione esplicita per ritenere il contrario; b) Se i due *elementi* formano due composti distinti si assume che uno sia *binario* e uno sia *ternario* (*molecola* formata da un *atomo* A e due *atomi* B oppure formata da due *atomi* A e un *atomo* B); c) Se i composti sono tre, uno è *binario* e gli altri due sono *ternari*; e così via per composti di complessità crescente. Se si eccettua il criterio di semplicità, non c'erano reali ragioni perché questo schema dovesse riflettere la realtà.

Inoltre, nell'applicazione pratica dello schema dei *pesi atomici*, c'era un altro potenziale elemento di confusione, dovuto ad un'altra assunzione di Dalton riguardo agli *atomi composti*. Anni prima egli si era posto il problema del perché l'*aria atmosferica*, una miscela di *gas* di peso differente (principalmente *azoto* e *ossigeno*), rimanesse omogenea al passare del tempo e non accadesse che la componente più pesante si spostasse verso il basso e quella più leggera verso l'alto. Aveva concluso che questo era evidenza che gli *atomi* di uno stesso *elemento* (*atomi* uguali) si respingono, mentre gli *atomi* di *elementi* differenti (*atomi* diversi) non si respingono. Di conseguenza, i costituenti ultimi delle sostanze semplici, gli *elementi*, non potevano essere *atomi composti*, ma dovevano essere *atomi* singoli. Pertanto, per Dalton gli *elementi* più comuni allo stato gassoso, come l'*azoto*, l'*ossigeno* e l'*idrogeno* dovevano essere costituiti da *atomi* singoli. Poiché (come oggi sappiamo) essi sono costituiti da *molecole biatomiche*, questa ulteriore assunzione si è rivelata un'altra fonte di grande confusione ed incertezza. Date le rilevanti conseguenze che hanno avuto sull'evoluzione della concezione della materia, vale la pena di illustrare le assunzioni di Dalton con alcuni esempi.

A quel tempo, l'*acqua* era l'unico composto conosciuto dell'*ossigeno* e dell' *idrogeno*. In accordo con le sue regole, Dalton ha assunto che l'*atomo composto* (*molecola*) dell'acqua fosse costituita da un *atomo* di ciascuno dei due elementi. L'analisi ponderale mostrava che nell'acqua otto parti in peso di *ossigeno* erano combinate con una parte in peso di *idrogeno*. Quindi, per Dalton, il *peso atomico* dell'*ossigeno* riferito all'*idrogeno* era 8 (invece del valore corretto pari a 16). Analogamente, l'unico composto dell'*azoto* e dell'*idrogeno* noto a Dalton era l'*ammoniaca*, il cui *atomo composto* egli ha quindi ritenuto consistere di un *atomo* di ciascuno dei due *elementi* [5]. Secondo l'analisi ponderale i pesi relativi di *idrogeno* e di *azoto* in tale gas stanno in rapporto di uno a cinque circa. Ne risultava un peso atomico di circa 5 per l'atomo di *azoto*, invece di 14 che è il valore corretto. In altri casi, tuttavia, le sue regole si sono rivelate corrette come nel caso dei due *ossidi di carbonio*, il *monossido* e il *biossido* di *carbonio* (*anidride carbonica*). Dalton ha considerato il primo come un composto binario costituito da un *atomo* di *carbonio* e da uno di *ossigeno*, e l'altro come un composto ternario formato da un *atomo* di *carbonio* e da due di *ossigeno*. Mediante l'analisi ponderale è quindi giunto al corretto rapporto dei pesi relativi degli atomi di *ossigeno* e di *carbonio* [5].

Nonostante la sua modernità e gli aspetti innovativi, la *teoria atomistica* di Dalton è stata accolta con cautela dalla comunità scientifica [1]. Anche molti di coloro che ne hanno adottato le idee generali, consideravano gli *atomi* solo come uno strumento euristico, un "utensile" da usare per capire meglio il comportamento degli *elementi*, senza necessariamente accettare la reale esistenza degli *atomi* stessi. C'è voluto più di mezzo secolo perché gli *atomi* di Dalton divenissero una realtà nella *concezione chimica* della *materia*.

Le contraddizioni contenute nell'impianto teorico di Dalton sono cominciate ad emergere quando le quantità di *gas* elementari che formano i composti gassosi sono state misurate con maggiore precisione. Nel 1805 il fisico e chimico francese Joseph Louis Gay-Lussac (1778–1850), insieme al naturalista e geografo tedesco Alexander von Humboldt (1769–1859), ha pubblicato una memoria in cui si dimostrava che, quando l'*idrogeno* e l'*ossigeno* si combinano per formare l'*acqua*, due volumi di *idrogeno* ed un volume di *ossigeno* danno luogo a due volumi di *vapore acqueo*. Nella sua teoria atomica Dalton aveva invece assunto che un volume di *idrogeno* si sarebbe dovuto combinare con un volume di *ossigeno* per dar luogo ad un volume di vapore d'acqua. Negli anni successivi Gay-Lussac ha continuato i suoi esperimenti utilizzando altri *gas* e determinandone i relativi rapporti di combinazione, trovando, per esempio, che un volume di *cloro* e uno d'*idrogeno* davano due volumi di *acido cloridrico*, che due volumi di *azoto* e uno di *ossigeno* davano due volumi di *protossido d'azoto*, che un volume di *azoto* e tre di *idrogeno* davano due volumi di *ammoniaca*, e così via. I risultati dei suoi studi sono stati da lui pubblicati nel 1808 nell'articolo intitolato *Sur les combinaisons des substances gazeuses les unes avec les autres*, in cui egli ha formulato la sua legge sui rapporti di combinazione tra sostanze gassose, che afferma:

> Quando due sostanze gassose reagiscono tra loro per formare nuove sostanze, anch'esse gassose, i volumi dei gas reagenti e di quelli prodotti stanno tra loro in rapporti espressi da numeri interi e semplici.

I risultati di Gay-Lussac, benché obiettivamente rappresentassero un forte supporto all'*atomismo*, non sono stati accolti favorevolmente da Dalton (che li riteneva sbagliati) perché non si accordavano con gli schemi di combinazione da lui proposti. Apparentemente Dalton non si è mai reso conto dell'importanza della legge di Gay-Lussac per quanto riguardava la *teoria atomica* e ne ha sempre messo in dubbio la validità [3].

7.1.1 La Legge di Avogadro

Nel 1811, il chimico torinese Amedeo Avogadro (1776–1856) mostra come i risultati di Gay-Lussac sui volumi di combinazione possano essere spiegati se si assume quella che, in seguito, verrà denominata *Legge o principio di Avogadro*, vale a dire che:

> Volumi uguali di *gas* diversi posti nelle stesse condizioni di pressione e di temperatura contengono lo stesso numero di *molecole*.[1]

Riferendosi ai risultati di Gay-Lussac, Avogadro afferma che [6]:

> bisogna ammettere che relazioni molto semplici esistano anche tra i volumi delle sostanze gassose e i numeri delle *molecole* semplici o composte che li formano. La prima ipotesi che si presenta in questo contesto, e apparentemente anche la sola ammissibile, è l'ipotesi che il numero di molecole intere in tutti i gas è sempre lo stesso per volumi uguali . . . ; i rapporti delle masse delle molecole sono quindi gli stessi di quelli delle densità dei differenti gas ad uguale temperatura e pressione.

L'ipotesi di Avogadro è in grado di spiegare i rapporti di combinazione osservati da Gay-Lussac solo se si assume che le particelle che formano i *gas* possano essere *molecole* contenenti anche *atomi* uguali. Per esempio, l'osservazione che due volumi di *idrogeno* ed un volume di *ossigeno* danno due volumi di *vapore acqueo* si spiega se le particelle costituenti l'*ossigeno* e l'*idrogeno* sono *molecole* contenenti due *atomi* ciascuna. Nella combinazione, ciascuna *molecola* di *ossigeno* dona un *atomo* a una *molecola* di *idrogeno*, formando di conseguenza un numero di molecole di

[1] Va ricordato che nel 1814 anche lo scienziato francese André-Marie Ampere (1775–1836) ha suggerito questa legge.

acqua pari a quelle che erano presenti originariamente nei due volumi di *idrogeno* (nella notazione moderna si ha: $2H_2 + O_2 = 2H_2O$). Analogamente, l'osservazione che un volume di *idrogeno* si combina con un volume di *cloro* per dare due volumi di *acido cloridrico*, si spiega naturalmente se le particelle costituenti l'*idrogeno* e il *cloro* sono *molecol*e contenenti due *atomi* e se, nella combinazione chimica tra i due gas, le molecole di partenza si scindono e formano *molecole* composte da un atomo di *idrogeno* e uno di *cloro* ($H_2 + Cl_2 = 2HCl$). La comprensione da parte di Avogadro che molti elementi gassosi esistono in forma di *molecola biatomica* è stata un'intuizione di cruciale importanza. Come conseguenza delle sue considerazioni, Avogadro ha formulato la prima definizione non ambigua di *molecola*:

> Per *molecola* si intende il più piccolo aggregato di *atomi*, uguali o diversi, in grado di esistere indipendentemente e di possedere tutte le proprietà chimiche e fisiche della sostanza che risulta costituita dall'insieme di *molecole*.

Con le ipotesi di Avogadro, la *teoria atomistica* della materia comincia a prendere la sua forma definitiva. Queste ipotesi forniscono un metodo generale per la determinazione pratica delle *masse molecolari* ed *atomiche* delle sostanze allo stato gassoso. Infatti, stabilito che volumi uguali di gas diversi, nelle stesse condizioni di pressioni e temperatura, contengono lo stesso numero di *molecole*, il rapporto tra i pesi di uguali volumi di *gas* diventa il rapporto delle *masse* delle singole particelle in essi contenute.

Tuttavia, nei primi decenni del XIX secolo le ipotesi di Avogadro non sono state generalmente accettate dai maggiori scienziati dell'epoca. In particolare, le prove esistenti non sembravano sufficienti perché fosse accettata l'idea dell'esistenza di *molecole* formate da *atomi* uguali. Era diffusa l'opinione, sostenuta da Dalton, che gli *atomi* dello stesso *elemento* si respingessero tra loro e non potessero quindi combinarsi a formare *molecole*. A favore di questa opinione era anche arrivato nel frattempo un forte supporto dagli esperimenti di *elettrolisi*, che, secondo i più autorevoli ricercatori del campo (Humphry Davy e Jöns Jacob Berzelius), sembravano dimostrare che le forze di legame fra gli *atomi* fossero di natura elettrica e quindi confermavano l'ipotesi che *atomi* uguali, aventi la stessa carica, si dovessero respingere. La teoria di Avogadro è stata praticamente ignorata fino alla seconda metà dell'Ottocento. E' stato necessario attendere fino al 1860, quando Avogadro era già morto, perché l'attenzione del mondo scientifico fosse richiamata sulla sua opera da un altro chimico italiano, Stanislao Cannizzaro (1826–1910). L'oblio di una legge così importante ha ritardato il progresso della comprensione della struttura della *materia* per circa mezzo secolo.

7.1.2 La Teoria Dualistica dell'Affinità

L'idea di Davy che l'attrazione tra gli *elementi*, responsabile della formazione dei composti chimici, sia essenzialmente di natura elettrica, viene ripresa e sviluppata dal chimico svedese Jöns Jacob Berzelius (1779–1848). Basandosi sull'osservazione che, nella decomposizione elettrolitica, gli *elementi* e i *composti* chimici sono attratti o al polo positivo o a quello negativo, Berzelius, nel 1812, propone la *teoria elettrica* dell'*affinità chimica*, secondo la quale gli *atomi* e/o i gruppi di *atomi* sono elettricamente carichi, con carica positiva e, quindi, definiti *elettropositivi*, se attratti verso l'elettrodo negativo o con carica negativa e, quindi, definiti *elettronegativi* se attratti verso l'elettrodo positivo. La *combinazione chimica* è dovuta all'attrazione elettrica tra un *atomo* o *gruppo di atomi elettropositivo* e uno *elettronegativo* e la loro unione comporta la parziale neutralizzazione delle cariche opposte [4]. L'*elettrolisi* è l'esatto opposto della *combinazione chimica*: le cariche elettriche perse nella combinazione sono ripristinate nelle due parti del composto, che si separano nel processo elettrolitico, e che appaiono in forma di *ioni* (così chiamati da Berzelius dal termine greco *ion* [*viaggiatore*]). Inoltre, secondo Berzelius, nella combinazione chimica la neutralizzazione a volte non è totale e, quindi, la carica rimanente permette ad un *gruppo di atomi* di formare un composto più complesso, benché legato più debolmente, con un altro *gruppo di atomi* di carica opposta. Il composto più complesso è più vicino alla neutralità elettrica di quanto non siano i suoi *gruppi* costituenti. Questa teoria, che suppone l'esistenza di due tipi fondamentalmente diversi di *elementi* e di *gruppi di elementi*, quelli *elettropositivi* e quelli *elettronegativi*, è stata denominata *teoria dualistica*. Va messo in evidenza, per le conseguenze negative che ha avuto rispetto all'accettazione della teoria di Avogadro, come anche la *teoria dualistica* di Berzelius, analogamente alla teoria di Dalton, presupponga che atomi uguali, avendo identica carica elettrica, si respingano e, pertanto, neghi l'esistenza di *molecole binarie* formate da *atomi* uguali.

Berzelius è anche stato un entusiasta sostenitore della *teoria atomistica* di Dalton ed ha dato un grande contributo alla determinazione dei *pesi atomici*. A partire dal 1810 egli ha eseguito una serie di esperimenti per misurare i *rapporti di combinazione* e i *pesi equivalenti* (nel 1816 aveva già studiato 2000 differenti composti) [4]. Questo gli ha permesso di produrre, nel terzo decennio dell'Ottocento, una tabella ragionevolmente accurata dei *pesi atomici* di tutti i circa quaranta *elementi* allora conosciuti, misurati relativamente all'*ossigeno*.

Berzelius ha anche proposto una teoria dei volumi dei *gas*, basata sugli esperimenti di Gay-Lussac, mediante la quale è stato in grado di assegnare le formule corrette a un certo numero di importanti composti, quali il *vapore acqueo*, l'*acido cloridrico* e l'*ammoniaca*, che Dalton, utilizzando i criteri di massima semplicità, aveva valutato in modo errato. Nella sua discussione della teoria dei volumi Berzelius afferma [6]:

> L'esperienza mostra che giusto come gli *elementi* si combinano in proporzioni fisse e multiple in peso, essi si combinano anche in proporzioni fisse e multiple in volume, cosicché un volume di un *elemento* si combina con un volume, o multipli di esso, di un altro elemento allo stato gassoso ... I gradi di combinazione sono assolutamente gli stessi nelle due teorie e quello che è denominato *atomo* in una teoria (quella di Dalton) è chiamato volume nell'altra.

Per mezzo della sua teoria dei volumi Berzelius ha dedotto che le formule dell'*acqua*, dell'*acido cloridrico* e dell'*ammoniaca* sono H_2O, HCl e NH_3, poiché le combinazioni tra i volumi di gas elementari avvengono nei rapporti 2:1, 1:1 e 1:3, rispettivamente. Bisogna notare che egli non ha fatto uso della legge di Avogadro e in particolare che non ha assunto che le particelle ultime di *idrogeno, ossigeno, cloro* e *azoto* siano *molecole* biatomiche (H_2, O_2, Cl_2 e N_2), ritenendo impossibile la formazione di *molecole* composte da *atomi* uguali.

A Berzelius si deve anche lo sviluppo del concetto di *radicale*, ossia dell'idea che un gruppo di *atomi* possa entrare, in forma immutata, a far parte di tutta una serie di composti, comportandosi come se fosse un *elemento* semplice. E' opportuno anche ricordare che Berzelius è stato l'inventore del sistema moderno di nomenclatura degli *elementi*, che utilizza le iniziali alfabetiche dei nomi.

7.1.3 Faraday e l'Elettrolisi

Contributi rilevanti alle problematiche connesse all'*elettrolisi* e alla branca della chimica che da essa si è sviluppata, l'*elettrochimica*, sono venute dalle ricerche condotte dal grande fisico inglese Michael Faraday (1791–1867), che ha reso *quantitativo* lo studio di questi processi e, con la collaborazione del filosofo ed erudito William Whewell (1794–1866), ha contestualmente sviluppato la terminologia dell'*elettrochimica*, coniando i termini *elettrodo, anodo, catodo, anione, catione, elettrolita e elettrolisi* [3]. Faraday ha utilizzato il termine *ione* per indicare gli *oggetti*, allora sconosciuti, che migravano verso gli elettrodi all'interno dell'elettrolita trasportando la corrente elettrica. Dall'osservazione che molto spesso i *metalli* si dissolvevano ed entravano in soluzione da un elettrodo e altri *metalli* uscivano dalla soluzione dall'altro elettrodo, ha dedotto che gli *ioni* erano in grado di trasportare la materia da un posto all'altro. Pertanto, gli *ioni* dovevano essere di due tipi, quelli attratti dal *catodo* e quindi positivi, che egli ha chiamato *cationi*, e quelli attratti dall'*anodo* e quindi negativi, che egli ha chiamato *anioni*.

Le sue ricerche sull'*elettrolisi* hanno indotto Faraday a ritenere che ci sia una relazione quantitativa tra la quantità di sostanza decomposta e la quantità di corrente che passa attraverso la soluzione. Egli è stato in grado di mostrare come il solo fattore importante nei processi elettrolitici sia la quantità di corrente, mentre altri parametri, quali la dimensione e il numero di elettrodi, siano ininfluenti. La scoperta della relazione tra *corrente* e *quantità di sostanza* non è stata facile, perché spesso le reazioni secondarie complicavano i risultati e rendevano incerta l'analisi. Negli anni 1832–33 Faraday è giunto a formulare le due leggi dell'*elettrolisi*, che portano il suo nome e riassumono la sostanza delle sue ricerche:

> La quantità di sostanza liberata o depositata ad un elettrodo durante l'elettrolisi è direttamente proporzionali alla quantità di elettricità che è passata attraverso l'elettrolita.
>
> Quando la medesima quantità di elettricità viene fatta passare attraverso soluzioni di diverse sostanze, le quantità di sostanze liberate sono proporzionali ai loro pesi equivalenti.

Le ricerche di Faraday hanno avuto il grande merito di avere stabilito una precisa relazione quantitativa fra *elettricità* e *chimica*. La sostanza della seconda legge era che la quantità di corrente che liberava 1 g di *idrogeno* liberava le altre sostanze in quantità pari agli *equivalenti chimici* di queste sostanze. Faraday ha così commentato [3]:

> Io ho proposto di chiamare i numeri che rappresentano le proporzioni in cui essi si evolvono *equivalenti elettro-chimici*. Quindi l'idrogeno, l'ossigeno, il cloro, lo iodio, il piombo e lo stagno sono *ioni*; i primi quattro sono *anioni*, i due metalli sono *cationi* e 1, 8, 36, 125, 104 e 58 sono all'incirca i loro *equivalenti elettro-chimici*.

7.2 Legami Chimici e Valenza

Nella seconda metà dell'Ottocento, la necessità di spiegare la grande quantità di dati disponibili sulle reazioni chimiche e di classificare il grande numero di nuovi composti sintetizzati, rende urgente comprendere il motivo per cui alcuni *elementi* possano unirsi fra loro a formare dei *composti*, ed altri no, e perché la formazione dei *composti* avvenga secondo proporzioni, che variano al variare degli *elementi* coinvolti. Di conseguenza, verso la metà del secolo i problemi legati all'*affinità*, agli *equivalenti* e ai *pesi atomici* tornano ad essere centrali. Si ha un revival della *teoria atomistica*, che nel frattempo era scivolata sullo sfondo della teorizzazione chimica.

Il chimico inglese Edward Frankland (1825–1899) è il primo a compiere, nel 1852, un reale passo verso la soluzione del problema dei *numeri di combinazione*. Frankland, investigando vari composti organici di *elementi* sia metallici che non, scopre che ciascun *elemento* si combina soltanto con un numero ben definito di *gruppi organici* [4]. Questo numero viene da lui denominato *atomicità* o *valenza* dell'*elemento*. Il termine *valenza* viene quindi a definire la *misura dell'abilità* di un *elemento* di combinarsi con altri *elementi* o, come diviene subito chiaro, dell'abilità di un *atomo* di combinarsi con gli altri *atomi* [1]. La denominazione *valenza* deriva dal termine *equivalenza* usato precedentemente. Frankland nota anche che esistono gruppi di *elementi* che mostrano la stessa *valenza* (il primo passo verso il *sistema periodico*): per esempio, gli *atomi* di *antimonio*, *arsenico*, *azoto* e *fosforo* si combinano sempre con tre o cinque *radicali organici*, mentre quelli di *mercurio*, *zinco* e *ossigeno* si combinano con due.

Il concetto di *valenza* viene precisato ed approfondito qualche anno più tardi dal chimico scozzese Archibald Couper (1831–1892) e dal chimico tedesco Friedrich August Kekule (1829–1896), i quali introducono nella chimica l'idea di *legame* tra gli *atomi*, dando inizio alla moderna rappresentazione della *valenza* e dei modi in cui gli *atomi* si combinano. Per esempio, se si esamina l'*acqua* alla luce dei nuovi concetti dobbiamo dire che l'*idrogeno* (H) ha *valenza* 1 in quanto è in grado di formare un solo *legame*, mentre l'*ossigeno* (O) ha *valenza* 2 e possiamo rappresentare le *unità* di acqua come *H-O-H*, dove il trattino indica il *legame* tra due atomi. Analogamente esaminando l'ammoniaca deduciamo che l'*azoto* ha *valenza* 3 e possiamo rappresentare l'*unità* di *ammoniaca* come

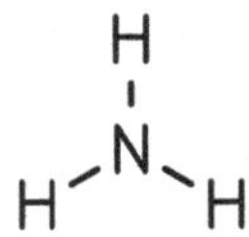

Queste rappresentazioni delle *unità* elementari (*molecole*) delle sostanze vengono denominato formule di struttura e hanno rappresentato un formidabile ausilio verso la comprensione della struttura della *materia*. Inoltre, secondo questi ricercatori, i dati sperimentali dimostrano che i legami si possono fare anche tra *atomi* dello stesso elemento, anche se la natura di questi legami non è ancora affatto chiara.

Un ulteriore chiarimento importante del concetto di *valenza* si ha nel 1857 grazie al suggerimento di Kekule che un *atomo* di *carbonio*, l'*elemento* più importante nei composti organici, può combinarsi con un numero di atomi o gruppi di atomi che può variare da due a quattro. Su questa base Kekule disegna modelli strutturali dei composti organici e usa i modelli per interpretare le reazioni di questi composti [4].

Va rilevato, tuttavia, che negli anni della loro formulazione, queste idee di *valenza* e di *struttura* sono rimaste non ben definite, per la mancanza di un criterio generale, unanimemente accettato, in base al quale si potesse stabilire il *numero di combinazione* di un *atomo*. La maggior parte dei chimici che si occupavano di combinazioni di *elementi* preferivano usare i *pesi equivalenti* che erano determinati direttamente, piuttosto che i *pesi atomici* che implicavano le incerte stime del numero di *atomi* che si combinavano. La non accettazione dell'ipotesi di Avogadro aveva lasciato i chimici senza un metodo generale per determinare il numero degli *atomi* che si combinavano. Nonostante gli sviluppi dovuti a Dalton e Berzelius, nel periodo che va dal 1820 fino al 1860 la *teoria atomistica* non ha avuto un ruolo prominente negli studi chimici della materia.

Questa situazione di stallo viene superata nel 1860 grazie all'opera di divulgazione e convincimento svolta dal chimico italiano Stanislao Cannizzaro (1826–1910). Nel 1858 Cannizzaro scrive una memoria nella quale mostra, come, partendo dall'ipotesi di Avogadro, il *peso molecolare* di una sostanza volatile possa essere trovato partendo dalla determinazione della densità del suo vapore. Infatti, accettando che volumi uguali contengono lo stesso numero di *molecole*, il rapporto della densità di una sostanza qualunque con la densità di una sostanza standard fornisce il rapporto dei *pesi molecolari*. Come standard viene scelto l'*idrogeno*, l'elemento più leggero. Inoltre, Cannizzaro fa presente che, come era chiaro dagli argomenti di Avogadro nel 1811, la molecola di *idrogeno* contiene due *atomi* e, quindi, che la densità relativa all'*idrogeno* deve essere moltiplicata per due per dare il corretto *peso molecolare*. Cannizzaro fa distribuire copie di un opuscolo che espone le sue idee in modo completo nel primo congresso internazionale di chimica tenutosi a Karlsruhe nel 1860. Durante il congresso fa inoltre approvare una proposta, molto importante per il suo ruolo chiarificatore, di distinzione tra *atomo* e *molecola*, che elimina la confusione che era esistita dai tempi di Dalton e Avogadro [1]. La proposta suona:

> Si propone di adottare concetti diversi per *molecola* e *atomo*, considerando *molecola* la quantità più piccola di una sostanza che entra in reazione e che ne conserva le caratteristi-

> che fisiche, e intendendo per *atomo* la più piccola quantità di un elemento che entra nella *molecola* dei suoi composti.

L'opuscolo di Cannizzaro e le ricerche successive hanno rapidamente convinto la maggioranza dei chimici che l'ipotesi di Avogadro era generalmente valida.

7.3 Elementi e Sistema Periodico

Nella prima metà dell'Ottocento, con l'aumento del numero degli *elementi* conosciuti,[2] ci si comincia a rendere conto che essi possono essere raggruppati in famiglie che presentano proprietà chimiche simili. Nel 1817 Johan Dobereiner (1780–1849), professore di chimica a Jena, mostra come i *pesi atomici* del *calcio*, dello *stronzio* e del *bario* formino approssimativamente una serie aritmetica [4]. Nel 1826 il chimico francese Antoine Jérôme Balard (1802–1876), dopo aver scoperto il *bromo* e aver analizzato le proprietà del nuovo *elemento*, predice che *cloro, bromo* e *iodio* avrebbero dovuto formare un'altra serie aritmetica [4]. Berzelius mostra che questo è approssimativamente vero e chiama collettivamente *alogeni* (*formatori di sali*) i tre *elementi* [1]. Negli anni successivi il chimico francese Jean Baptiste André Dumas (1800–1884) utilizza la similarità tra le proprietà reattive nel tentativo di raggruppare gli *elementi* in *famiglie naturali*, mettendo *boro, carbonio* e *silicio* in un gruppo e *azoto, fosforo* e *arsenico* in un altro [4].

Negli anni '60, quando finalmente, grazie all'accettazione della legge e delle ipotesi di Avogadro, si hanno *pesi atomici* e *valenze* basati su analisi accurate e generalmente accettati, vengono fatti nuovi tentativi di classificazione. Il chimico inglese John Newlands (1837–1898) e il mineralogista francese Alexander Béguyer de Chancourtois (1820–1886) indipendentemente osservano che, se si dispongono gli *elementi* chimici in ordine di *peso atomico*, si trova che ad intervalli regolari compaiono elementi con proprietà chimiche molto simili [1]. In particolare, Newlands nota che [6]:

> l'ottavo *elemento*, a partire da uno fissato, è una specie di ripetizione del primo, come l'ottava nota in un'ottava musicale.

Egli sottolinea anche che la regolarità si osserva solo quando si usano i nuovi *pesi atomici* proposti da Cannizzaro. Nel 1865 il chimico inglese William Odling (1829–1921) ordina gli *elementi* in una tavola che mostra una forte somiglianza con quella che, pochi anni più tardi, viene proposta da Mendeleev [6].

Come è ben noto, la moderna classificazione degli *elementi*, sotto forma di *Legge della periodicità degli elementi* e di *Tavola periodica*, viene formulata, in forma praticamente definitiva, quasi simultaneamente e indipendentemente da Dmitri Ivanovich Mendeleev (1834–1907) in Russia e da Julius Lothar Meyer (1830–1895) in Germania alla fine degli anni '60. Benché l'abbia elaborata in precedenza, Meyer pubblica la sua versione nel 1870, un anno dopo Mendeleev, che ha così l'onore di darle il nome. La *Legge della periodicità degli elementi* afferma che le proprietà

---

[2] Tra il 1790 e il 1830 erano stati scoperti 31 nuovi *elementi*.

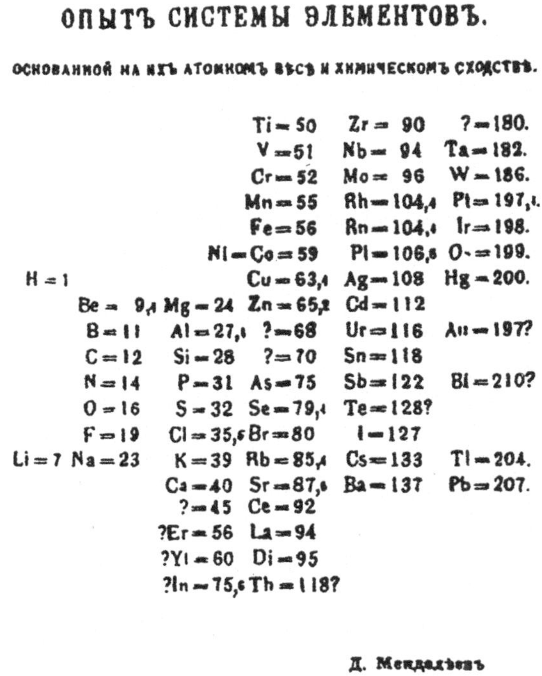

ОПЫТЪ СИСТЕМЫ ЭЛЕМЕНТОВЪ.

ОСНОВАННОЙ НА ИХЪ АТОМНОМЪ ВѢСѢ И ХИМИЧЕСКОМЪ СХОДСТВѢ.

			Ti=50	Zr=90	?=180.
			V=51	Nb=94	Ta=182.
			Cr=52	Mo=96	W=186.
			Mn=55	Rh=104,4	Pt=197,4.
			Fe=56	Rn=104,4	Ir=198.
			Ni=Co=59	Pl=106,6	Os=199.
H=1			Cu=63,4	Ag=108	Hg=200.
	Be=9,4	Mg=24	Zn=65,2	Cd=112	
	B=11	Al=27,4	?=68	Ur=116	Au=197?
	C=12	Si=28	?=70	Sn=118	
	N=14	P=31	As=75	Sb=122	Bi=210?
	O=16	S=32	Se=79,4	Te=128?	
	F=19	Cl=35,5	Br=80	I=127	
Li=7	Na=23	K=39	Rb=85,4	Cs=133	Tl=204.
		Ca=40	Sr=87,6	Ba=137	Pb=207.
		?=45	Ce=92		
		?Er=56	La=94		
		?Yt=60	Di=95		
		?In=75,6	Th=118?		

Д. Менделѣевъ

Figura 7.1 Riproduzione della prima *Tavola periodica degli elementi* elaborata da Mendeleev nel 1869. (Wikipedia Public Domain)

chimiche degli *elementi* variano in modo periodico in funzione del loro *peso atomico*[3] e la *Tavola periodica* dispone gli *elementi* in modo da mettere in evidenza tale periodicità. Nella prima versione elaborata da Mendeleev, mostrata in Fig. 7.1, i *gruppi* di *elementi* con proprietà simili sono disposti a formare righe orizzontali, mentre le colonne, che contengono *elementi* le cui proprietà variavano con continuità, costituiscono i *periodi*. Nella versione successiva Mendeleev scambia il ruolo delle righe e delle colonne e la *Tavola* assume un aspetto simile alle *Tavole* odierne.

Va tenuto presente che, ai tempi di Mendeleev, molti *elementi*, incluso l'intero gruppo dei *gas nobili*, non erano ancora stati scoperti. Di conseguenza, nell'elaborare la sua *Tavola periodica*, Mendeleev ha introdotto alcune importanti modifiche rispetto alla semplice sequenza degli *elementi* in funzione del *peso atomico*, modifiche che, quando in seguito hanno ricevuto la conferma sperimentale, hanno contribuito grandemente alla credibilità di tutta la costruzione. Per mantenere il corretto allineamento delle proprietà degli *elementi* nei differenti *gruppi*, egli ha introdotto tre caselle vuote, che secondo lui corrispondevano ad *elementi* non ancora scoperti, e che, in base al *gruppo* di appartenenza, ha chiamato *eka-boro*, *eka-alluminio*, *eka-silicio*, e ne ha predetto le proprietà con sorprendente precisione. Inoltre, ha notato che, ordinando per *peso atomico* in senso stretto, c'erano alcune

[3] Nel 1913, il fisico inglese Henry Moseley (1887–1915), in concomitanza con le sue indagini sulla struttura degli *atomi*, ha dimostrato come la disposizione corretta degli *elementi* sia in funzione del *numero atomico* e non del *peso atomico*.

discrepanze e ha avuto il coraggio di cambiare l'ordine di alcuni *elementi* in modo da farli rientrare nei *gruppi* di appartenenza in base alle loro proprietà. Per esempio, seguendo il peso atomico, il *tellurio* veniva a trovarsi sotto il *bromo*, che ha proprietà completamente differenti. Ma il *peso atomico* del *tellurio* 127,60 è solo leggermente più grande di quello dello *iodio* 126,90. Mendeleev ha ritenuto corretto scambiare l'ordine dei due elementi in modo che sotto il *bromo* venisse a trovarsi lo *iodio* che ha proprietà molto simili.

Il *Sistema periodico degli elementi* è stato inizialmente accolto con un certo scetticismo, che, però, si è trasformato in un reale apprezzamento quando le predizioni di Mendeleev sugli elementi mancanti sono state confermate dalla loro scoperta. Lo *eka-alluminio*, ribattezzato *gallio* al momento della scoperta, è stato scoperto dal chimico francese Paul-Émile Lecoq de Boisbaudran (1838–1912) nel 1874. Nel 1879 il chimico scandinavo Lars Fredrik Nilson (1840–1899) ha scoperto lo *eka-boro*, da lui ribattezzato *scandio*. Infine, il chimico tedesco Clemens Alexander Winkler (1838–1904) ha isolato lo *eka-silicio*, da lui ribattezzato *germanio*, nel 1885. Queste scoperte hanno dato un'enorme credibilità alla *Tavola periodica* e alle ipotesi su cui si basa.

Nella seconda metà dell'Ottocento viene pertanto accettato in modo definitivo che: la materia è composta da un numero determinato di *sostanze elementari*, gli *elementi*, la cui combinazione dà luogo alle *sostanze composte*; questi *elementi* sono distribuiti in sette *gruppi* (diventati otto dopo la scoperta dei *gas nobili*) caratterizzati da proprietà simili per quanto riguarda la *valenza* e l'*attività chimica*. Di conseguenza, il problema centrale da risolvere diventa quello di determinare la *struttura microscopica* di questi *elementi*. Tuttavia, per quanto sorprendente possa sembrare in retrospettiva, le conoscenze acquisite non erano ancora universalmente accettate come una prova dell'esistenza reale degli *atomi* e non si era ancora superata la divisione tra i due tipi di *atomismo* professati dagli scienziati del XIX secolo. C'era infatti un *atomismo chimico*, accettato generalmente solo implicitamente dai chimici ed utilizzato come base concettuale per assegnare i *pesi atomici* e per determinare le *formule molecolari*. Poi c'era un *atomismo fisico*, molto più controverso, che asseriva la natura meccanica ultima di tutte le sostanze. Una difficoltà ancora presente quando si applicavano le *teorie atomistiche* alla chimica era dovuta al fatto che si continuava a ritenere che gli *atomi* dei diversi *elementi* fossero fondamentalmente uguali tra loro e non si riusciva a comprendere come spiegare il carattere altamente specifico dei processi chimici, una difficoltà che già Boyle aveva messo in luce nel diciassettesimo secolo. Questa contrapposizione verrà superata solo all'inizio del Novecento, grazie alla dimostrazione incontrovertibile dell'esistenza degli *atomi* e alla comprensione della *struttura atomica*, fornite dalla fisica.

Riferimenti bibliografici

1. Gribbin J (2003) Science: a History. Penguin Books
2. Brock W H(1993) The Chemical Tree. W. W. Norton & Company, New York
3. Ihde A J (1984) The development of modern chemistry. Dover Publications, New York
4. Mason S F (1962) A History of the Sciences. Collier Books, New York
5. Holmyard E J (1958) The chemical industry. In: Singer C, Holmyard E J, Hall A R, Williams T I (ed) The Industrial Revolution. A History of Technology, vol. 4. Oxford University Press, p. 231
6. Partington J R (1989) A Short History of Chemistry. Dover Publications, New York

Capitolo 8
Fisica e Materia nell'Ottocento

Nell'Ottocento la concezione *atomistico-particellare* della *materia*, rivitalizzata in "ambiente chimico" da Dalton, riceve un forte supporto in "ambiente fisico" dal completamento di quella poderosa costruzione teorica che va sotto il nome di *teoria cinetica dei gas*. Si tratta di una costruzione teorica, basata sulla descrizione della *cinetica* di insiemi di *particelle microscopiche* (*atomi* e/o *molecole*), che ha richiesto più di un secolo per la sua formalizzazione definitiva e il cui straordinario successo ha contribuito grandemente all'accettazione dell'*atomismo*. Tuttavia, il trionfo finale dell'idea di una *materia* composta da *atomi* e *molecole* si ha alla fine del secolo, grazie a studi e scoperte fatti in una branca altamente specializzata della fisica, la *conduzione elettrica* nei *gas* rarefatti. Queste ricerche culminano con la scoperta degli *elettroni*, un evento che dimostra in modo inequivocabile l'esistenza all'interno della *materia* di *corpuscoli microscopici*, dotati di *massa* e *carica elettrica* definite.

8.1 La Teoria Cinetica dei Gas.

Nell'ambito delle teorie *atomistiche* e *corpuscolari* era risultato naturale ipotizzare un *gas* come costituito da un gran numero di *corpuscoli microscopici* (di volta in volta denominati *atomi* o *molecole* o *particelle* dai proponenti delle singole teorie), distribuiti uniformemente nello spazio vuoto e in costante movimento casuale. Si era inoltre ipotizzato che questi *corpuscoli* collidessero frequentemente tra di loro e con le pareti dei recipienti che li contenevano e che il loro moto fosse soggetto alle leggi della meccanica newtoniana. Quello che va sotto il nome di *Teoria cinetica dei gas* è il risultato dei progressi fatti in circa due secoli nei tentativi di calcolare, utilizzando la meccanica classica, le varie proprietà fisiche macroscopiche di questo sistema ideale. La sua accettazione come modello rappresentativo della realtà microscopica è andata di pari passo con il successo ottenuto nello spiegare un numero crescente di osservazioni sperimentali e di concetti fondamentali, quali la conservazione dell'energia e la seconda legge della termodinamica.

© The Author(s), under exclusive license to Springer Nature Switzerland AG 2025

F. Evangelisti, *Il concetto di materia*, https://doi.org/10.1007/978-3-031-83565-0_8

I primi mattoni di questo edificio sono stati posti da Newton, un atomista convinto, con la sua derivazione della *legge di Boyle*. Newton ha assunto un modello di *gas* in cui i *corpuscoli* si respingevano con una forza inversamente proporzionale al quadrato della distanza e ha mostrato, applicando le leggi della meccanica, come ne risultasse che il *volume* del *gas* variava in maniera inversa alla *pressione*, ossia secondo la legge dimostrata sperimentalmente da Boyle.

Il primo progresso rilevante lo dobbiamo al matematico e fisico svizzero Daniel Bernoulli (1700–1782). Nella sua *Hydrodynamica*, pubblicata nel 1738, Bernoulli ha introdotto in modo esplicito le ipotesi di base su cui è stata costruita la *teoria cinetica* [1]. Esse sono: a) il *gas* è costituito da *particelle* in moto veloce e caotico, che si urtano tra di loro; b) nell'intervallo di tempo tra gli urti, le *particelle* si muovano in direzione casuale con moto rettilineo uniforme; c) l'urto delle *particelle* sulle pareti del recipiente che le contiene dà luogo alla *pressione* macroscopica che misuriamo. Partendo da queste ipotesi Bernoulli ha calcolato la dipendenza della *pressione* del gas dal *volume* occupato e ha dimostrato che era in accordo con la legge di Boyle. Inoltre, egli ha mostrato come un aumento della *temperatura* comportasse un aumento dell'*energia cinetica* del *gas*, supportando l'ipotesi meccanicista che il calore sia una manifestazione macroscopica del movimento delle *particelle*.

La teoria di Bernouilli rappresenta la prima dimostrazione di come, partendo da un insieme di *corpuscoli* assimilati ai *punti materiali* della meccanica newtoniana, si possa dedurre una relazione matematica tra grandezze fisiche macroscopiche, quali *pressione*, *volume* e *temperatura*. Tuttavia, nonostante il suo intrinseco valore, la teoria di Bernoulli è rimasta praticamente ignorata fino all'inizio del XIX secolo per vari motivi, il più importante dei quali è stato che la maggioranza degli scienziati in quel periodo aderiva alla teoria del *flogisto* per la spiegazione dei fenomeni termici e guardava con sospetto le *concezioni atomistiche* della *materia*.

La *teoria cinetica* ritorna all'attenzione dei ricercatori nei primi decenni dell'Ottocento, quando si sviluppano nuove concezioni del *calore* e dell'*energia* e si ha un rinnovato interesse per le teorie atomistiche della *materia*. Nel 1845 l'ingegnere civile e fisico dilettante John James Waterston (1811–1883) elabora una versione della *teoria cinetica*, che spiega in modo esauriente le osservazioni sperimentali. Il suo articolo, sottomesso alla Royal Society, non viene però pubblicato e anche i suoi contributi vengono completamente ignorati. Il lavoro di Waterston verrà rivalutato solo nel 1892, quando Lord Rayleigh recupera il manoscritto, si rende conto che contiene uno sviluppo pressoché completo della *teoria cinetica* e lo fa pubblicare per il suo interesse storico [2].

Nel decennio successivo all'opera di Waterston, lo status della *teoria cinetica dei gas* cambia drasticamente grazie ai lavori del fisico e chimico tedesco August Krönig (1822–1879) e del fisico e matematico tedesco Rudolf Clausius (1822–1888). Nel 1856 Krönig pubblica un articolo in cui, utilizzando la *teoria cinetica*, deriva la relazione che lega la *pressione* e il *volume* di un *gas* alla sua *energia cinetica*. L'anno successivo Clausius, indipendentemente da Krönig, ottiene la stessa relazione, che viene attualmente indicata come *equazione* (o *legge*) *di Krönig-Clausius*. Questi lavori contribuiscono alla sistematizzazione definitiva della *teoria cinetica* e alla sua progressiva accettazione da parte della comunità scientifica. Nei loro articoli Krönig e Clausius, in analogia con i precedenti autori, definiscono il *gas* come l'insieme di un gran numero di *particelle* identiche, caratterizzate da *massa* e *velocità*, distribuite uniformemente nello spazio e in costante movimento casuale. Le caratteristiche assunte per il *gas* rendono il problema perfettamente definito e trattabile utilizzando metodi matematici elementari (per maggiori dettagli si veda *Equazione di Krönig-Clausius* nell'Appendice B). Gli autori dimostrano che, in un *gas*, il *prodotto della pressione per il volume è uguale a due terzi dell'energia cinetica media delle particelle che lo costituiscono* (*equazione di Krönig-Clausius*).

Un contributo decisivo alla formalizzazione della *teoria cinetica* viene apportato poco dopo dal grande fisico inglese James Clerk Maxwell (1831–1879). Invero, fra gli straordinari contributi di Maxwell alla fisica, uno dei più significativi è rappresentato dal calcolo della *funzione di distribuzione* delle *velocità* delle *particelle* dei *gas*, che va sotto il nome di *distribuzione di Maxwell delle velocità*. Questo contributo è contenuto nell'articolo *Illustrations of the dynamical theory of gases* del 1860. Si tratta di un progresso notevole nella costruzione teorica del *gas ideale*. Nelle teorie precedenti non si avevano informazioni sulle *velocità* delle singole particelle e si potevano calcolare solo le grandezze fisiche che dipendevano dai *valori medi*. Nella teoria elaborata da Maxwell si viene a disporre di una ulteriore informazione fondamentale: la *probabilità* che una *particella* abbia una data velocità. Questa informazione permette il calcolo a priori di una serie di importanti grandezze fisiche e di predire il risultato di molti esperimenti, verificando a posteriori la bontà della teoria stessa. Con la teoria di Maxwell le leggi della statistica entrano per la prima volta nella fisica, ne nascerà una delle più importanti branche della fisica stessa: la *meccanica statistica*.

In seguito agli apporti di Krönig, Clausius e Maxwell, la *teoria cinetica dei gas* ottiene un ampio consenso nella comunità scientifica. Oltre alla indubbia capacità di spiegare la fisica dei *gas*, un ulteriore motivo di questo successo è dovuto al fatto che essa dà un forte supporto all'interpretazione del *calore* come *energia cinetica e* fornisce un'interpretazione microscopica del principio, allora recentemente formulato, della *conservazione dell'energia*:

8.1.1 Natura del Calore

Nei primi decenni dell'Ottocento ci sono due concezioni del *calore* e dei *fenomeni termici* in competizione tra loro, una che considera il *calore* una *sostanza* (un *fluido)* materiale, l'altra che ritiene *calore* e *fenomeni termici* la conseguenza del movimento delle *particelle* microscopiche che compongono la *materia*.

La prima concezione, dominante nel periodo, è quella fornita dalla teoria del *calorico*, proposta da Lavoisier in sostituzione della teoria del *flogisto*. Essa rappresenta l'ultima e più sofisticata versione dell'idea che il *calore* sia una *sostanza*, idea che era nata nel mondo greco e che aveva portato molti filosofi, in primis Empedocle e Aristotele, a designare il *fuoco* come uno degli *elementi primitivi*. Il *calorico* è immaginato da Lavoisier come un *fluido* sottile e imponderabile, al pari dei *fluidi* che erano stati postulati in precedenza per spiegare i *fenomeni elettrici* e i *fenomeni luminosi*. La quantità di *calorico* contenuta in un corpo determina il suo essere caldo o freddo, di modo che, se due corpi aventi *temperatura* diversa vengono posti in contatto, il *calorico* fluisce da quello più caldo a quello più freddo.

La seconda concezione si basa sull'idea che il *calore* e i *fenomeni termici* siano la manifestazione sensibile del movimento delle *particelle* microscopiche che compongono le sostanze. Questa concezione aveva preso forza nel Seicento, con l'affermarsi del *meccanicismo* e la rinascita delle teorie *atomistico–corpuscolari* della *materia*. Essa era consistente con le assunzioni alla base della *teoria cinetica dei gas*. Infatti, già Bernoulli, nella sua formulazione della teoria, aveva mostrato come l'aumento di *temperatura* comportasse un aumento della *vis viva (forza viva)*, come era allora denominata l'*energia cinetica*, e aveva suggerito che il *calore* fosse la manifestazione macroscopica di quest'ultima.

Il problema della natura del *calore* viene risolto alla metà del secolo in concomitanza con lo sviluppo della *termodinamica*.[1] Basandosi sugli esperimenti del fisico inglese James Prescott Joule (1818–1889), che avevano dimostrato la conversione del *lavoro meccanico* in *calore*, Clausius in Germania e William Thomson (Lord Kelvin) in Inghilterra definiscono il concetto di *energia* come quantità che si conserva e formulano il *primo principio* della *Termodinamica*. Inoltre, Clausius, nella sua formulazione della *teoria cinetica dei gas*, mostra come l'*energia* di un sistema gassoso coincida con la sua *forza viva* (*energia cinetica*). Infine, utilizzando l'*equazione di stato* dei *gas*, egli dimostra come *l'energia cinetica* delle particelle sia proporzionale alla *temperatura* del *gas* e come, in una trasformazione a volume costante, essa subisca una variazione pari all'ammontare del *calore* ricevuto o ceduto. [Per maggiori dettagli si veda *Energia Cinetica e Temperatura* nell'Appendice B]

La formulazione della *teoria cinetica* raggiunge il suo assetto definitivo per merito del fisico austriaco Ludwig Eduard Boltzmann (1844–1906), a cui dobbiamo l'introduzione di nuovi metodi statistici nella teoria stessa. Nel 1871 Ludwig Boltzmann generalizza la formulazione di Maxwell ed elabora quella che va sotto nome di *distribuzione di Maxwell-Boltzmann*. Si tratta di contributi teorici di grande rilevanza per tutta la fisica, connessi a problematiche di natura fondamentale quali l'evoluzione temporale dei sistemi complessi e il significato della direzione del tempo. Proseguendo sulla linea iniziata da Maxwell, Boltzmann dimostra che, qualunque sia la configurazione iniziale del *gas*, vale a dire qualunque siano le velocità delle *particelle* all'inizio, tali velocità tendono, per effetto delle collisioni, ad evolversi verso la *distribuzione* che ha la maggior probabilità di avvenire. Questa *distribuzione* di maggiore probabilità è quella che il sistema assume quando raggiunge la configurazione di equilibrio finale. Boltzmann afferma che questa evoluzione è una legge probabilistica universale, che va oltre i sistemi gassosi. Egli inoltre mette in evidenza come questo comportamento coincida con quello della nuova grandez-

[1] Il termine *termodinamica* è stato introdotto da William Thomson (Lord Kelvin) nel 1851.

za fisica, l'*entropia*, introdotta nella nuova branca della fisica, la *termodinamica*, e come, quindi, il concetto di *crescita dell'entropia* possa essere identificato con la tendenza dei sistemi costituiti da grandi quantità di particelle a passare da uno stato di minore probabilità ad uno di maggiore probabilità. L'*entropia*, *funzione di stato* fino ad allora alquanto misteriosa, diviene, nella formulazione di Boltzmann, la *misura del disordine* nel moto dei costituenti microscopici della materia. Il legame quantitativo tra l'*entropia* di un sistema e la probabilità della distribuzione del suo stato macroscopico è espressa dalla famosa formula $S = k\,log\,(W)$, dove S è l'entropia, W è la probabilità della distribuzione e k una costante universale, detta, in suo onore, costante di Boltzmann.[2]

Con i lavori di Clausius, Maxwell e Boltzmann viene chiaramente dimostrato come un modello meccanicista di *gas*, vale a dire il *gas* pensato come un insieme di *particelle* che ubbidiscono alle leggi della meccanica, permetta di esprimere tutte le grandezze fisiche che lo caratterizzano dal punto di vista macroscopico (*pressione*, *densità*, *temperatura* e nuove grandezze, quali *energia* e *entropia*), in funzione di parametri microscopici, quali *velocità*, *tipo* e *frequenza* degli *urti*, ecc. La teoria fornisce un forte supporto, sebbene ancora indiretto, all'ipotesi di una *materia* costituita da *atomi* e *molecole*.

Concludiamo l'esposizione della *teoria cinetica*, illustrando brevemente due argomenti, in cui la *teoria cinetica* ha avuto un ruolo determinante, i *calori specifici* e l'*esperimento* di *Loschmidt*, entrambi rilevanti per la comprensione della *struttura* della *materia*.

8.1.2 Calori Specifici

Fra i successi della *teoria cinetica* c'è anche la sua capacità di spiegare il *calore specifico*, ossia la quantità di *calore* necessaria per aumentare la *temperatura* (convenzionalmente di un *grado*) di una quantità prefissata di sostanza (convenzionalmente un grammo). Lo studio dei *calori specifici* ha avuto un ruolo rilevante sia nella comprensione della natura del *calore* e della *materia*, sia nello sviluppo della *meccanica quantistica* nei primi decenni del Novecento.

Il concetto di *calore specifico* è stato introdotto per la prima volta intorno al 1760 dallo scienziato scozzese Joseph Black, come conseguenza delle sue osservazioni che le quantità di *calore* necessarie per ottenere lo stesso aumento di *temperatura* variavano da sostanza a sostanza. Queste osservazioni implicavano che il comportamento termico è una proprietà specifica delle sostanze.

L'evidenza che il *calore specifico* sia una proprietà fisica che può avere un ruolo importante nella comprensione della struttura della *materia*, si ha nel 1819, quando gli scienziati francesi Pierre Louis Dulong (1785–1838) e Alexis Thérèse Petit (1791–1820) pubblicano l'articolo *Sur quelques points importante della théorie de*

[2] Questa formula è incisa sulla tomba di Boltzmann nel cimitero di Vienna.

la chaleur, che contiene i dati da essi raccolti su di un gran numero di *elementi* allo stato solido. Dulong e Petit scoprono che il *calore specifico* diminuisce al crescere del *peso atomico* degli *elementi* e dimostrano che, moltiplicando il *calore specifico* per il *peso atomico* (pur nell'incertezza dei dati del tempo sui *pesi atomici*) si ottiene un valore pressoché uguale per tutti gli *elementi*, da essi denominato *calore atomico*. Nel loro articolo essi enunciano la legge secondo cui *gli atomi di tutti i corpi semplici hanno esattamente la stessa capacità per il calore (Legge di Dulong-Petit)*.

Nello stesso anno (1819) viene pubblicato il lavoro dei due chimici francesi Nicolas Clément (1779–1841) e Charles Bernard Desormes (1777–1862) sui *calori specifici* dei *gas*, nel quale gli autori sono in grado di determinare con precisione il rapporto tra i *calori specifici* misurati, rispettivamente, a *pressione* e a *volume costante*.

La *teoria cinetica* si dimostra perfettamente in grado di spiegare queste caratteristiche sperimentali dei *calori specifici*. Clausius calcola il *calore specifico* a *volume costante* e quello a *pressione costante* per un *gas* in cui l'energia delle *molecole* sia solamente cinetica e mostra come il loro rapporto sia in accordo con i dati sperimentali. Nel 1871 Boltzmann dimostra che è possibile spiegare la legge di Dulong e Petit, partendo dall'assunzione che, ai fini del calcolo degli effetti termici, una sostanza allo stato solido possa essere pensata come un insieme di *oscillatori armonici*, ossia di *particelle* (*atomi o molecole*) che *vibrano* intorno alla loro posizione di equilibrio [Per ulteriori informazioni si veda *Oscillatore Armonico* nell'Appendice B]. Secondo Boltzmann il *calore specifico* della *materia allo stato solido* ha un valore universale pari $3R$, dove R è la costante universale dei gas.

8.1.3 L'Esperimento di Loschmidt

Nel 1865, quando *atomi* e *molecole*, nonostante la loro crescente presenza nelle teorie della fisica e della chimica, continuano ad essere ritenuti entità ipotetiche e non ben definite, lo scienziato austriaco Joseph Loschmidt (1821–1895) immagina una procedura ingegnosa che, utilizzando i concetti della *teoria cinetica*, permette per la prima volta di valutarne le dimensioni e consente inoltre di stimare il *numero di Avogadro*.

La procedura, immaginata da Loschmidt per stimare le dimensioni delle ipotetiche *particelle* (*atomi* o *molecole*) microscopiche costituenti una *sostanza*, si basa sulla misura del *rapporto di condensazione*, definito come il *rapporto* tra il *volume* della *sostanza* allo *stato gassoso* e quello della *sostanza* allo *stato liquido*. Per quanto riguarda il *volume* della *sostanza* allo *stato liquido* Loschmidt assume, ragionevolmente, che esso sia circa pari al prodotto del *numero di particelle* (*atomi o molecole*) contenute nella *sostanza* moltiplicato per il *volume* occupato da ciascuna *particella*. Il *volume* della stessa quantità di *sostanza* allo stato gassoso è calcolato da Loschmidt utilizzando la *teoria cinetica*, che permette di ricavarne il valore in funzione del *numero di particelle*, del *volume* di ciascuna particella e del *cammino libero medio.*[3] Infine, assumendo che le *particelle* abbiano una forma sferica e utilizzando uno sviluppo matematico elementare, Loschmidt dimostra che esiste una relazione semplice e diretta tra dimensione delle *particelle*, *rapporto di condensazione* e *libero cammino medio*, vale a dire che il diametro delle *particelle* è pari a otto volte il prodotto del *cammino libero medio* per il *rapporto di condensazione*. Loschmidt applica la relazione al caso dell'*aria* (l'unica sostanza gassosa di cui al suo tempo si conosce il *rapporto di condensazione*), ricavando un valore del diametro medio delle *molecole* pari a un miliardesimo di metro, alquanto più grande di quello vero, ma del giusto ordine di grandezza.

La stima del diametro delle molecole permette inoltre a Loschmidt di valutare il *numero di Avogadro* (chiamato per questo anche *numero di Loschmidt-Avogadro*), ossia il numero di *molecole* contenute in una *mole* di gas in condizioni standard di pressione e temperatura, ottenendo un valore notevolmente vicino all'attuale valore accettato di 6.022×10^{23}.

8.2 Natura delle Cariche Elettriche

Nella seconda metà dell'Ottocento la *teoria cinetica*, che dipende in maniera fondamentale dal concetto di insiemi di *particelle* (*atomi* e *molecole*), si dimostra essere una teoria di grande capacità predittiva, specialmente dopo i contributi di Boltzmann. Sul fronte della chimica, l'accettazione delle ipotesi di Avogadro rende del tutto naturale discutere le combinazioni delle sostanze e le reazioni in termini di *particelle* che si aggregano e si separano. Di conseguenza comincia a crescere il convincimento, soprattutto nel mondo scientifico inglese, che questa immagine del mondo microscopico debba corrispondere alla realtà e che, se potessimo espandere enormemente un *gas*, potremmo effettivamente vedere *atomi* e *molecole* che si comportano nel modo descritto dalla teoria. Tuttavia, specialmente dove l'influenza della chimica è più forte, molti scienziati continuano a sostenere che gli *atomi* non siano altro che un concetto "euristico", che deve solo aiutare a descrivere le proprietà degli *elementi* chimici. Una fondamentale difficoltà per l'accettazione definitiva della reale esistenza di *atomi* e *molecole* è legata al fatto che la struttura di questi ipotetici componenti della materia continua a rimane del tutto ignota. Molti, invocando il *metodo scientifico*, vedono con sospetto l'introduzione nella scienza di "oggetti" che non si possono né rivelare e né misurare direttamente. Il dilemma viene risolto alla fine del secolo, in modo alquanto inaspettato, grazie a studi e scoperte fatte in un settore molto particolare della fisica, la *conduzione elettrica* nei *gas* rarefatti. Queste ricerche mirano a risolvere un altro grande problema del tempo, la natura delle *cariche elettriche* e culminano con la scoperta degli *elettroni*, scoperta che dimostra in modo inequivocabile la presenza di *corpuscoli* microscopici, dotati di massa e carica definite, all'interno della *materia*.

[3] Il *cammino libero medio* è il valore medio della distanza percorsa dalla *particella* tra due collisioni successive.

Nella seconda metà dell'Ottocento, fra le problematiche scientifiche di grande attualità ci sono quelle legate all'*elettricità* e al *magnetismo*. La grande sintesi di Maxwell aveva sancito che le *cariche* e le *correnti elettriche* sono le sorgenti dei *campi elettromagnetici*, ma aveva lasciato aperto il problema della natura delle *cariche* stesse. Personalmente Maxwell era a favore di una visione dell'*elettricità* come un *fluido* continuo e immateriale, che permeava le sostanze. Tuttavia, le indagini sui *fenomeni elettrolitici*, svolte nei primi decenni dell'Ottocento, e la formulazione del concetto di *ione*, come particella responsabile del flusso della *corrente elettrica* negli *elettroliti*, avevano cominciato a diffondere l'idea di una natura corpuscolare e discontinua delle *cariche elettriche*. Nella seconda metà del secolo, ipotesi in tal senso diventano esplicite e vengono dibattute all'interno della comunità scientifica.

Il primo suggerimento esplicito a favore dell'esistenza di *corpuscoli elementari* di *carica* viene dal fisico irlandese George Johnstone Stoney (1826–1911). Alla riunione dell'Associazione Britannica tenutasi a Belfast nel 1874, egli sostiene che il significato ultimo delle leggi di Faraday dell'*elettrolisi* sia che l'*elettricità*, analogamente alla *materia*, sia costituita da *corpuscoli*. Stoney denota questi *corpuscoli*, tutti uguali tra loro e indivisibili, come *atomi di elettricità* e suggerisce di chiamarli *elettroni*. Inoltre, basandosi sulla densità degli *atomi* calcolata utilizzando la *teoria cinetica*, stima per la prima volta il valore di questa ipotetica *carica elettrica* elementare. Il valore stimato non differisce molto da quello odierno pari a $1{,}6 \times 10^{-19}$ C.

Le tesi di Stoney non ricevono grande attenzione al momento della loro presentazione e nella letteratura è spesso indicato il grande scienziato tedesco Hermann von Helmholtz (1821–1894), che nel 1881 ha dato praticamente la stessa spiegazione di Stoney delle leggi dell'*elettrolisi*, come il primo a proporre l'esistenza di *cariche elettriche elementari*. In questo contesto è anche opportuno ricordare che nel 1876 il fisico americano Henry Rowland (1848–1901) esegue alcuni esperimenti, ispirati da Helmholtz, con i quali dimostra che una *carica elettrica* in movimento equivale ad una *corrente elettrica* e reciprocamente che una *corrente* è il risultato del moto di *cariche elettriche*.

L'idea dell'esistenza di *particelle di elettricità* viene anche sostenuta dal fisico olandese Hendrik Antoon Lorentz (1853–1928). Anche Lorentz, chiama *elettroni*, come suggerito da Stoney, queste ipotetiche particelle e nel 1878 propone una *teoria dell'elettrone* in grado di descrivere con notevole successo l'interazione della *luce* con la *materia*.

Il problema della natura delle *cariche elettriche* viene infine risolto nell'ultimo decennio del XIX secolo, grazie a studi e scoperte fatte in un settore particolare della fisica, la *conduzione elettrica* nei gas rarefatti.

8.2.1 I Raggi Catodici e la Scoperta degli Elettroni

Lo studio dei fenomeni elettrici nei *gas* era iniziato dopo che l'invenzione della *pompa da vuoto* da parte del fisico tedesco Otto von Guericke (1602–1686) nel

1654 aveva permesso ai *filosofi naturali* del tempo di investigare le proprietà delle *arie* (*gas*) rarefatte. Tra i molti nuovi fenomeni che avevano attratto l'attenzione degli sperimentatori, c'erano le scintille e i bagliori di luce che si generavano quando si produceva l'*elettricità* per strofinio sulla superficie dei contenitori di vetro evacuati. Si era notato che la lunghezza delle scintille aumentava nell'aria a bassa pressione rispetto all'aria a pressione atmosferica. Tuttavia, a causa della primitività degli strumenti a disposizione e dei limiti delle conoscenze del tempo, nel XVII e XVIII secolo l'approfondimento di questi fenomeni non era stato possibile e gli esperimenti di questo tipo erano essenzialmente rimasti a livello di semplice curiosità.

La sperimentazione sistematica della *scarica elettrica* nei *gas* rarefatti inizia a metà dell'Ottocento ed è resa possibile dal generale miglioramento delle tecniche sperimentali e degli strumenti di misura, in particolare dall'invenzione di nuove *pompe da vuoto* e di nuove sorgenti di *elettricità* ad *alta tensione*. Intorno al 1856 il fisico e costruttore di strumenti tedesco Heinrich Geissler (1814–1879) sviluppa un nuovo tipo di *pompa*, la *pompa a mercurio*, in grado di vuotare i contenitori fino ad una pressione di circa *0,1 mm-Hg*, più bassa di circa un ordine di grandezza rispetto alle pressioni ottenibili nei secoli precedenti. Contestualmente, Geissler inventa un nuovo tipo di *tubo* per la *scarica elettrica* nei *gas* a queste più basse pressioni. Questi *tubi*, antesignani delle attuali lampade al *neon*, comunemente denominati *tubi di Geissler*, sono dei cilindri di vetro sigillato di varie forme con un elettrodo metallico a ciascuna estremità. Grazie ad un nuovo tipo di generatori di tensione, le *bobine a induzione*, inventato qualche anno prima, tra i due elettrodi viene applicata una tensione molto alta, che può variare da qualche migliaio fino a centinaia di migliaia di volt. In queste condizioni all'interno del tubo si innesca una scarica elettrica e il gas emette una luce brillante, le cui caratteristiche dipendono dalla pressione e dal tipo di gas utilizzato.

Gli studi della *conduzione elettrica* nei *gas rarefatti* fanno un passo decisivo verso la soluzione del problema della natura della *carica elettrica* circa un decennio più tardi grazie ad un ulteriore miglioramento delle *pompe da vuoto*, che permette l'evacuazione più spinta dei *tubi*, fino a pressioni dell'ordine del *millesimo* (10^{-3}) di *mm-Hg*. Il fisico britannico William Crookes (1832–1919), alla fine degli anni '60, è tra i primi a studiare la scarica in questi tubi, denominati in seguito *tubi di Crookes*. Si trova che, quando la pressione diminuisce verso questi bassi valori, lo spazio fra i due elettrodi diventa completamente buio. In queste condizioni Crookes nota che, dalla parte dell'*anodo*, il vetro del tubo comincia a brillare, come se ci fosse *qualcosa* che, partendo dal *catodo*, vada a colpire le pareti passando intorno all'*anodo*. Questi *raggi* misteriosi, osservati indipendentemente nello stesso periodo anche dal fisico tedesco Julius Pluecker (1801–1868), hanno la caratteristica di propagarsi in linea retta e di arrestarsi in presenza di ostacoli.

La natura di questi misteriosi *raggi*, battezzati *raggi catodici* dal fisico tedesco Eugen Goldstein (1850–1930) nel 1876, diventa subito un problema di grande interesse per una comunità scientifica, che, in questo periodo, è attivamente impegnata a cercare di capire la natura dei *fenomeni elettromagnetici*, i principi della *termodinamica* e, qualora esistano, la natura di *atomi* e *molecole*. Nell'ultimo quarto del secolo si accende un vivace dibattito su come essi possano essere inquadrati nelle correnti teorie dei *fenomeni elettromagnetici*. Si formano due correnti di pensiero. L'una, sostenuta principalmente da fisici inglesi, ritiene che i *raggi catodici* siano *particelle di materia radiante, elettricamente cariche*. L'altra, sostenuta principalmente da fisici tedeschi, ritiene che siano *onde eteree*, vale a dire, una nuova forma di *radiazione elettromagnetica*, e che siano entità diverse da ciò che trasporta la *corrente elettrica* nel *tubo*.

Per risolvere la controversia vengono fatti numerosi esperimenti. In particolare, si studia l'effetto del *campo magnetico* e del *campo elettrico* sulla traiettoria dei *raggi catodici*, essendo allora già noto che questi *campi* sono in grado di deflettere le traiettorie di *particelle* elettricamente cariche, ma che non deviano la *radiazione elettromagnetica*. Tuttavia, per molto tempo questi esperimenti danno risultati contraddittori e non conclusivi. La ragione, come si scoprirà in seguito, è che la pressione a cui sono condotti è ancora troppo elevata e le traiettorie sono influenzate dalla presenza del gas residuo.

La natura dei *raggi catodici* viene definitivamente chiarita nel biennio 1896–1897. Grazie agli esperimenti del fisico inglese Joseph John (J. J.) Thomson (1856–1940) e del fisico tedesco Philipp Lenard (1862–1947), essi sono identificati come *fasci* di una nuova *particella*, fino ad allora sconosciuta, a cui verrà dato il nome di *elettrone*. Per i suoi studi sulla natura dei *raggi catodici* Lenard ha ricevuto il premio Nobel nel 1905, mentre Thomson lo ha ricevuto nel 1906, come scopritore degli *elettroni*.

Riassumiamo gli aspetti principali di questa clamorosa scoperta utilizzando l'esposizione fatta dallo stesso Thomson in occasione del conferimento del premio Nobel e diretta a un uditorio di non specialisti [3]:

> Gli argomenti a favore dell'ipotesi che i raggi siano particelle cariche negativamente si basano principalmente sul fatto che essi sono deviati da un magnete nello stesso modo di particelle negative in movimento. Sappiamo che tali particelle, quando un magnete è collocato vicino a loro, sono soggette ad una forza la cui direzione è ad angolo retto rispetto al campo magnetico e anche ad angolo retto rispetto alla direzione in cui le particelle si muovono.
>
> ... sono stato in grado di ottenere la deflessione elettrica dei raggi catodici. Questa deflessione aveva una direzione che indicava una carica negativa dei raggi. Pertanto, i raggi catodici vengono deviati da entrambi i campi magnetico ed elettrico, proprio come accade a particelle elettrificate negativamente.

Dall'analisi degli effetti dei *campi magnetici* ed *elettrici* sulla traiettoria dei *raggi catodici*, Thomson è in grado di determinare la velocità delle *particelle* e il rapporto *e/m* tra la loro carica *e* e la loro massa *m* (per maggiori dettagli si veda *Misura del Rapporto e/m* in Appendice B). Nella sua esposizione Thomson così commenta i risultati delle misure [3]:

> I risultati delle determinazioni dei valori di e/m realizzati con questo metodo sono molto interessanti, poiché si trova che, comunque i raggi catodici siano prodotti, otteniamo sempre lo stesso valore di e/m per tutte le particelle nei raggi. ... Il valore di e/m non è solo indipendente dalla velocità, ciò che è ancora più notevole è che è indipendente dal tipo di elettrodi che usiamo e anche dal tipo di gas nel tubo.

Questo valore costante di e/m, quando lo misuriamo nel sistema c.g.s. di unità magnetiche, è pari a circa $1{,}7 \times 10^7$. … quindi per il corpuscolo nei raggi catodici il valore di e/m è 1700 volte il valore della quantità corrispondente per l'atomo di idrogeno elettricamente carico. … Ora abbiamo dimostrato, usando un metodo che descriverò fra breve,[4] che la carica elettrica è praticamente la stessa nei due casi; quindi, siamo portati alla conclusione che la massa del corpuscolo è circa 1/1700 di quella dell'atomo di idrogeno.[5] Quindi l'atomo non è il limite ultimo della suddivisione della materia; possiamo andare oltre e raggiungere il corpuscolo e questo corpuscolo è lo stesso da qualunque fonte possa essere derivato.

Il corpuscolo sembra formare una parte di tutti i tipi di materia nelle più diverse condizioni; sembra naturale quindi considerarlo come uno dei mattoni di cui sono costruiti gli atomi.

8.2.2 Raggi Canale

Nel 1886 il fisico tedesco Eugen Goldstein (1850–1930) scopre che, se si usa un *tubo a scarica* che ha il *catodo* perforato e viene applicato un potenziale elettrico di alcune migliaia di volt, si osservano deboli *raggi* luminosi che partono dai fori e si estendono nella regione dietro il *catodo*. La luminosità di questi raggi dipende dal *gas* contenuto nel tubo, è giallina per l'*aria*, rosa per l'*idrogeno* ecc. Goldstein battezza questi raggi *Kanalstrahlen* (*raggi canale*) perché sono prodotti dai *fori* (*canali*) nel *catodo*. I primi studi mostrano che, in presenza di un campo elettrico, questi raggi si comportano come se avessero una *carica elettrica positiva* e provenissero dall'*anodo* (da cui il nome alternativo di *raggi anodici*).

Nel decennio successivo alla loro scoperta, i *raggi canale* ricevono molta meno attenzione dei *raggi catodici*. Solo nel 1898 uno studio approfondito, i cui risultati sono pubblicati nel 1902, viene intrapreso dal fisico tedesco Wilhelm Wien (1864–1928). Usando un campo magnetico molto intenso egli è in grado di deflettere i *raggi canale* e di stabilire in modo definitivo che essi hanno carica positiva. Wien mostra, inoltre, che a basse pressioni è anche possibile defletterli con un campo elettrico e ne determina il rapporto *e/m* tra *carica* e *massa*, trovando che questo varia al variare del *gas* residuo nel tubo. La grandezza della *carica* positiva è pari (o un multiplo semplice) a quella dell'*elettrone* (cambiata di segno), mentre la *massa* coincide con quella delle sostanze gassose che costituiscono l'atmosfera residua. Questa evidenza indica chiaramente che i *raggi canale* sono costituiti dai *corpuscoli* (*atomi* o *molecole*) del *gas* che hanno perso una o più *cariche elettroniche*, in forte analogia con gli *ioni* positivi degli *elettroliti*.

[4] Il metodo usato da Thomson è l'utilizzo della *camera a nebbia di Wilson*. Intorno al 1897 C. T. R. Wilson (1869–1959) aveva introdotto *la camera di Wilson*, il primo apparecchio che ha permesso di visualizzare la traiettoria di particelle cariche. In una *camera a nebbia* il vapore acqueo viene portato in uno stato instabile di soprassaturazione mediante una rapida espansione del suo volume. Quando una particella elettricamente carica ionizza gli atomi con i quali urta, si crea un fitto susseguirsi di nuclei di condensazione, attorno ai quali il vapore soprassaturo condensa a formare minuscole goccioline (*nebbia*), che rendono visibile la traiettoria.

[5] In realtà la massa è 1836 volte più piccola di quella dell'idrogeno.

In conclusione, le conoscenze acquisite sui *raggi catodici* e sui *raggi canale* dimostrano in modo inequivocabile che la materia è costituita da *atomi*, che all'interno degli *atomi* esistono cariche elettriche positive e negative che si bilanciano e che le cariche negative sono costituite da *elettroni*. Di conseguenza, alla fine del XIX secolo la realtà degli *atomi* diventa un concetto comunemente accettato nella comunità scientifica e il problema dominante diventa quello di determinarne la *struttura*. Può sembrare quasi ironico che l'esistenza degli *atomi* (in greco *indivisibili*) sia stata definitivamente confermata dagli esperimenti che ne hanno dimostrato la *divisibilità*.

Riferimenti bibliografici

1. Jeans J H (1904) The Dynamical Theory of Gases. Cambridge at the University Press
2. Waterston J J (1892) On the Physics of Media that are Composed of Free and Perfectly Elastic Molecules in a State of Motion. Philosophical Transactions MDCCCXCII:1–79
3. Thomson J J (1906) Carriers of negative electricity. Nobel Lecture, December 11, 1906

Parte II
Materia nel Mondo dei Quanti

Capitolo 9
La Comparsa dei *Quanti*

Nel decennio a cavallo tra l'Ottocento e il Novecento le ricerche sulla *struttura* della *materia* hanno degli sviluppi del tutto imprevisti e di grande rilevanza per la scienza in generale: per comprendere le proprietà microscopiche della *materia*, la struttura degli *atomi* e delle *molecole*, l'*interazione* tra *materia* e *radiazione*, si rende necessario *rifondare* la fisica e costruire una nuova meccanica, la *meccanica quantistica*, valida per il mondo microscopico. A partire dalla fine dell'Ottocento la storia del processo di comprensione della *struttura della materia* coincide con la storia dell'elaborazione della *meccanica quantistica*!

Questa rivoluzione ha origine dagli sviluppi di due filoni di attività di ricerca in fisica del periodo, uno (oggetto del presente capitolo) riguarda i tentativi di comprendere alcune osservazioni sperimentali, che non si riuscivano a spiegare utilizzando i concetti e i principi della *meccanica* e dell'*elettromagnetismo* allora conosciuti, l'altro (oggetto del capitolo successivo) concerne le ricerche volte a determinare la *struttura* degli *atomi*.

9.1 La Radiazione Termica e il Corpo Nero

Fra gli effetti e le osservazioni sperimentali di fisica, che alla fine del XIX secolo si ha difficoltà a spiegare e la cui soluzione avrebbe richiesto la costruzione di una nuova meccanica valida per il mondo microscopico, c'è la *radiazione* emessa dal *corpo nero*. Il *corpo nero* è una costruzione astratta frutto dello studio della *radiazione termica* e dell'interazione tra *radiazione* e *materia*. E' ben noto che è stato proprio per spiegare la *radiazione* emessa dal *corpo nero* che il fisico tedesco Max Planck (1858–1947) ha avanzato l'ipotesi della *quantizzazione delle grandezze fisiche*, idea alla base della rivoluzione concettuale che ha portato alla costruzione della *meccanica quantistica*.

Benché il fatto che un *corpo caldo* emani *calore* sia un'esperienza comune, di cui l'uomo ha avuto consapevolezza sin dalla scoperta del fuoco, lo studio scienti-

© The Author(s), under exclusive license to Springer Nature Switzerland AG 2025
F. Evangelisti, *Il concetto di materia*, https://doi.org/10.1007/978-3-031-83565-0_9

fico del *calore* irradiato da oggetti caldi, la *radiazione termica*, è iniziato in tempi relativamente recenti. La prima fase di queste indagini è cominciata alla fine del XVI secolo con gli esperimenti del filosofo, alchimista, commediografo e scienziato italiano Giovambattista Della Porta (1535–1615). Le successive ricerche di Marc-Auguste Pictet (1752–1825), Horace Bénédict de Saussure (1740–1799) e Pierre Prévost (1751–1839), hanno portato, nel 1790, ad un primo risultato importante, con la definizione della *Teoria di Prevost degli scambi*. Questa teoria afferma che tutti i corpi continuamente emettono e assorbono *calore*, che l'irradiazione è tanto maggiore quanto più alta è la loro temperatura, e che, quando due corpi a temperature diverse sono in vista l'uno dell'altro, il più caldo fornisce *calore* al più freddo fino a quando i due corpi raggiungono la stessa temperatura. La *teoria di Prevost* è stato il punto di partenza della fisica della *radiazione termica* sviluppata nel XIX secolo e culminata con la formula di Planck per la *radiazione di corpo nero* [1].

La dimostrazione che la *radiazione termica* consiste in emissione di *raggi* con caratteristiche simili a quelle della *luce* la dobbiamo all'astronomo e fisico tedesco, naturalizzato britannico, William Herschel (1738–1822), il quale, nell'anno 1800, scopre l'esistenza di *raggi invisibili*. Egli nota accidentalmente che vetri di differente colore, quando usati nel telescopio, hanno effetti riscaldanti differenti. Questa osservazione lo induce a studiare l'effetto riscaldante delle diverse componenti della *luce* visibile. Facendo uso di un *prisma* e di un *termometro*, scopre effetti di riscaldamento anche nella regione *dopo il rosso*, in cui la *radiazione* non è visibile. Scopre, inoltre, che questi *raggi invisibili* possono essere riflessi e rifratti come la *luce* ordinaria e che possono essere assorbiti anche da vetri che sono trasparenti ai raggi visibili. Herschel, che è un seguace della *teoria corpuscolare* della *luce* e della teoria del *calorico*, chiama questi *raggi* non visibili *raggi calorici* e ritiene che esistano due tipi di *radiazione*, la *radiazione luminosa* e la *radiazione calorica*. A partire dal 1820, grazie ad altri esperimenti, soprattutto del fisico lettone Thomas Johann Seebeck (1770–1831), l'esistenza della *radiazione calorica* (l'odierna *radiazione termica o infrarossa)* viene comunemente accettata dai fisici.

Intorno alla metà dell'Ottocento, dopo la definitiva dimostrazione della *natura ondulatoria* della *luce*, c'è accordo sulla nozione che un oggetto ad una fissata *temperatura*, un *corpo caldo* nel gergo della fisica, emetta energia sotto forma di onde, denominate *radiazione termica o infrarossa*, e che questo fenomeno abbia le seguenti caratteristiche: a) tutti i corpi emettono questa radiazione verso l'ambiente circostante e la assorbono dall'ambiente; b) la quantità di radiazione emessa cresce al crescere della temperatura; c) all'equilibrio termico, il tasso di emissione uguaglia quello di assorbimento. Ne discende che un corpo, inizialmente più caldo dell'ambiente che lo circonda, è destinato a raffreddarsi, perché la quantità di energia emessa supera quella dell'energia assorbita (e a riscaldarsi se è più freddo).

Questi concetti vengono posti su basi quantitative grazie alle leggi sull'*assorbimento* ed *emissione* della *radiazione*, formulate dal fisico tedesco Gustav Kirchhoff (1824–1887). Nel 1859, in alcuni articoli letti all'Accademia delle Scienze di Berlino, egli dimostra quella che sarà denominata *Legge della Radiazione Termica* di Kirchhoff [2]:

> Per la radiazione termica il rapporto tra potere di emissione e potere di assorbimento per raggi della stessa lunghezza d'onda è uguale per tutti i corpi alla stessa temperatura, vale a dire, questo rapporto è una funzione universale.

A questa legge si aggiungono due corollari:

> 1) I raggi emessi da una sostanza, in qualunque modo eccitata, dipendono dalla temperatura e sono caratteristici della sostanza; 2) ogni sostanza ha un potere di assorbimento che è massimo per i raggi che tende ad emettere.

Infine, Kirchhoff elabora le tre L*eggi della spettroscopia* che riassumono le modalità di interazione tra la *radiazione* e la *materia* (che illustreremo in seguito). La prima di esse riguarda la *radiazione termica* e afferma che:

> Un corpo solido o liquido o un gas denso, portato all'incandescenza, emette radiazioni a tutte le lunghezze d'onda, dando luogo ad uno spettro continuo (Legge della Radiazione Termica di Kirchhoff).

Conseguenza della *Legge della Radiazione Termica* di Kirchhoff è il concetto di *Corpo nero*, il cui studio ha portato al primo passo verso la *meccanica quantistica*. Infatti, discende dalla legge di Kirchhoff che il potere emissivo di una superficie perfettamente assorbente (ossia una superficie che assorbe tutta la radiazione incidente a tutte le lunghezze d'onda) è una funzione universale. Pertanto, si definisce *corpo nero* un corpo la cui superficie è in grado di assorbire tutta la radiazione che incide su di esso. Lo s*pettro* di *radiazione* da esso emessa, denominata *radiazione di corpo nero*, è una funzione universale della *lunghezza d'onda* della *radiazione* e della *temperatura*. La *radiazione di corpo nero*, oltre ad una grande importanza concettuale per la fisica, ha anche una importante valenza pratica in quanto ci fornisce, con buona approssimazione, lo spettro della *radiazione termica* emessa da un oggetto radiante ad una temperatura fissata. Per questi motivi la sua caratterizzazione sperimentale e il suo studio teorico sono stati perseguiti attivamente nella seconda metà dell'Ottocento.

Una realizzazione concettualmente importante di un *corpo perfettamente nero* è rappresentata da una *cavità*, munita di un piccolo *foro* (Fig. 9.1). Una *cavità* è una regione di spazio, mantenuta a temperatura costante, in equilibrio termico con le pareti che la racchiudono. L'interno della *cavità* è occupato da *radiazione termica*,

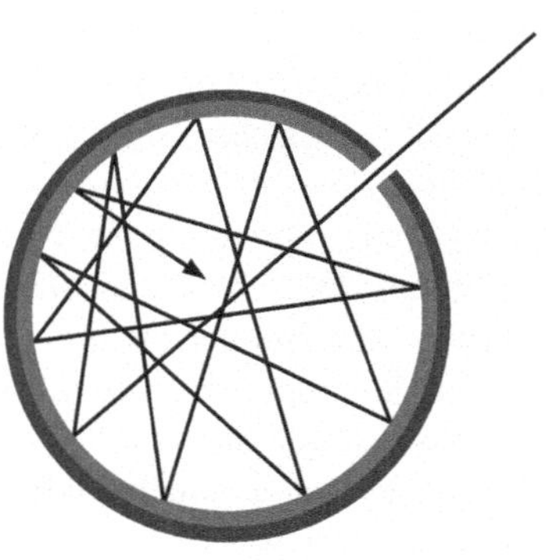

Figura 9.1 Schema di corpo nero

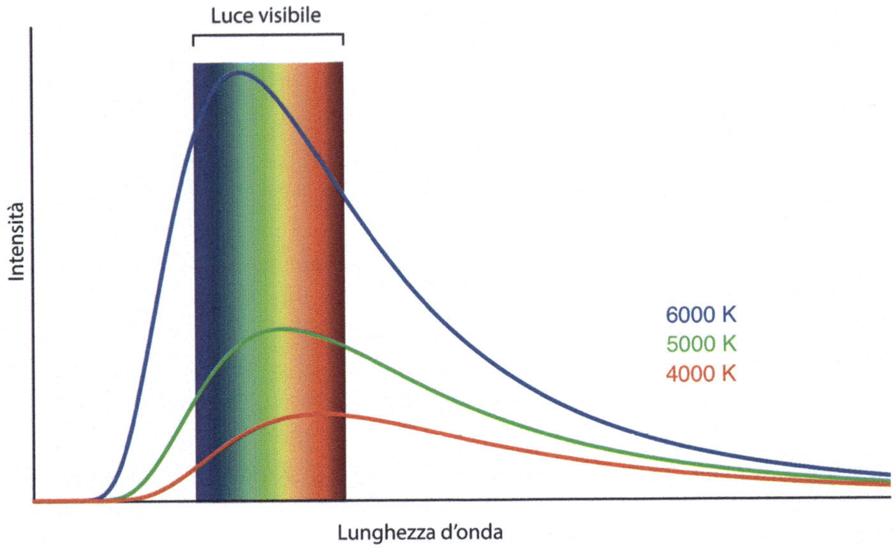

Figura 9.2 Andamento dell'intensità della radiazione emessa dal corpo nero in funzione della lunghezza d'onda a differenti temperature. L'intensità cresce e il suo spettro ha un massimo che si sposta verso le corte lunghezze d'onda (più alte frequenze) al crescere della temperatura e va a zero, con andamenti diversi, sia a grandi che a piccole lunghezze d'onda. (Wikipedia Creative Commons)

costantemente emessa e assorbita dalle pareti. Si consideri ora un piccolo *foro* sulla parete della *cavità*. Se la grandezza del *foro* è di dimensioni trascurabili rispetto alla superficie totale della cavità, l'equilibrio interno del sistema non è disturbato in maniera apprezzabile dalla presenza del *foro* stesso. Inoltre, la *radiazione esterna*, che entra attraverso il *foro*, non può uscire perché, per uscire, dovrebbe rimbalzare un grande numero di volte sulle pareti e finirebbe per essere completamente assorbita (come schematizzato nella Fig. 9.1). Tuttavia, il *foro* permette l'uscita della *radiazione termica* in equilibrio al suo interno. Pertanto, la superficie di un piccolo *foro nella cavità* costituisce una zona emissiva perfettamente assorbente, un *corpo nero*.

L'andamento dell'intensità della *radiazione* emessa dal *corpo nero* in funzione della *lunghezza d'onda* a differenti *temperature* è mostrato in Fig. 9.2. La spiegazione di questo andamento ha rappresentato una sfida per i fisici della seconda metà Ottocento, sfida che è stata vinta solo allo scadere del secolo grazie ad una serie di contributi rilevanti distribuiti nell'arco di un trentennio.

Il primo passo importante è stato compiuto nel 1874, quando il fisico slovacco Josef Stefan (1835–1893), analizzando i dati sperimentali, ha mostrato che l'*energia totale S*, irradiata per unità di area e per unità di tempo da un *corpo nero*, dipende solo dalla sua *temperatura assoluta T* (elevata alla quarta potenza) moltiplicata per una *costante universale* σ (in formule $S = \sigma T^4$). La costante σ, denominata *costante di Stefan*, non dipende dalla natura della superficie che irradia né dai dettagli realizzativi del *corpo nero*. L'esattezza della relazione, ottenuta empiricamente da Stefan e ribattezzata in seguito *legge di Stefan-Boltzmann*, è stata dimostrata teoricamente dallo scienziato austriaco Ludwig Boltzmann (1844–1906) nel 1884.

Boltzmann ha calcolato la variazione di *entropia* dovuta all'espansione della cavità per effetto della *pressione* esercitata dalla *radiazione termica* e ha dimostrato che la relazione di Stefan si può ricavare dall'equazione che esprime una delle proprietà matematiche della funzione *entropia*. Nella sua commemorazione di Boltzmann, fatta nel 1907, il premio Nobel Hendrik Antoon Lorentz (1853–1928) ha definito questa dimostrazione *una vera perla della fisica teorica* [3].

Negli anni '90 alcuni importanti contributi alla comprensione della *radiazione* di *corpo nero* vengono dati dal fisico tedesco Wilhelm Wien (1864–1928). Nel 1893 egli determina una legge empirica, successivamente chiamata *legge di Wien dello spostamento*, che correla la lunghezza d'onda λ_{max} del massimo di emissione della radiazione alla temperatura T del corpo nero. La legge afferma che, al variare della temperatura, λ_{max} varia in modo da mantenere il prodotto $\lambda_{max} \cdot T = costante$. Nel 1896, sempre empiricamente, Wien propone una relazione per la distribuzione della intensità della *radiazione di corpo nero* in funzione della frequenza in grado di riprodurre in modo soddisfacente l'andamento sperimentale. Egli assume che la *radiazione* presente nella *cavità* abbia la stessa energia delle *particelle* delle pareti che la emettono e, quindi, rifletta la loro distribuzione di velocità secondo la distribuzione di Maxwell. La formula di Wien riproduce abbastanza bene lo spettro sperimentale ad alte *frequenze*, ma differisce notevolmente a basse *frequenze*. Per i suoi contributi alla comprensione della *radiazione termica* Wien ha ricevuto il premio Nobel nel 1911.

Nel 1900 i fisici inglesi Lord Rayleigh (1842–1919) e James Jeans (1877–1946) calcolano la densità di energia nella *cavità* utilizzando le proprietà delle *onde elettromagnetiche*. Essi assumono una cavità cubica le cui pareti siano metalliche. In queste condizioni all'interno della cavità si formano onde stazionarie soggette alla condizione che il campo elettrico sia zero sulle superfici. Risulta quindi possibile calcolare la lunghezza d'onda e la frequenza delle onde permesse, i *modi* della cavità, e il loro numero per ogni intervallo di frequenza. Essi ottengono un'espressione per la radiazione di *corpo nero*, denominata *formula di Rayleigh-Jeans*, che riproduce molto bene l'andamento sperimentale a grandi *lunghezze d'onda*. Tuttavia, a piccole *lunghezze d'onda* (alte frequenze) la formula non solo è completamente sbagliata, ma addirittura prevede un'intensità che va all'infinito.

Le analisi teoriche di Wien e di Rayleigh e Jeans pongono drammaticamente in evidenza come le teorie fisiche correnti alla fine dell'Ottocento non siano in grado di spiegare la *radiazione di corpo nero*. Il problema viene risolto alla fine dell'anno 1900, quando il fisico tedesco Max Planck (1858–1947) presenta la sua celebre legge matematica che riproduce perfettamente lo spettro della *radiazione* di *corpo nero* e la sua dipendenza dalla *temperatura*.

Per ricavare la sua formula Planck ha dapprima utilizzato un approccio empirico. Partendo dall'evidenza che ad alte *frequenze* (piccole *lunghezze d'onda*) la *radiazione di corpo nero* segue la legge di Wien, mentre a basse *frequenze* (grandi *lunghezze d'onda*) essa è data dalla formula di *Rayleigh-Jeans* egli ha cercato una espressione in grado di riprodurre questi due casi limite. Per raggiungere questo obiettivo

Planck, come ha spiegato chiaramente nella conferenza da lui tenuta alla cerimonia per il conferimento del premio Nobel, ha utilizzato le leggi di Kirchhoff, secondo cui l'assorbimento e l'emissione di radiazione all'equilibrio termico non dipendono dal tipo di superficie. Questa proprietà gli ha permesso di ipotizzare che le molecole presenti sulla superficie interna della cavità si comportino come microscopici *oscillatori hertziani*, le cui proprietà di assorbimento ed emissione della radiazione erano allora note. Ha poi dimostrato che, al variare della frequenza della radiazione, l'andamento dell'energia di un *oscillatore* in equilibrio termico con la *radiazione di corpo nero* è proporzionale alla densità di energia del *corpo nero*. Infine, ha mostrato come l'energia dell'*oscillatore* potesse essere espressa come combinazione dei due casi limite (formule di Wien e di Rayleigh-Jeans). In questo modo ha ottenuto la sua celebre formula, che riproduce perfettamente i dati sperimentali e che contiene una nuova *costante fisica*, da determinare in base ai dati sperimentali, che egli ha indicato con la lettera h e che è stata successivamente battezzata *costante di Planck*, il *quanto di azione*.

Successivamente Planck ha cercato una giustificazione teorica per la sua formula empirica e ha trovato che questa si ottiene se, nel calcolo del valor medio dell'energia degli *oscillatori*, si impone la condizione che l'energia di un *oscillatore* non possa avere un valore qualsiasi, ma debba essere *quantizzata* in multiplo interi di un valore minimo ε dato dalla relazione:

$$\varepsilon = h\nu$$

dove h è la costante di Planck, il *quanto di azione*, e ν *la frequenza* di vibrazione.

L'ipotesi che l'energia di un *oscillatore armonico* microscopico non possa variare con continuità, ma abbia valori *quantizzati*, legati alla sua frequenza di oscillazione, e vari con discontinuità in multipli interi del suo valore più basso, era difficile da accettare da parte dei contemporanei di Planck, abituati a considerare le grandezze fisiche come variabili continue. Inoltre, gli *oscillatori armonici* macroscopici erano tra i modelli più studiati dalla meccanica classica e la dipendenza della loro energia era ben conosciuta (Si veda *Oscillatore armonico* nell'Appendice B). Infine, si faceva notare da parte dei critici come gli *oscillatori armonici* microscopici fossero solo modelli introdotti nel tentativo di comprendere il comportamento di proprietà fisiche macroscopiche della materia, senza che ci fosse una osservazione sperimentale diretta. Di conseguenza, per alcuni anni l'ipotesi di quantizzazione di Planck è rimasta confinata al livello di espediente euristico, usato per risolvere l'intricato problema rappresentato dalla *radiazione di corpo nero*, e non si è prestato eccessiva attenzione alle possibili implicazioni concettuali e metodologiche per la fisica.

Questa situazione è rapidamente cambiata a partire dal 1905, quando Alberto Einstein (1879–1955) ha esteso l'ipotesi di quantizzazione alla *radiazione elettromagnetica*, introducendo il concetto di *fotone* e ha mostrato come le nuove ipotesi potessero fornire la chiave per la spiegazione di altri fenomeni "misteriosi", in particolare l'*effetto fotoelettrico* e la dipendenza dalla temperatura dei *calori specifici*.

9.2 L'Effetto Fotoelettrico

Fra le numerose osservazioni sperimentali che si aveva difficoltà a comprendere e spiegare nel decennio a cavallo tra Ottocento e Novecento c'era lo "strano" comportamento dei *metalli* quando venivano colpiti da *luce* di corte *lunghezze d'onda*, quello che sarebbe stato denominato l'*effetto fotoelettrico*.

Nel 1887 il fisico tedesco Heinrich Hertz (1857–1894), nel corso della serie di esperimenti da lui condotti per verificare l'esattezza della teoria di Maxwell sulle *onde elettromagnetiche*, scopre che, quando si illuminano con *luce ultravioletta* gli elettrodi metallici del rivelatore, si facilita la scarica elettrica che rivela l'arrivo delle onde. Lo studio di questo effetto è ripreso l'anno successivo dal fisico tedesco Wilhelm Hallwachs (1859–1922), che progetta una semplice apparato sperimentale per mettere in evidenza l'effetto della *luce*. Egli trova che un disco di *zinco* carico negativamente perde rapidamente la sua carica quando viene illuminato con *luce ultravioletta*, mentre l'effetto non si verifica con radiazioni di più grandi lunghezze d'onda o se il disco è carico positivamente. Nel 1890 i fisici tedeschi Julius Elster (1854–1920) e Hans Geitel (1855–1923) dimostrano che, fra tutti i *metalli*, gli *alcalini* sono quelli più sensibili alla luce e scoprono che il *sodio* e il *potassio* rispondono anche alla *luce visibile* [4].

La situazione rimane confusa fino al 1899, quando J. J. Thomson, sperimentando con *tubi da vuoto*, chiarisce la natura dell'effetto. Illuminando il *catodo*, egli dimostra che la *luce ultravioletta* causa l'*emissione* di *particelle cariche* dal *metallo* che costituisce il *catodo*, dando luogo ad una corrente elettrica. Dimostra, inoltre, che le *particelle* emesse sono identiche a quelle che costituiscono i *raggi catodici*, gli *elettroni*. Le peculiarità che rendono problematica la spiegazione dell'*effetto fotoelettrico* vengono scoperte poco più tardi, nel 1902, quando il fisico tedesco Philipp Lenard (1862–1947) studia la dipendenza della *corrente fotoelettrica* dall'intensità e dalla frequenza della radiazione incidente. Lenard trova alcuni comportamenti sconcertanti, che non possono essere spiegati sulla base delle teorie fisiche correnti. Fra questi il più rilevante è che la soglia di *fotoemissione* e l'energia cinetica degli *elettroni* dipendono dalla *frequenza* della *radiazione*, dipendenza non spiegabile in nessun modo da un meccanismo classico di *interazione* fra *radiazione* e *materia* (Per maggiori dettagli si veda *Complemento su Effetto fotoelettrico* nell'Appendice C).

Nel 1905, in uno dei quattro articoli, pubblicati in quello che sarà definito *annus mirabilis*, intitolato *On a Heuristic Viewpoint Concerning the Production and Transformation of Light*, Einstein mostra come tutte le caratteristiche dell'*effetto fotoelettrico* si possano spiegare se si accetta l'ipotesi di *quantizzazione* di Planck e la si estenda alla *radiazione elettromagnetica*. Secondo la rivoluzionaria ipotesi di Einstein l'*energia* di un'*onda elettromagnetica* è *quantizzata* ed è legata alla sua *frequenza* dalla relazione proposta da Planck per spiegare lo spettro della *radiazione di corpo nero*:

$$\varepsilon = h\nu$$

L'ipotesi di quantizzazione, secondo cui la *radiazione elettromagnetica* consiste in un insieme di *quanti*, battezzati *fotoni* da Einstein, introduce un comportamento *particellare* che sembra contraddire l'ormai accettata natura ondulatoria della luce. Di conseguenza essa è inizialmente accolta con cautela da parte della comunità scientifica. La prova che la teoria di Einstein dell'*effetto fotoelettrico* è esatta viene fornita solo un decennio più tardi, nel 1916, dal fisico americano Robert Millikan (1868–1953).

9.3 Calori Specifici Quantistici

Abbiamo visto nel capitolo precedente come la capacità di spiegare i *calori specifici* dei gas e della materia allo stato solido abbia dato un forte supporto di credibilità alla *teoria cinetica* e alla concezione corpuscolare della materia. Le misure fatte su un gran numero di *elementi* e riassunte nella *legge di Dulong e Petit* sembravano mostrare che il *calore specifico* della materia allo stato solido abbia un valore universale pari a $3R$, dove R è la costante universale dei gas. La dimostrazione dell'esattezza della legge, fatta da Boltzmann utilizzando i metodi della meccanica statistica, aveva rafforzato questa opinione. Tuttavia, verso la fine del XIX secolo si erano cominciate a trovare notevoli eccezioni alla *legge di Dulong e Petit*. La prima era venuta dalla misura del *calore specifico* del *diamante*, che aveva fornito un valore molto minore di quello aspettato ($0{,}73\,R$ invece di $3R$). Successivamente, con lo sviluppo delle tecnologie criogeniche, si erano potuti misurare i *calori specifici* a temperature più basse di quella ambiente e si era trovato un andamento del tutto inaspettato: invece di essere costanti, i *calori specifici* mostravano una marcata dipendenza dalla *temperatura* e diminuivano al diminuire di essa. Questo comportamento non era comprensibile alla luce della *teoria cinetica* e della *meccanica statistica* sviluppate fino ad allora.

E' di nuovo stato Einstein a mostrare come l'introduzione del concetto di *quantizzazione* dell'*energia* permetta la spiegazione del comportamento anomalo dei *calori specifici*. Facendo seguito al suo articolo del 1905 sull'*effetto fotoelettrico*, nel quale aveva proposto la quantizzazione dell'energia della radiazione elettromagnetica, nell'articolo *Planck's Theory of Radiation and the Theory of Specific Heat*, del 1907, Einstein assume che le *vibrazioni* della materia allo stato solido siano descritte da *oscillatori armonici quantizzati* secondo la relazione proposta da Planck e ne calcola il *calore specifico*. Egli dimostra come l'ipotesi di *quantizzazione* porti ad una dipendenza dalla temperatura che riproduce le due principali caratteristiche dei dati sperimentali: ad alte *temperature* il *calore specifico* assume il valore dato dalla *legge di Dulong e Petit*, mentre, a basse *temperature*, il suo valore diminuisce al diminuire della *temperatura*. L'andamento a basse temperature è in discreto accordo con i dati sperimentali e le discrepanze sono attribuite da Einstein alla crudezza del modello che si basa su un'unica *frequenza* di oscillazione.

Riferimenti bibliografici

1. Putley E H (1984) The development of thermal imaging systems. In: Ring E F, Phillips B (ed) Recent Advances in Medical Thermology. Plenum Press, New York, p. 151
2. White H E (1934) Introduction to atomic spectra. McGraw-Hill, New York
3. Sommerfeld A (1955) Thermodynamics and statistical mechanics. Academic Press, New York
4. Salazar-Palma M, Sarkar T K, Sengupta D L (2006) A Chronology of Developments of Wireless Communication and Supporting Electronics. In: Sarkar T K, Mailloux R J, Oliner A A, Salazar-Palma M, Sengupta D L (ed) History of wireless. John Wiley & Sons, Hoboken, New Jersey, pp. 53–164

Capitolo 10
L'Atomo di Bohr

Le ricerche in fisica dei primi anni del Novecento sono profondamente influenzate dalla recente scoperta dell'esistenza degli *elettroni*. L'evidenza che gli *atomi* non sono particelle semplici e indivisibili, ma hanno una struttura complessa, pone al centro dell'attenzione della comunità scientifica il problema della loro *struttura* e della distribuzione delle *cariche* e delle *masse* al loro interno. Nel giro di pochi anni la conoscenza del soggetto fa importanti progressi che culminano nell'innovativa teoria di Bohr dell'*atomo* di *idrogeno*, teoria che segna l'inizio della fisica atomica quantistica.

10.1 Primi Modelli Atomici

Già nella seconda metà dell'Ottocento, con il progredire della matematizzazione della fisica e lo sviluppo dell'elettromagnetismo, si era tentato di costruire modelli atomici più sofisticati dei semplici corpuscoli dotati di massa, volume e forma, concepiti dalle teorie atomistico-corpuscolari dei secoli precedenti.

Il primo modello matematicamente raffinato viene proposto nel 1867 da William Thomson (Lord Kelvin; 1824–1907). In conformità con i dibattiti correnti sull'esistenza dell'*etere* come sede dei fenomeni elettromagnetici, Thomson suggerisce che gli *atomi* altro non siano che *vortici* dell'*etere*. L'idea che le proprietà della *materia* siano il risultato del suo moto vorticoso risaliva a Cartesio ed era stata ripresa in tempi più recenti da Hermann von Helmholtz (1821–1894). Helmholtz aveva anche dimostrato che i *vortici* esercitano forze di interazione mutua e che queste forze assumono una forma analoga alle forze magnetiche tra i fili elettrici [1]. Per William Thomson i *vortici atomici* sono perfettamente elastici, le loro proprietà sono derivabili matematicamente e i diversi tipi di *atomi* corrispondono a differenti tipi di *nodi* presenti nei *vortici*. Tra il 1870 e il 1890 le teorie secondo cui gli *atomi* sono *vortici* dell'etere diventano molto popolari tra i fisici e i matematici britannici. Lo stesso J. J. Thomson, che avrebbe scoperto gli elettroni nel 1897, nella sua tesi di laurea sviluppa un calcolo in cui estende la trattazione dell'attrazione mutua dei

© The Author(s), under exclusive license to Springer Nature Switzerland AG 2025
F. Evangelisti, *Il concetto di materia*, https://doi.org/10.1007/978-3-031-83565-0_10

vortici al problema della combinazione chimica degli *atomi* che formano *molecole biatomiche*, quali *idrogeno* e *acido cloridrico* [2].

Nel periodo che va dal 1895 al 1904, sotto la spinta delle conoscenze apportate dallo studio dei *raggi catodici* e dei *raggi canale* e dalla scoperta degli *elettroni*, i modelli basati sulle rappresentazioni altamente matematizzate dei *vortici* vengono sostituiti da nuovi modelli in cui insiemi di *ioni* ed *elettroni* si trovano in stati di equilibrio, statico o dinamico. Il fisico francese Jean-Baptiste Perrin (1870–1942) è il primo ad avanzare, nel 1901, l'ipotesi che gli *atomi* siano costituiti da *nuclei* attorno ai quali gli *elettroni* ruotano come fanno i pianeti del sistema solare. Partendo dalla constatazione sperimentale che gli *atomi* si ionizzano dividendosi in una porzione più piccola, carica negativamente, e una porzione più grande, carica positivamente, Perrin sostiene che ciascun atomo è costituito da [2]

> una o più grandi masse, simili a soli, cariche di elettricità positiva, circondate da corpuscoli negativi, simili a piccoli pianeti, con l'insieme delle masse gravitanti sotto l'azione delle forze elettriche.

Nel 1902 William Thomson (Lord Kelvin), abbandonata l'idea dei *vortici*, propone un modello in cui gli *atomi* sono costituiti da *elettroni* disposti in posizione di mutuo equilibrio, in presenza della carica elettrica positiva necessaria per ottenere la neutralità del sistema. Secondo Thomson, la carica positiva può essere indifferentemente pensata o come una carica distribuita uniformemente entro il volume occupato da ciascun atomo, oppure come una carica situata entro un *globo concentrico* più piccolo.

Un ulteriore modello viene proposto nel 1903 dal fisico tedesco Philipp Lenard (1862–1947), il quale, con i suoi esperimenti sui raggi catodici del 1894, aveva ottenuto la prima evidenza della prevalenza di spazio vuoto all'interno degli atomi. Lenard immagina l'atomo come un guscio prevalentemente vuoto, al cui interno sono distribuiti *dipoli elettrici* (ossia, coppie di cariche positive e negative), da lui denominati *dinamidi*. Il numero dei *dinamidi* è proporzionale al *peso atomico* dell'*elemento* considerato [3].

Ancora un altro modello viene proposto dal fisico giapponese Hantaro Nagaoka (1865–1950) nel 1904. Il suo atomo è una sfera centrale positiva con un alone di *elettroni*, somigliante agli anelli del pianeta Saturno [3].

Anche J. J. Thomson, lo scopritore dell'*elettrone*, propone, nel 1904, un suo modello di *atomo*, descritto nella memoria *On the structure of the atom*. Il suo *atomo* consiste in una sfera di carica positiva distribuita in modo uniforme, all'intero della quale sono disseminate le cariche negative puntiformi, gli *elettroni*. La configurazione assomiglia a quella dei semi all'interno di un'anguria o, per gli inglesi, delle prugne all'interno del budino (*plum-pudding*). La sfera ha la dimensione tipica degli atomi (circa 10^{-10} m), stimata dal rapporto tra il *peso atomico* e il *numero di Avogadro*. Gli *elettroni* sono situati nelle posizioni di equilibrio dove l'attrazione dovuta alla carica positiva bilancia la repulsione esercitata dalle cariche negative degli altri *elettroni*. Thomson assume che lo stato di energia più bassa sia quello in cui gli *elettroni* sono fermi nella posizione di equilibrio. L'interazione con la *radiazione elettromagnetica* eccita l'*atomo*, facendo vibrare o ruotare gli *elettroni* intorno alla loro posizione di equilibrio. Nel complesso, tuttavia, il modello, benché abbastanza sofisticato, fornisce uno scarso accordo con i dati sperimentali allora disponibili sulle proprietà degli *atomi*.

Il problema della distribuzione delle cariche elettriche nell'*atomo* viene finalmente risolto dal fisico neozelandese Ernest Rutherford (1871–1937) e dai suoi collaboratori, grazie ad una serie di esperimenti eseguiti negli anni 1906–1913 all'Università di Manchester, nell'ambito delle ricerche volte a chiarificare uno dei nuovi fenomeni fisici scoperti alla fine del XIX secolo: la *radioattività*. Questi esperimenti forniscono la prima evidenza sperimentale dell'esistenza dei *nuclei atomici*.

10.2 La Radioattività

Il fenomeno della *radioattività* è stato scoperto nel 1896 dal fisico francese Antoine Henri Becquerel (1852–1908). Anche in questo caso si è trattato di una scoperta accidentale. Nel 1896, dopo che a Parigi si ha notizia della scoperta dei *raggi X* e delle loro straordinarie proprietà (Informazioni sui *raggi X* sono riportate più avanti in questo Capitolo), Becquerel decide di investigare se ci sia una relazione tra questi nuovi *raggi* e il fenomeno della *fosforescenza*, di cui lui è un esperto.[1] Per il suo studio egli utilizza una riserva di *sali* di *uranio* ereditati dal padre, anch'egli un esperto del campo. Durante gli esperimenti Becquerel si accorge che questi *sali* emettono spontaneamente (cioè in assenza di eccitazione esterna) delle *radiazioni*, che non sono identificabili né con i *raggi X* né con emissioni dovute alla *fosforescenza*. Scopre, inoltre, che il fenomeno è comune a tutti i *sali di uranio* studiati e conclude che debba trattarsi di una proprietà dell'*elemento uranio*. Successivamente trova che le nuove *radiazioni* sono in grado di ionizzare i *gas* e che, a differenza di quanto succede per i *raggi X*, sono deviate dai campi elettrici e magnetici.

Subito dopo l'annuncio della scoperta, lo studio delle nuove *radiazioni* viene proseguito da Marie Sklodowska Curie (1867–1934)[2] e dal marito, lo scienziato francese Pierre Curie (1859–1906). Queste ricerche portano, nel 1898, alla scoperta di due nuovi elementi chimici, il *polonio* e il *radio* entrambi più radioattivi dell'*uranio*. Nello stesso anno Marie Curie e, indipendentemente, il chimico tedesco Gerhard Carl Schmidt (1865–1949) scoprono che anche il *torio* ha proprietà radioattive simili a quelle dell'*uranio*.[3]

Lo studio della radioattività si espande rapidamente e anche scienziati di altri paesi si interessano al nuovo campo di ricerca. Di particolare importanza si rivela

[1] *Fluorescenza* e *fosforescenza* designano il fenomeno per cui alcune sostanze chimiche, quando vengono eccitate, emettono radiazione elettromagnetica. Nella *fluorescenza* l'emissione di radiazione cessa al cessare dell'eccitazione, mentre nella *fosforescenza* la radiazione continua per un tempo che può essere anche molto lungo.

[2] Lo studio è l'argomento della sua tesi di dottorato.

[3] Nel 1903 a Becquerel e a Marie e Pierre Curie viene conferito il premio Nobel in fisica per i loro contributi alla scoperta della radioattività e alla fondazione del settore di ricerca ad essa collegato.

l'apporto dello scienziato neozelandese Ernest Rutherford (1871–1937) e del suo gruppo. Nel 1898 Rutherford, studiando il potere di penetrazione delle *radiazioni* emesse dalle sostanze radioattive, dimostra la presenza di due differenti componenti, una meno penetrante, da lui denominata *radiazione* (o *raggi*) *alfa* e una più penetrante, denominata *radiazione* (o *raggi*) *beta*. Una terza componente, successivamente denominata *radiazione* (o *raggi*) *gamma*, viene scoperta nel 1900 dal chimico e fisico francese Paul Villard (1860–1934), mentre studia le *radiazioni* emesse dal *radio*. Nello stesso anno (1900) Pierre e Marie Curie dimostrano che i *raggi beta* sono una forma di radiazione identica ai *raggi catodici*, vale a dire sono fasci di *elettroni*. Qualche anno più tardi Rutherford studiando i *raggi alfa* emessi da *torio*, *radio* e altri elementi dimostra che sono costituiti da *particelle* elettricamente cariche, con carica elettrica positiva pari a $2e$ (due cariche elettroniche), aventi la stessa massa dell'*atomo* di *elio*.[4]

Altre scoperte rivoluzionarie vengono fatte nel corso di questi primi studi sulla *radioattività*. Durante gli esperimenti per identificare la natura delle *radiazioni*, Rutherford trova che il *torio*, la sorgente radioattiva da lui usata, emette una sostanza gassosa che è a sua volta radioattiva. Il *gas*, che sembra coincidere con quello che nel 1898 Pierre e Marie Curie avevano scoperto essere emesso dal *radio* e che avevano denominato *emanazione del radio*, viene sottoposto ad uno studio dettagliato per la sua identificazione. Il chimico Frederick Soddy (1877–1956), collaboratore di Rutherford, stabilisce che l'*emanazione* (in seguito ribattezzata *radon*) è un nuovo *elemento* allo stato gassoso, chimicamente inerte come i *gas nobili*. Si tratta di una prima evidenza di un fatto sorprendente, che ricorda la trasmutazione delle sostanze sognata dagli antichi alchimisti: gli *atomi* di due *elementi*, il *radio* e il *torio*, decadono dando origine ad *atomi* di un nuovo *elemento*, il *radon*.

Questo filone di ricerche, che si basano su di un'attenta analisi dei processi radioattivi del *torio, radio* e *uranio*, portano Rutherford e Soddy a formulare nel 1903 la *teoria della trasformazione* degli *elementi radioattivi*, una teoria che viene subito accettata dalla comunità scientifica. La teoria interpreta la *radioattività* come dovuta alla disintegrazione spontanea degli *atomi* dell'*elemento radioattivo*. Nel processo di disintegrazione una porzione dell'*atomo* originario viene violentemente espulsa, dando luogo alla radiazione emessa, mentre la parte restante dà luogo ad un *atomo* differente, con caratteristiche chimiche e fisiche distinte. Il numero di disintegrazioni per unità di tempo è, in media, proporzionale al numero totale di *atomi* presenti con un tempo di decadimento caratteristico dell'*elemento* radioattivo. Le disintegrazioni possono avvenire in successione varie volte, di modo che, tra l'*elemento* originario e quello finale, si creano una serie di nuovi *elementi* più o meno instabili. Quando viene formulata questa teoria rappresenta un capovolgimento delle dottrine allora correnti basate sull'immutabilità degli *elementi* chimici e la *conservazione della materia* nelle reazioni chimiche.

[4] Per i suoi studi sulle particelle alfa a Rutherford è stato conferito il premio Nobel per la chimica nel 1908.

10.3 Nuclei Atomici e Atomo di Rutherford

In parallelo con questi sviluppi di carattere prevalentemente chimico, Rutherford e i suoi collaboratori Hans Geiger and Ernest Marsden cercano di ottenere informazioni sulla struttura atomica bombardando gli *atomi* delle varie sostanze con i *raggi alfa* emessi nei decadimenti radioattivi. Questi esperimenti, destinati a diventare una pietra miliare nel cammino verso la conoscenza della *struttura atomica e nucleare*, portano alla dimostrazione inequivocabile della presenza, all'interno degli *atomi*, di un *nucleo*, dotato di carica *elettrica positiva*, di dimensioni enormemente ridotte rispetto alle dimensioni dell'*atomo* stesso, in cui è concentrata la quasi totalità della *massa atomica*.

Per avere informazioni sulla distribuzione delle *cariche elettriche* all'interno degli *atomi*, Rutherford e i suoi collaboratori bombardano una serie di sottili lamine d'*oro* di vari spessori con particelle *alfa* e misurano la *diffusione* (*scattering* in inglese) che queste subiscono per effetto dell'interazione con gli *atomi*. Ci si aspetta che le deflessioni, dovute alla interazione coulombiana con le cariche elettriche degli *atomi*, abbiano una dipendenza che rifletta in modo caratteristico la distribuzione delle cariche stesse. In particolare, se la distribuzione delle cariche è quella ipotizzata da J. J. Thomson, gli angoli di deflessione dovrebbero essere piccoli, perché i centri diffusori, gli *elettroni* e le *cariche positive* distribuite uniformemente, dovrebbero avere una massa molto più piccola di quella delle particelle *alfa* incidenti.

Gli esperimenti danno risultati inaspettati e sorprendenti. Pur essendo la maggior parte delle particelle *alfa* diffuse a *piccoli angoli* (minori di un grado) come ci si aspetta, si trova che un numero consistente viene diffuso a *grandi angoli* e che un piccolo numero (circa una particella ogni 8000) viene diffuso all'indietro con un angolo maggiore di 90°. La diffusione all'indietro si può avere solo se l'urto avviene con *oggetti* di massa sensibilmente maggiore di quella delle particelle incidenti. Si ha quindi un'evidenza sperimentale che dimostra in modo inequivocabile che all'interno degli *atomi* esistono zone ristrette di spazio dove è concentrata sia la *massa* che la *carica*. Sulla base di queste evidenze, nel 1911 Rutherford propone un modello di *atomo* che assomiglia ad un minuscolo sistema solare in cui gli *elettroni* ("pianeti") orbitano intorno al *nucleo* ("sole"; Fig. 10.1; [4]). Il *nucleo*, in cui è concentrata la *carica elettrica positiva* e la quasi totalità della *massa atomica* dell'*elemento*, occupa una regione di spazio molto più piccola del volume dell'*atomo*. Quando una *particella alfa* attraversa questo tipo di *atomo*, si ha una alta probabilità che urti solo con uno degli *elettroni* orbitanti, il che spiega l'elevato numero di diffusioni a *piccolo angolo* osservate. Di tanto in tanto, però, succede che la *particella alfa* passi in prossimità del *nucleo* e si abbia una diffusione a *grande angolo*. Nel suo articolo Rutherford dimostra anche che, basandosi su questo modello, le distribuzioni degli eventi di diffusione misurati possono essere riprodotte teoricamente in modo quantitativo.

Nonostante il forte supporto delle evidenze sperimentali, il modello di Rutherford riceve agli inizi una scarsa considerazione da parte della comunità scientifica,

Figura 10.1 Modello atomico di Ernest Rutherford

in quanto presenta difficoltà insormontabili a livello teorico. Si tratta infatti di un sistema instabile. Un *elettrone* orbitante, che si muova su di una traiettoria curva, è soggetto ad accelerazione, ma una *carica elettrica* accelerata irradia onde elettromagnetiche e perde energia. Le leggi della *fisica classica* (*equazioni del moto* ed *equazioni dell'elettromagnetismo*), se applicate all'atomo di Rutherford, mostrano che tutta l'energia degli *elettroni* orbitanti sarebbe persa per irraggiamento in un tempo minore di un miliardesimo di secondo e che gli *elettroni* collasserebbero sul *nucleo*.

Agli inizi del secondo decennio del Novecento, la comunità scientifica interessata alla struttura microscopica della *materia* si trova in una situazione di grande difficoltà: l'evidenza sperimentale dei fenomeni misurati su scala microscopica sembra contraddire le previsioni ottenute applicando le leggi della fisica conosciute. A questo si deve aggiungere una numerosa e dettagliata casistica di osservazioni sull'*emissione* e sull'*assorbimento* della *radiazione elettromagnetica* da parte degli *atomi*, che non si riescono a spiegare in alcun modo. Queste caratteristiche dell'*interazione* della *radiazione* con la *materia* sono contenute in una branca della fisica, la *spettroscopia*, che ha avuto uno sviluppo rilevante nella seconda metà dell'Ottocento. Poiché sono proprio le informazioni fornite dalla *spettroscopia* che, di lì a poco, avrebbero fornito a Niels Bohr la chiave per la costruzione della teoria atomica vincente, è opportuno, prima di continuare l'esame dei modelli atomici, passare in rassegna succintamente le conoscenze del periodo sull'argomento.

10.4 Luce e Atomi: la Spettroscopia

I fenomeni dell'*ottica*, in particolare l'*assorbimento* e l'*emissione* della radiazione luminosa, hanno costituito fin dall'antichità una delle principali fonti di informazione sulla struttura della *materia*. A partire dalla fine del Seicento, la rilevanza di questo campo di indagine è cresciuta in parallelo con i progressi nella comprensione della natura della luce. Da questi studi, in particolare dai grandi progressi fatti nella seconda metà dell'Ottocento, è nato un potente strumento di indagine, la *spettroscopia*, che si basa sull'analisi della *radiazione emessa* e *assorbita* dalle sostanze.

Possiamo far risalire l'origine della *spettroscopia* alla scoperta di Isaac Newton che, se si fa passare la *luce* solare attraverso un *prisma* di vetro, si ottiene un insieme di bande colorate, dal violetto al rosso, simile all'arcobaleno, che egli ha chiamato *spectrum*, (utilizzando il termine latino che significa *immagine, visione*). Il fenomeno era già conosciuto, ma Newton è stato il primo a capire che la *luce bianca* proveniente dal sole non è altro che la somma delle diverse componenti cromatiche, così come vengono avvertite dal nostro occhio.

Il primo passo significativo verso l'utilizzo della *luce* come tecnica di diagnostica della *materia* è stato fatto dal fisico scozzese Thomas Melvill (1726–1753), il quale ha studiato le differenze di colore che si osservano quando si fanno bruciare *gas* differenti. Presentando i suoi risultati in una conferenza dal titolo *Observations on light and colours* tenuta alla Medical Society of Edinburgh nel 1752, egli ha mostrato come gli *spettri*, che si ottengono quando un sottile fascio di *luce* emessa dalla fiamma è fatto passare attraverso un prisma e viene proiettato su di uno schermo, siano composti da un grande numero di *righe* luminose di differenti colori, in seguito denominate *righe di emissione* [5].

Anni dopo, nel 1802, lo scienziato inglese William Hyde Wollaston (1766–1828), osservando in modo più dettagliato lo *spettro* della *radiazione solare*, ha scoperto la presenza di *righe scure*. Si trattava della prima osservazione di *righe di assorbimento*, dovute al processo inverso dell'*emissione*, in cui la luce attraversa un mezzo che assorbe solo le radiazioni di *frequenze* specifiche, che sono caratteristiche della sostanza di cui è composto il mezzo stesso. Tuttavia, Wollaston non ha dato molta importanza alla sua scoperta in quanto riteneva trattarsi di semplici intervalli scuri che delimitavano le bande luminose [5].

Il primo studio sistematico dello *spettro* della *luce solare* è stato fatto dallo scienziato tedesco Joseph von Fraunhofer (1787–1826). Fraunhofer ne ha compilato una mappa accurata, che comprendeva varie centinaia di *righe* (Fig. 10.2). Ha valutato la loro intensità relativa, riportandola mediante una curva disegnata al di sopra dello spettro. Inoltre, ha anche contrassegnato con lettere maiuscole le 8 più intense,

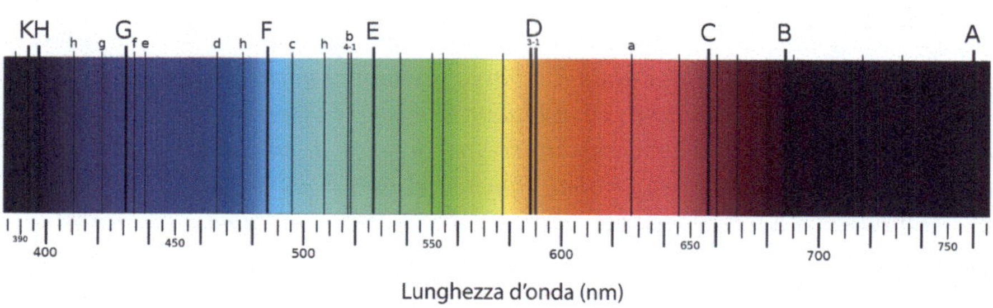

Figura 10.2 Spettro solare con le righe di assorbimento disegnato da Fraunhofer. (Wikipedia Public Domain)

che, in seguito, sono state denominate *righe di Fraunhofer*. Infine, ha studiato gli spettri di alcune stelle, fra cui *Sirio*, *Castore*, *Betelgeuse* e ha trovato che ogni stella è caratterizzata da una serie di righe caratteristiche [5].

Un passo fondamentale verso la comprensione del legame esistente tra *elementi* e *righe spettrali* viene compiuto nel 1849 dal fisico francese Jean Foucault (1819–1868), il quale trova che le *righe* luminose arancioni, presenti nella luce emessa dal *carbonio* in una lampada ad arco, possono essere osservate come *righe scure* nella luce solare che attraversa lo stesso *gas* presente nella lampada. Da questa osservazione Foucault deduce che un *gas* assorbe preferenzialmente lo stesso *colore* che emette.

Un ulteriore contributo significativo alla *spettroscopia* viene dato dal fisico svedese Anders Jonas Ångström (1814–1874) nel 1853. Ångström, in un documento presentato all'Accademia di Stoccolma, mette in evidenza come la luce emessa durante la scarica elettrica in un *gas* sia composta da due differenti *spettri* sovrapposti, uno caratteristico del *metallo* di cui sono fatti gli elettrodi, e l'altro caratteristico del tipo di *gas* contenuto nel tubo a scarica. Inoltre, Ångström dimostra in modo definitivo che un *gas* luminescente emette *raggi* luminosi della stessa *lunghezza d'onda* di quelli che assorbe, confermando i risultati di Foucault, pur senza esserne a conoscenza.

Alla fine degli anni '50 dell'Ottocento, grazie agli scienziati tedeschi Robert Wilhelm Bunsen (1811–1899) e Gustav Robert Kirchhoff (1824–1887), si ha la dimostrazione finale che gli *elementi* chimici possono essere identificati in maniera univoca dalle *righe spettrali* emesse o assorbite e si ha la nascita della *spettroscopia* come scienza sperimentale. Questi risultati sono resi possibili da due invenzioni, uno speciale *bruciatore*, ancora oggi chiamato *becco Bunsen*, ed uno *spettroscopio* di nuova concezione.[5] Utilizzando questi nuovi strumenti, Bunsen e Kirchhoff hanno eseguito analisi dettagliate degli *spettri* della *radiazione* emessa dalle diverse sostanze chimiche bruciate nella fiamma del becco Bunsen e hanno mostrato come da ciascun *elemento* sia emesso un determinato insieme di *righe* di *lunghezza d'onda* ben definita. Inoltre, hanno dimostrato in modo definitivo il legame tra le *righe* di *assorbimento* e di *emissione*.

Kirchhoff ha anche elaborato le tre *Leggi della spettroscopia*, che riassumono le modalità di *interazione* tra la *radiazione* e la *materia*. La prima legge recita: *un corpo solido o liquido o un gas denso, portati all'incandescenza, emettono radiazioni a tutte le lunghezze d'onda, dando luogo ad uno spettro continuo*. La seconda legge recita: *un gas rarefatto (quindi a bassa pressione) portato all'incandescenza emette uno spettro di emissione, costituito da un insieme discreto di lunghezze d'onda isolate. L'intero spettro è chiamato spettro di righe di emissione. Le lunghezze d'onda delle righe di emissione sono tipiche del tipo di atomo neutro o ionizzato che le produce*. La terza legge recita: *un gas rarefatto, tenuto a bassa temperatura, posto di fronte ad una sorgente di radiazione continua, dà luogo ad uno spettro di*

[5] Lo *spettroscopio* è uno strumento usato in fisica e in chimica per l'osservazione e l'analisi della lunghezza d'onda della radiazione elettromagnetica emessa da una sorgente.

assorbimento, le cui righe scure sono alle stesse lunghezze d'onda presenti nel suo spettro di emissione.

Il fatto che ogni *elemento* abbia uno *spettro di righe* caratteristico si è rilevato di grande importanza pratica, perché ha dato luogo ad una metodologia molto potente per l'identificazione delle sostanze. A dimostrazione di ciò, nel 1860, Bunsen e Kirchhoff hanno pubblicato gli *spettri* di *righe* di otto *elementi* e hanno identificato la loro presenza in diversi composti naturali. Inoltre, scoprendo il *cesio* e il *rubidio*, hanno anche mostrato come l'analisi degli *spettri* permetta di identificare *elementi* ancora sconosciuti.

Il metodo si è rivelato di particolare importanza pratica per l'astronomia, perché ha permesso l'identificazione degli *elementi* presenti nei corpi celesti. Per spiegare la presenza delle *righe scure* di assorbimento nello *spettro* solare, Kirchhoff ha ipotizzato che il *sole* sia circondato da uno strato di gas che assorbe la luce proveniente dal suo interno. Dall'analisi dettagliata delle *righe scure*, Kirchhoff ha concluso che nel *sole* sono presenti *ferro*, *calcio*, *magnesio*, *sodio*, *nichel* e *cromo*.

Nel 1868 è apparsa una mappa esaustiva delle *righe solari* elaborata da Angstrom, in cui erano riportate più di mille *righe spettrali*, la cui *lunghezza d'onda* era stata da lui determinata con la precisione di un decimilionesimo di millimetro. In precedenza, nel 1862, Angstrom aveva dimostrato dall'analisi delle *righe* che l'atmosfera del *sole* contiene *idrogeno*.

Data la manifesta rilevanza della *spettroscopia* come mezzo di indagine della composizione della *materia*, nella seconda metà dell'Ottocento si sono fatti studi molto dettagliati sugli *spettri di righe* di molti *elementi* con l'obiettivo di scoprire le leggi che ne governano l'origine. Si è scoperto che alcuni *elementi* hanno spettri contenenti centinaia di *righe*, mentre altri sembrano averne molto poche. Un primo passo per mettere ordine nel caotico panorama di dati è stato fatto quando si è scoperto che in molti *elementi* le *righe* possono essere raggruppate in *gruppi* (denominati *serie*) *di righe* con proprietà caratteristiche. L'esistenza di *serie di righe* caratteristiche (il cui studio si sarebbe rivelato di grande importanza per la comprensione della *struttura* degli *atomi*) risulta particolarmente evidente nell'*idrogeno* e negli *elementi* dei primi tre *gruppi* del *sistema periodico degli elementi*. L'importanza della scoperta si manifesta chiaramente quando il fisico e matematico svizzero Johann Balmer (1825–1898), nel 1885, trova una relazione matematica empirica capace di *generare* la *lunghezza d'onda* delle quattro righe allora conosciute dello *spettro* dell'*idrogeno* (Fig. 10.3; [6]). La relazione, matematicamente semplice, è:

$$\lambda = \Lambda \frac{n_2^2}{n_2^2 - n_1^2}$$

dove $\Lambda = 364{,}56\,\text{nm}$ e n_1 e n_2 sono numeri interi. L'accordo migliore con i dati sperimentali si ottiene ponendo $n_1 = 2$ e $n_2 = 3, 4, 5, 6$ [6]. La scoperta dimostra come l'*emissione* e l'*assorbimento* di *radiazione* da parte degli *atomi* di *idrogeno* sia un fenomeno regolare, che segue una legge algebrica precisa. Questa *serie*, di cui successivamente sono state trovate molte più *righe*, corrispondenti a valori di n_2 maggiori di 6, viene denominata *serie di Balmer*.

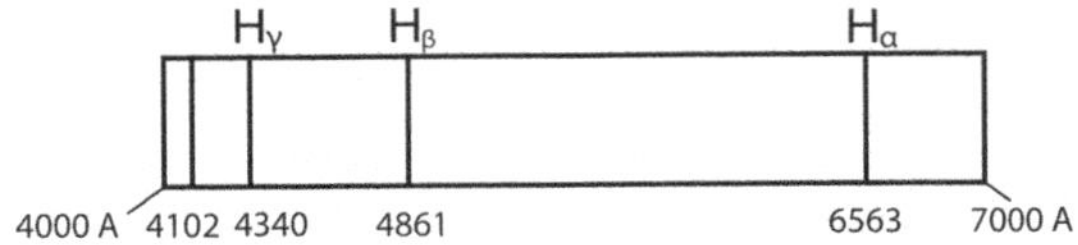

Figura 10.3 Le righe di assorbimento dell'idrogeno nel campo visibile

La relazione trovata da Balmer viene generalizzata qualche anno più tardi dal fisico e matematico svedese Johannes Rydberg (1854–1919). Rydberg trova una relazione simile a quella di Balmer, ma più generale, che permette di *generare* le *frequenze* di molte delle *serie di righe* allora conosciute e, in particolare, delle quattro *serie* che erano state individuate nei *metalli alcalini*. La formula di Rydberg è:

$$\nu = R\left(\frac{1}{(n_1+\mu_1)^2} - \frac{1}{(n_2+\mu_2)^2}\right)$$

In questa espressione ν è la *frequenza* delle *righe*, μ_1 e μ_2, sono due parametri, determinati empiricamente, che hanno un valore caratteristico per ogni *elemento* e per ogni *serie di righe*; n_1 è un intero caratteristico della *serie*, mentre n_2 *genera* le righe della *serie* prendendo i valori interi maggiori di n_1. Un aspetto veramente sorprendente è rappresentato dal fatto che, nella formula, compare una *costante universale*, *R*, successivamente denominata *costante di Rydberg*, valida per tutti gli *elementi* e le *serie* considerati.

Ponendo μ_1 e μ_2 pari a 0, $n_1 = 2$ e $n_2 = 3, 4, 5, \ldots$ si ottiene la *serie di Balmer* dell'*atomo* di *idrogeno*. Si scopre inoltre che la formula ha anche un carattere predittivo. Infatti, sempre per l'*idrogeno* e, quindi, con μ_1 e μ_2 pari a 0, se si pone $n_1 = 1$ e $n_2 = 2, 3, 4, 5 \ldots$ si ottiene una differente *serie* di *righe*, la cui esistenza viene effettivamente dimostrata dal fisico statunitense Theodore Lyman (1874–1954) qualche anno più tardi, mentre studia lo spettro ultravioletto dell'*idrogeno* eccitato mediante scarica elettrica. In suo onore la *serie* viene battezzata *serie di Lyman*. Se si pone $\mu_1 = \mu_2 = 0$ e $n_1 = 3$ e $n_2 = 4, 5, 6, \ldots$ si ottiene un'altra serie di righe dell'*idrogeno*, osservata nell'infrarosso dal fisico tedesco Friedich Paschen (1865–1947). Anni dopo, nel 1922, viene mostrata sperimentalmente dal fisico americano Frederick Summer Brackett (1896–1988) l'esistenza della serie che si ottiene prendendo $n_1 =$ 4 e $n_2 = 5, 6, 7, \ldots$ Nel 1924 il fisico americano August H. Pfund (1879–1949) scopre la serie caratterizzata da $n_1 = 5$ e $n_2 = 6, 7, 8, \ldots$

La struttura matematica della formula di Rydberg come differenza di due termini, valida per gli *spettri atomici* di molti *elementi*, porta il fisico svizzero Walther Ritz (1878–1909) a stabilire il *principio di combinazione*, che si sarebbe rivelato determinante nella formulazione della teoria atomica di Bohr. Secondo il *principio di combinazione di Ritz* la *frequenza* della radiazione emessa o assorbita dagli *atomi* è data dalla differenza di *termini* del tipo

$$\nu_n = \frac{R}{(n+\mu)^2}$$

dove *R* è la *costante universale di Rydberg*, *n* un *numero intero* e μ una *costante della serie*, che dipende dal tipo di *atomo* e dalla *serie spettrale*. Il fatto che formule così semplici riproducano con tanta precisione tutto lo *spettro* osservato dell'*idrogeno* e quello di molti altri *elementi*, risulta sorprendente e la comunità scientifica si convince che non può trattarsi di un fatto accidentale, ma che i *termini* debbano essere intimamente legati alla *struttura* degli *atomi*. Quando agli inizi del Novecento si cominciano ad immaginare i primi modelli atomici, gli *spettri di righe* si trovano ai primi posti nella lista delle proprietà che qualunque teoria deve essere in grado di spiegare per poter essere ritenuta valida!

10.5 La Teoria Atomica di Bohr

La svolta verso la comprensione della *struttura* degli atomi avviene nel 1913 ed è dovuta allo scienziato danese Niels Bohr (1885–1962). Bohr propone [7] una teoria del tutto innovativa per l'*atomo* di *idrogeno*, basata sulle idee, che si stanno diffondendo, della quantizzazione delle grandezze fisiche. La teoria dà una risposta, anche se in maniera che si sarebbe rivelata non definitiva, a molti dei problemi aperti e segna l'inizio di una nuova era nella fisica degli *atomi* e nella comprensione della *struttura della materia*. La rilevanza che la teoria di Bohr ha avuto fin dal suo apparire può essere apprezzata dal commento fatto da Planck, alcuni anni più tardi, in occasione del ricevimento del premio Nobel [8]:

> Se i vari esperimenti ed esperienze provenienti dai diversi campi della fisica, da me illustrati finora, forniscono una prova impressionante a favore dell'esistenza del *quanto d'azione*, l'ipotesi quantistica ha, tuttavia, ricevuto il suo più grande sostegno dalla creazione e dallo sviluppo della teoria dell'atomo di Niels Bohr. Perché è stata questa teoria a scoprire, nel *quanto d'azione*, la chiave da lungo tempo ricercata per l'ingresso nel paese delle meraviglie della spettroscopia, il quale, fin dal momento della scoperta dell'analisi spettrale, aveva ostinatamente sfidato ogni tentativo di violazione. E ora che la strada era stata aperta, un improvviso diluvio di nuove conoscenze si riversò su tutto il campo, compresi i campi vicini in fisica e in chimica.

Nell'articolo del 1913 Bohr prende in esame la situazione più semplice, in cui l'*atomo* consiste di un *nucleo* di carica positiva e di un *elettrone* che ruota su di un'orbita circolare sotto l'effetto della forza di attrazione coulombiana tra le cariche di segno opposto. Per sviluppare la sua teoria Bohr introduce l'ipotesi, allora rivoluzionaria, che il *momento della quantità di moto* (o *momento angolare*) L dell'*elettrone* sia *quantizzato*, vale a dire che possa assumere solo valori pari a multipli interi del *quanto di azione* h di Plank diviso per 2π. In formule:

$$L = n\frac{h}{2\pi}; \quad n = 1, 2, 3, \ldots$$

Questa ipotesi è equivalente a postulare che solo alcune *orbite* siano permesse per l'*elettrone*, in contrasto con quanto previsto dalla fisica classica. Bohr postula inoltre che queste *orbite* siano *stazionarie* (ossia non varino nel tempo) e che l'*elettrone* che le percorre *non irradi*. Utilizzando i valori possibili del *momento angolare*, egli, inoltre, calcola i possibili valori dell'*energia* dell'*elettrone*, che dipendono da n e sono anch'essi *quantizzati*. La teoria fornisce una valutazione molto accurata della *frequenza* delle *righe spettrali* degli atomi di *idrogeno* e di *elio* ionizzato e dà anche un'espressione teorica esatta per la *costante di Rydberg*. (Per maggiori dettagli si veda *Complemento sulla Teoria di Bohr* nell'Appendice C).

Come risultato del suo lavoro Bohr arriva alla conclusione che per formulare una *teoria quantistica*, che renda conto della stabilità della *struttura* degli *atomi* trovata sperimentalmente e delle proprietà della *radiazione* da loro emessa, è necessario introdurre due *postulati*, che possono essere enunciati come segue [9]:

> 1) Tra i possibili stati di moto possibili in un sistema atomico, esistono numerosi stati, denominati stati stazionari, che possiedono una stabilità peculiare, nonostante il fatto che il moto delle particelle in questi stati obbedisca in misura considerevole alle leggi della meccanica classica. Questi stati sono tali che ogni cambiamento permanente nello stato di moto del sistema deve consistere in una completa transizione da uno stato stazionario all'altro.
>
> 2) Mentre, in contraddizione con la teoria elettromagnetica classica, nessuna radiazione viene emessa dall'atomo negli stati stazionari stessi, un processo di transizione tra due stati stazionari può essere accompagnato dall'emissione di radiazione elettromagnetica, di frequenza caratteristica. Questa frequenza ν non ha, tuttavia, alcuna relazione semplice con il moto delle particelle dell'atomo, ma è data dalla relazione:
>
> $$h\nu = E' - E''$$
>
> dove h è la costante di Planck, ed E' ed E'' sono i valori dell'energia dell'atomo nei due stati stazionari, che formano lo stato iniziale e finale del processo di radiazione. Viceversa, l'irradiazione dell'atomo con onde elettromagnetiche di questa frequenza può portare ad un processo di assorbimento, per cui l'atomo viene riportato dal secondo stato stazionario al primo.
>
> Mentre il primo postulato punta alla stabilità generale dell'atomo, il secondo postulato ha principalmente in vista l'esistenza degli spettri di righe e la loro interpretazione.

Risulta evidente che il *secondo postulato* rappresenta un'adozione implicita del *principio di combinazione* di Ritz e che, di conseguenza, i *termini* spettroscopici sono identificati con gli *stati stazionari* di energia.

Restava ancora un problema da risolvere. Secondo l'ipotesi originaria di quantizzazione di Planck un *oscillatore* emette soltanto *radiazione* con *frequenza* pari alla propria *frequenza di oscillazione*. Secondo la teoria di Bohr, la *frequenza* della *radiazione emessa o assorbita* non è uguale alla *frequenza* di rotazione delle orbite, ma è determinata dalla differenza di *energia* di due stati orbitali. Bohr cerca di trovare una correlazione tra la frequenza classica di rivoluzione nelle differenti orbite elettroniche e la frequenza quantistica dell'emissione di energia ed arriva a formulare il *teorema di corrispondenza*, dimostrando che, per grandi valori del numero quantico *n*, le *frequenze di radiazione* della teoria quantistica e le *frequenze delle orbite classiche* diventano uguali.

10.6 Esperimenti di Moseley

L'aver spiegato gli *spettri di righe* dell'*atomo* di *idrogeno* e dell'*elio* ionizzato costituisce da subito un grande successo per la teoria di Bohr. Inoltre, già nello stesso anno della sua pubblicazione (1913), un ulteriore importante supporto sperimentale viene fornito dalle misure degli *spettri* dei *raggi X*, che vengono fatte dal fisico inglese Henry Moseley (1887–1915). Gli esperimenti di Moseley si sarebbero rivelati di grande importanza nel processo di comprensione della struttura degli *atomi* in quanto, oltre a confermare la costruzione teorica di Bohr, forniscono una verifica diretta del concetto di *numero atomico* e della correttezza dell'ordinamento degli *elementi* nel *sistema periodico* di Mendeleev.

Come abbiamo visto, l'ordine degli *elementi* nel *sistema periodico* era stato costruito essenzialmente in base al *peso atomico* crescente e, quindi, il numero assegnato a ciascun *elemento* nella tavola periodica, il *numero atomico*, rifletteva questo ordinamento. Tuttavia, il principio che sottostava alla disposizione degli *elementi chimici* rimaneva un argomento molto dibattuto e fonte di controversie. Ricordiamo che, nella sua compilazione della *tavola periodica*, Mendeleev aveva scambiato l'ordine di alcune coppie di *elementi* per metterli in posti più appropriati in base alle loro proprietà chimiche e aveva lasciato alcune caselle vuote. Nel 1911, nell'articolo in cui aveva pubblicato i risultati dei suoi esperimenti che mostravano l'esistenza, all'interno degli *atomi*, di un *nucleo* elettricamente carico, la cui massa coincideva approssimativamente con l'intera massa atomica, Rutherford aveva notato come la carica elettrica del *nucleo* fosse, all'incirca, la metà del *peso atomico* dell'atomo, se questo veniva espresso in multipli della massa dell'*idrogeno*. Qualche mese dopo, il fisico olandese Antonius Johannes van den Broek (1870–1926) aveva suggerito (con grande preveggenza!) che il numero assegnato a ciascun elemento nella tavola periodica, il *numero atomico*, potesse coincidere con il numero totale di *elettroni* presenti nell'atomo e, quindi, con la carica elettrica positiva del *nucleo*.

Al suo apparire, la teoria di Bohr fornisce la possibilità di risolvere anche questo problema. Il calcolo prevede, infatti, una dipendenza esplicita dei livelli di energia dalla carica elettrica Z del *nucleo*. Inoltre, il postulato secondo cui la frequenza della radiazione emessa è pari alla differenza di energia degli stati stazionari tra cui l'elettrone transisce, fornisce una modalità diretta per la loro determinazione. Moseley ha il merito di comprendere immediatamente che l'analisi della *radiazione X* emessa dagli atomi dei vari elementi può permettere la verifica della validità sia della teoria di Bohr sia dell'ipotesi di van der Boek. Questo è lo scopo delle misure degli spettri dei raggi X che egli intraprende nel 1913.

Come è ben noto, i *raggi X* sono stati scoperti dal fisico tedesco Wilhelm Röntgen (1845–1923) nel 1895. In quell'anno, mentre studia i fenomeni che accompagnano il passaggio di una corrente elettrica attraverso un *gas* in un tubo di Crookes a pressione estremamente bassa, Röntgen si accorge che dei *raggi misteriosi* vengono prodotti quando *raggi catodici* molto energetici impattano sull'*anodo* e li chiama *Raggi X* per segnalarne la natura sconosciuta. La natura dei *raggi X* rimane un tema di dibattito nel primo decennio del Novecento, fino a quando, nel 1912, gli esperimenti sulla loro diffrazione da parte dei cristalli, suggeriti e interpretati dal fisico tedesco Max von Laue (1879–1960), dimostrano che essi sono *radiazione elettromagnetica* di piccolissima *lunghezza d'onda*, emessa dal materiale bombardato dai *raggi catodici*. Grazie ai contributi di William Henry Bragg (1862–1942) e William Lawrence Bragg (1890–1971) i *raggi X* diventano rapidamente uno degli strumenti più potenti per studiare la *struttura della materia* allo stato solido. Tuttavia, mancando ancora una teoria credibile della struttura degli *atomi*, il meccanismo *microscopico* che ne determina l'emissione rimane misterioso. La teoria di Bohr fornisce a Moseley l'opportunità di chiarire anche questo aspetto.

Nei suoi esperimenti del 1913, Moseley misura i *raggi X* emessi dagli *elementi* che, nella *tavola periodica*, vanno dall'*alluminio* all'*oro*. Analizzando i dati, egli scopre che esiste una relazione sistematica, oggi nota come *legge di Moseley*, tra le *frequenze* dei *raggi X* prodotti e il quadrato *numero atomico Z* degli *elementi* usati come bersaglio. Si tratta della stessa dipendenza, prevista dalla teoria di Bohr, che mette in relazione le energie delle orbite con il quadrato della *carica Ze* del *nucleo*. Moseley interpreta questo risultato come una dimostrazione che, non solo nell'*idrogeno*, ma negli *atomi* in generale, gli *elettroni* sono disposti in stati stazionari corrispondenti ad orbite di raggio crescente, caratterizzate dal numero quantico principale *n*, e che l'emissione dei *raggi X* sia dovuta al salto di un *elettrone* da un'orbita più esterna ad una più interna (Per ulteriori dettagli si veda *Raggi X ed Esperimenti di Moseley* nell'Appendice C).

Le misure e l'analisi dei dati fatta da Moseley si dimostrano di grande rilevanza per il progresso della fisica della materia. Dimostrano la correttezza dell'identificazione del *numero atomico* con il numero di *elettroni* dell'*atomo* e con il numero di cariche positive del *nucleo*. Chiariscono l'origine della *radiazione X* come effetto della transizione di un *elettrone* da un'orbita più esterna, di più alta energia, ad una più interna, di più bassa energia. Infine, oltre a fornire un supporto alla teoria di Bohr e alle sue rivoluzionarie assunzioni, aprono la strada alla nozione che gli *elettroni* sono distribuiti in *gusci* (*shells*, in inglese) di energia caratteristica e allo *Aufbauprinzip* (*principio di riempimento*), che verrà introdotto da Bohr qualche anno più tardi per spiegare la *struttura degli atomi* e il *sistema periodico degli elementi*.

10.7 L'Esperimento di Franck e Hertz

Poco dopo gli esperimenti di Moseley, una conferma diretta della *quantizzazione* dei livelli di energia degli *elettroni* negli *atomi* viene dall'esperimento fatto nel 1914 dagli scienziati tedeschi James Franck (1882–1964) e Gustav Ludwig Hertz (1887–1975). Franck e Hertz avevano costruito un apparato sperimentale con l'obiettivo di studiare i meccanismi della perdita di energia che i *raggi catodici* subiscono in seguito a collisioni con gli *atomi* di un *gas*. Sperimentando con *atomi* di *mercurio* a bassa pressione, essi scoprono che, nelle collisioni, gli *elettroni* perdono sempre e soltanto una frazione specifica della loro *energia cinetica*, pari a 4,9 eV, indipendentemente dal valore iniziale dell'*energia cinetica* stessa. Inoltre, se questa è minore di 4,9 eV, la collisione avviene senza perdita di energia da parte dell'*elettrone* coinvolto, ossia la collisione è elastica. Franck e Hertz si rendono conto che il valore 4,9 eV corrisponde esattamente alla quantità di energia necessaria per far transire un *elettrone* dell'*atomo* di *mercurio* verso il primo stato eccitato, secondo lo schema di transizione tra livelli postulato da Bohr. Per confermare il risultato, essi misurano anche la frequenza della radiazione elettromagnetica emessa dagli *atomi* di *mercurio* eccitati dalle collisioni e, come aspettato, trovano che essa corrisponde esattamente ad $h\nu = 4{,}9\,\text{eV}$.

L'esperimento di Franck e Hertz fornisce una prova sperimentale diretta del fatto che, come postulato da Bohr, gli *atomi* assorbono energia in quantità precise e definite, pari alla differenza di energia tra i loro stati energetici stazionari e che questo vale non solo per l'assorbimento e l'emissione di *fotoni*, ma anche per lo scambio di energia tra *elettroni*. Secondo Planck [8]:

> La determinazione del cosiddetto potenziale di risonanza effettuato da J. Franck e G. Hertz, o quello relativo alla velocità critica minima che un elettrone deve possedere per provocare l'emissione di un quanto di luce o fotone per impatto con un atomo neutro, fornisce un metodo per misurare il *quanto d'azione* che è diretto quanto si possa desiderare.

10.8 Orbite Ellittiche e Quantizzazione Spaziale

Il successo nello spiegare l'origine di fenomeni fino ad allora misteriosi, quali lo *spettro di righe* dell'*atomo* di *idrogeno* e l'emissione dei *raggi X*, e le conferme sperimentali del *principio di quantizzazione* e dell'esistenza dei *livelli stazionari* di energia, pongono la teoria di Bohr al centro dell'attenzione della comunità dei fisici e del dibattito sulla struttura degli *atomi*. Si comincia a lavorare alla generalizzazione della teoria e alla rimozione delle assunzioni più restrittive. Nel 1916 il fisico teorico tedesco Arnold Sommerfeld (1868–1951) pubblica una estensione della teoria, in cui viene rimossa l'assunzione di *orbite circolari* per gli *elettroni* e si considera il moto su *orbite ellittiche* [10]. La nuova teoria, denominata in seguito *teoria di Bohr-Sommerfeld*, generalizza il concetto di quantizzazione delle grandezze fisiche e contribuisce grandemente ad accreditarlo come chiave di interpretazione dei fenomeni su scala atomica. Un'analoga teoria è elaborata in maniera indipendente dal fisico inglese William Wilson (1875–1965) nello stesso periodo [11].

Per un *elettrone* che si muove su di un'*orbita ellittica* Sommerfeld trova che gli *stati stazionari* sono determinati da due *numeri quantici*: un *numero quantico principale* n, che determina l'*energia* dell'orbita e può assumere tutti i valori interi ($n = 1, 2, 3, 4, \ldots$) ed un *numero quantico azimutale* k, che determina il valore del *momento angolare*. L'*energia* delle orbite è identica a quella delle orbite circolari di Bohr, ha la stessa dipendenza da n e non dipende da k. Per ogni valore dell'energia ci sono n differenti orbite possibili, caratterizzate da n valori distinti del *momento angolare* L il cui *numero quantico azimutale* k prende gli n valori interi che vanno da *1* a n. Il *momento angolare* L è, quindi, dato da:

$$L = k\frac{h}{2\pi}$$

Ne consegue che, per ogni valore dell'energia E_n, ci sono n differenti orbite possibili per l'*elettrone*, caratterizzate da n valori distinti del *momento angolare* L.

Nella realtà il moto dell'*elettrone* avviene nello spazio tridimensionale e questo richiede tre *numeri quantici* per la caratterizzazione. Riformulando il calcolo, Sommerfeld trova che l'introduzione di un terzo *numero quantico* non altera le caratteristiche delle orbite ellittiche, ma introduce una nuova proprietà dei sistemi quantizzati: le orbite possono assumere solo alcune orientazioni caratteristiche rispetto ad una direzione fissata nello spazio (*quantizzazione spaziale*). Poiché il *momento angolare* ha la proprietà di essere perpendicolare al piano di giacenza dell'orbita percorsa, questo è equivalente ad affermare che nei sistemi quantizzati la direzione del *momento angolare* nello spazio, non solo il suo modulo, è *quantizzata*. La *quantizzazione spaziale* gode della seguente proprietà: se si indica con z una direzione fissata nello spazio, per il *momento angolare* sono permesse solo le direzioni per cui le sue componenti L_z lungo z soddisfano alla relazione:

$$L_z = m\frac{h}{2\pi}$$

dove il m è il *numero quantico magnetico*, che può prendere solo i valori:

$$m = \pm 1, \pm 2, \pm 3, \ldots, \pm k$$

e si hanno $2k$ direzioni distinte possibili.

Questa nuova sorprendente proprietà di quantizzazione riceve una dimostrazione diretta dall'esperimento condotto dai fisici tedeschi Otto Stern (1888–1969) e Walther Gerlach (1889–1979) nel 1922.

In conclusione, nella teoria di Bohr-Sommerfeld gli *elettroni* percorrono orbite ellittiche, caratterizzate da 3 numeri quantici: il *numero quantico principale* n, che determina l'*energia* dell'orbita e può assumere tutti i valori interi ($n = 1, 2, 3, 4, \ldots$); il *numero quantico azimutale* k, che può prendere n valori distinti, corrispondenti agli interi 1, 2, 3, ..., n; il *numero quantico magnetico* m, che può prendere $2k$ valori distinti, corrispondenti a $m = \pm 1, \pm 2, \pm 3, \ldots, \pm k$.

Riferimenti bibliografici

1. Thomson W (1867) On vortex atoms. Proceedings of the Royal Society of Edinburgh 6: 94–105
2. Nye M J (1996) Before big Science. Twayne Publishers, New York
3. Ihde A J (1984) The development of modern chemistry. Dover Publications, New York
4. Rutherford E (1911) The scattering of α and β particles by matter and the structure of the atom. Philosophical Magazine 21: 669–688

5. Hunt R (2011) History of Spectroscopy – an essay. Dissertation, University of South Australia
6. White H E (1934) Introduction to atomic spectra. McGraw-Hill, New York
7. Bohr N (1913) On the constitution of atoms and molecules. Philosophical Magazine 26: 476–502
8. Planck M (1920) The Genesis and Present State of Development of the Quantum Theory. Nobel Lecture, Jun 2, 1920
9. Bohr N (1922) The Structure of the Atom. Nobel Lecture, December 11, 1922
10. Sommerfeld A (1916) Zur Quantentheorie der Spektrallinien. Annalen der Physik 51: 125–167
11. Wilson W (1915) The quantum theory of radiation and line spectra. Philosophical Magazine 29: 795–802

Capitolo 11
Elettroni e Atomi

Il successo della teoria di Bohr e della generalizzazione fatta da Sommerfeld nello spiegare alcune delle proprietà più misteriose degli *atomi*, in particolare le caratteristiche generali degli *spettri ottici* e dei *raggi X*, danno una grande credibilità ai nuovi concetti su cui queste teorie si basano. Di conseguenza, la comunità dei fisici comincia ad applicare la nuova teoria ai problemi più rilevanti del momento e alla spiegazione delle numerose proprietà degli *atomi*, osservate sperimentalmente ma non ancora comprese. Fra le problematiche fondamentali da affrontare ci sono la determinazione della configurazione degli *elettroni* negli *atomi* a più *elettroni* (tutti con l'eccezione dell'*idrogeno*!) e la relazione esistente tra la *struttura elettronica* e la periodicità delle proprietà fisiche e chimiche, evidenziata dal *Sistema Periodico* degli *elementi*.

Quando si passa dal semplice sistema di un singolo e*lettrone* che ruota intorno al *nucleo* all'esame di sistemi più complessi, costituiti da una molteplicità di *elettroni* orbitanti, è necessario trovare criteri generali per scegliere tra le possibili disposizioni degli *elettroni* stessi. In linea di principio gli *elettroni* possono essere disposti in modo uniforme o essere più o meno raggruppati, le orbite possono giacere sullo stesso piano o su piani differenti, possono formano anelli che circondano il nucleo o gusci disposti nello spazio. Ancora, se gli *elettroni* sono distribuiti su orbite di raggio crescente, si pone il problema di definire il numero di elettroni più interni e il numero di quelli che si trovano nella regione più esterna. A cavallo degli anni venti, utilizzando le inferenze ottenute dal panorama sperimentale, si comincia a dare una risposta a queste domande. Contestualmente, diventa anche evidente che i concetti teorici fino ad allora sviluppati non sono sufficienti per dare una risposta a tutti i problemi aperti. La costruzione di una *nuova fisica*, la *meccanica quantistica*, nasce dai tentativi di ovviare a questa situazione.

© The Author(s), under exclusive license to Springer Nature Switzerland AG 2025
F. Evangelisti, *Il concetto di materia*, https://doi.org/10.1007/978-3-031-83565-0_11

11.1 Struttura Elettronica e Periodicità degli Elementi

Una proprietà essenziale, di cui le teorie degli *atomi*, in via di sviluppo intorno agli anni Venti, devono rendere conto, è la *periodicità* delle proprietà fisiche e chimiche degli *elementi*. Questa *periodicità* era stata formulata principalmente sulla base della similarità dei composti chimici formati dai vari *elementi* e del concetto di *valenza*, sviluppato nella seconda metà del XIX secolo. In questo ambito, era anche stata sviluppata una regola quantitativa, che si sarebbe rivelata particolarmente importante per la comprensione della struttura degli *atomi*, la *regola dell'ottetto*, una regola empirica in grado di spiegare in modo approssimativo la formazione dei legami chimici.

Il riconoscimento della rilevanza del numero *otto* nelle relazioni di *valenza* risale alle considerazioni di Mendeleev sulla *Tavola periodica* [1]. Nel 1871 egli aveva pubblicato un'estesa rassegna della periodicità delle proprietà chimiche e fisiche degli *elementi*. Tra le proprietà discusse c'era, naturalmente, l'argomento della *valenza* e Mendeleev aveva enunciato due regole, in cui il numero *otto* gioca un ruolo chiave. La prima regola afferma che la *massima valenza* possibile di qualsiasi *elemento* non può mai superare *otto*. La seconda stabilisce una relazione tra la *massima valenza* di un *elemento* misurata rispetto all'*idrogeno* e la *massima valenza* misurata rispetto all'*ossigeno*, affermando che la loro somma non è mai maggiore di *otto*. Inoltre, se un dato *elemento* R, appartenente ad uno dei gruppi da IV a VII, ha un *idruro*[1] della forma RH_n, il suo *ossido*[2] più alto ha necessariamente una formula della forma R_2O_{8-n}.

L'argomento viene ripreso nei primi anni del Novecento, in concomitanza con lo sviluppo dei modelli atomici conseguente alla scoperta dell'*elettrone*. Diventa apparente che la *periodicità* delle proprietà fisiche e chimiche, in particolare la *valenza*, deve riflettere una *periodicità* nella disposizione degli *elettroni* e che gli *elementi* dello stesso *gruppo* del *sistema periodico* devono avere disposizioni simili. Nel 1902 Richard Abegg (1869–1910), professore di chimica dell'università di Breslavia, richiamandosi al precedente *dualismo elettrochimico* di Berzelius e Davy, enuncia la regola della *valenza normale* e della *contro-valenza* [1]. Abegg postula che tutti gli *elementi* siano in grado di esibire sia una *massima valenza elettropositiva* che una *massima valenza elettronegativa* e che la somma delle due debba essere sempre uguale a *otto*. La *massima valenza positiva* di un *elemento* coincide con il numero N del *gruppo* a cui esso appartiene nel *sistema periodico degli elementi*, mentre la sua *massima valenza negativa* è pari a $8 - N$. In un articolo pubblicato nel 1904, con riferimento a una possibile teoria unitaria in cui la carica positiva di uno *ione* sia dovuta alla carenza di *elettroni* e la carica negativa ad un loro eccesso, Abegg fornisce un'interpretazione semplice e profetica della sua regola [1]:

> La somma 8 delle nostre valenze normali e contro-valenze ha quindi il significato semplice di essere il numero che per tutti gli atomi rappresenta i punti di legame degli elettroni e

---

[1] Un *idruro* è un composto binario formato dall'*idrogeno* e da un altro *elemento* chimico.

[2] Un *ossido* è un composto binario formato dall'*ossigeno* e da un altro *elemento* chimico.

> il numero di gruppo o valenza positiva indica quanti di questi 8 punti di legame devono contenere elettroni per rendere l'elemento elettricamente neutro.

La regola di Abegg stabilisce una connessione esplicita tra *valenza* e possibile distribuzione degli *elettroni*, tuttavia Abegg non tenta di fornirne un modello esplicito, accontentandosi invece del vago concetto di *punti di legame* degli *elettroni*.

Queste caratteristiche della *valenza* degli *elementi* vengono prese in considerazione in modo esplicito da J. J. Thomson nel modello atomico da lui proposto. Nelle riflessioni che lo accompagnano, Thomson elabora alcuni concetti preziosi per la costruzione dei modelli atomici, destinati ad avere un ruolo implicito in tutte le future teorie elettroniche della *valenza*. Primo per importanza fra questi, è il concetto che la periodicità chimica implica una distribuzione a *gusci* (*shells* in inglese) degli *elettroni* negli *atomi*, con una ripetizione periodica della struttura del *guscio* esterno, strettamente connessa con il concetto di *ottetto*. Nelle parole di Thomson [2]:

> Consideriamo i corpuscoli elettrizzati negativamente[3] in un atomo come disposti in una serie di strati, quelli negli strati più interni che supponiamo siano fissati così saldamente da essere insensibili alla presenza di altri atomi nelle sue vicinanze. Può tuttavia esserci un anello di corpuscoli vicino alla superficie dell'atomo che sono mobili e che devono essere riempiti se l'atomo deve essere saturato. Supponiamo, inoltre, che il numero di corpuscoli di questo tipo possa essere qualsiasi 0 a 8, ma che quando il numero raggiunge 8 l'anello è così stabile che i corpuscoli non sono più mobili e l'atomo è, per così dire, auto-saturato. ... Così vediamo che un atomo può esercitare una valenza elettropositiva pari al numero di corpuscoli nell'atomo, o una valenza elettronegativa uguale alla differenza tra otto e questo numero. Ogni atomo può, infatti, esercitare una valenza elettropositiva o elettronegativa, e la somma di queste due valenze è pari a otto.

Come si vede Thomson introduce esplicitamente il concetto che la *valenza* degli *elementi* sia dovuta alla presenza di una struttura a *guscio* che viene saturata tramite il trasferimento di *elettroni* e che la stabilità dei *gas rari* (o *gas nobili*), scoperti negli ultimi anni dell'Ottocento da Rayleigh e Ramsay ed inclusi come un *ottavo gruppo* nel *sistema periodico degli elementi*, sia collegata al fatto di avere il *guscio* esterno completo (*saturo*).

Nei primi decenni del Novecento lo studio degli *spettri* dei *raggi X* fornisce un supporto diretto al concetto di disposizione a *guscio* per gli *elettroni* negli *atomi*. Come abbiamo visto, le misure e l'analisi dei dati di Moseley avevano fornito una prima evidenza dell'esistenza di *gusci* di *elettroni* con energia caratteristica, legata al *numero quantico principale* n della teoria di Bohr. Gli esperimenti pioneristici di Moseley vengono ripresi da altri ricercatori, in particolare dallo scienziato svedese Manne Siegbahn (1886–1978), e, agli inizi degli anni '20, si ha una mappa precisa dei gruppi di *righe X* in funzione del *numero atomico*, che permette di risalire alle energie dei livelli elettronici all'interno degli *atomi*. Oltre alle *radiazioni* K e L, associabili a $n = 1$ e $n = 2$ nello schema di Bohr, negli *elementi* più pesanti e, quindi, con il maggior numero di *elettroni*, si trovano ulteriori *radiazioni*, denominate M, N e O. Tutti i gruppi di radiazioni risultano spiegabili utilizzando lo schema di tran-

[3] Nei suoi scritti Thomson ha sempre usato la dizione *corpuscoli elettrizzati negativamente* al posto di *elettroni*.

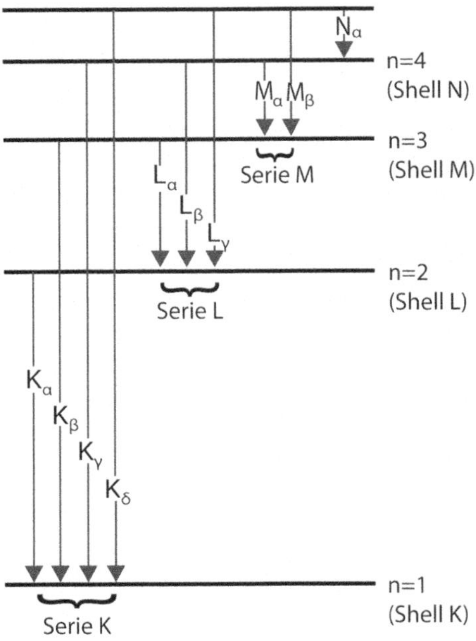

Figura 11.1 Schema dei *gusci (shells)* elettronici e delle transizioni che danno origine alle *radiazioni X*

sizioni della teoria di Bohr-Sommerfeld, in cui un *elettrone* in un *guscio* più esterno transisce verso un *guscio* più interno, da cui è stato precedentemente rimosso un *elettrone*. In questo schema si ha una corrispondenza precisa tra tipo di *radiazione* (*K, L, M, ...*) e *numero quantico principale* dei *gusci* elettronici dell'*atomo*. Le *righe K* corrispondono alle radiazioni emesse dagli *elettroni* che transiscono verso il livello $n = 1$, le *righe L* a transizioni verso $n = 2$, le *righe M* a transizioni verso $n = 3$, le *righe N* a transizioni verso $n = 4$ e così via, come mostrato schematicamente nella Fig. 11.1.

11.1.1 Aufbauprinzip

Nel 1921 Bohr affronta il problema di come si possa definire uno schema di *struttura elettronica* degli *atomi* che sia in accordo con: a) le evidenze accumulate in favore di una disposizione a *guscio* degli *elettroni*; b) la periodicità delle proprietà chimiche e fisiche degli *elementi*, evidenziata dal *sistema periodico*; c) la *regola dell'ottetto* [3]. A questo fine Bohr propone lo *Aufbauprinzip (principio di riempimento)*, un processo ipotetico nel quale ogni *atomo* è costruito mediante il *riempimento* con *elettroni* dei *gusci* elettronici di energia crescente a partire da quelli di energia più bassa. Un modo pratico per realizzare il *riempimento* è di ipotizzare la costruzione di ciascun *atomo* partendo dall'*atomo* che lo precede nella *tavola periodica* e aggiungendo un ulteriore *elettrone* orbitante e una ulteriore *carica positiva* nel *nucleo*.

Tabella 11.1 Prospetto dei gusci e della distribuzione degli elettroni nei gas nobili

Elemento	Z	Elettroni guscio $n = 1$	Elettroni guscio $n = 2$	Elettroni guscio $n = 3$	Elettroni guscio $n = 4$	Elettroni guscio $n = 5$	Elettroni guscio $n = 6$
Elio	2	2					
Neon	10	2	8				
Argon	18	2	8	8			
Kripton	36	2	8	18	8		
Xenon	54	2	8	18	18	8	
Radon	86	2	8	18	32	18	8

Il numero di *elettroni* presenti in ciascun *guscio (shell)* si ottiene dall'esame della sequenza dei *gruppi* e dei *periodi* nella *Tavola periodica* e dalla *regola dell'ottetto.* Con l'eccezione dei due elementi più leggeri, *idrogeno* (H) e *elio* (He), la *Tavola* mostra che ciascun periodo comincia con un elemento del *I gruppo* (un *metallo alcalino*: *litio (Li), sodio (Na), potassio (K), rubidio (Rb), cesio (Cs)*) e termina con un elemento dell'*VIII gruppo* (un *gas nobile: elio (He), neon (Ne), argon (Ar), krypton (Kr), xenon (Xe), radon (Rn)*). Di conseguenza, se si assume che un *periodo* sia dovuto al riempimento progressivo di un *guscio* elettronico, si ha che il numero di *elettroni* necessari per riempirlo coincide con la differenza tra il *numero atomico Z* del *gas nobile* che precede il *periodo* in questione e il *numero atomico Z* del *gas nobile* che chiude il *periodo* stesso. Quindi il numero massimo di *elettroni* in ciascun *guscio* si può ottenere direttamente dalla distribuzione degli *elettroni* negli *atomi* dei *gas nobili*, la cui *inerzia chimica*, (vale a dire il fatto che non si legano né fra loro né con altri elementi) è dovuto alla disposizione in un *ottetto* pieno e inerte degli *elettroni* più esterni.

Partendo da queste osservazioni, Bohr costruisce uno schema quantitativo in cui ogni *guscio* contiene *elettroni* caratterizzati dallo stesso *numero quantico principale* n ed ogni valore di n corrisponde al *guscio* più esterno in uno dei *gas nobili.* Il primo *guscio*, caratterizzato da $n = 1$, corrisponde all'unico *guscio* dell'*elio* ed è completo quando contiene 2 *elettroni;* il secondo *guscio*, caratterizzato da $n = 2$, corrisponde al *guscio* esterno del *neon* ed è completo quando contiene 8 *elettroni*; il terzo *guscio*, caratterizzato da $n = 3$, corrisponde al *guscio* più esterno dell'*argon*; e così via. In definitiva Bohr ottiene il prospetto di *gusci* e di occupazione per i *gas nobili* mostrato nella Tab. 11.1. Per tutti i *gas nobili* il *guscio* più esterno è costituito da un *ottetto*, che rende conto della loro inerzia chimica. Il numero massimo N di *elettroni* in ogni *guscio* soddisfa la relazione $N = 2n^2$.

Partendo dalla distribuzione degli *elettroni* nei *gas nobili* risulta agevole determinare la configurazione elettronica degli altri *atomi* secondo lo *Aufbauprinzip* (*principio di riempimento*). Consideriamo il caso degli *atomi* degli elementi del *I gruppo* del *sistema periodico*: i *metalli alcalini*. Questi *atomi* si ottengono aggiungendo un *elettrone* al *gas nobile* che li precede e una carica positiva al *nucleo* e sono, quindi, caratterizzati dall'avere un solo *elettrone* nell'orbita più esterna; tutti gli altri *elettroni* sono in orbite interne, che costituiscono *gusci* pieni ed inerti dal punto di vista chimico. Ne segue che i loro *spettri ottici* sono dovuti all'unico *elettrone* nell'orbita esterna e questo ha permesso la loro interpretazione mediante una semplice generalizzazione della teoria di Bohr-Sommerfeld (valida, a rigore, solo per *atomi* con un solo *elettrone*; si veda *Spettri Ottici dei Metalli Alcalini* nell'Appendice C).

I *metalli alcalino-terrosi* (*II gruppo* del *sistema periodico*) si ottengono aggiungendo un *elettrone* e una carica positiva ai *metalli alcalini* che li precedono. Sono quindi caratterizzati dall'avere due *elettroni* in un'orbita esterna e tutti gli altri in *gusci* pieni. In modo analogo si può pensare di "costruire" gli *atomi* degli altri gruppi, un *elemento* dopo l'altro.

Con lo schema di Bohr si ha per la prima volta un modello per gli *atomi* in grado di spiegare in modo del tutto naturale il *sistema periodico* e la similarità degli *elementi* di uno stesso *gruppo* rispetto al comportamento chimico e agli *spettri ottici*, entrambe le proprietà essendo determinate dagli *elettroni* nelle orbite più esterne.

11.2 Struttura Fine ed Effetti di Campo Magnetico

Possiamo riassumere i progressi fatti agli inizi degli anni '20 del Novecento osservando come la *teoria atomica*, basata sulle regole empiriche di *quantizzazione* introdotte dai pionieri della *fisica quantistica* (in primis, Planck, Einstein, Bohr e Sommerfeld), sia in grado di fornire una comprensione di massima della struttura degli *atomi*, dell'*assorbimento* e dell'*emissione* di *radiazione*, sia *ottica* che *X*, della periodicità delle proprietà fisiche e chimiche degli *elementi*. Un'osservazione più dettagliata di queste proprietà mostra tuttavia l'esistenza di un numero rilevante di particolari non ancora spiegati nemmeno qualitativamente e non spiegabili in base ai concetti teorici fino ad allora sviluppati. Fra queste proprietà non comprese ci sono la *struttura fine* degli *spettri ottici* e *X*, e gli effetti del *campo magnetico* sugli *spettri ottici*. I tentativi di spiegare queste proprietà si rivelano di particolare rilevanza per la comprensione della *struttura della materia* e lo sviluppo della *meccanica quantistica*. In effetti, l'identificazione finale della *struttura elettronica* degli *atomi* sarà il risultato del tentativo di inquadrare in uno schema coerente i risultati sperimentali attinenti a questi effetti fisici.

L'analisi empirica degli *spettri ottici* aveva evidenziato, già alla fine dell'Ottocento, come molte delle *serie spettrali*, se osservate con maggiore risoluzione, fossero composte non da *singole righe* ma da *multipletti*, ossia da gruppi di più *righe* vicine tra di loro. Al complesso di queste *righe* composite era stato dato il nome di *struttura fine* degli *spettri atomici*. Si era inoltre trovato che ciascun gruppo di *elementi* del *sistema periodico* aveva una *struttura fine* caratteristica. Per esempio, gli spettri dei metalli alcalini erano costituiti da *doppietti* (due righe vicine) e *tripletti* (tre righe vicine), quelli dei *metalli alcalino-terrosi* da *serie* di *singoletti* (righe singole) e *serie* di *tripletti*. Una *struttura fine* era anche presente nello spettro del più semplice degli atomi, l'*idrogeno*. Infatti, il fisico americano Albert Michelson (1852–1931), studiando la serie di Balmer con il suo interferometro, aveva mostrato come entrambe le righe, H^{α} (corrispondente, nella teoria di Bohr, alla transizione da

$n = 3$ a $n = 2$, $\lambda = 6563$ A) e H^β (corrispondente, nella teoria di Bohr, alla transizione da $n = 4$ a $n = 2$, $\lambda = 4861$ A), consistessero in realtà di una coppia di righe molto vicine, *doppietti*, separati, rispettivamente, di 0,14 e 0,08 A [4]. Analogamente si era trovato che anche i *raggi X* avevano una *struttura fine* (la *struttura fine* dei *raggi X* verrà illustrata quando si esporranno i tentativi di spiegazione fatti da Sommerfeld ed altri nei primi anni '20.)

Strettamente connessa al problema della *struttura fine* c'era la difficoltà di comprendere gli effetti del *campo magnetico* sugli *spettri ottici*, denominati collettivamente *effetto Zeeman*, dal nome dello scienziato olandese Pieter Zeeman (1865–1943), un allievo di Lorentz, che per primo li aveva messi in evidenza. Nel 1896 Zeeman, nel corso di esperimenti mirati allo studio dell'interazione tra radiazione e materia, aveva scoperto che le *righe spettrali* erano significativamente alterate dalla presenza di un *campo magnetico*, una scoperta che si sarebbe rivelata di fondamentale importanza per la comprensione della *struttura atomica* e per lo sviluppo della *meccanica quantistica*, e per la quale ha ricevuto il premio Nobel nel 1902. Nello specifico, osservando l'evoluzione delle *righe* del *doppietto D* (righe gialle) del *sodio* egli aveva trovato che, in presenza di un campo magnetico, ciascuna riga si allargava e sembrava consistere di tre componenti, il *tripletto Zeeman*. Subito dopo la scoperta, Lorentz aveva dimostrato che questo comportamento era spiegabile in base alla *teoria dell'elettrone* da lui elaborata qualche tempo prima.

Tuttavia, osservazioni fatte successivamente con strumentazioni dotate di maggiore risoluzione avevano mostrato che, in molti casi, per effetto del *campo magnetico* le *righe* si *aprivano* in un numero di componenti diverso da tre e che questo numero variava da *riga* a *riga* e differiva anche per le *righe* di una stessa *struttura fine*. Per esempio, nel caso del doppietto D del *sodio*, analizzato inizialmente da Zeeman, misure ad alta risoluzione mostravano che una delle due *righe* si apre in quattro componenti e l'altra in sei. In altri casi si potevano osservare divisioni in cinque, sei o addirittura nove componenti. Di conseguenza, nel descrivere il comportamento delle *righe* dei differenti atomi in *campo magnetico*, era divenuta prassi normale distinguere tra *effetto Zeeman normale* (separazione della *riga* in un tripletto, come previsto dalla teoria di Lorentz) ed *effetto Zeeman anomalo* (tutti gli altri casi). L'*effetto Zeeman anomalo* non era spiegabile, né utilizzando l'analisi classica di Lorentz, né applicando la teoria quantistica di Bohr-Sommerfeld.[4]

Nei primi anni Venti i tentativi di spiegare la *struttura fine* degli *spettri ottici e X* e l'*effetto Zeeman anomalo* sono stati al centro dell'attenzione della comunità dei fisici e hanno portato alla scoperta di una nuova e strabiliante proprietà dell'*elettrone*: lo *spin*.

[4] La teoria di Bohr-Sommerfeld, applicata al problema degli effetti di campo magnetico, riproduce soltanto l'effetto Zeeman normale.

11.3 Correzioni Relativistiche di Sommerfeld

Un possibile effetto che può dare origine alla *struttura fine* dell'*idrogeno* viene analizzato da Sommerfeld in concomitanza con la sua generalizzazione della teoria di Bohr [4]. Ricordiamo che nello schema postulato da Bohr la frequenza delle *righe* è data dalla differenza di energia dei due stati stazionari tra cui avviene la transizione elettronica. Ne segue che la presenza di una *struttura fine* richiede necessariamente l'esistenza di una *struttura fine* (*molteplicità*) nei livelli di energia di partenza o di arrivo o di entrambi. Una *molteplicità* di stati è presente nel caso di orbite ellittiche, dove, per ogni valore del numero *quantico principale* n, esistono n stati differenti, aventi la stessa energia, corrispondenti ad orbite caratterizzate da differenti valori del *numero quantico azimutale* k (differente *momento angolare*). Sommerfeld mostra come l'energia sia la stessa solo se si trascurano gli effetti dovuti alla *relatività*, in particolare gli *effetti relativistici* dovuti alla variazione della *massa* con la velocità.[5] Poiché gli *elettroni* percorrono le orbite con velocità molto elevate, già Bohr, nei suoi primi articoli, aveva fatto presente la necessità di tenere conto, in un calcolo più accurato, degli *effetti relativistici*. Di conseguenza, dopo l'introduzione delle orbite ellittiche, Sommerfeld calcola anche la correzione dovuta agli *effetti relativistici* e mostra come orbite con lo stesso n ma diverso k abbiano in realtà energie leggermente diverse. Ne nasce una *molteplicità* di livelli che potrebbe rendere conto della *struttura fine* degli *spettri ottici*. In particolare, nel caso del livello $n = 2$ dell'*idrogeno*, che corrisponde al termine di arrivo delle transizioni che danno luogo alla serie di Balmer, Sommerfeld ottiene un'apertura in due livelli (corrispondenti a $k = 1$ e $k = 2$) con una differenza di energia in buon accordo con il valore sperimentale dei doppietti H^{α} e H^{β}.

I calcoli di Sommerfeld rendono quindi plausibile l'ipotesi che gli *effetti relativistici* siano l'origine della *struttura fine* degli spettri ottici. Tuttavia, si sarebbe scoperto in seguito, quando il problema verrà risolto con l'introduzione dello *spin* dell'elettrone, che questo accordo era in parte fortuito e dovuto alla struttura peculiare degli *effetti relativistici* nell'atomo di *idrogeno*.

Successivamente Sommerfeld affronta il problema della rilevanza degli *effetti relativistici* per i livelli che danno origine ai *raggi X* e dimostra che essi possono spiegare la *struttura fine* osservata nella *radiazione K*. Infatti, un'analisi accurata aveva mostrato come la *riga* K_α fosse in realtà un *doppietto*, la cui separazione aumentava al crescere del numero atomico Z.[6] L'analisi dell'energia e dell'intensità delle *righe* del *doppietto* (denominate K_α e K'_α) aveva portato alla conclusione che l'origine potesse essere dovuta alla divisione del *guscio* L in due livelli di differente energia, che erano stati denominati L_1 e L_2. La riga K'_α era stata attribuita alla transizione $L_2 \geq K$ e la riga K_α alla transizione $L_1 \geq K$. Per spiegare la diffe-

[5] Secondo la teoria della *relatività ristretta* la massa m di una particella che si muove con velocità v è data da $m = \frac{m_0}{\sqrt{1-\frac{v^2}{c^2}}}$ dove m_0 è la massa di quiete della particella e c è la velocità della luce.

[6] Ricordiamo che la riga K_α è attribuita alla transizione tra il *guscio* L (livello $n = 2$) e il *guscio* K (livello $n = 1$).

rente energia di L_1 e L_2, Sommerfeld assume che gli *elettroni* del *guscio L* ($n = 2$) percorrano orbite simili a quelle dell'*atomo* di *idrogeno* e ne calcola le correzioni relativistiche, trovando che la loro energia dipende dal *numero quantico azimutale* k, in analogia con quanto accade per le orbite $n = 2$ dell'*atomo* di *idrogeno*. Sommerfeld dimostra anche che la differenza di energia tra L_1 e L_2 cresce come la quarta potenza del *numero atomico* Z, un risultato in perfetto accordo con i valori misurati sperimentalmente.

Nonostante l'indubbio successo nello spiegare la *struttura fine* della *radiazione K*, appare però subito evidente come gli *effetti relativistici*, da soli, non siano in grado di rendere conto delle complesse caratteristiche dei *raggi X*. L'analisi sperimentale delle *radiazioni L, M* e *N* aveva evidenziato la presenza di una *struttura fine* di complessità notevolmente maggiore rispetto a quella della *radiazione K*. Questa molteplicità di *righe* si poteva spiegare solo se si ammetteva una molteplicità di livelli maggiore dei differenti valori possibili per il *numero quantico azimutale k*. Infatti, per il *guscio L*, era necessario introdurre oltre ai livelli L_1 e L_2, un terzo livello L_3; per il *guscio M* era necessaria una suddivisione in 5 livelli (M_1, M_2, M_3, M_4, M_5) e addirittura in 7 per il *guscio N*. La presenza di tre *sotto-shell* all'interno del *guscio L* e di cinque *sotto-shell* all'interno del *guscio M* era stata anche confermata dalle misure di assorbimento fatte dal fisico francese Maurice de Broglie (1875–1960) nel 1913. Si era trovato, inoltre, che le *righe* si potevano raggruppare in due tipi di *doppietti* caratteristici, uno che si comportava come quelli della *radiazione K*, la cui separazione cresceva come la quarta potenza del *numero atomico Z* ed erano attribuibili alle *correzioni relativistiche*, e un secondo tipo, in cui la separazione tra le *righe* era indipendente da Z e la cui origine restava misteriosa.

11.4 Un Nuovo Numero Quantico: lo Spin dell'Elettrone

All'inizio degli anni Venti risulta chiaro che la teoria di Bohr-Sommerfeld, anche con l'inclusione delle *correzioni relativistiche*, non è in grado di dare una spiegazione soddisfacente per i molteplici aspetti della *struttura fine*. Oltre alle molteplicità dei livelli evidenziate dall'analisi dei *raggi X*, restano misteriosi l'*effetto Zeeman anomalo* e le cause della molteplicità dei *termini* degli *spettri ottici* negli elementi differenti dall'*idrogeno*.

Per quanto concerne gli *spettri ottici*, già sul finire del XIX secolo la *struttura fine* dei *metalli alcalini* (*elementi* del *I gruppo* del *Sistema Periodico*) e quelle dei *metalli alcalino-terrosi* (*elementi* del *II gruppo*), erano stati analizzati in grande dettaglio da Rydberg, Ritz e altri. Per spiegare la presenza di *doppietti* e *tripletti*, partendo dal *principio di combinazione di Ritz*, si era dovuto ipotizzare che molti *termini* non fossero semplici, ma doppi o tripli. L'analisi delle quattro *serie di righe* (*principale*, *sharp*, *diffusa* e *fondamentale*, si veda *Spettri Ottici dei Metalli Alcalini* nell'Appendice C) aveva portato a stabilire le seguenti molteplicità: i *termini s* erano sempre singoli, mentre i *termini p, d* e *f* erano doppi nei *metalli alcalini* ed erano singoli e tripli nei *metalli alcalino-terrosi*. Poiché nello schema di quantizzazione di

Bohr i *termini* corrispondevano a *livelli energetici*, ne risultava una molteplicità di livelli che la teoria di Bohr-Sommerfeld non era in grado di spiegare. D'altra parte, visti i suoi successi nel rendere conto delle caratteristiche principali delle proprietà fisiche degli *atomi*, la sua validità di fondo non poteva essere messa in dubbio.

Agli inizi degli anni Venti, per uscire da questa situazione di stallo, si avanza l'ipotesi che l'origine delle anomalie possa essere dovuta all'esistenza di un ulteriore grado di libertà, non ancora scoperto, a cui associare un nuovo *numero quantico*, che dovrebbe caratterizzare possibili stati differenti aventi gli stessi valori di n e k. Questo ipotetico numero quantico viene denominato *numero quantico interno*. Il primo a suggerire questa possibilità è Werner Heisenberg (1901–1976), il quale la propone per spiegare la *struttura fine* dei *metalli alcalini* [5]. Heisenberg parte dall'osservazione che, se si prescinde dalla *struttura fine*, le *serie di righe* degli *alcalini* sono ben descritte dalla teoria di Bohr-Sommerfeld, assumendo che siano dovute alle transizioni tra gli stati stazionari dell'*elettrone* più esterno. Egli, pertanto, ipotizza che il nuovo grado di libertà cercato possa essere legato al moto rotatorio della parte rimanente dell'*atomo*, ossia dell'insieme del *nucleo* e di tutti gli altri *elettroni* interni (denominato *core* in inglese e *rumpf* in tedesco). La rotazione del *core* può dare origine ad un nuovo *momento angolare quantizzato* e ad un'interazione di tipo elettromagnetico tra il moto orbitale dell'*elettrone* esterno e il *momento* di *dipolo magnetico* associato a questo nuovo *momento angolare*, interazione che darebbe luogo ad una molteplicità di *livelli* di energia. L'idea che la *struttura fine* possa essere dovuta all'esistenza di un nuovo *momento angolare* (non ancora scoperto) si sarebbe rivelata sostanzialmente corretta, anche se la sua origine non è quella ipotizzata da Heisenberg, ma è dovuta, come vedremo, allo *spin* dell'*elettrone*.

L'ipotesi dell'esistenza di un *numero quantico interno* acquista ulteriore credibilità quando il fisico tedesco Alfred Landé (1888–1976), nel 1922, mostra come questa ipotesi permetta di spiegare le misteriose caratteristiche dell'*effetto Zeeman anomalo*. Nella sua teoria Landé assume l'esistenza di un ulteriore *momento angolare* nell'*atomo*, come proposto da Heisenberg, ma ipotizza che il *numero quantico interno* sia associato al *momento angolare totale*, somma del *momento angolare* dell'*elettrone* esterno e del supposto ulteriore *momento angolare* dell'*atomo*. Il modello di Landé, basato su regole empiriche, è in grado di rendere conto di tutte le caratteristiche dell'effetto Zeeman e ne predice altre, che vengono verificate successivamente, con una accuratezza che è stata definita *una meraviglia della storia della scienza* [4].

Sempre nel 1922, Landé mostra anche come l'introduzione del *numero quantico interno*, da lui denominato j, che assume solo due valori distinti $j = k$ o $j = k - 1$, permetta di classificare in modo accurato i livelli energetici che danno luogo alla *struttura fine* della *radiazione X*. A questo scopo ciascun livello è caratterizzato dai tre *numeri quantici* n, k e j. Lo schema risultante per le *shells (gusci)* K, L e M è mostrato nella Tab. 11.2 [6].

La classificazione proposta da Landé è il punto di partenza che, nel 1924, permette al fisico inglese Edmund Stoner (1899–1968) di compiere un altro decisivo passo avanti nella faticosa costruzione di uno schema che permetta di capire la disposi-

Tabella 11.2 Schema dei *gusci (shells) K, L, M,* con i valori assunti dai numeri quantici *n, k, j* e il numero massimo di *elettroni* nei vari livelli

Shell (Guscio)	*K*	*L*			*M*				
Livelli		L_1	L_2	L_3	M_1	M_2	M_3	M_4	M_5
n	1	2	2	2	3	3	3	3	3
k	1	1	2	2	1	2	2	3	3
j	1	1	1	2	1	1	2	2	3
Numero di elettroni	2	2	2	4	2	2	4	4	6

zione degli *elettroni* negli *atomi*. Abbiamo visto come Bohr, applicando il *principio di riempimento*, abbia determinato correttamente il numero di elettroni presenti nei differenti *gusci* (*K*, *L*, *M*, ...). Tuttavia, riguardo alla distribuzione degli *elettroni* nei *livelli*, mancando un criterio certo da utilizzare, Bohr si era limitato a suggerire una distribuzione uniforme, distribuzione che si sarebbe rivelata sostanzialmente sbagliata. Il problema viene risolto da Stoner, il quale ritiene che il numero di *elettroni* di ogni *livello* debba essere legato al *numero quantico interno j* e propone una distribuzione in cui il numero di *elettroni* è pari al doppio del valore di *j* [6]. Ne risulta la distribuzione mostrata nell'ultima riga della Tab. 11.2, distribuzione che si sarebbe rivelata sostanzialmente corretta.

Nonostante gli indubbi successi, questo schema di numeri quantici non viene però ritenuto soddisfacente. Oltre a basarsi su ipotesi *ad hoc*, giustificate solo su base empirica, non appare convincente l'assunzione che il *numero quantico interno* sia dovuto al *momento angolare* del *core*. In effetti, proprio in quel periodo Pauli dimostra che il *core*, inteso come l'insieme del *nucleo* e di tutti gli *elettroni* nei *gusci* completi, deve avere un *momento angolare* nullo. In alternativa, nel gennaio 1925, egli suggerisce che gli *elettroni* possiedano, in aggiunta ai tre *gradi di libertà classici*, un *grado di libertà non-classico*, il cui *numero quantico* può prendere solo due valori e sia correlato al *numero quantico interno* [5]. Pauli chiama questo nuovo grado di libertà *grado di libertà quantico a due valori*, ma non è in grado di specificarne l'origine fisica.

La situazione si chiarisce definitivamente nello stesso anno (1925), quando due studenti di dottorato olandesi, George Uhlenbeck (1900–1988) e Samuel Goudsmit (1902–1978), postulano che gli *elettroni*, in aggiunta al *moto orbitale* associato ai tre *gradi di libertà classici*, posseggano un moto di *rotazione intrinseco* intorno al proprio asse (in inglese: *spin*), proprio come i pianeti ruotano intorno al proprio asse nel loro moto diurno. Pensare l'*elettrone* come una particella carica ruotante su sé stessa è equivalente a postulare che l'*elettrone* possieda un *momento angolare intrinseco* (non dovuto al suo moto orbitale) e un *momento di dipolo magnetico intrinseco*. Ne risulta immediatamente un nuovo termine di correzione all'energia dovuto all'interazione elettromagnetica che si stabilisce tra *moto orbitale* e *mo-*

to di spin.[7] Questa interazione è stata denominata *interazione spin-orbita* ed è la principale responsabile della *struttura fine* negli spettri atomici.

Benché il modello di particella carica ruotante intorno al proprio asse sia utile per rappresentare il moto di *spin* dell'*elettrone* e venga correntemente utilizzato per comprendere l'origine fisica dell'*interazione spin-orbita*, è importante sottolineare come sia stato chiaro, fin dall'inizio, che il *momento angolare* di *spin* debba essere un *momento angolare non-classico*. Infatti, le leggi della fisica classica applicate al modello prevedono un comportamento in contrasto con i principi della relatività ristretta. Già nel 1903, il fisico tedesco Max Abraham (1875–1922) aveva studiato il modello in cui un *elettrone* era simulato come una piccola sfera ruotante con la carica elettronica distribuita sulla superficie e aveva mostrato come, per ottenere un apprezzabile *momento angolare*, fosse necessario ipotizzare una velocità di rotazione molto superiore alla velocità della luce [5]. Interpellato in proposito dallo stesso Uhlenbeck, in concomitanza con la presentazione della sua idea, Hendrik Lorentz aveva mostrato come, per avere la corretta energia di interazione, il raggio dell'*elettrone* dovesse essere molto più grande di quanto fosse compatibile con le evidenze sperimentali [5]. Più tardi, utilizzando la *meccanica quantistica*, Bohr ha definitivamente dimostrato che lo *spin* è una proprietà essenzialmente *quantomeccanica* dell'*elettrone* [7].

Nello schema proposto da Uhlenbeck e Goudsmit il *momento angolare* di *spin* S ha una *quantizzazione nello spazio* a due valori, ossia gli *autostati* hanno la componente z che assume solo i valori $S_z = +\frac{1}{2}h/2\pi$ o $S_z = -\frac{1}{2}h/2\pi$. Allo *spin* è associato un *momento di dipolo magnetico* di valore doppio rispetto a quello classico. Il *numero quantico interno* j, di Landé, viene ad essere il *numero quantico* che identifica il *momento angolare totale* dell'*elettrone*, somma del *momento angolare orbitale* e del *momento angolare di spin*. Con queste caratteristiche lo *spin* dell'*elettrone* è in grado di spiegare in modo quantitativo, non solo qualitativo, tutte le caratteristiche osservate nella *struttura fine* degli *spettri ottici* dell'*idrogeno* e dei *metalli alcalini*, nonché quelle *dell'effetto Zeeman anomalo*. Per questi motivi la sua esistenza è stata rapidamente accettata dalla comunità scientifica.

11.5 Natura Ondulatoria della Materia

Nello stesso periodo, in concomitanza con questi indubbi progressi, viene scoperta una nuova proprietà rivoluzionaria della *materia*: la *dualità onda-particella*.

Abbiamo visto come nel 1905 Einstein avesse introdotto l'ipotesi che la *radiazione elettromagnetica*, oltre alla natura ondulatoria, avesse anche caratteristiche corpuscolari e che la sua energia fosse quantizzata. Nel 1923 il comportamento cor-

[7] Un modo semplice per comprendere l'origine di questa interazione è stato suggerito da Einstein e consiste nel considerare il moto nel sistema di riferimento dell'*elettrone*. In questo sistema è il *nucleo* carico che ruota intorno all'*elettrone* e questa rotazione, equivalente ad una corrente circolante sull'orbita, produce un campo magnetico che agisce sul *momento di dipolo magnetico* di *spin* dell'*elettrone*.

puscolare della radiazione elettromagnetica era stato dimostrato sperimentalmente in modo diretto dal fisico americano Arthur Holly Compton (1892–1962). Poco dopo la conferma sperimentale della rivoluzionaria ipotesi di Einstein, una nuova ipotesi, altrettanto rivoluzionaria, viene avanzata dal francese Louis de Broglie (1892–1987) [8]. Si tratta dell'idea, speculare a quella di Einstein, che gli *elettroni*, particelle di *materia*, abbiano una natura ondulatoria oltre a quella corpuscolare.

Secondo de Broglie, nei primi anni Venti lo stato di comprensione della fisica microscopica presentava due problematiche prevalenti: da una parte c'era la natura contraddittoria della *luce*, che presentava caratteristiche sia ondulatorie che corpuscolari, dall'altra c'era il misterioso comportamento degli *elettroni* negli *atomi*, dove solo alcune orbite e alcuni valori dell'energia erano permessi. Nel racconto di de Broglie [9]:

> ... tali erano gli enigmi che affrontavano i fisici all'epoca in cui riprendevo i miei studi di fisica teorica. Quando ho iniziato a meditare su queste difficoltà, due cose soprattutto mi hanno colpito. In primo luogo, la teoria quantistica della luce non poteva essere considerata soddisfacente poiché definiva l'energia del corpuscolo della luce dalla relazione E = hv che contiene una frequenza v. Ora una teoria puramente corpuscolare non contiene alcun elemento che consenta la definizione di una frequenza. Questa sola ragione rende necessario, nel caso della luce, introdurre simultaneamente il concetto corpuscolo e il concetto di periodicità. Dall'altra parte, la determinazione dei moti stabili degli elettroni nell'atomo implica numeri interi, e fino ad allora i soli fenomeni in cui numeri interi erano coinvolti nella fisica erano quelli dell'interferenza e delle vibrazioni proprie dei sistemi. Ciò mi suggerì l'idea che neanche gli elettroni stessi potessero essere rappresentati come semplici corpuscoli, ma che anche a loro dovese essere assegnata una periodicità.
>
> Sono quindi arrivato al seguente concetto generale che ha guidato i miei studi: sia per la materia che per le radiazioni, in particolare la luce, è necessario introdurre contemporaneamente il concetto di corpuscolo e il concetto di onda. In altre parole, l'esistenza di corpuscoli accompagnati da onde deve essere assunta in tutti i casi. Tuttavia, poiché i corpuscoli e le onde non possono essere indipendenti perché, secondo Bohr, costituiscono due forme complementari della realtà, deve essere possibile stabilire un certo parallelismo tra il moto di un corpuscolo e la propagazione dell'onda associata. Il primo obiettivo da raggiungere doveva quindi essere quello di stabilire questa corrispondenza.

Secondo de Broglie il parallelismo tra *materia* e *radiazione* implica che, per entrambi i tipi di *particelle*, l'*elettrone* e il *fotone*, l'*energia* totale E deve essere legata alla *frequenza* ν dell'*onda* associata dalla relazione:

$$E = h\nu$$

e che la *quantità di moto* p deve essere legata alla *lunghezza d'onda* λ dell'*onda* associata dalla relazione:

$$p = \frac{h}{\lambda}$$

Nonostante la sua originalità, al momento della sua formulazione l'idea di de Broglie non era supportata da alcuna evidenza sperimentale e non sembrava avere alcuna realtà fisica. E' stato Einstein ad apprezzarne in pieno l'importanza e a porla all'attenzione della comunità scientifica. Ne sono seguiti una serie di esperimenti che hanno dimostrato la correttezza dell'ipotesi e che hanno portato all'assegnazione del premio Nobel a de Broglie cinque anni dopo, nel 1929.

La dimostrazione dell'ipotesi di de Broglie ha richiesto la costruzione di apparati sofisticati ed esperimenti di non facile attuazione. Infatti, si trattava di mettere in evidenza fenomeni ondulatori la cui *lunghezza d'onda* è molto piccola. Ad esempio, un *elettrone* che ha un'energia cinetica di 100 eV, ha una *lunghezza d'onda* pari a $1{,}2 \times 10^{-10}$ m = 1,2 A, ossia circa cinquemila volte più piccola di quella della luce visibile. Il primo passo è stato fatto nel 1926, quando il fisico tedesco Walter Maurice Elsasser (1904–1991) ha messo in evidenza che la natura ondulatoria della *materia* può essere dimostrata nello stesso modo in cui era stata dimostrata la natura ondulatoria dei *raggi X*, vale a dire, facendo incidere un fascio di *elettroni* di energia appropriata su di un *cristallo* ed analizzando le figure di diffrazione. Su questa base sono stati costruiti l'esperimento del fisico britannico George Paget Thomson (1892–1975), figlio di J. J. Thomson, e quello dei fisici statunitensi Clinton Davisson (1881–1958) e Lester Germer (1896–1971), che, nel 1927, hanno fornito le prima dimostrazioni sperimentale dell'ipotesi ondulatoria, ponendo la *dualità onda-corpuscolo* su solide basi sperimentali. Thomson ha fatto attraversare agli *elettroni* una sottile lamina d'oro, ottenendo una serie di anelli di diffrazione che confermavano in maniera inequivocabile le proprietà ondulatorie degli *elettroni*. Nello stesso periodo, inequivocabili figure di diffrazione sono state ottenute da Davisson e Germer, facendo incidere gli *elettroni* su di un cristallo di *nichel*. Per i loro esperimenti Thomson e Davisson hanno condiviso il Premio Nobel nel 1937.

A partire dal 1927 la comunità scientifica ha considerato acquisito il *dualismo onda-particella* per la materia. L'universalità dell'aspetto ondulatorio delle particelle materiali è stata confermata sperimentalmente nel 1929, quando i fisici tedeschi Otto Stern (1888–1969) ed Immanuel Estermann (1900–1973) hanno osservato figure di diffrazione in esperimenti con fasci di *atomi* di *elio* e *molecole* di *idrogeno*, ossia con sistemi compositi aventi masse molto più grandi di quella degli *elettroni*.

Riferimenti bibliografici

1. Jensen W B (1984) Abegg, Lewis, Langmuir, and the Octet Rule. Journal of Chemical Education 61: 191–200
2. Thomson J J (1914) The forces between atoms and the chemical affinity. Philosophical Magazine 27: 757–789
3. Bohr N (1921) Atomic Structure. Nature 107: 104–107
4. White H E (1934) Introduction to atomic spectra. McGraw-Hill, New York
5. Pais A (1989) George Uhlenbeck and the discovery of electron spin. Physics Today 12: 34–40
6. Stoner E C (1924) The distribution of electrons among atomic levels. Philosophical Magazine 48: 719–736
7. Pauli W (1946) Exclusion principle and quantum mechanics. Nobel Lecture, December 13
8. De Broglie L (1924) A tentative theory of light quanta. Philosophical Magazine 47: 446–458
9. De Broglie L (1929) The wave nature of the electron. Nobel Lecture, December 12

Capitolo 12
Atomi e Molecole Quantistici

Quelli descritti nel capitolo precedente sono, a grandi linee, lo stato di comprensione della fisica della materia a metà degli anni Venti del Novecento e l'insieme di concetti, regole e postulati della costruzione teorica, che in seguito sarebbe stata chiamata *vecchia teoria dei quanti*. Nonostante i suoi indubbi successi, che hanno reso credibili le ipotesi di *quantizzazione*, questa costruzione teorica mostra serie limitazioni, sia sul piano pratico che su quello concettuale. Sul piano pratico, un esempio molto significativo della sua inadeguatezza è rappresentato dall'incapacità di spiegare le caratteristiche dell'*atomo* di *elio*, il più semplice degli *atomi* dopo l'*idrogeno*. Per quanto riguarda le limitazioni concettuali, va rilevato che essa si basa su una serie di assunzioni e di postulati *ad hoc*, introdotti per rendere conto delle caratteristiche della *materia* osservate negli esperimenti. Manca una giustificazione coerente delle ipotesi e dei postulati utilizzati. Rimane oscuro il meccanismo che porta all'*emissione* e all'*assorbimento* di *radiazione* quando l'*elettrone* transisce tra due stati stazionari. Le *regole di quantizzazione* appaiono arbitrarie, anche nei casi in cui risultano più efficaci nell'applicazione. Resta misterioso il *dualismo onda-particella* sia della *radiazione elettromagnetica* che degli *elettroni*.

12.1 La Meccanica Quantistica

Nella seconda metà degli anni Venti, per dare un assetto coerente a questa costruzione, vengono elaborate due nuove teorie, la *meccanica delle matrici*, proposta nel 1925 dal fisico teorico tedesco Werner Heisenberg (1901–1976) (e da lui successivamente sviluppata insieme ai fisici teorici Max Born [1882–1970] e Pascual Jordan [1902–1980]) e la *meccanica quantistica ondulatoria*, proposta e sviluppata dal fisico teorico austriaco Erwin Schroedinger (1887–1961) nel 1926. Le due teorie, nonostante la grande differenza dal punto di vista matematico, sono in realtà equivalenti e portano agli stessi risultati, come viene successivamente dimostrato da Schroedinger. Una formulazione più generale e più astratta, che include sia la *meccanica ondulatoria* che la *meccanica delle matrici*, viene formulata da fisico teorico

© The Author(s), under exclusive license to Springer Nature Switzerland AG 2025

F. Evangelisti, *Il concetto di materia*, https://doi.org/10.1007/978-3-031-83565-0_12

inglese Paul Adrien Maurice Dirac (1902–1984) nel 1930. L'insieme di queste teorie è alla base della *nuova teoria dei quanti* o *meccanica quantistica*, tout court. Qui di seguito diamo una breve illustrazione delle caratteristiche salienti della *meccanica quantistica ondulatoria*, più facile da visualizzare utilizzando concetti generali di fisica.

Il *postulato* di de Broglie afferma che il moto di una *particella* microscopica è governato dalla propagazione dell'*onda* ad essa associata, ma non dice come l'*onda* si propaga. Inoltre, un suo utilizzo pratico richiede che sia stabilita una relazione quantitativa tra le proprietà della *particella* e le proprietà dell'*onda* che la descrive. A queste domande rispondono l'*equazione d'onda* elaborata da Schroedinger e l'interpretazione della *funzione d'onda* sviluppata da Born.

L'*equazione d'onda* è costruita da Schroedinger in stretta analogia con la teoria ondulatoria classica. Un'*onda elettromagnetica* classica è descritta specificando una *funzione d'onda* (che può essere il *campo elettrico* o il *campo magnetico*), la cui ampiezza si evolve nel *tempo* e nello *spazio* ubbidendo all'*equazione d'onda* ricavata dalle *equazioni di Maxwell*. In maniera analoga nella *meccanica quantistica ondulatoria*, il moto di una *particella* è descritto da una *funzione d'onda* Ψ, la cui ampiezza si evolve nel *tempo* e nello *spazio* ubbidendo all'*equazione d'onda* ricavata da Schroedinger. Il legame tra *aspetto ondulatorio* e *aspetto particellare* è stato chiarito da Born, il quale nel 1926 ha introdotto il seguente postulato per l'interpretazione della *funzione d'onda* Ψ:

> Se al tempo t viene fatta una misura per determinare la posizione di una particella associata alla funzione d'onda $\Psi(\boldsymbol{r}, t)$, la probabilità che la particella venga trovata nel punto **r** è proporzionale a $|\Psi(\boldsymbol{r}, t)|^2$.

Per giungere al suo postulato, Born ha usato un'argomentazione simile a quella adottata da Einstein per unificare *aspetto ondulatorio* e *aspetto particellare* della radiazione elettromagnetica.[1] Born ha descritto la situazione nel modo seguente [1]:

> Noi descriviamo lo stato istantaneo del sistema mediante una quantità Ψ, che soddisfa un'equazione differenziale e, pertanto, varia nel tempo in un modo che è completamente determinato dalla sua forma a t = 0. Di conseguenza il suo comportamento è rigorosamente causale. Poiché, tuttavia, il significato fisico è confinato alla quantità $|\Psi|^2$ e ad altre espressioni quadratiche simili, che definiscono Ψ solo parzialmente, ne consegue che, anche quando le quantità definibili sono perfettamente note a t = 0, il valore iniziale della funzione Ψ non è completamente definibile. Questa visione della materia è equivalente all'asserzione che gli eventi accadono in un modo strettamente causale, ma che noi non conosciamo lo stato iniziale in modo esatto.
>
> Il moto delle particelle è conforme alle leggi della probabilità, ma la probabilità si propaga in accordo alla legge di causalità.

Nel 1927 Heisenberg introduce il celebre *principio di indeterminazione*, secondo il quale la misura simultanea di due *variabili coniugate*, come *posizione* e *quantità*

[1] Einstein ha eguagliato il *flusso* I di *energia* per unità di superficie associato all'*onda elettromagnetica* (proporzionale al quadrato del *campo elettrico*) al numero medio N di *fotoni* di *energia* $h\nu$ che attraversano l'unità di superficie per unità di tempo (in formule: $I = Nh\nu$).

di moto o *energia* e *tempo*, non può essere compiuta senza una quota di incertezza minima ineliminabile.

Per quanto riguarda la coppia *posizione/quantità di moto*, il *principio di indeterminazione* afferma che un esperimento non può determinare simultaneamente il valore esatto della *quantità di moto* di una particella e l'esatto valore della sua *posizione*. La precisione di misura è intrinsecamente limitata dal processo di misura in modo che le incertezze ubbidiscano alla disuguaglianza:

$$\Delta p_x \Delta x \geq \hbar/2$$

dove Δp_x è l'incertezza associata alla componente x della *quantità di moto* e Δx è l'incertezza associata alla componente x della *posizione*. Analoghe relazioni valgono per le altre componenti. La limitazione riguarda il prodotto, non le componenti. In principio possiamo avere $\Delta p_x = 0$, ma questo comporta $\Delta x = \infty$.

La seconda parte del *principio di indeterminazione* ha a che fare con la misura dell'*energia* e del *tempo*. In questo caso si ha:

$$\Delta E \Delta t \geq \hbar/2$$

Dove ΔE è l'incertezza associata all'*energia* del sistema e Δt è l'incertezza associata alla determinazione del *tempo t*.

Con l'avvento della *meccanica quantistica* diventa possibile una analisi sistematica della struttura e delle proprietà degli *atomi*. Le prime applicazioni riguardano i problemi che erano stati centrali nella *vecchia teoria dei quanti*: la struttura degli *atomi* e delle *molecole*. Si comincia con il sistema più semplice: l'*atomo* di *idrogeno*.

12.2 L'Atomo di Idrogeno Quantistico

Nel suo primo articolo sulla *meccanica ondulatoria*, *Quantisierung als Eigenwertproblem* (*Quantizzazione come un problema agli autovalori*), pubblicato nel 1926 sulla rivista *Annalen der Physik*, Schroedinger, oltre a derivare l'*equazione d'onda* che porta il suo nome, la applica alla soluzione dell'*atomo* di *idrogeno*. Le soluzioni sono *funzioni d'onda* $\Psi_{n,l,m}$, contraddistinte da tre *numeri quantici* (n, l, m). Con l'assunzione $l = k - 1$, essi sono identici ai numeri quantici (n, k, m) della teoria di Bohr-Sommerfeld e identico è il loro significato: n è il *numero quantico principale*, che può prendere tutti i valori interi da 1 a ∞; l è il *numero quantico azimutale*, che può prendere solo gli n valori $0, 1, 2, 3, \ldots, n - 1$, ed è associato al *momento angolare orbitale* L dell'*elettrone* dalla relazione $L^2 = l(l + 1)(h/2\pi)^2$; m è il *numero quantico magnetico*, che può prendere solo i $2l + 1$ valori $0, \pm 1, \pm 2, \pm 3, \ldots, \pm l$, e definisce il valore della componente L_z del *momento angolare* lungo una direzione z prefissata con la relazione $L_z = mh/2\pi$.

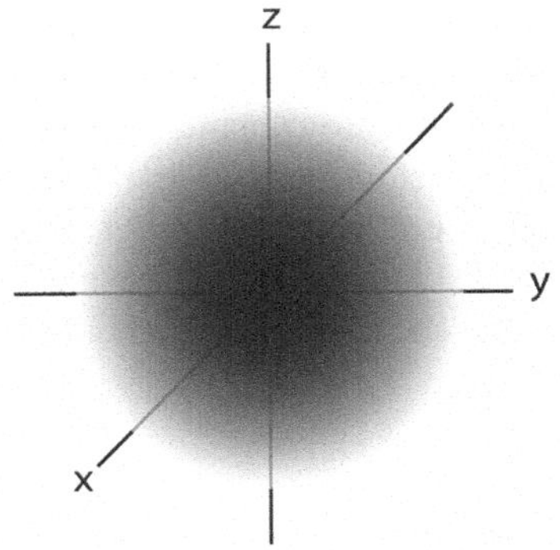

Figura 12.1 Distribuzione tridimensionale della *densità di probabilità* $|\Psi_{1,0,0}(\boldsymbol{r})|^2$ dell'*elettrone* nello stato fondamentale ($n = 1$, $l = 0$, $m = 0$) dell'*atomo* di *idrogeno*

L'energia degli *stati stazionari* corrispondenti alle *funzioni d'onda* $\Psi_{n,l,m}$ dipende solo dal numero quantico n ed è identica a quella ottenuta da Bohr:

$$E_n = -\frac{2\pi^2 m e^4 Z^2}{n^2 h^2} \equiv -\frac{Ry}{n^2}$$

Tuttavia, la pittura degli *stati elettronici* risultante è molto differente dalle orbite semiclassiche ipotizzate da Bohr e Sommerfeld. Secondo la *meccanica quantistica*, di un *elettrone* si può solo calcolare la *probabilità* $|\Psi(\boldsymbol{r}, t)|^2$ che, all'istante t, esso si trovi nel punto $\boldsymbol{r}$. Questa probabilità ha una distribuzione caratteristica per ognuno dei valori dei tre *numeri quantici* (n, l, m), che l'*elettrone* può assumere negli stati stazionari. Di conseguenza l'*elettrone* nell'*atomo di idrogeno*, invece di essere un oggetto puntiforme che orbita intorno al *nucleo*, viene ad assumere l'aspetto di una nuvola di *densità di probabilità* che circonda il *nucleo*, data da $|\Psi_{n,l,m}(\boldsymbol{r},t)|^2$. A ciascuno *stato stazionario* corrisponde una precisa distribuzione di *densità di probabilità*. A titolo di esempio, questa è mostrato schematicamente nella Fig. 12.1 per lo *stato fondamentale* ($n = 1$, $l = 0$, $m = 0$).

In conclusione, pur avendo inficiato il concetto di *elettrone* come particella che percorre un'orbita semiclassica, la *meccanica quantistica* ha confermato aspetti importanti dell'*idrogeno* della *vecchia teoria dei quanti*. Gli *stati stazionari* continuano ad essere caratterizzati da tre *numeri quantici* (n, l, m), che mantengono il proprio significato. Identici sono gli autovalori dell'*energia*. Infine, resta anche valido il concetto che l'*emissione* o l'*assorbimento* di *radiazione* avviene solo quando l'*elettrone* cambia stato e che l'energia della radiazione emessa o assorbita è pari alla differenza di *energia* tra stato iniziale e stato finale. C'è tuttavia una importante differenza concettuale. Nella soluzione dell'*equazione* di *Schroedinger*, la *quantizzazione* dell'*energia* e del *momento angolare*, così come i *numeri quantici* (n, l, m) compaiono in modo del tutto naturale come caratteristiche delle soluzioni *dell'equazione d'onda*. Questo è in grande contrasto con la *vecchia teoria dei quanti* dove le condizioni di quantizzazione erano inserite come assunzioni *ad hoc*.

Nello stesso anno (1926) in cui Schroedinger risolve l'*equazione* d'*onda* per l'*atomo* di *idrogeno*, Heisenberg and Jordan mostrano come la sua *struttura fine* possa essere spiegata introducendo sia gli *effetti relativistici* che l'*interazione spin-*

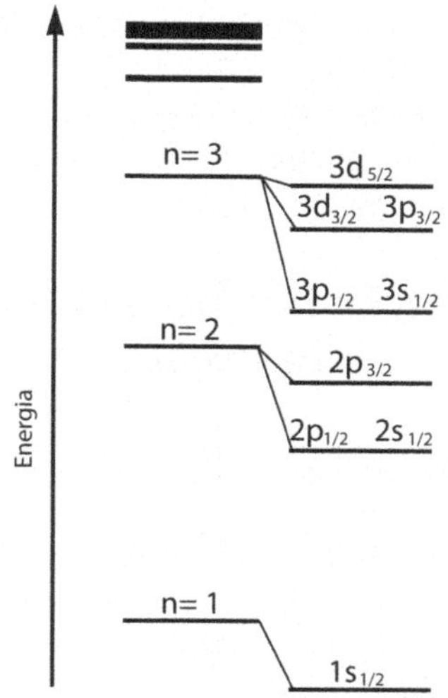

Figura 12.2 Rappresentazione schematica (non in scala) dei livelli di energia dell'*elettrone* dell'*atomo* di idrogeno. (*Sinistra*): Teoria non relativistica (Schroedinger); (*Destra*): Teoria relativistica (Dirac)

orbita come *correzioni* (*perturbazioni*)alle soluzioni ottenute con l'*equazione* di *Schroedinger* [2]. Essi dimostrano come ogni livello di energia si divida in un *doppietto* le cui componenti corrispondono ai due possibili valori del *momento angolare totale*, somma del *momento angolare orbitale* dell'*elettrone* e del suo *momento angolare di spin*. I due valori corrispondono alle due possibilità: *momento di spin* parallelo al *momento angolare* e *momento di spin* anti-parallelo. Nei due casi il *numero quantico j* associato al *momento angolare totale* prende i due valori $j = l + 1/2$ *(momenti angolari paralleli)* e $j = l - 1/2$ *(momenti angolari antiparalleli)*.

Il problema dello *spin* dell'*elettrone* e della *struttura fine* dell'*atomo* di *idrogeno* viene definitivamente risolto dal fisico inglese Paul Adrien Maurice Dirac (1902–1984), il quale nel 1928 elabora una *teoria quantistica relativistica* dell'*elettrone*. Per rappresentare gli *autostati* egli introduce *funzioni d'onda* a quattro componenti, conosciute come *spinori* di Dirac. La teoria chiarisce l'origine della *struttura fine*, individuando la natura delle *correzioni* ai valori dell'energia ottenuti dall'equazione di Schroedinger. Le *correzioni* hanno origine da tre effetti fisici: 1) l'effetto dovuto alla dipendenza della *massa* dalla *velocità* nella teoria della relatività (l'effetto messo in evidenza da Sommerfeld); 2) l'interazione *spin-orbita* (come ipotizzata da Uhlenbeck e Goudsmit); 3) un ulteriore effetto, calcolato dal fisico teorico inglese Charles Darwin (1887–1962) e denominato *termine di Darwin*, che si applica agli stati s ($l = 0$).[2] I valori dell'energia vengono corretti come mostrato nella Fig. 12.2.

[2] Si ricorda che, per convenzione, il valore del *momento angolare orbitale* è specificato da una lettera, invece che dal numero corrispondente, con la seguente corrispondenza: s ($l = 0$); p ($l = 1$); d ($l = 2$); f ($l = 3$). Le lettere minuscole indicano il *momento angolare orbitale* di un singolo *elettrone*, mentre le lettere maiuscole indicano il *momento angolare orbitale totale* di un sistema di *elettroni*.

L'*idrogeno* risulta avere la proprietà peculiare secondo cui gli stati che hanno differenti valori di l ma lo stesso j hanno la stessa energia, ossia sono *degeneri*. E' questa peculiarità che ha fatto sì che il calcolo delle *correzioni relativistiche* dovuto a Sommerfeld apparisse in buon accordo con gli esperimenti.

12.3 L' Elio e le Proprietà Quantomeccaniche degli Atomi a più Elettroni

Il problema della struttura dell'atomo più semplice dopo l'*idrogeno*, l'*elio*, in cui due *elettroni* sono legati ad un *nucleo* di carica positiva $2e$, comporta una nuova problematica: come dare una descrizione quantomeccanica di un sistema che contiene due o più *particelle identiche*. Dalla trattazione del problema emerge l'esistenza di nuove proprietà quantomeccaniche di grande rilevanza: il *principio di esclusione di Pauli*, il concetto di *indistinguibilità* delle particelle e l'*interazione di scambio*. Si tratta di proprietà che non hanno un analogo nella fisica classica e mettono in evidenza alcune delle più notevoli differenze tra la *meccanica classica* e la *meccanica quantistica*.

Lo studio sperimentale delle righe di emissione dell'*elio* aveva mostrato che il suo spettro si poteva dividere in due parti, una che si estendeva dall'*infrarosso* fino al *visibile*, le cui righe erano state analizzate da Runge e Paschen già nel 1896, e l'altra costituita da poche righe nell'estremo *ultravioletto*, con lunghezza d'onda minore di 600 A, scoperte da Lyman solo nel 1922. L'analisi di Runge e Paschen dello *spettro visibile* e *infrarosso* aveva evidenziato la presenza di due differenti sistemi di *righe*, uno i cui *termini* erano *singoletti* e uno i cui *termini* erano apparentemente *doppietti*. In ciascuno dei due sistemi le *serie di righe* si potevano raggruppare in quattro *serie* analoghe a quelle dei *metalli alcalini* (Si veda *Spettri Ottici dei Metalli Alcalini* nell'Appendice C). Tuttavia, l'analisi non mostrava alcuna correlazione tra i due sistemi di *righe*. Di conseguenza, poiché la presenza di due sistemi di *righe* non correlati non risultava essere presente in nessun altro *elemento*, si era pensato che esistessero due tipi differenti di *atomi* di *elio*, che erano stati denominati *orto-elio* e *para-elio*. Nel corso del tempo si era accertato che l'*elio* è una singola sostanza, tuttavia, fino al 1925 i fisici hanno continuato a ritenere che i due sistemi di *righe* provenissero da due modificazioni distinte dell'*atomo*.

Nel 1926, grazie alla dimostrazione sperimentale che i *termini* dell'*orto-elio* non sono *doppietti*, come ritenuto fino ad allora, ma *tripletti* e grazie anche ai calcoli quantomeccanici fatti da Heisenberg sulle intensità relative delle righe, diventa chiaro che lo *spettro* dell'*elio* è analogo a quello degli altri elementi con due *elettroni* nella *shell* più esterna (i *metalli alcalino-terrosi*, *elementi* del *II gruppo* del sistema periodico: *berillio*, *magnesio*, *calcio*, ...). Si elabora uno schema di prima approssimazione dei livelli di energia dell'*elio* e degli *elementi alcalino-terrosi*, basato sullo *Aufbauprinzip*, in cui si trascurano gli affetti di *struttura fine*. Le quattro *serie di righe* sono identificate come transizioni tra livelli corrispondenti a stati in cui un *elettrone* della *shell* esterna viene eccitato mentre l'altro *elettrone* rimane nello stato

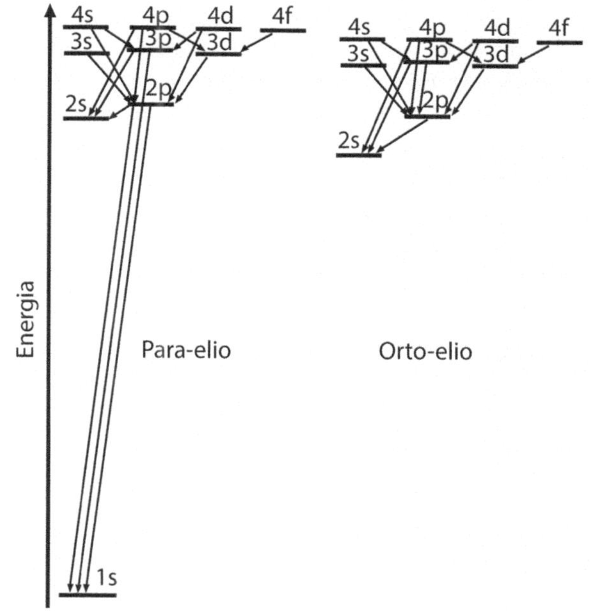

Figura 12.3 Livelli di energia e transizioni ottiche corrispondenti alle *serie normali* dello spettro di righe dell'*elio*. Le serie normali corrispondono a stati in cui un *elettrone* viene eccitato e prende tutti i valori possibili di n e l mentre l'altro *elettrone* rimane nello stato di energia più bassa

di energia più bassa. L'interazione dominante a cui è soggetto l'*elettrone* eccitato viene ad essere l'attrazione coulombiana del *nucleo*, mentre, in prima approssimazione l'effetto dell'altro *elettrone* si può schematizzare come uno schermo della carica del *nucleo*. Così schematizzato il sistema è simile agli *atomi* con un solo *elettrone* nelle orbite esterne (*metalli alcalini*) e i livelli di energia sono contraddistinti dalla terna di *numeri quantici* (*n, l, m*). Le *serie di righe* corrispondono a transizioni tra questi livelli come schematicamente mostrato nella Fig. 12.3. Si noti come ciascuno dei due *sistemi di righe* (*para-elio* e *orto elio*) sia qualitativamente simile a quello dei *metalli alcalini*. Nel caso dell'*elio* (e dei *metalli alcalino-terrosi*) c'è, tuttavia, un'importante differenza concettuale dovuta alla presenza di un secondo elettrone, non eccitato, nel *guscio* più esterno.

Il passo successivo consiste nel considerare la *struttura fine* e le possibili interazioni che la determinano, partendo dall'esame delle caratteristiche dei livelli di energia. Come abbiamo già menzionato, la prima importante caratteristica è che i livelli del *para-elio* sono *singoletti*, mentre quelli dell'*orto-elio* sono *tripletti*. La spiegazione di questa proprietà ha portato alla formulazione dello *schema di accoppiamento di Russell-Saunders* tra i *momenti angolari*.

Ci sono due altre caratteristiche notevoli: l'assenza dello stato *1s* di *tripletto*, come mostrato dall'assenza di transizioni verso questo stato nell'*orto-elio*, e la notevole differenza di energia tra gli omologhi stati di *singoletto* e *tripletto*.[3] La spiegazione di queste due caratteristiche ha portato alla formulazione del *principio*

[3] Gli stati sono detti *omologhi* se hanno gli stessi valori di n e l.

di esclusione da parte di Pauli e alla scoperta dell'*interazione di scambio*, legata al concetto di *indistinguibilità* delle particelle, da parte di Heisenberg e di Dirac.

Nel 1925 fisici americani Henry Russell (1877–1957) e Frederick Saunders (1875–1963) dimostrano, su base empirica [3], che la presenza di livelli singoli e tripli negli *atomi* con due *elettroni* nel *guscio* più esterno (*elementi* del *II gruppo* del *sistema periodico*) viene riprodotta se si assume un particolare schema di interazione tra gli *elettroni* della *shell*, successivamente denominato schema di *accoppiamento di Russell-Saunders* tra i *momenti angolari* (Si veda *Accoppiamento di Russell-Saunder* nell'Appendice D).

Nel caso degli *spettri ottici* dell'*elio* e dei *metalli alcalino terrosi*, lo *schema di accoppiamento* assume che la più forte delle *interazioni residue* tra i due *elettroni* esterni[4] sia l'interazione tra i *moti* di *spin* degli *elettroni* (denominata *interazione spin-spin*, la cui origine è al tempo ancora sconosciuta) e che l'interazione *spin-orbita* (che determina la *struttura fine*) sia la più debole. Come illustrato nell'Appendice D, queste assunzioni comportano che gli stati del *para-elio* e dell'*orto-elio* e lo schema di livelli mostrata nella Fig. 12.3 vengono a corrispondere a stati in cui gli *spin* dei due *elettroni* esterni sono, rispettivamente, *antiparalleli* (*para-elio*, *spin totale* $S = 0$) o *paralleli* (*orto-elio*, *spin totale* $S = 1$).

La *struttura fine* e l'apertura dei livelli in *tripletti* e *singoletti* è dovuta all' *interazione spin-orbita* tra il moto spaziale caratterizzato dal *momento angolare orbitale totale* L e il moto di spin caratterizzato dal *momento di spin totale* S. Per $S = 0$ (*para-elio*) si ha una *struttura fine* di *singoletti*, mentre per $S = 1$ (*orto-elio*) si ha una *struttura fine* di *tripletti*.

Lo *schema di accoppiamento di Russell-Saunders*, applicato anche ad *atomi* con più di due *elettroni* nel *guscio* esterno, appare subito essere la chiave giusta per interpretare la *struttura fine* e gli spettri di righe degli *elementi*,[5] ma non è in grado di spiegare una delle peculiarità dello spettro dell'*elio*: l'assenza dello stato di *tripletto*, quando i due *elettroni* sono entrambi nello stato *1s*, ossia l'assenza dello stato di energia più bassa che ci si aspetterebbe per l'*orto-elio*. Questo *termine*, qualora fosse presente, avrebbe la particolarità di avere gli stessi valori per i *numeri quantici* (n, l, m, s) dei due *elettroni*. Questa peculiarità è stata notata dal fisico teorico tedesco Wolfgang Pauli (1900–1958), il quale, sospettando essere questo il motivo dell'assenza, ha condotto un esame generale degli spettri di righe, per vedere se, in altri elementi e in altre condizioni, capitasse lo stesso [4]. L'analisi ha confermato che in tutti i casi di *termini* mancanti, gli *elettroni* avrebbero dovuto avere tutti i numeri quantici coincidenti. Questa scoperta ha portato Pauli, nel 1925, a formulare il *principio di esclusione* che va sotto il suo nome. Definendo lo *stato quantico* di un *elettrone* come lo stato caratterizzato dall'insieme dei valori presi dai suoi *numeri quantici*, il *principio di esclusione* afferma che *in un atomo a più elettroni non ci*

[4] L'interazione principale tra i due *elettroni* è quella dovuta alla repulsione coulombiana, ma la maggior parte di questa è già contenuta nello schema di prima approssimazione come effetto di schermo.

[5] Nella realtà questo vale per gli *elementi leggeri*, cioè elementi con numero atomico sino a circa $Z = 40$.

può essere più di un elettrone nello stesso stato quantico, il che è equivalente ad affermare che i *numeri quantici* di due o più *elettroni* non possono mai essere tutti uguali.

Nello stesso anno, Pauli ha enunciato il principio dell'*indistinguibilità* degli *elettroni*, introducendo il concetto di *particelle identiche* e di *indistinguibilità* delle particelle in *meccanica quantistica*. Il principio afferma che i *risultati osservabili* di un calcolo quantomeccanico non devono dipendere da come sono contrassegnate le *particelle identiche*. Questo è equivalente a dire che i *risultati della misura* di una proprietà fisica non devono cambiare se si effettua uno scambio di coordinate (una *permutazione*) delle *particelle* all'interno del sistema.

Il *principio di esclusione* e il *concetto di indistinguibilità* delle *particelle*, quando vengono tradotti in condizioni matematiche a cui devono soddisfare le *funzioni d'onda*, hanno un forte impatto sulla forma delle soluzioni possibili (Per maggiori informazioni si veda *Indistinguibilità e Interazione di Scambio* nell'Appendice D). Nel caso di un sistema di *elettroni*, essi comportano che le funzioni d'onda siano *antisimmetriche* per lo scambio di due delle sue *particelle*.[6] Questa proprietà puramente quantomeccanica ha conseguenze rilevanti per le proprietà degli *atomi* e della *materia* in generale. Una di queste, tra le più importanti, è l'emergere di una nuova forma di interazione tra gli *elettroni*, che non ha analogo classico e che va sotto il nome di *interazione di scambio*. Questa interazione ha due importanti caratteristiche: 1) è dello stesso ordine della *repulsione coulombiana* tra i due *elettroni* e, pertanto, è molto più intensa delle *correzioni relativistiche* ai livelli di energia; 2) generalmente il suo segno è tale da diminuire l'energia dello stato di *tripletto* rispetto a quella dello stato di *singoletto*. L'interazione di scambio tende quindi a mantenere paralleli gli *spin* degli *elettroni*: un fatto di estrema importanza per la struttura della *materia*, in particolare per la spiegazione dell'origine del magnetismo nelle sostanze ferromagnetiche, come ha immediatamente intuito Heisenberg. Nel caso dell'*elio* essa spiega l'origine dell'altra peculiarità del sistema: la notevole differenza di energia tra gli stati omologhi di *singoletto* e *tripletto*.

L'*interazione di scambio* è stata scoperta indipendentemente da Werner Heisenberg e Paul Dirac nel 1926.

12.4 Molecole: il Legame Covalente

Già verso la fine degli anni Venti la *meccanica quantistica* viene applicata per chiarire la natura del *legame chimico*, uno dei grandi problemi della struttura della *materia* allora ancora sostanzialmente aperto. La domanda prioritaria al momento è quale siano le forze che permettono ad *atomi* uguali di legarsi fra loro per formare *molecole*, come succede per molti degli *elementi* più comuni allo stato gassoso, come l'*idrogeno*, l'*ossigeno*, l'*azoto*, ecc. Problema che, come abbiamo visto, aveva posto non pochi ostacoli allo sviluppo di corrette teorie atomiche e molecolari.

---

[6] Scambio di due particelle significa che una particella prende il "posto" dell'altra e viceversa.

Un passo importante verso la soluzione del problema viene compiuto quando prende consistenza l'ipotesi che un *legame chimico* possa derivare dalla condivisione e dal trasferimento di *elettroni* tra gli *atomi* che si legano. La formulazione esplicita di questa ipotesi è contenuta in un articolo del 1916 del chimico americano Gilbert N. Lewis (1875–1946). In quel periodo idee simili sono sostenute anche da altri, sia chimici (il britannico Alfred L. Parson (1889–1970), l'americano W. C. Arsem e il tedesco H. Kauffmann) che fisici (il tedesco Johannes Stark (1874–1957) e l'inglese J. J. Thomson) [5]. Nel suo articolo, in cui discute la *teoria elettronica* della *valenza* e la *regola dell'ottetto* alla luce delle recenti scoperte e teorie sugli *elettroni* negli *atomi*, Lewis avanza l'ipotesi che due *atomi* uguali possano formare un l*egame* mettendo in comune una coppia di *elettroni* condivisa. Il legame da lui proposto verrà in seguito denominato *legame covalente*. Secondo Lewis, per gli *atomi* ci sono due modi per completare l'*ottetto*: la formazione di un *legame covalente*, che porta all'*ottetto* mediante la condivisione di *elettroni* e si applica a coppie di atomi uguali o di pari *elettronegatività*, e la formazione di un *legame ionico*, che porta all'*ottetto* mediante il trasferimento di *elettroni* da un *atomo* all'altro e si applica ad *atomi* di diversa *elettronegatività*.

L'idea di *elettroni* condivisi fornisce un quadro qualitativo efficace del *legame covalente*, ma la comprensione reale della natura di questi legami si ha solo con l'applicazione della *meccanica quantistica* alla soluzione del problema della formazione delle *molecole*.

La prima descrizione quantistica del *legame covalente* è ottenuta nel 1927 dal fisico danese Øyvind Burrau (1896–1979). Burrau applica la *meccanica ondulatoria* al calcolo della *molecola* di *idrogeno ionizzata*, H_2^+, la *molecola* più semplice, composta da un *elettrone* e due *nuclei* di *idrogeno* (due *protoni*). La soluzione dell'equazione di Schroedinger corrispondente è matematicamente complessa ma lo schema di ragionamento che porta alla soluzione è relativamente facile da seguire. L'idea di base è quella di calcolare l'energia dell'*elettrone* al variare della distanza dei due *nuclei*. Si trova che la *funzione d'onda* dello stato fondamentale è tale da comportare un progressivo aumento della probabilità di trovare l'*elettrone* tra i due *nuclei*. Questo aumento di carica negativa tra i due *nuclei* esercita un'attrazione crescente dei *nuclei* verso il centro della *molecola*, esercitando un effetto stabilizzante. L'effetto stabilizzante è dimostrato dall'esistenza di un minimo dell'energia alla distanza di equilibrio dei due *nuclei*. (Per ulteriori dettagli si veda la *Molecola di Idrogeno Ionizzata* nell'Appendice D).

La dimostrazione che questa *molecola*, costituita da tre *particelle* cariche interagenti, costituisce, in accordo con le evidenze sperimentali, un sistema stabile, è stato uno dei primi successi della *meccanica quantistica* ed ha dimostrato che l'approccio *quantistico* ai *legami chimici* è fondamentalmente e quantitativamente corretto.

Sempre nel 1927 è stato eseguito dai fisici tedeschi Walter Heitler (1904–1981) e Fritz London (1900–1954) il primo calcolo quantistico della *molecola* di *idrogeno* (H_2). Questa molecola ha due *elettroni* legati ai due *nuclei* e presenta, per quanto riguarda il calcolo quantomeccanico, le problematiche di un sistema di due *particelle identiche*. Heitler e London hanno utilizzato un metodo approssimato che mostra come, partendo da due *funzioni d'onda* dell'*atomo* di *idrogeno*, ciascuna centrato su uno dei due *nuclei*, sia possibile costruire le *auto-funzioni* dei due *elettroni* della *molecola* per formare un *legame covalente*. Il metodo di Heitler e London costituisce la base di quella che successivamente verrà chiamata la teoria del *legame di valenza*.

Oltre alla teoria del *legame di valenza*, nello stesso periodo, grazie ai contributi di Friedrich Hund (1896–1997), Robert Mulliken (1896–1986), John C. Slater (1900–1976) e John Lennard-Jones (1894–1954), è stata sviluppata una seconda teoria di base capace di fornire una descrizione quantistica dei legami chimici. Questa teoria è stata chiamata *teoria di Hund-Mulliken* o degli *orbitali molecolari*, dalla dizione di *orbitale molecolare*, introdotta da Mulliken nel 1932.

Riferimenti bibliografici

1. Eisberg R, Resnick R (1985) Quantum physics, 2nd edn. John Wiley & Sons, New York
2. Heisenberg W, Jordan P (1926) Anwendung der Quantenmechanik auf das Problem der anomalen Zeemaneffekte. *Zeitschrift* für Physik 37: 263–277
3. Russell H N, Saunders F A (1925) New regularities in the spectra of the alkaline earths. Astrophysical Journal 61: 38–69
4. Born M (1962) Atomic Physics, 7th edn. Dover Publications Inc, New Yok
5. Jensen W B (1984) Abegg, Lewis, Langmuir, and the Octet Rule. Journal of Chemical Education 61: 191–200

Capitolo 13
La Materia allo Stato Solido

Tra i problemi rilevanti non risolti prima dell'avvento della *meccanica quantistica* c'è la natura delle proprietà elettriche della *materia* allo *stato solido*. Come abbiamo visto, si tratta di una problematica antica, che alla fine dell'Ottocento aveva assunto anche notevoli risvolti pratici, dato l'uso sempre più diffuso dell'elettricità e lo sviluppo delle nuove tecnologie di comunicazione. Dopo la scoperta degli *elettroni* la comprensione delle proprietà elettriche si combina con il problema di determinare la struttura atomica ed elettronica delle sostanze solide.

Tra i grandi progressi nelle indagini sulla *materia* compiuti all'inizio del XX secolo va annoverata la determinazione diretta dell'ordinamento degli *atomi* nei solidi cristallini grazie all'avvento dei *raggi X*. Per la prima volta nella storia, la disposizione spaziale degli atomi può essere accertata sperimentalmente e vengono determinati i *reticoli cristallini* delle sostanze più comuni. Questa conoscenza si rivela di grande aiuto quando la *meccanica quantistica* inizia ad essere applicata alla comprensione delle *strutture elettroniche* e delle proprietà fisiche della *materia* allo *stato solido*.

13.1 Ordinamento degli Atomi

Molte delle sostanze naturali si aggregano in modo da dare luogo a strutture regolari, i *cristalli*. Fra di essi, le *pietre preziose*, hanno goduto di grande popolarità fin dai tempi più remoti. Benché le proprietà delle strutture cristalline sia sempre stata oggetto di grande interesse, i primi approcci scientifici allo studio della loro struttura sono iniziati solo nel XVII secolo, in concomitanza con il più generale sviluppo delle scienze. Può essere interessante ricordare che Giovanni Keplero (1571–1630), uno dei padri dell'astronomia, è stato tra i primi a formulare un'ipotesi scientifica sulla formazione dei *cristalli*. Nella sua opera *Strena seu de Nive Sexangula* (*Un regalo di Capodanno di neve esagonale*), del 1611, egli ha ipotizzato che la *simmetria esagonale* dei *cristalli* formati dai fiocchi di neve fosse dovuta ad una disposizione regolare di microscopiche particelle sferiche di *acqua* [1].

© The Author(s), under exclusive license to Springer Nature Switzerland AG 2025
F. Evangelisti, *Il concetto di materia*, https://doi.org/10.1007/978-3-031-83565-0_13

Il vero pioniere delle ricerche sperimentali sulla simmetria dei *cristalli* è stato lo scienziato danese Nicola Stenone (1638–1686). Nel 1669, Stenone ha formulato la prima legge della cristallografia, nota come *legge di Stenone* o *legge degli angoli costanti*, la quale afferma che gli angoli tra le facce corrispondenti di una struttura cristallina sono gli stessi per tutti gli esemplari dello stesso minerale [1]. L'opera di Stenone ha costituito la base di tutte le successive indagini sulle strutture cristalline.

Con la rinascita dell'*atomismo*, avvenuta nel XVII secolo, vengono fatti vari tentativi di correlare le *strutture cristalline* alle teorie corpuscolari della *materia*. Ad esempio, lo scienziato inglese Robert Hooke (1636–1703) nel suo *Micrographia* del 1665 afferma che è molto probabile che [2]:

> tutte queste figure regolari che sono così chiaramente varie e curiose, ... sorgano solo da tre o quattro diverse posizioni di particelle globulari ... Potrei anche citare la figura del sale marino e del salgemma, che è composta da una trama di globuli, collocati in una forma cubica ...

Nel XVIII secolo lo studio delle *strutture cristalline* diventa un campo di ricerca molto attivo, anche per il diffuso interesse che si ha per lo studio delle rocce e della geologia in generale. Vengono compiuti importanti progressi. Il medico e naturalista Carl Linneo (1707–1778) è in grado di stabilire una correlazione tra i diversi tipi di *sali* e le diverse *forme cristalline*. Il chimico francese Guillaume François Rouelle (1703–1770) sostiene che le osservazioni microscopiche del processo di cristallizzazione del *sale marino* (*sale comune*) suggeriscono l'esistenza di *particelle componenti* di *forma cubica* e che, più in generale, la correlazione rilevata tra *composizione chimica* e *forma cristallina* suggerisce che, per ogni *sale*, le particelle che ne costituiscono il *cristallo* siano *poliedri* di forma geometrica definita e costante. Per quanto riguarda i meccanismi di cristallizzazione, il chimico francese Pierre-Joseph Macquer (1718–1784), nel suo popolare *Dictionnaire de chymie* (1766), introduce il concetto di *molecole poliedriche integranti* ed enuncia questi due principi [2]:

> Sebbene non conosciamo la figura delle molecole integranti costituenti di ciascun corpo, non possiamo dubitare che queste abbiano una figura costantemente uniforme e peculiare.
>
> Se hanno il tempo e la libertà di unirsi l'una con l'altra, le parti più disposte a questa unione formeranno masse di una figura costantemente uniforme e simile.

Dobbiamo allo scienziato francese Jean-Baptiste Romé de L'Isle (1736–1790) il primo tentativo di rendere più organiche le idee di Linneo, Rouelle e Macquer e di sviluppare le teorie geometriche delle strutture cristalline. Nei suoi trattati *Essai de cristallographie*, del 1772, e *Cristallographie*, del 1783, egli sostiene che le *molecole integranti* dei corpi abbiano, ciascuna secondo la propria natura, una figura costante e determinata e che sia possibile classificare i *cristalli* in base alla loro forma esteriore. Utilizzando nuovi dati, ottenuti con un goniometro che gli permette di misurare con precisione gli angoli diedri delle facce cristalline, Romé de L'Isle enuncia la sua la legge degli *angoli interfacciali costanti*, secondo cui questi angoli sono costanti e caratteristici dei *cristalli* della stessa sostanza chimica. Grazie a Romé de L'Isle la cristallografia viene a disporre di un parametro quantitativo, l'*inclinazione* tra i piani caratteristici (le *facce*), che può essere utilizzato per classificare le *strutture cristalline*.

La prima teoria globale sulla struttura dei cristalli viene elaborata dall'abate René Just Haüy (1743–1822), famoso mineralista francese considerato il padre della Cristallografia. Nel suo *Essai d'une théorie sur la structure des crystaux* (1784) egli mostra che, per ogni composto molecolare, tutte le *facce* del *cristallo* possono essere descritte da semplici schemi di sovrapposizione di blocchi della stessa forma e stesse dimensioni, costituiti da unità specifiche, *molecole costituenti (o integranti)*, uguali tra loro in forma e composizione. La teoria si basa sull'intuizione che l'esistenza di *piani di sfaldatura* dei minerali sia la dimostrazione di un ordine geometrico interno rappresentato dalle *molecole integranti* e sia in grado di spiegare la legge della *costanza degli angoli interfacciali*. Gli studi di Haüy portano alla moderna concezione che vede i *cristalli* come reticoli tridimensionali (*reticoli cristallini*), in cui una *cella elementare* viene ripetuta indefinitamente lungo tre direzioni principali.

Nel XIX secolo si assiste ad un notevole sviluppo dello studio teorico delle *strutture cristalline*, che diventa una branca della matematica dedicata principalmente all'indagine delle proprietà di *simmetria*. Grazie ai lavori di numerosi scienziati viene elaborato un catalogo completo delle possibili *strutture* e *simmetrie*. Un ruolo importante lo ha il fisico e cristallografo francese Auguste Bravais (1811–1863). Partendo dalla teoria di Haüy, che aveva descritto i cristalli come un aggregato di unità microscopiche (*molecole integranti*), Bravais introduce il concetto di *reticolo cristallino* come l'insieme dei punti dello spazio generati da tre traslazioni primitive non complanari. Egli dimostra che esistono solo 14 tipi diversi di *reticoli*, oggi denominati *reticoli di Bravais*, raggruppati in sette sistemi: *cubico*, *tetragonale*, *esagonale*, *romboedrico, ortorombico, monoclino* e *triclino*. Negli anni Novanta del XIX secolo, in maniera indipendente, Evgraf Fedorov, Arthur Schönflies e William Barlow dimostrano che possono esistere solo 230 *strutture cristalline* distinte.

Tuttavia, fino all'avvento dei Raggi X non c'è stato modo di investigare sperimentalmente le *strutture cristalline* su scala microscopica. Le ipotesi teoriche, anche se molto plausibili e ben fondate teoricamente, rimanevano supposizioni prive di riscontro sperimentale. I dati macroscopici disponibili erano troppo scarsi per suffragare in modo conclusivo i modelli elaborati. Questa situazione cambia drasticamente quando il fisico tedesco Max von Laue (1879–1960) ha l'idea di utilizzare i *cristalli* come *reticolo di diffrazione* per i *raggi X*, assumendo che questi possano avere una *lunghezza d'onda* paragonabile alla spaziatura delle *celle unitarie* dei *cristalli*. L'obiettivo originale di von Laue è quello di verificare la natura ondulatoria dei *raggi X*, natura ancora controversa dopo 17 anni dalla loro scoperta da parte di Roentgen.

Nell'aprile del 1912 von Laue, Walter Friedrich e Paul Knipping organizzano un esperimento in cui un fascio di *raggi X* attraversa un cristallo di *solfato di rame* e osservano sulla lastra fotografica un gran numero di punti ben definiti disposti in uno schema di cerchi intersecanti attorno al punto prodotto dal raggio centrale. Per spiegare i risultati, Von Laue elabora una legge teorica che collega gli angoli di dispersione alle dimensioni e all'orientamento della *cella-unitaria* nel cristallo.

L'esperimento non solo dimostra il carattere ondulatorio dei *raggi X*, ma ha conseguenze di più vasta portata, aprendo la strada allo studio diretto della struttura della *materia* allo *stato solido*. Per i suoi contributi von Laue ha ricevuto il premio Nobel nel 1914.

Dopo la ricerca pioneristica di von Laue, il campo si sviluppa rapidamente. Di particolare importanza sono i contributi dei fisici inglesi William Henry Bragg (1862–1942) e William Lawrence Bragg (1890–1971), padre e figlio. In breve tempo, dopo l'annuncio di von Laue, essi sono in grado di determinare la struttura dei cristalli più comuni, come il *diamante*, il *cloruro di sodio*, il *cloruro* e il *bromuro di potassio*. Inoltre, Lawrence Bragg elabora una procedura di interpretazione delle figure di diffrazione molto semplice e diretta, oggi nota come *legge di Bragg*, nella quale si assume che i picchi di diffrazione osservati siano dovuti alla riflessione dei *raggi X* dalle famiglie di piani reticolari che compongono i cristalli. Per i loro contributi alla cristallografia i Bragg, padre e figlio, ottengono il Premio Nobel per la fisica nel 1915.

13.2 Elettroni nei Solidi

Alla fine degli anni Venti, un problema rilevante che gli scienziati devono affrontare con l'aiuto della neonata *meccanica quantistica* è quello della distribuzione degli *elettroni* nella *materia* allo *stato solido* e della spiegazione delle proprietà elettriche. Si tratta di una problematica antica, che riguarda le ragioni per cui alcune sostanze, i *metalli*, sono buoni conduttori dell'elettricità, altre, gli *isolanti*, non conducono e altre ancora, i *semiconduttori*, hanno proprietà intermedie. Per rendersi conto della particolare natura del problema si tenga presente che si tratta di spiegare una differenza di *conducibilità elettrica*[1] di più di venti ordini di grandezza!

13.2.1 Il Gas di Elettroni Liberi

Come facilmente prevedibile, la scoperta dell'*elettrone* da parte di Thomson nel 1897 ha avuto un vasto e immediato impatto sulle ricerche riguardanti l'*elettricità* nella *materia*. Nell'anno 1900, il fisico tedesco Paul Drude (1863–1906) ha formulato la prima teoria organica di *conduzione* nei *metalli*, in cui gli *elettroni* sono

[1] La *conducibilità elettrica*, ossia la capacità di un materiale allo stato solido di condurre la corrente elettrica, viene specificata utilizzando la *legge di Ohm*, che definisce la *resistenza* R di una barra di materiale, come il rapporto tra la *tensione* V applicata ai suoi capi e la *corrente elettrica* I, che vi fluisce. R dipende dalla lunghezza L e dalla sezione S della barra secondo la relazione $R = \rho L/S$, dove ρ è una quantità caratteristica del *materiale* chiamata *resistività* e misurata in Ohm·metro (Ω m). La *conducibilità* σ di un materiale è l'inverso della resistività ($\sigma = 1/\rho$) e si misura in $(\Omega\ \mathrm{m})^{-1}$. I valori tipici della *conducibilità* dei *metalli* variano nell'intervallo $\sigma = 10^7$–10^8 $(\Omega\ \mathrm{m})^{-1}$ (ossia, 10.000.000–100.000.000 $(\Omega\ \mathrm{m})^{-1}$). Per gli *isolanti* i valori tipici variano nell'intervallo $\sigma = 10^{-14}$–10^{-10} $(\Omega\ \mathrm{m})^{-1}$ (ossia, 1/100.000.000.000.000–1/10.000.000.000 $(\Omega\ \mathrm{m})^{-1}$).

individuati come i *portatori* della corrente elettrica. Nella sua teoria Drude ha assunto che gli *elettroni* all'interno di un *metallo* formino un *gas di elettroni liberi*, ossia si comportino come gli *atomi* o le *molecole* di un *gas* in un recipiente, siano, cioè, perfettamente liberi di muoversi, abbiano interazioni trascurabili e ubbidiscano alle leggi della *teoria cinetica*. Tuttavia, c'è una differenza sostanziale con i *gas*: gli *elettroni* sono particelle cariche e il sistema deve essere composto da almeno due tipi di *particelle* di carica opposta per mantenere la neutralità elettrica. Nel suo modello Drude ha assunto che le cariche positive siano portate da *particelle* molto più pesanti degli *elettroni*.[2] (Per maggiori dettagli si veda *Il Gas di Elettroni Liberi Classico* nell'Appendice D)

L'assimilazione degli *elettroni* di un *metallo* ad un gas di particelle *libere* è una assunzione molto ardita, perché è difficile comprendere come delle particelle dotate di carica elettrica, fortemente interagenti tra loro a causa delle forze coulombiane, possano comportarsi come se su di essi non agiscano forze, se non al momento degli urti. Nonostante queste possibili riserve a priori, la teoria di Drude si dimostra di notevole successo nello spiegare sia la *conducibilità elettrica* sia quella *termica*. Inoltre, è in grado di riprodurre con grande precisione una proprietà, allora misteriosa, della *conduzione* nei *metalli*, la *legge di Wiedemann-Franz*, secondo la quale il rapporto tra *conducibilità elettrica* e *conducibilità termica* è una costante che non dipende dal tipo di *metallo* considerato.

Negli anni successivi la teoria di Drude viene perfezionata da Hendrik Antoon Lorentz (1853–1928), il quale introduce l'ipotesi che le velocità degli *elettroni* seguano la distribuzione di Maxwell-Boltzmann e che le *particelle positive* siano fisse all'interno del *metallo*. In questo modo diventa possibile spiegare altre caratteristiche dei *metalli*, quali i *fenomeni termoelettrici* e l'assorbimento ed emissione della *radiazione termica* [3].

Questi successi danno, inizialmente, un forte supporto alla teoria e all'ipotesi di base dell'esistenza di un *gas* di *elettroni liberi* nei *metalli*. Ben presto, però, vengono evidenziati una serie di problemi, che creano un clima di incertezza. Si trova che la teoria non è in grado di predire in modo corretto l'andamento delle due *conducibilità* (*elettrica* e *termica*) al variare della *temperatura*. Inoltre, si scopre una contraddizione molto grave dal punto di vista concettuale: l'ipotesi dell'esistenza di un *gas di elettroni liberi* è in contrasto con le evidenze sperimentali di un'altra proprietà termica fondamentale dei *metalli*, il *calore specifico*. Secondo la *teoria cinetica*, la presenza di un *gas* di *elettroni liberi* si sarebbe dovuto manifestare anche nelle misure dei *calori specifici*, dando un contributo di grandezza confrontabile con quello derivante dal moto degli *ioni*. Di questo contributo non c'è traccia nelle misure fino ad allora disponibili. In conclusione, la conduzione dei *metalli* e la validità della teoria di Drude rappresentano un altro dei numerosi problemi in attesa di soluzione nei primi decenni del Novecento, problemi che costituiscono un banco di prova per la *meccanica quantistica* nella seconda metà degli anni Venti.

[2] Si tenga presente che quando Drude elabora la sua teoria non si ha ancora nessuna evidenza concreta sulla struttura degli *atomi* e sull'esistenza dei *nuclei*.

Un primo passo verso soluzione dei problemi aperti riguardanti la *conduzione* nei *metalli* viene fatto nel 1927, grazie ai contributi di Pauli e di Sommerfeld, che si avvalgono di recenti sviluppi della *meccanica statistica quantistica* dovuti a Enrico Fermi e Paul Dirac.

Nel 1926 Fermi e Dirac, indipendentemente l'uno dall'altro, avevano affrontato un problema concettualmente rilevante legato al *principio di esclusione* di Pauli. Poiché ogni stato quantico poteva essere occupato da una sola particella, ne discendeva che la legge statistica, che governava la distribuzione degli *elettroni* fra i possibili stati di energia, doveva essere cambiata in modo da soddisfare a questa nuova condizione. Fermi e Dirac avevano ricavato la nuova legge di distribuzione, denominata in seguito *statistica di Fermi-Dirac*, che avrebbe sostituito la legge di *distribuzione di Maxwell-Boltzmann*.

Nel 1927 Pauli mostra come l'assunzione dell'esistenza di un *gas di elettroni liberi* che ubbidiscono alla nuova *statistica di Fermi-Dirac* permetta di spiegare il *paramagnetismo* dei *metalli*. Il successo della teoria di Pauli del *paramagnetismo* rende plausibile l'ipotesi che l'inadeguatezza più rilevante della *teoria di Drude-Lorentz*, non sia l'idea di base dell'esistenza di un *gas di elettroni liberi*, ma l'utilizzo della *distribuzione di Maxwell-Boltzmann* per valutarne l'energia. Sulla base di questo convincimento, nel biennio 1927–28, Sommerfeld elabora una teoria quantistica del *gas di elettroni liberi*, in cui gli stati elettronici ubbidiscono all'equazione di Schroedinger e gli *elettroni* sono distribuiti tra gli stati secondo la *statistica di Fermi-Dirac* (Per maggiori dettagli si veda *Il Gas di Elettroni Liberi di Sommerfeld* nell'Appendice D). Sommerfeld mostra come le proprietà elettriche e termiche del *gas di elettroni liberi* calcolate con la nuova teoria siano in un buon accordo con i valori sperimentali. Inoltre, risolve l'enigma del *calore specifico*, dimostrando che, alle normali temperature di misura, il contributo dato dagli *elettroni* è così piccolo da non essere misurabile.

13.2.2 Onde di Bloch e Teoria delle Bande

Il successo della teoria di Sommerfeld nello spiegare le principali proprietà della *conduzione* dei *metalli* dimostra come l'assunzione della presenza di *elettroni liberi* al loro interno debba contenere elementi di verità, ma, contestualmente, solleva una serie di nuovi problemi di grande importanza concettuale: come è possibile che nei metalli ci siano *elettroni* che sembrano non risentire né dell'attrazione dei *nuclei*, né della repulsione degli altri *elettroni*; quanti sono questi *elettroni liberi* rispetto al totale degli *elettroni* presenti; infine, e soprattutto, perché alcune sostanze, i *metalli*, hanno *elettroni liberi* ed altre, gli *isolanti*, non li hanno.

Alla prima di queste domande, la possibilità per gli *elettroni* di muoversi liberamente all'interno di una sostanza solida, viene data risposta già nel 1928, grazie a Felix Bloch (1905–1983), un brillante dottorando di Heisenberg. Bloch cerca di capire perché un *elettrone* possa spostarsi da una cella cristallina all'altra senza essere catturato dagli *ioni* carichi presenti. Il suo punto di partenza è il meccanismo di for-

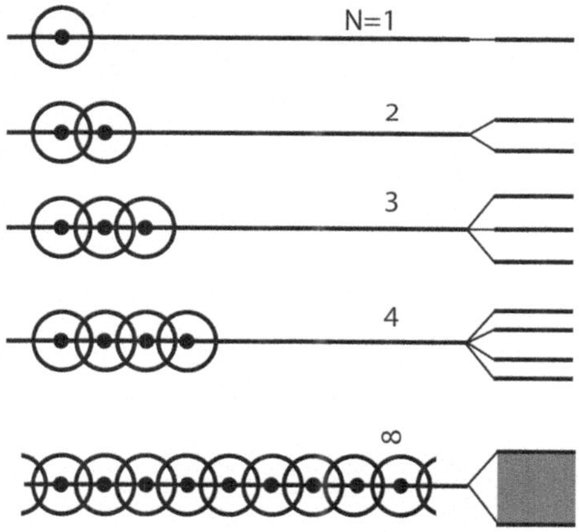

Figura 13.1 Rappresentazione schematica degli stati elettronici e dei livelli di energia, quando *atomi* uguali si legano per formare molecole e solidi. Gli stati elettronici (rappresentati schematicamente da orbite circolari) si combinano a formare un nuovo stato elettronico, che si estende su tutti gli atomi. Il numero N di questi nuovi stati elettronici è pari al numero degli atomi costituenti e ciascuno di essi ha un'energia leggermente differente come mostrato negli schemi di sinistra. Quando N diventa molto grande (idealmente tende all'infinito) la spaziatura dei valori dell'energia tende a zero e si parla di *banda di energie permesse* per gli *elettroni*

mazione del *legame covalente* nelle *molecole omo-nucleari*. Come abbiamo visto nella formazione della *molecola* di *idrogeno*, quando due *atomi* si legano a formare una *molecola*, gli *elettroni* più esterni vengano messi in comune e ogni *elettrone* diventi un *elettrone* della *molecola*, non più dell'*atomo*. Secondo Bloch la formazione di un cristallo, in cui molti *atomi* si uniscono a formare un *reticolo* ordinato ottenuto dalla ripetizione di *celle elementari*, può essere vista come la formazione di una grandissima molecola, in cui ogni *elettrone* si distribuisce su tutto il solido con la stessa probabilità di trovarsi in ciascuna delle *celle elementari*, acquistando, a tutti gli effetti, un certo grado di libertà di muoversi.

Per rendere quantitativa la sua teoria, Bloch ipotizza che un *elettrone*, in prossimità di ciascuno *ione* del cristallo, risenta di un potenziale simile a quello che si avrebbe nell'*atomo* isolato. In base a questa assunzione la *funzioni d'onda* dell'*elettrone* nel solido può essere costruita come una combinazione lineare di *orbitali atomici*, vale a dire, come una estensione della costruzione degli *orbitali molecolari*, che abbiamo visto nel caso della *molecola* di *idrogeno*.

Partendo da questo assunto Bloch dimostra che esistono tanti di questi nuovi *stati elettronici* quante sono le *celle elementari* del *cristallo* e che ognuno di questi stati ha un'*energia* leggermente diversa (si veda Fig. 13.1). I valori possibili dell'*energia* si distribuiscono intorno al valore dell'*energia* dello stato atomico originario. Questi intervalli di energie possibili vengono denominati *bande di energie permesse* per gli *elettroni*. In questo modo Bloch è in grado di dimostrare l'importante teorema (ora noto come *teorema di Bloch*), secondo cui le *funzioni d'onda* degli *elettroni* in un potenziale periodico (ora note come *onde di Bloch*) hanno la forma di un'*onda*

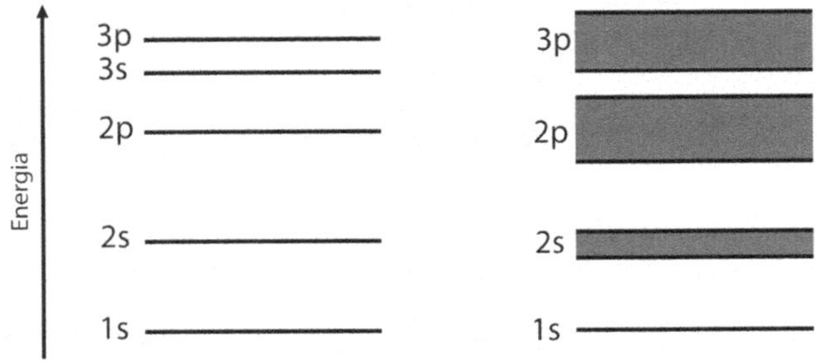

Figura 13.2 Schema che mostra come i livelli di energia atomici si allargano a formare le *bande di energie permesse* e le *gap* di *energie proibite* nei solidi

piana (la forma propria per un *elettrone libero*) modulata da una *funzione periodica* con la periodicità del *reticolo cristallino*.

Nella sua teoria Bloch ha derivato le *funzioni d'onda* e le *energie* degli stati elettronici nei solidi utilizzando come punto di partenza l'orbitale atomico dello stato fondamentale e ha ottenuto una *banda* di *energie permesse*, centrata intorno all'energia di questo orbitale. Tuttavia, la stessa procedura può essere applicata a ciascuno dei livelli atomici, ottenendo una *banda* di energia per ciascuno di questi livelli. Ne segue che le energie degli elettroni delle sostanze allo stato solido sono costituite da una sequenza di *bande* di *energie permesse* separate da intervalli (in inglese *gap*) di *energie non permesse (gap proibite)* (Fig. 13.2).

Successivamente Bloch ha calcolato varie proprietà fisiche dei *metalli*, dimostrando l'efficacia del suo approccio e la correttezza del suo teorema. Fra queste c'è il calcolo della *resistività* elettrica e la dimostrazione esplicita che, in un cristallo perfetto, essa non è dovuta alla presenza degli *ioni* carichi, come supposto da Drude, ma è dovuta allo spostamento degli ioni dalla posizione di equilibrio a causa delle vibrazioni. La resistività cresce al crescere dell'ampiezza dello spostamento. I risultati teorici ottenuti da Bloch, pubblicati in un articolo del 1929, hanno rappresentato una svolta cruciale verso la comprensione del comportamento degli *elettroni* nelle sostanze solide e hanno aperto la strada alla *teoria delle bande*, che sta alla base della moderna *teoria quantistica dei solidi*.

La *teoria delle bande* è stata messa a punto nei tre anni successivi, quando si è cercato di spiegare aspetti importanti delle proprietà elettriche non ancora chiariti, facendo emergere chiaramente il ruolo rilevante che hanno i concetti di *banda di energie permesse* e di *gap* di *energie proibite* nel determinare le proprietà delle sostanze solide. Il processo ha avuto inizio quando Heisenberg ha suggerito a Rudolf Peierls (1907–1995), allora studente di dottorato, di applicare la teoria di Bloch alla comprensione delle anomalie dell'*effetto Hall*.

L'effetto che porta questo nome è stato scoperto nel 1879 dal fisico statunitense Edwin H. Hall (1855–1938) e consiste nella presenza di una *differenza di potenziale* trasversa (*tensione di Hall*) quando una *corrente elettrica* fluisce in un conduttore in presenza di un *campo magnetico* perpendicolare. Successivamente alla scoperta, si era trovato che gli aspetti generali dell'*effetto Hall* si spiegavano in modo soddisfacente se si estendeva la teoria di Drude tenendo conto della forza di Lorentz, dovuta al campo magnetico.[3] Tuttavia, studi più dettagliati avevano mostrato come, in molti materiali, l'*effetto Hall* avesse caratteristiche anomale, in contrasto con quanto previsto dalla teoria. In numerosi casi la *tensione di Hall* non solo aveva un valore anomalo, ma aveva anche un segno anomalo, ossia si comportava come se i portatori di corrente avessero carica positiva invece che negativa e contraddiceva il concetto, ormai acquisito, che nei solidi le uniche particelle mobili fossero gli *elettroni*. Nemmeno la teoria quantistica del *gas* di *elettroni liberi* di Sommerfeld era stata in grado di spiegare queste anomalie.

Quando affronta il problema della *conduzione elettrica* e dell'*effetto Hall* alla luce dei recenti risultati di Bloch sulle *bande di energia*, Peierls si rende conto che, dal punto di vista della *dinamica* (ossia della risposta alle *forze esterne*), gli *elettroni* descritti dalle *onde di Bloch* differiscono in modo sostanziale dagli *elettroni liberi* della teoria di Sommerfeld. Benché gli stati siano quantizzati, la *dinamica* degli *elettroni* di Sommerfeld, rimane quella classica, mentre nel caso degli *elettroni* di Bloch la *dinamica* ha caratteristiche del tutto nuove. In presenza di una *forza esterna*, quale un *campo elettrico* o un *campo magnetico*, gli *elettroni* di Bloch si comportano come se avessero una *massa* il cui valore dipende dalla *dispersione* $E(\boldsymbol{k})$ (funzione che dà la dipendenza dell'energia dal vettore d'onda $\boldsymbol{k}$) della banda di energia a cui appartengono. A questa nuova *massa* $m^*(\boldsymbol{k})$, funzione del *vettore d'onda* $\boldsymbol{k}$, viene dato il nome di *massa efficace*. Il concetto di *massa efficace* si rivelerà essenziale per la comprensione della conduzione nei solidi (Per maggiori dettagli si veda *Elettroni di Bloch* nell'Appendice D).

La differenza di comportamento più notevole si ha per un *elettrone* che si trova sulla sommità di una banda dove, al variare di $\boldsymbol{k}$, il valore dell'energia diminuisce invece di aumentare. In presenza di una *forza esterna* (ad esempio, un *campo elettrico*) questo *elettrone* diminuisce la sua energia (nella dinamica normale la sua energia aumenterebbe) e, quindi, si comporta come se acquistasse una *accelerazione* e una *velocità* "negative". Questo è equivalente ad affermare che l'*elettrone* risponde alla forza come se avesse una *massa efficace* "negativa" e una *carica elettrica* di segno opposto. Peierls si rende conto che queste caratteristiche degli *elettroni* di Bloch permettono di spiegare le anomalie osservate nell'*effetto Hall*, in particolare l'origine della carica positiva dei portatori di corrente. A questo scopo ipotizza la presenza di una *particella fittizia*, con *carica elettrica* e *massa efficace* entrambe di segno opposto a quella dell'*elettrone*. Questa *particella fittizia* viene denominata *buca* (*hole* in inglese), quando Heisenberg, in un articolo del 1931, dimostra che uno *stato vuoto*, vicino alla sommità di una banda in cui tutti gli altri stati sono occupati da *elettroni*, si comporta come se fosse una particella con *carica* e *massa* opposte a quelle che avrebbe un *elettrone* in quello stato. Heisenberg così conclude [4]:

---

[3] La *forza di Lorentz*, dal nome del fisico Hendrik Antoon Lorentz (1853–1928), è la forza che si esercita su di una *particella* elettricamente carica che si muove in un *campo magnetico*. La *forza* è proporzionale alla *carica* e alla *velocità* della *particella* ed è ortogonale sia alla direzione della *velocità* sia alla direzione del *campo magnetico*.

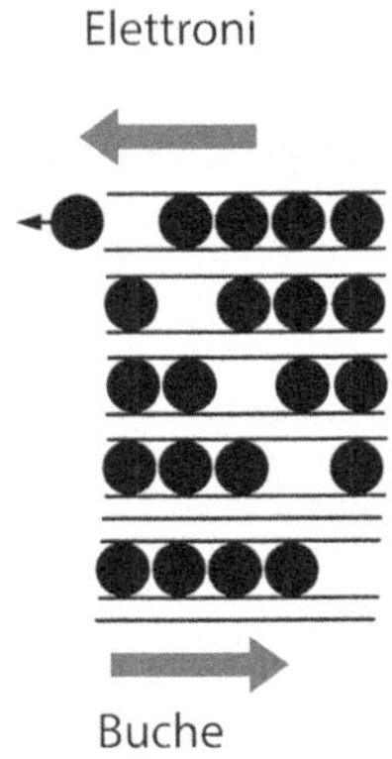

Figura 13.3 Rappresentazione schematica del moto degli *elettroni* in una banda unidimensionale in cui viene rimosso un elettrone nel sito di estrema sinistra (*in alto*). La presenza di un sito vuoto permette agli *elettroni* di spostarsi da destra verso sinistra, nella direzione della forza risultante dall'applicazione di un campo elettrico. Il risultato finale è che il sito vuoto (*buca*) si sposta dall'estrema sinistra all'estrema destra. Il flusso di corrente è equivalente a quello di una carica positiva che viaggia da sinistra verso destra

> Per quanto riguarda gli stati vicino alla cima di una banda, sotto l'influenza di un campo esterno le buche si comportano esattamente come fossero elettroni con carica positiva ... la conduzione elettrica di metalli con un piccolo numero di buche può essere scritta in ogni circostanza come la conduzione di metalli con un piccolo numero di elettroni a conduzione positiva.

Questo apparente paradosso, in cui il flusso di *cariche negative*, gli *elettroni*, produce una corrente analoga a un flusso di *cariche positive* nel verso opposto, si può capire in modo intuitivo facendo riferimento alla Fig. 13.3.

13.2.3 Metalli e Isolanti

Nel 1931 lo stato di elaborazione della *teoria delle bande* è sufficientemente avanzato perché si possa rispondere alla fondamentale domanda di quale sia la diversità tra *metalli* e *isolanti* e l'origine della enorme differenza nella *capacità di conduzione* dei vari solidi. E' lo scienziato inglese Alan Herries Wilson (1906–1995) a mettere in luce come il concetto di *banda di energia* permetta finalmente di risolvere il mistero. La ragione di fondo è legata al *principio di esclusione di Pauli*, che stabilisce che due *elettroni* non possono occupare lo stesso *stato quantico*. Come conseguenza gli *elettroni* vanno ad occupare gli stati di energia crescente di una *banda*. Questa distribuzione degli *elettroni* può dare luogo a due situazioni qualitativamente differenti: la *banda* risulta *piena*, ossia il numero degli *elettroni* è tale da riempire tutti gli *stati elettronici* della *banda* stessa, o la *banda* risulta *occupata* solo in parte. Queste due situazioni differiscono in modo sostanziale per quanto riguarda la possibilità di condurre la *corrente elettrica*. Infatti, per condurre la corrente gli *elettroni* devono poter essere accelerati dal *campo elettrico* applicato. Un *elettrone* accelerato varia la propria *energia* e questo è equivalente a cambiare stato all'interno della *banda di energia*. Ma questo è possibile solo se esistono stati vuoti che possono essere occupati dagli *elettroni* accelerati, vale a dire, solo se la *banda* non sia completamente piena. Se la *banda* è piena, questo non è possibile: *gli elettroni di una banda di energia piena non conducono la corrente elettrica!* Solo quando una *banda* è parzialmente vuota, i suoi *elettroni* possono essere accelerati e condurre elettricità. Questa è la caratteristica cruciale degli *elettroni di Bloch* messa in evidenza da Wilson, in base alla quale egli ha potuto affermare che la differenza tra *metalli* e i*solanti* dipende dallo stato di occupazione delle *bande di energia*: negli *isolanti* le *bande* che contengono *elettroni* sono tutte *piene*, mentre i *metalli* hanno una o più *bande* parzialmente vuote.

Riferimenti bibliografici

1. Wikipedia (2019) X-ray crystallography. https://en.wikipedia.org/wiki/X-ray_crystallography. Accessed 24 October 2019
2. Mauskopf S. (2012) Seeds to Symmetry to Structure. http://xray-exhibit.scs.illinois.edu/Lecture/HistoryCrystalStructureTheoryshortened.pdf. Accessed 24 October 2019
3. Hoddeson L H, Baym G (1980) The Development of the Quantum Mechanical Electron Theory of Metals:1900–28. Proceedings of the Royal Society A371: 8–23
4. Hoddeson L H, Baym G, Eckert M (1987) The Development of the Quantum Mechanical Electron Theory of Metals:1928–33. Reviews of Modern Physics 59: 287–327

Capitolo 14
I Semiconduttori

All'inizio degli anni Trenta i fondamenti della moderna concezione della *materia*, riguardo ad *atomi*, *molecole* e *stato solido*, erano ormai stabiliti. Nel processo, era stato sviluppato uno strumento potente per lo studio della natura: la *meccanica quantistica*. Il potenziale dell'intera costruzione è dimostrato dagli straordinari progressi compiuti nei decenni successivi dalle scienze della *materia* e dagli straordinari risultati ottenuti dalla tecnologia. Seguire questi sviluppi va oltre lo scopo di questo libro, tuttavia, può essere di interesse, come esempio paradigmatico, illustrare brevemente i progressi di una classe di materiali cruciali per la società moderna: i *semiconduttori*. Come è ben noto, i *semiconduttori* costituiscono la base per i *transistor*, la *microelettronica*, l'*optoelettronica* e quasi tutte le attuali *tecnologie dell'informazione e della comunicazione* (ICT). Il loro sviluppo è una chiara dimostrazione della capacità della *meccanica quantistica* di interpretare la natura e fornire gli strumenti per governarla.

14.1 Generalità

La parola *semiconduttore* è stata usata per la prima volta nel 1910 da J. Weiss, uno studente di dottorato dell'università di Friburgo, che stava studiando la *conduzione elettrica* di una serie di *ossidi* e *solfuri*, quali *l'ossido di ferro* (Fe_2O_3) e il *solfuro di piombo* (PbS) [1]. Il nome riflette l'osservazione che la loro *conducibilità* è intermedia tra quella dei buoni conduttori, i *metalli*, e quella degli *isolanti*. In quel periodo era già noto da tempo che i *semiconduttori* formano una classe di materiali distinti dai *metalli* non solo per il valore della *conducibilità*, ma anche per una serie di proprietà fisiche peculiari. Una di queste è il comportamento della *conducibilità* al variare della *temperatura*.

Nel 1831, in uno studio pubblicato su *Philosophical Transactions of the Royal Society*, Michael Faraday, che in quegli anni aveva studiato un vasto numero di composti chimici, riferisce che, al variare della *temperatura*, la *conducibilità* del *solfuro di argento* (Ag_2S) varia in modo opposto a quanto era stato osservato qualche an-

© The Author(s), under exclusive license to Springer Nature Switzerland AG 2025

F. Evangelisti, *Il concetto di materia*, https://doi.org/10.1007/978-3-031-83565-0_14

no prima da Humphry Davy su molti *metalli*. Mentre i *metalli* sono caratterizzati (usando il linguaggio della fisica moderna) da un *coefficiente di temperatura positivo*, ossia la *resistenza* aumenta al crescere della *temperatura* (equivalentemente, la *conducibilità* diminuisce al crescere della *temperatura*), il *solfuro di argento* e, in generale, i *semiconduttori* sono caratterizzati da un *coefficiente di temperatura negativo*, ossia al crescere della *temperatura* la loro *resistenza* diminuisce (la *conducibilità* aumenta). Questo comportamento, inspiegabile alla luce dei modelli classici di *conduzione*, era destinato a rimanere misterioso fino all'avvento della *meccanica quantistica*. Questa circostanza non ha però impedito lo studio sperimentale delle proprietà fisiche e chimiche dei *semiconduttori* nei vari laboratori interessati al loro utilizzo.

Nel 1874 viene scoperta un'altra strana proprietà dei *semiconduttori*, la capacità di *rettificare* la *corrente elettrica alternata*, proprietà che si sarebbe rivelata fondamentale per il futuro sviluppo dell'*elettronica*. La scoperta è dovuta allo scienziato tedesco Karl Ferdinand Braun (1850–1918), il quale, mentre studia la conduzione elettrica di due *semiconduttori*, la *galena* (antico nome del *solfuro di piombo* [PbS]) e il *solfuro di rame* (CuS), osserva che l'intensità della *corrente* varia al variare del verso di polarizzazione, *positivo* o *negativo*, della *differenza di potenziale* applicata ai contatti metallici. La *corrente* che fluisce per una determinata polarizzazione è sistematicamente maggiore di quella corrispondente all'altra polarizzazione. Inoltre, l'effetto è più evidente quando uno dei due contatti metallici è molto più piccolo dell'altro, in particolare se uno dei due è a forma di punta. Si tratta della prima osservazione della capacità che hanno le *giunzioni* tra un *metallo* e un *semiconduttore* di *rettificare* la *corrente elettrica*.

Circa un ventennio più tardi, nelle prime fasi dello sviluppo della *radio*, Braun si interessa al problema di trovare un rivelatore efficiente per le *onde radio* e, a questo scopo, riprende le ricerche sulla *rettificazione*. Come risultato dei nuovi studi, inventa il *diodo raddrizzatore a cristallo semiconduttore*, (storicamente denominato anche *diodo cat's whisker*, ossia *diodo* a *baffo di gatto*, per la forma filiforme di uno degli elettrodi metallici).[1] In un *diodo cat's whisker*, quando si applica la *tensione* generata da un'*onda elettromagnetica* (e quindi oscillante tra valori positivi e negativi), la *corrente* fluisce solo in corrispondenza della semionda positiva (*effetto di rettificazione*). Ne risulta una *corrente elettrica* il cui valor medio è differente da zero, che può essere rivelata con i normali strumenti adatti per la misura delle *correnti continue*.

I *ricevitori cat's whisker*, caratterizzati da un basso costo e semplicità di costruzione, sono stati i rivelatori dei segnali radio maggiormente usati nei primi decenni del Novecento. Essi hanno rappresentato il primo ingresso dei *semiconduttori* nelle tecnologie della comunicazione e hanno grandemente contribuito alla notorietà di questi materiali all'interno della comunità scientifica. Di conseguenza, quando Wilson ha affrontato il problema della differenza tra *metalli* e *isolanti* (vedi Cap. 13), era ben consapevole dell'esistenza dei *semiconduttori* come una differen-

[1] Per i suoi contributi allo sviluppo della radio e dell'elettronica, Braun ha ricevuto il premio Nobel per la fisica insieme a Marconi nel 1909.

te classe di materiali, le cui proprietà di conduzione dell'elettricità erano peculiari e necessitavano di chiarimento.

Nella sua analisi, Wilson trova che la distribuzione degli *elettroni* nei *semiconduttori* è analoga a quella degli *isolanti*, ossia essa è caratterizzata dall'avere *bande di energia* completamente piene, separate da un *gap* di *energie proibite* dalle *bande* di *energie* completamente vuote. Pertanto, i *semiconduttori* dovrebbero essere classificati come *isolanti*. Tuttavia, la condizione di *bande* completamente piene e *bande* completamente vuote, può essere rigorosamente realizzata solo alla *temperatura* dello *zero assoluto* ($T = 0$). A temperature diverse da $T = 0$, la *legge di distribuzione di Fermi-Dirac* prevede che ci sia una certa probabilità che alcuni degli *elettroni* della *banda piena*, più alta in energia, siano trasferiti nella *banda vuota* più bassa. Questa probabilità, che è tanto più piccola quanto più grande è il *gap di energie proibite*, cresce esponenzialmente al crescere della *temperatura*. Ne segue che, teoricamente, se la *temperatura* è sufficientemente elevata ogni *isolante* acquista una certa capacità di condurre la *corrente elettrica*, in quanto le bande non sono più né completamente piene né completamente vuote. In pratica, poiché questa probabilità decresce esponenzialmente al crescere del *gap di energie proibite*, se il *gap* è sufficientemente grande l'effetto rimane comunque trascurabile anche ad alte *temperature*. Questa è la situazione che si trova nei solidi che comunemente definiamo *isolanti*. Tuttavia, se la differenza di energia tra *bande piene* e *bande vuote* è piccola, la probabilità di trasferimento di *elettroni* dalle *bande piene* a quelle *vuote* può essere sufficientemente grande da dare i valori di *conducibilità* tipici dei *semiconduttori*. Inoltre, la probabilità aumenta al crescere della *temperatura*, con il risultato di un aumento esponenziale del numero degli *elettroni* che possono condurre la corrente. Secondo Wilson questo spiega le misteriose caratteristiche della *conducibilità* dei *semiconduttori*. In conclusione, oltre ad avere chiarito la differenza tra *metalli* ed *isolanti*, Wilson è stato in grado di evidenziare la caratteristica principale che contraddistingue i *semiconduttori*: un *semiconduttore* è un *isolante* con un piccolo *gap di energie proibite*.

Per chiarire ulteriormente le caratteristiche che rendono così importanti i *semiconduttori* nella moderna tecnologia ripercorriamo brevemente la storia del più importante di essi: il *silicio*.

14.2 Il Silicio

Il *silicio* (Si) è un *semiconduttore tetravalente* (vale a dire che ogni *atomo* forma 4 legami con gli *atomi* vicini), che cristallizza in una struttura cristallina uguale a quella del *diamante*, mostrata in Fig. 14.1. Il *silicio* non si trova puro in natura, benché sia, dopo l'*ossigeno*, l'elemento più abbondante nella crosta terrestre.

La prima menzione della sua esistenza la dobbiamo a Lavoisier, il quale, dopo aver studiato numerosi *ossidi*, nel 1789 aveva supposto che il *quarzo* e la *silice* (entrambi *biossido di silicio* (SiO_2) in forma, rispettivamente, cristallina e amorfa) fossero il prodotto della combinazione di *ossigeno* con un non ben identificato

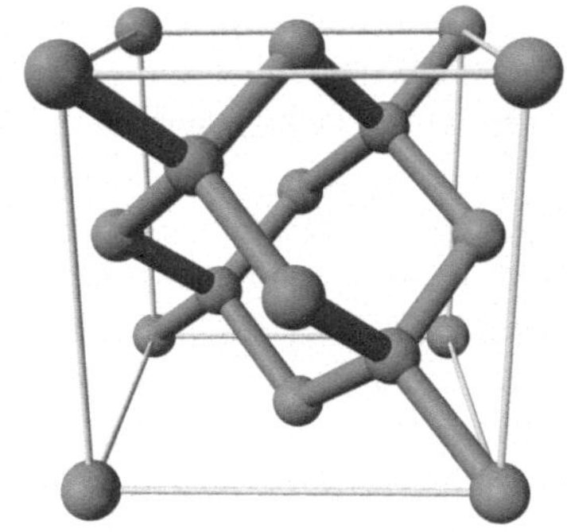

Figura 14.1 Modello *ball-and-stick* della struttura cristallina del *silicio*. Ogni *atomo* si trova al centro di un tetraedro, ai cui vertici sono i quattro *atomi primi vicini*. (Wikipedia Public Domain)

ma importante *elemento*. La prima produzione di *silicio* puro è stata realizzata dallo scienziato francese Joseph Louis Gay-Lussac (1778–1850) nel 1811 e i primi cristalli di *silicio* sono stati ottenuti dal chimico tedesco Friedrich Woehler (1800–1882) nel 1856–58.

Per molto tempo le proprietà elettriche del *silicio* sono state oggetto di controversia: il chimico svedese Jons Jacob Berzelius (1779–1848) sosteneva che si trattasse di un *metallo*, mentre un altro eminente scienziato dell'epoca, l'inglese Humphry Davy (1778–1829), riteneva che fosse un *isolante*.

L'interesse per la produzione di *silicio* su ampia scala è nato nella seconda metà del XIX secolo negli ambienti dell'industria metallurgica. Si era, infatti, scoperto che l'aggiunta di piccole quantità di *silicio* conferiva alle leghe di *ferro* migliori proprietà di durezza, duttilità e resistenza alla corrosione. Grazie al suo utilizzo in metallurgia, alla fine del '800 il *silicio* era divenuto disponibile commercialmente. Questo *silicio*, denominato *silicio* di *grado metallurgico*, era un materiale abbastanza puro, con un contenuto di *impurità* (vale a dire di atomi differenti dal *Si*) dell'ordine di qualche percento.

Il *silicio* è entrato nella storia dell'*elettronica* nel 1903, quando l'ingegnere americano Greeleaf Whittier Pickard (1877–1956) ha realizzato il primo *diodo cat's whisker* al *silicio*. Durante le sue ricerche su questo tipo di rivelatori, condotte all'AT&T, Pickard aveva provato migliaia di combinazioni *metallo/semiconduttore* e aveva notato che i risultati migliori si ottenevano proprio utilizzando il *silicio* di *grado metallurgico* allora disponibile [2].

Nonostante questi utilizzi, fino alla II guerra mondiale l'interesse per il *silicio* e per i *semiconduttori* è rimasto marginale e limitato alla ristretta comunità, prevalentemente ingegneristica, che li utilizzava come rivelatori di segnali o come raddrizzatori di corrente. Il motivo principale di questo limitato interesse, in particolare da parte della comunità accademica, era dovuto alla scarsa riproducibilità degli esperimenti che venivano fatti per determinarne le proprietà, i cui risultati erano contradditori e spesso in contrasto tra di loro. I *semiconduttori* erano considerati sistemi non ben definibili dal punto di vista fisico e, quindi, non degni di attenzione da parte degli scienziati più eminenti. Si sarebbe capito in seguito che questa irriproducibilità era dovuta al fatto che, a differenza di quanto accade nei *metalli*, le proprietà dei *semiconduttori* dipendono in maniera critica dalla *qualità cristallina* dei campioni studiati e dal contenuto di *impurità*, le quali ne alterano il comportamento anche in percentuali estremamente basse. Da qui la necessità di avere campioni molto puri e di buona qualità cristallina. La percezione di queste criticità non sarebbe emersa in modo chiaro fino alle ricerche sul *radar*, svolte durante la II guerra mondiale.

Dobbiamo al progetto di sviluppo dei *radar*, uno dei progetti di ricerca più importanti condotti dagli USA durante la II guerra mondiale e su cui furono investite ingentissime risorse, il ritorno di interesse per i *semiconduttori* in generale, ma soprattutto per il *silicio* (Si) e il *germanio* (Ge).

Negli anni Trenta del Novecento gli USA, il Giappone e le maggiori potenze europee, avevano avviato ricerche sulla possibilità di utilizzare le *onde elettromagnetiche* per rivelare la presenza di oggetti metallici. L'evidenza che oggetti metallici di grandi dimensioni interferissero con le trasmissioni radio era emersa nel corso delle sperimentazioni già nei primi decenni del '900. In particolare, si era notato che le *onde elettromagnetiche* irradiate venivano parzialmente riflesse e che, al diminuire della *lunghezza d'onda*, l'effetto diventava più pronunciato. Fu presto chiaro che l'effetto poteva essere utilizzato per la rivelazione della presenza di navi e di aerei in condizioni di scarsa visibilità. Questa possibilità aveva stimolato un interesse diffuso negli ambienti militari e, allo scoppio della II guerra mondiale, alcuni degli stati belligeranti erano già in possesso di una qualche forma di *radar* (questa denominazione, acronimo dell'inglese *radio detection and ranging*, fu adottata negli anni '40). E' noto come il dispiegamento di una catena di *radar* per l'intercettazione degli arei nemici abbia permesso all'Inghilterra di vincere la *Battaglia d'Inghilterra* contro l'aviazione tedesca, nell'estate e nell'autunno del 1940. Nei successivi anni di guerra tutte le nazioni belligeranti hanno intensificato le ricerche per migliorare i sistemi *radar*. Negli USA, in particolare, si sono fatti enormi investimenti nel campo, attivando progetti che hanno coinvolto centinaia di scienziati e ingegneri in circa venti università e in più di quaranta industrie [3]. L'obiettivo primario di questa iniziativa era la realizzazione di sistemi *radar* avanzati, dotati di buona risoluzione e di minimo ingombro, che potessero essere istallati anche sugli aerei.

In sede di progettazione e sperimentazione si era compreso che per raggiungere questo obiettivo era necessario utilizzare *onde elettromagnetiche* di *lunghezze d'onda* inferiori al metro. Queste *onde*, che in seguito sarebbero state denominate *microonde*,[2] avevano *frequenze* molto elevate rispetto alle possibilità dei circuiti elettronici del tempo e ponevano seri problemi sia per la generazione che per la rivelazione. Per quanto riguardava i *ricevitori*, un'analisi accurata dei dispositivi e delle tecnologie disponibili aveva concluso che le *valvole termoioniche* allora in uso non erano in grado di rispondere a quelle elevate *frequenze*. Si era trovato che gli unici

[2] Nell'accezione più comune, con il termine *microonde* si indicano le *onde elettromagnetiche* con *lunghezza d'onda* compresa tra 1 cm e 1 m, le cui *frequenze* variano da 300 MHz a 30 GHz (si ricordi che vale la relazione $\lambda\nu = c$, dove λ è la lunghezza d'onda, ν è la frequenza e c è la velocità della luce nel vuoto).

dispositivi, capaci di rivelare il segnale di ritorno di un *impulso radar* a *microonde*, erano i *diodi a semiconduttore cat's-whisker*, usati, come abbiamo visto, nei primi *ricevitori radio*. Dopo una sperimentazione su numerose combinazioni di *semiconduttori* e *contatti metallici*, risultò che il *silicio*, in combinazione con elettrodi a punta di *tungsteno*, costituiva la soluzione più soddisfacente [2].

Tuttavia, è anche risultato subito chiaro che il livello di affidabilità e riproducibilità dei *diodi cat's whisker* era assolutamente inadeguato per gli impieghi richiesti nei teatri di guerra, anche se si utilizzava il migliore materiale allora disponibile, il Si di *grado metallurgico*. Come testimoniato da molti dei protagonisti dell'epoca, l'esperienza di utilizzo di un *diodo cat's whisker* di *silicio* per rivelare i segnali a *microonde* comportava lo stesso livello di frustrazione percepito dagli operatori radio negli anni '20, prima dell'utilizzo delle *valvole termoioniche*. Infatti, accadeva spesso che il segnale fosse rivelabile solo in alcune zone (in gergo denominate *hot spots* (*punti caldi*)) del pezzo di semiconduttore usato, mentre era debole o assente in molte altre zone. L'utilizzo del rivelatore richiedeva, pertanto, una ricerca preliminare per l'individuazione di un *hot spot*. Inoltre, con il passare del tempo, il segnale tendeva a sparire e si rendeva necessaria la ricerca di un altro *hot spot*. Infine, accadeva spesso un fatto ancora più misterioso: cambiando *hot spot* spesso cambiava il verso in cui scorreva la corrente. Era, pertanto, ovvio che, se si voleva arrivare alla produzione di rivelatori affidabili, riproducibili e di pronto utilizzo, come richiedevano le esigenze belliche, le ragioni di questi comportamenti andavano chiarite e poste sotto controllo. A questo fine, il progetto USA di ricerca e sviluppo dei *radar* ha dedicato risorse notevoli, sia materiali che umane, allo studio e alla comprensione delle proprietà fisiche e chimiche del *silicio*, rendendo possibile non solo lo sviluppo di *radar* efficienti, ma anche la futura invenzione del *transistor* e il moderno sviluppo dell'*elettronica*.

E' stato nel corso di queste attività di caratterizzazione del *silicio* che ha cominciato a farsi strada l'ipotesi che il comportamento irregolare dei *cat's-whisker* e l'irriproducibilità delle proprietà fisiche dei campioni di materiale misurati fossero la conseguenza di una presenza incontrollata di *impurità* e che il livello di purezza necessario per osservare le proprietà fisiche dei *semiconduttori* in modo riproducibile fosse molto più alto di quanto accade nei *metalli*. L'esattezza di questa ipotesi è stata definitivamente confermata quando tre ricercatori, Russell Ohl, Jack Scaff and Henry Theuerer, hanno avuto l'idea di provare a purificare ulteriormente il *silicio* commerciale, mettendo a punto un apparato adatto a questo scopo.[3] I nuovi materiali così ottenuti avevano effettivamente un comportamento più riproducibile, ma, sorprendentemente, si comportavano come se esistessero due tipi di *silicio*: un tipo in cui la *corrente* fluiva dalla punta metallica al *silicio* ed un altro in cui il verso di scorrimento era opposto. A volte questo diverso comportamento avveniva anche

[3] Si trattava di un apparato per la *cristallizzazione frazionata*. Il processo di *cristallizzazione frazionata* consiste nel liquefare il *silicio*, riscaldandolo al di sopra della sua *temperatura di fusione* (pari a 1414 °C), e nel raffreddarlo lentamente, in modo che le *impurità* più pesanti possano sedimentare nella parte più bassa del Si fuso e le *impurità* più leggere restano a galleggiare nella parte superiore.

nello stesso lingotto purificato: i campioni tagliati dalla parte superiore del lingotto mostravano una *corrente* che fluiva quando la *tensione* applicata al *silicio* era positiva, mentre in quelli provenienti dalla parte inferiore succedeva il contrario, la corrente fluiva se il *silicio* era a *tensione* negativa. Ohl e Scaff hanno capito che si trattava di una scoperta importante e hanno battezzato i due tipi, *silicio* di *tipo p* (*p* da *positivo*) e *silicio* di *tipo n* (*n* da *negativo*). Si trattava delle prime evidenze sistematiche di un'altra caratteristica dei *semiconduttori*, che si rivelerà essenziale per la realizzazione dei dispositivi elettronici: la possibilità di variarne la *conducibilità* in modo controllato.

Studi più accurati sulla composizione chimica delle *impurità* nei due tipi di *silicio* hanno mostrato che nei campioni di *tipo p* si aveva un predominio di impurezze di *boro* o di *alluminio* (entrambi elementi più leggeri del Si, appartenenti al *III gruppo* del *sistema periodico degli elementi*), mentre nei campioni di *tipo n* il contaminante maggiore era il *fosforo* (elemento più pesante del *Si*, appartenente alla *V colonna* del *sistema periodico*). Il passo decisivo per il controllo delle *impurità* è stato infine fatto nel 1941, dal team di ricerca coordinato dal fisico Frederick Seitz (1911–2008) e composto da ricercatori dell'Università di Pennsylvania e della industria chimica du Pont [4]. Questo team ha messo a punto un processo chimico di purificazione capace di fornire *silicio* con una purezza allora senza precedenti, pari, inizialmente, ad un *atomo* estraneo ogni 10.000 *atomi* di Si e, successivamente, migliorato fino ad una *impurità* ogni 100.000 *atomi* di Si. Utilizzando questi materiali ultra-puri è stato possibile introdurre quantità accuratamente controllate di *elementi* del *III* o del *V gruppo* per ottenere campioni di Si uniformi e riproducibili, con le caratteristiche elettriche desiderate, necessari per la produzione di massa dei *rivelatori* di *microonde*. Questo processo di controllo delle proprietà di *conduzione elettrica* è stato denominato *drogaggio dei semiconduttori* ed è alla base della realizzazione dei dispositivi microelettronici.

Nel chiudere questa sezione, può essere di interesse ricordare che il progetto *radar* ha anche posto in evidenza un altro *semiconduttore* che si sarebbe rivelato estremamente importante per l'invenzione del *transistor* e nella prima fase di sviluppo della *microelettronica*: il *germanio* (Ge), un *semiconduttore* fino ad allora poco studiato e utilizzato. Il Ge è l'elemento del *gruppo IV* situato immediatamente sotto il Si nella *Tavola periodica degli elementi*. Esso non era ancora stato scoperto nel 1869, quando la *Tavola periodica* è stata elaborato. Mendeleev ne ha previsto l'esistenza chiamandolo *eka-silicio*. Il *germanio* è stato isolato qualche anno dopo, nel 1885, dal chimico tedesco Clemens Alexander Winkler, che lo ha così chiamato dal nome latino della sua terra natale.

Il *germanio* ha la stessa struttura cristallina del *silicio* e proprietà elettroniche molto simili, ma il suo punto di fusione è notevolmente più basso (938 °C contro 1414 °C). Questa proprietà lo rende molto più facile da purificare. Attratti da questa proprietà accattivante, nel 1942, i ricercatori coinvolti nel progetto *radar* hanno iniziato a fabbricare e sperimentare i *diodi cat's whisker* di Ge e hanno confermato che essi, essendo notevolmente più puri di quelli di Si, erano davvero molto promettenti per l'utilizzo come rivelatori di microonde. In conclusione, grazie a queste sperimentazioni, alla fine della guerra i ricercatori impegnati nella nascente industria microelettronica avevano a disposizione un secondo *semiconduttore* con proprietà molto simili a quelle del Si, ma caratterizzato da una maggiore purezza, migliore qualità cristallina e maggiore facilità di trattamento.

14.3 Drogaggio e Dispositivi Microelettronici

Il *drogaggio* dei *semiconduttori* può essere considerato uno dei primi esempi di *ingegneria dei materiali*, utilizzata per ottenere un comportamento predefinito. È interessante, quindi, comprenderne il funzionamento.

Secondo la teoria delle *bande*, gli *elettroni* del *silicio* (e dei *semiconduttori* in generale) sono disposti in modo da riempire completamente la *banda di valenza*, lasciando la *banda* successiva, la *banda di conduzione*, completamente vuota. Ci si può chiedere cosa cambi se un *atomo* di *fosforo* (*P*) va a sostituire un *atomo* di *silicio* nel reticolo cristallino. Gli atomi di *Si* hanno 4 *elettroni di valenza*, che formano i legami con i 4 *atomi* primi vicini. Gli *atomi* di *fosforo (P)* (come gli altri elementi del *V gruppo* della *Tavola periodica)* hanno invece 5 *elettroni di valenza*. Quando l'*atomo* di *fosforo* prende il posto di quello di *Si*, solo 4 dei suoi *elettroni* sono utilizzati per formare legami con i 4 *atomi* di *Si* primi vicini. Ne consegue che l'*elettrone* in eccesso, non utilizzato per formare i legami, viene ad essere legato molto debolmente all'*atomo di fosforo* da cui proviene e può muoversi con facilità all'interno del cristallo. A *temperatura ambiente*[4] la maggior parte degli *elettroni* in eccesso provenienti dagli *atomi di fosforo* vanno ad occupare gli stati della *banda di conduzione*. Poiché gli *elettroni* in *banda di conduzione* possono condurre *corrente elettrica*, il *drogaggio* permette di variare a piacere e in maniera controllata la *conducibilità* del *semiconduttore*.

Nel caso di drogaggio di *tipo p*, che avviene quando un *atomo* di *boro (B)* (o di un altro *atomo* del *III gruppo* della *Tavola periodica)* va a sostituire un atomo di *Si*, la situazione è speculare a quella del drogaggio *di tipo n*. Il *boro*, come gli altri elementi del *III gruppo*, ha solo 3 *elettroni* di *valenza*. Siamo pertanto in una situazione di carenza di un *elettrone*, che comporta la mancanza di un *elettrone* nella banda di *valenza*, equivalente alla presenza di una *buca (hole* in inglese) nella banda. Pertanto, il drogaggio di *tipo p* permette di ottenere un semiconduttore in cui i portatori di corrente elettrica hanno *carica positiva*.

Le potenzialità legate al concetto di *drogaggio* sono subito apparse straordinarie. Per la prima volta era possibile ottenere la trasformazione di una sostanza per quanto riguarda le sue proprietà elettriche. La stessa sostanza poteva diventare un *isolante* o un buon *conduttore* di *elettricità*; i portatori di corrente potevano essere scelti con *carica elettrica positiva* o *negativa*. Grazie all'ingegnosità dei primi pionieri dell'elettronica a stato solido, queste caratteristiche sono state sfruttate per ottenere nuovi dispositivi microelettronici capaci di sostituire le ingombranti valvole termoioniche che erano alla base degli apparati elettronici dell'epoca. Il primo

[4] Convenzionalmente si assume per la *temperatura ambiente* il valore di 27 °C.

passo memorabile in questa direzione è rappresentato dall'invenzione del *transistor*, l'evento che ha dato origine alla rivoluzione microelettronica.

Non è un caso che l'invenzione del *transistor* sia avvenuta negli USA appena due anni dopo la fine della II guerra mondiale. Tra le principali nazioni che avevano combattuto e vinto la guerra, gli USA erano l'unica a non aver subito danni sul proprio territorio. Liberi dalla necessità di impiegare le risorse disponibili, sia umane che finanziarie, per la ricostruzione postbellica, come è accaduto nel resto del mondo industrializzato, gli USA erano pronti ad applicare i progressi scientifici e tecnologici e la nuova organizzazione della ricerca, sviluppata durante la guerra, alle esigenze dell'economia in tempo di pace. Tra i punti di interesse c'era sicuramente quello di sostituire le *valvole termoioniche* con dispositivi elettronici meno ingombranti e funzionanti con minore consumo energetico. I progressi realizzati sui *semiconduttori* durante la guerra rendevano questo obiettivo non irrealistico.

L'obiettivo è stato raggiunto a Natale del 1947, con l'invenzione del *transistor a punto di contatto* da parte dei ricercatori dei Laboratori Bell negli USA. Il prototipo consisteva in una barra di *germanio* su cui erano premuti due elettrodi d'oro, molto vicini tra loro, che fungevano da contatti a punta. Un terzo contatto metallico era saldato sul lato opposto della barra. Il principio di funzionamento non era completamente chiaro, ma funzionava! (esibendo una discreta amplificazione di corrente a una frequenza ragionevolmente alta) Nel 1956 i tre ricercatori che avevano contribuito maggiormente all'invenzione, John Bardeen (1908–1991), Walter Brattain (1902–1987) e William Shockley (1910–1989), hanno ricevuto il premio Nobel per la fisica.

Tuttavia, l'emergere del *transistor* nell'elettronica e il conseguente sviluppo della microelettronica sono legati all'invenzione di un altro tipo di *transistor*, il *transistor bipolare* (o *transistor a giunzione*). Questo è stato concepito teoricamente da Shockley nel 1948, all'epoca in cui ha sviluppato la sua teoria della *giunzione p-n*.

La *giunzione p-n*, detta anche *diodo a giunzione*, è di per sé un importante dispositivo elettronico, che costituisce l'analogo a semiconduttore del *diodo termoionico*, di storica importanza per l'elettronica. Una *giunzione p-n* si forma quando due regioni di un *semiconduttore* drogate in modo diverso, una di *tipo p* e l'altra di *tipo n*, entrano in contatto. Similmente a quanto avviene nel caso del *diodo termoionico* e del *diodo cat's whisker*, anche nella *giunzione p-n* si verifica una rettificazione della corrente elettrica.

Contemporaneamente allo sviluppo della teoria della *giunzione p-n*, Shockley aveva iniziato a riflettere sul comportamento del dispositivo che si sarebbe ottenuto unendo due *giunzioni p-n* invertite, che avrebbero dato origine a un dispositivo a tre strati. La conclusione di Shockley è stata che una *struttura n-p-n* (così come la *struttura* simmetrica *p-n-p*), opportunamente polarizzata, avrebbe esibito l'effetto *transistor*: era stato inventato il *transistor bipolare* (o *transistor a giunzione*). La sua concezione è stato il risultato di una rara abilità nello schematizzare e padroneggiare la fisica dei *semiconduttori*.

Le realizzazioni del *diodo a giunzione* e del *transistor bipolare* sono state la prima dimostrazione delle potenzialità del drogaggio dei semiconduttori e della manipolazione della materia su scala microscopica.

Negli anni Cinquanta è arrivata la dimostrazione di un nuovo concetto che si sarebbe rivelato rivoluzionario per lo sviluppo della tecnologia dei *semiconduttori* e per la pervasività della microelettronica: il *circuito integrato*. L'idea innovativa alla base del concetto di *circuito integrato* è stata l'intuizione che la tecnologia dei semiconduttori permette di realizzare interi circuiti elettronici, incluse le connessioni tra i componenti, sullo stesso *wafer* di *germanio* o di *silicio*. L'idea è venuta indipendentemente a due ricercatori di due aziende separate, Jack Kilby (1923–2005) della Texas Instruments e Robert Noyce (1927–1990) della Fairchild Semiconductors.

Fin dalle loro prime implementazioni è stato chiaro che la tendenza all'aumento della densità dei dispositivi e alla diminuzione delle loro dimensioni era intrinseca al concetto stesso di *circuito integrato*. Questo processo di *miniaturizzazione*, che è uno degli aspetti caratterizzanti l'evoluzione della *microelettronica*, va sotto il nome di *integrazione su larga scala*. Esso ha portato dai primi *circuiti integrati*, contenenti poche decine di componenti, agli attuali *chip* contenenti miliardi di *transistor*, aprendo la strada all'avvento dell'attuale società dell'informazione.

La capacità di produrre *chip* con una densità di dispositivi molto elevata ha portato nei primi anni Settanta a un'altra innovazione concettuale: l'avvento del *microprocessore* (noto anche come *CPU* o *unità di elaborazione centrale*), ovvero del computer su un singolo *chip*. Questo nuovo *circuito integrato*, che ha rivoluzionato i *computer* e le tecnologie dell'informazione, è stato inventato alla Intel da tre ingegneri, Federico Faggin, Ted Hoff e Stanley Mazor. Il primo *microprocessore* da loro realizzato, con i suoi 2.300 *transistor* in un'area di *silicio* di appena *12 mm* quadrati, aveva la stessa potenza di calcolo del primo *computer* elettronico, *ENIAC*, che occupava un'area di *300 metri* quadrati e pesava *30 tonnellate*!

Riferimenti bibliografici

1. Orton J (2009) Semiconductors and the Information Revolution. Academic Press/Elsevier, Amsterdam
2. Seitz F, Einspruch N G (1998) Electronic genie: The tangled history of silicon. University of Illinois Press, Urbana, Illinois
3. Riordan M, Hoddeson L (1997) Crystal Fire: The Birth of the Information Age. W. W. Norton & Company, New York and London
4. Riordan M, Hoddeson L (1997) The origins of the pn junction. IEEE Spectrum 34: 46–51

Capitolo 15
Nuclei e Particelle: Primi Sviluppi

Nei capitoli precedenti abbiamo visto come la scoperta dell'esistenza dei *nuclei* atomici da parte di Rutherford e dei suoi collaboratori abbia rappresentato un punto di svolta nella comprensione della struttura della *materia*. Nel ventennio successivo a questa scoperta l'interesse principale della fisica si è concentrato sulla comprensione della struttura di *atomi*, *molecole* e *materia condensata* e ha portato alla costruzione della *meccanica quantistica non relativistica*. Il progresso di queste ricerche non ha richiesto una conoscenza dettagliata dei *nuclei*: è stato sufficiente modellare i *nuclei* stessi come particelle puntiformi, dotate di carica elettrica positiva, nelle quali è concentrata la quasi totalità della massa atomica. In questo periodo lo studio dei fenomeni nucleari è stato perseguito in un numero ristretto di centri di ricerca, principalmente interessati al fenomeno della *radioattività*. Ciononostante, queste prime ricerche hanno portato a una serie di scoperte, sia sperimentali che teoriche (l'esistenza degli *isotopi*, l'esistenza dei *protoni*, lo *spin nucleare*, la possibilità di innescare *reazioni nucleari*), che hanno rapidamente fatto crescere l'interesse e l'importanza di questo settore della fisica.

A partire dagli anni Trenta questa tendenza si accelera. Si scoprono nuovi costituenti della materia (il *neutrone*, il *positrone*, viene ipotizzata l'esistenza del *neutrino*). Vengono elaborate le prime teorie significative delle *interazioni deboli* e delle *interazioni forti*. Si hanno le prime avvisaglie di come la materia nucleare nasconda una realtà ben più complessa di quanto si fosse ritenuto fino ad allora. Nasce un settore di ricerca, la fisica dei nuclei e delle particelle elementari, con caratteristiche peculiari che lo differenziano progressivamente dalla fisica degli atomi e delle molecole, che aveva costituito il banco di prova delle prime teorie quantistiche. Le scoperte del decennio si riveleranno cruciali per lo sviluppo futuro della fisica e per l'impatto della fisica stessa sulla società.

© The Author(s), under exclusive license to Springer Nature Switzerland AG 2025
F. Evangelisti, *Il concetto di materia*, https://doi.org/10.1007/978-3-031-83565-0_15

15.1 Esistenza degli Isotopi

Le ricerche sulla *radioattività* nel primo decennio del Novecento (e prima della dimostrazione dell'esistenza dei *nuclei* da parte di Rutherford) avevano chiarito che il fenomeno consiste nella disintegrazione spontanea degli *atomi* dell'*elemento* radioattivo, accompagnata dall'emissione di *radiazioni* e dalla formazione di differenti *atomi*, aventi caratteristiche chimiche e fisiche distinte. Queste disintegrazioni possono avvenire varie volte in successione, di modo che, tra l'*elemento* originario e quello finale, si creano una serie di nuovi *elementi* instabili.

L'identificazione di questi prodotti intermedi e finali dei processi di disintegrazione diventa uno degli obiettivi prioritari delle ricerche del periodo sulla *radioattività*. Confrontando tra loro le proprietà chimiche e fisiche dei prodotti delle disintegrazioni si trova che essi, pur essendo chimicamente indistinguibili da *elementi* preesistenti, spesso hanno un differente *peso atomico* e un differente *tempo di decadimento* radioattivo. Si comincia allora a prendere in considerazione la possibilità che *atomi* di uno stesso *elemento*, pur uguali nel loro comportamento chimico, non siano perfettamente identici a livello microscopico: un'ipotesi contraria alla concezione del tempo riguardo alla struttura microscopica della materia.[1] Nel 1909 i chimici svedesi Daniel Strömholm (1871–1961) e Theodor Svedberg (1884–1971) avanzano l'ipotesi che i *pesi atomici*, sui quali Mendeleev aveva basato la *Tavola periodica degli elementi*, siano dei valori medi risultanti dall'esistenza di *atomi* di peso differente per ciascun *elemento* [1]. Il chimico inglese Frederick Soddy (1877–1956) è il primo ad enunciare esplicitamente la teoria secondo cui gli *atomi* di uno specifico *elemento* chimico possono avere differenti pesi *atomici* e a darle autorevolezza mostrando come essa sia in grado di spiegare la natura dei vari prodotti di disintegrazione e la loro correlazione con il *Sistema periodico degli elementi*. Questi *atomi* di differente *peso atomico*, ma appartenenti allo stesso *elemento* chimico, vengono denominati *isotopi* da Soddy.

La prima evidenza sperimentale che gli *isotopi* sono presenti anche negli *elementi* stabili ordinari si ha nel 1912 grazie a J. J. Thomson e a Francis Aston (1877–1945). Nel corso di una serie di esperimenti per determinare le masse atomiche, in cui applicano la tecnica dei campi elettrici e magnetici incrociati che aveva portato alla scoperta degli *elettroni* (si veda *Misura del Rapporto e/m* nell'Appendice B), essi trovano che le misure sul gas *neon* mostrano la presenza di *atomi* aventi due masse distinte, pari, rispettivamente, a 20 e 22 *unità di massa atomica*. La determinazione delle concentrazioni relative delle due specie mostra che l'ottanta per cento di *atomi* ha massa 20 e il venti per cento ha massa 22: la media coincide con il *peso atomico* 20,2 determinato chimicamente. L'esperimento dimostra in modo inequivocabile che i *pesi atomici* frazionari determinati dalla chimica sono il risultato della media dei pesi degli *isotopi*, i quali corrispondono a multipli interi dell'*unità* di *massa atomica*.

[1] Si tenga presente che nel biennio 1907–09, quando questa ipotesi comincia a prendere corpo, non si aveva ancora un'idea precisa della struttura degli *atomi*.

Gli studi sull'identità chimica delle *sostanze radioattive* e la scoperta degli *isotopi* apportano notevoli chiarimenti sui processi radioattivi, sintetizzati nella *legge dello spostamento*, enunciata da Soddy e, indipendentemente, dal fisico-chimico Kasimir Fajans (1887–1975) nel 1913 [1]:

> Come conseguenza dell'emissione di una *particella alfa*, una sostanza si trasforma in un'altra che la precede di due posti nel sistema periodico; come conseguenza dell'emissione di una *particella beta*, una sostanza si trasforma in un'altra che la segue di un posto nel sistema periodico. Il *peso atomico* diminuisce di quattro unità nel primo caso e resta immutato nel secondo caso.

15.2 Il Protone

Come abbiamo visto, nel 1913 un'informazione fondamentale sui *nuclei* atomici viene dagli esperimenti di Moseley sugli *spettri* dei *raggi X*: i *nuclei* sono caratterizzati dall'avere un numero intero di *cariche elettriche* positive pari al *numero atomico Z*, il quale coincide con il numero di *elettroni* dell'*atomo*. La natura delle *cariche elettriche* positive viene chiarita da Rutherford alla fine di un ciclo di esperimenti di *scattering* (*diffusione*) fatti nella seconda metà del decennio 1910–20.

Nel corso di questi esperimenti, in cui *atom*i di varie sostanze vengono bombardati con *particelle alfa*, Rutherford nota che, quando la sostanza bombardata è *aria* (ossia essenzialmente *atomi* di *azoto* e di *ossigeno*), i rilevatori mostrano la comparsa di *particelle* di un nuovo tipo, più leggere delle particelle *alfa*. L'analisi della loro natura rivela che si tratta di *atomi* di *idrogeno* ionizzato, ossia di *nuclei* dell'*atomo* di *idrogeno*. Successivi esperimenti, in cui vengono bombardati una varietà di elementi leggeri (*boro, fluoro, sodio, alluminio, fosforo* e *azoto*), mostrano come l'emissione dei *nuclei* dell'*idrogeno* da parte di atomi leggeri sottoposti a bombardamento sia un fenomeno generale e come, di conseguenza, i *nuclei* dell'*idrogeno* devono essere una componente dei *nuclei atomici*. Nel 1919, quando presenta questi risultati, Rutherford, per sottolineare che si tratta del primo costituente identificato dei *nuclei* degli *elementi*, dà al *nucleo* dell'*atomo* di *idrogeno* un nome specifico e lo denomina *protone*, dal greco *πρώτον* (*primo*) [2].

L'ipotesi di Rutherford, che esista una *particella* fondamentale, il *protone*, di massa pari all'*unità* di *massa atomica* e *carica elettrica* unitaria positiva, e che i *nuclei* siano costituiti da aggregati di queste *particelle*, riceve conferma dalle misure delle masse degli *isotop*i fatte da Aston nello stesso periodo. Aston, dopo la scoperta dell'esistenza degli *isotopi*, persegue con impegno le ricerche su di essi. A questo scopo apporta sostanziali miglioramenti alla tecnica dei campi elettrici e magnetici incrociati messa a punto da Thomson, al fine di aumentarne la sensibilità. Questi avanzamenti portano, nel 1919, allo sviluppo del primo *spettrografo di massa*, un apparato in grado di misurare la massa degli *atomi* con grande precisione. Nasce la tecnica della *spettroscopia di massa* con la quale Aston dimostra come l'esistenza di *isotopi* sia un fatto generale e come i *pesi atomici* determinati chimicamente, riportati nella *Tavola periodica degli elementi*, corrispondano alla media dei pesi degli *isotopi* di ciascun *elemento*. Le sue misure mettono inoltre in evidenza un'altra caratteristica di estrema importanza, cioè che i singoli *pesi atomici* sono, con un'accuratezza di circa uno parte su mille, multipli interi dell'*unità* di *massa atomica*, confermando l'ipotesi che i *nuclei* siano aggregati di *protoni*. Per spiegare la differenza che si trova tra il numero A di *masse atomiche* e il numero Z di *cariche positive* si assume allora che nei *nuclei* siano anche presenti gli *elettroni*, il cui contributo alla massa risulta comunque non rilevabile, essendo la loro massa 1836 volte più piccola di quella del *protone*. A supporto di quest'ultima ipotesi si citano i decadimenti *beta*, nei quali vengono emessi *elettroni*.

Come conseguenza di queste attività sperimentali, agli inizi degli anni Venti si delinea una prima idea di struttura nucleare, secondo cui un *elemento* di *numero atomico* Z e *peso atomico* A ha un *nucleo* costituito da A *protoni* ed $A - Z$ *elettroni*. La sua carica elettrica Z è la differenza tra le A cariche positive dei *protoni* e le $A - Z$ cariche negative degli *elettroni* presenti. Gli *isotopi* sono atomi aventi *nuclei* con la stessa carica Z ma differente peso atomico A. Questo modello si accorda perfettamente con la *legge dello spostamento* delle sostanze radioattive, enunciata da Soddy e da Fajans nel 1913: l'emissione di una *particella alfa* comporta la riduzione di 2 *cariche positive* e di 4 *masse atomiche*, dando luogo ad un *elemento* con *numero atomico* $Z - 2$ e *massa* $A - 4$; l'emissione di una *particella beta* (*elettrone*) comporta la riduzione di una *carica negativa*, dando luogo ad un *elemento* con *numero atomico* $Z + 1$ e stessa *massa*.

Questo è lo schema di *nucleo* a cui fanno riferimento Soddy e Aston nelle loro conferenze in occasione del ricevimento del premio Nobel per la chimica, rispettivamente, nel 1921 e 1922. Benché il modello si sarebbe rivelato sbagliato, può essere di interesse notare come il livello di conoscenza raggiunto già permettesse ai ricercatori di avere coscienza delle enormi energie potenzialmente connesse con i fenomeni nucleari. Dopo avere messo in evidenza come la massa dello *ione idrogeno* (vale a dire del *protone* libero) abbia un valore leggermente maggiore dell'*unità* di *massa atomica* e aver notato che questo fatto si debba interpretare come evidenza che i *protoni* all'interno dei *nuclei* hanno una massa più piccola di una quantità pari all'energia di legame, Aston così commenta nel concludere la sua conferenza in occasione del Nobel [3]:

> Possiamo ritenere assolutamente certo che se l'idrogeno viene trasformato in elio una certa quantità di massa deve essere annichilata nel processo. L'importanza cosmica di questa conclusione è profonda e le possibilità che apre per il futuro sono notevoli, maggiori di qualsiasi altra suggerita dalla scienza in tutta la storia della razza umana. Sappiamo dalla Teoria della Relatività di Einstein che massa ed energia sono intercambiabili e che una massa m a riposo può essere espressa come una quantità di energia pari a mc^2, dove c è la velocità della luce. Anche nel caso della massa più piccola questa energia è enorme ...
>
> Se il ricercatore del futuro dovesse scoprire qualche mezzo per liberare questa energia in una forma che possa essere impiegata, la razza umana avrà a suo comando poteri che vanno oltre i sogni della finzione scientifica; ma va sempre considerata la remota possibilità che l'energia una volta liberata diventi del tutto incontrollabile e con la sua intensa violenza faccia esplodere tutte le sostanze vicine.

15.2.1 Reazioni Nucleari

All'inizio degli anni Venti si ha anche la dimostrazione di come sia possibile innescare reazioni nucleari che portino alla disintegrazione dei *nuclei* e alla loro trasmutazione nel *nucleo* di un differente *elemento*. Rutherford si era convinto della possibilità di questo processo nel corso degli esperimenti di bombardamento mediante *particelle alfa* che avevano portato all'identificazione dei *protoni*. Le prime evidenze in tal senso erano venute dal comportamento *anomalo* degli *atomi* di *azoto*. Di conseguenza, nel 1921 Rutherford affida il compito di fare luce su questo problema a Patrick Blacket (1897–1974), allora studente di dottorato. Nel 1924, dopo un approfondito lavoro nel quale erano state analizzate ben 23.000 lastre fotografiche prese nella *camera a nebbia*, Blacket è in grado di dimostrare in modo incontrovertibile l'esistenza di eventi in cui un *nucleo* di *azoto*, colpito da una *particella alfa* emette un *protone* e si trasforma in un *isotopo* (allora sconosciuto) dell'*ossigeno*. Nella reazione si ha la *conservazione* della *carica elettrica totale* e della *massa totale* secondo lo schema:

(prima) *Azoto* (*massa* $A = 14$; *carica* $Q = 7$) + *Alfa* (*massa* $A = 4$; *carica* $Q = 2$)
(dopo) *Ossigeno* (*massa* $A = 17$; *carica* $Q = 8$) + *Protone* (*massa* $A = 1$; *carica* $Q = 1$)
(in simboli) ${}^{14}_{7}\mathrm{N} + {}^{4}_{2}\alpha \rightarrow {}^{17}_{8}\mathrm{O} + {}^{1}_{1}p$

Si tratta della prima dimostrazione di come, almeno in linea di principio, i moderni fisici siano in grado di realizzato il sogno degli alchimisti di *trasmutare* le sostanze!

15.2.2 Spin Nucleare

Abbiamo visto (Cap. 11 e 12) come, fra i concetti rivoluzionari introdotti dalla *meccanica quantistica*, ci sia il concetto di *spin* dell'*elettrone*, ovvero l'idea che le particelle possano avere un *momento angolare* intrinseco, privo di analogo classico. Il concetto è emerso dai tentativi di spiegare la *struttura fine* degli *spettri ottici* e dei *raggi X*. Dopo che l'esistenza dello *spin elettronico* è stata accettata dalla comunità dei fisici, ci si è posto il problema della possibile esistenza di uno *spin nucleare*. Anche in questo caso le prime evidenze sono emerse dai tentativi di spiegare le caratteristiche delle *righe spettroscopiche*.

Fin dagli inizi del '900 si sapeva che, utilizzando apparati ottici di altissima risoluzione, in molti atomi si osservano, all'interno della *struttura fine*, ulteriori divisioni e spostamenti delle *righe* di entità molto inferiori. A queste caratteristiche spettrali era stato dato il nome di *struttura iperfine*, proprio per enfatizzare la piccolezza degli effetti e la necessità di caratterizzazioni estremamente raffinate per metterli in evidenza. Con il progredire della comprensione della *struttura degli atomi* e l'evoluzione della *meccanica quantistica* si è cercato una spiegazione anche per questi piccoli effetti. Nell'agosto del 1924, Pauli, per primo, propone che i *nuclei* possiedano un *momento angolare di spin*, a cui è associato un *momento di dipolo magnetico*, e che la *struttura iperfine* sia dovuta all'interazione tra il *movimento orbitale* degli *elettroni* dell'*atomo* e il *momento di dipolo magnetico* del *nucleo*.

L'ipotesi dello *spin nucleare* riceve un primo forte supporto nel 1927 grazie alle ricerche del fisico teorico statunitense David M. Dennison (1900–1976). Analizzando gli *spettri di rotazione* delle *molecole* di *idrogeno* e il loro contributo al *calore specifico*, Dennison dimostra in maniera incontrovertibile che il *nucleo* dell'*idrogeno*, il *protone*, possiede un *momento angolare di spin* analogo a quello dell'*elettrone* e che esso ha anche lo stesso valore di quello dell'*elettrone* ($\frac{1}{2}h/2\pi$) [4]. Sempre nel 1927, Goudsmit e Back mostrano come l'ipotesi di *spin nucleare* possa render conto della *struttura iperfine* del *bismuto*. Infine, nel 1930, Enrico Fermi, utilizzando l'equazione di Dirac, formula la prima teoria rigorosa dell'interazione tra il *momento magnetico* di *spin nucleare* e il *momento magnetico* di *spin dell'elettrone* [5].

15.3 Il Neutrone

Abbiamo visto come negli anni '20, dopo la scoperta del protone, si ritesse che un *nucleo* di massa pari ad *A masse atomiche* fosse composto da *A protoni* e $(A - Z)$ *elettroni*. Data la piccolezza del *nucleo* rispetto alle dimensioni dell'*atomo*, Rutherford aveva supposto che, all'interno del *nucleo*, un *protone* e un *elettrone* potessero unirsi in modo molto più stretto di quanto non facciano nell'*atomo* di *idrogeno* a formare una *particella composta*, priva di carica elettrica e con una massa quasi uguale a quella dell'*atomo* di *idrogeno*. Si trattava di una ipotesi ragionevole che è stata ritenuta valida a lungo, fino a quando si è scoperto che era in contrasto con la nuova *meccanica quantistica*.

La prima evidenza la dobbiamo allo scienziato italiano Franco Rasetti (1901–2001), il quale, nel 1929, studiando lo spettro Raman della *molecola di azoto* (N_2), ha dimostrato che il *momento di spin* totale del *nucleo* di *azoto* dedotto dalle misure era in contrasto con quanto previsto dall'ipotesi di nuclei composti di *protoni* ed *elettroni* [6].

Un'altra difficoltà si aveva quando si applicava il *principio di indeterminazione*. In base ad esso, un *elettrone* confinato in una regione dello spazio delle dimensioni del *nucleo* dovrebbe possedere una energia cinetica tanto grande da richiedere una forza di richiamo irragionevolmente elevata per mantenerlo all'interno del nucleo stesso. Infine, gli autostati del sistema *protone-elettrone* previsti dal modello dovevano essere molto più legati dello stato fondamentale dell'atomo di idrogeno., Secondo la *meccanica quantistica*, però, questi stati non esistono.

Il problema viene risolto nel 1932 con la scoperta dell'esistenza di una nuova *particella* di massa quasi uguale a quella del *protone*, ma priva di carica elettrica, il *neutrone*. Il primo passo verso la scoperta viene fatto nell'ambito degli esperimenti che hanno portato alla scoperta della *radioattività artificiale*. Nel 1930, il fisico tedesco Walther Bothe (1891–1957) e il suo collaboratore Herbert Becker, osservano che, quando si bombardano con particelle *alfa* alcuni elementi leggeri, si ottiene l'emissione di *radiazioni* prive di carica elettrica insolitamente penetranti. La mancanza di carica elettrica fa supporre che si tratti di *raggi gamma*. Nel 1932 lo scienziato inglese James Chadwick (1891–1974) utilizza questa nuova *radiazione* per bombardare *atomi* leggeri (*litio, berillio, boro e azoto)* e studia le reazioni che si ottengono. Egli dimostra che i risultati si spiegano se si assume che la nuova *radiazione* consista di *particelle* di massa simile a quella del *protone*, ma prive di carica elettrica. Le *particelle* vengono denominate *neutroni*.

Subito dopo la scoperta si accende un dibattito sulla vera natura del *neutrone*, se esso sia una nuova *particella elementare* o una particella composta da un *protone* e un *elettrone* legati, ma distinti, come previsto dal vecchio modello di *nucleo*. Il dibattito continua per qualche tempo fino a che non arriva una risposta definitiva grazie alla determinazione molto precisa della massa del *neutrone* fatta da Chadwick e dal suo studente di dottorato Maurice Goldhaber. Essi trovano che la massa del *neutrone* è leggermente più grande della somma delle masse del *protone* e dell'*elettrone*. Il risultato non è compatibile con l'ipotesi che il *neutrone* sia una particella composta, perché, in questo caso, la massa dovrebbe essere inferiore alla somma, in quanto sarebbe diminuita dell'energia di legame delle due particelle componenti.[2]

La scoperta dei *neutroni* porta ad un cambio del modello accettato per la composizione dei *nuclei*: i *nuclei* sono composti da *protoni* e *neutroni*, due *particelle elementari* di massa quasi identica, designate collettivamente con il termine di *nucleoni*.[3] Quindi, un *atomo* di numero atomico Z e massa A ha il *nucleo* composto da Z *protoni* e N *neutroni* ($A = Z + N$); gli *isotopi* di uno stesso *elemento* differisco per avere un differente numero di *neutroni* al loro interno.

15.3.1 La Radioattività Artificiale

Nei primi anni Trenta viene scoperto un altro importante aspetto della *radioattività*, la *radioattività artificiale*, destinata ad avere un forte impatto sulla società anche al di fuori del settore propriamente scientifico. In precedenza, nelle prime trasmutazioni indotte da Rutherford e collaboratori bombardando gli atomi con *particelle alfa*, i *nuclei* prodotti dal bombardamento avevano coinciso con *isotopi* esistenti ed erano stabili. Nel 1933 i coniugi Frédéric Joliot (1900–1958) e Irène Joliot-Curie (1897–1956), bombardando l'*alluminio*, scoprono una nuova categoria di reazioni, in cui il *nucleo* risultante non coincide con nessuno dei *nuclei* naturali ed è instabile. Il nuovo *nucleo* si disintegra ulteriormente, con una vita media caratteristica, fino a

---

[2] Nel 1935 a Chadwick è stato conferito il premio Nobel per la fisica per avere dimostrato l'esistenza dei *neutroni*.

[3] Il *protone* e il *neutrone* sono stati ritenuti *particelle elementari* fino alla fine degli anni '50, quando cominciano ad aversi evidenze che essi sono particelle composte da entità più piccole.

raggiungere un *nucleo* stabile [2].[4] Questo fenomeno viene battezzato *radioattività artificiale*, per distinguerlo dall'originaria *radioattività naturale*. Ci si rende subito conto che si tratta di un fenomeno di grande rilevanza.[5] Infatti, la possibilità di alterare i *nuclei* ed indurre la radioattività in materiali che sono stabili prima del bombardamento rende plausibile l'idea che si possa liberare parte dell'*energia nucleare* latente negli *atomi*. Si tratta di quantità di energia di gran lunga superiori a quelle ottenibili dalle reazioni chimiche, come già Aston aveva rilevato nel 1922, in occasione della cerimonia di ricevimento del premio Nobel, e come anche Frédéric Joliot osserva in occasione dell'analoga cerimonia nel 1935. Egli così commenta [7]:

> ... abbiamo il diritto di pensare che gli scienziati, costruendo o frantumando elementi a piacimento, potranno provocare trasmutazioni di tipo esplosivo, vere e proprie reazioni chimiche a catena. Se tali trasmutazioni riuscissero a diffondersi nella materia, si può immaginare un'enorme liberazione di energia utilizzabile. Ma, purtroppo, se il contagio si estendesse a tutti gli elementi del nostro pianeta, le conseguenze di un simile cataclisma non possono che essere viste con apprensione.

Una singolare preveggenza di quanto sarebbe successo solo dieci anni dopo!

La scoperta della radioattività artificiale dà luogo ad un fiorire di attività di ricerca sulle reazioni nucleari. Di particolare rilevanza sono gli esperimenti condotti da Enrico Fermi e collaboratori a Roma. In questi esperimenti vengono utilizzati come proiettili i *neutroni*, perché Fermi si rende conto che essi, essendo privi di carica elettrica, non risentono della repulsione coulombiana e possono avvicinarsi più facilmente ai nuclei a differenza di quanto succede con *protoni* o *particelle alfa*. Si scopre inoltre che il processo di reazione diventa più efficiente se i *neutroni* vengono rallentati prima dell'impatto facendoli passare attraverso paraffina o acqua (sostanze ricche di idrogeno). Con questa tecnica il gruppo di Roma riesce in breve tempo a modificare i *nuclei* di un numero considerevole di elementi. Fra le sostanze prese in esame c'è anche l'*uranio*: comincia così la sequenza di esperimenti che avrebbe portato in pochi anni alla scoperta della *fissione nucleare* e alla costruzione della *bomba atomica*.

15.4 Meccanica Quantistica Relativistica, Campi e Particelle

Come abbiamo visto nei capitoli precedenti, la *meccanica quantistica* è scaturita soprattutto dai tentativi di spiegare la complessa fenomenologia delle proprietà fisiche e chimiche di *atomi*, *molecole* e *solidi*. In questo processo sono stati definiti nuovi concetti, prettamente quantistici, e nuove leggi fisiche, destinate a cambiare

---

[4] Un *nucleo* di *alluminio* è formato da 13 *protoni* e 14 *neutroni*. L'aggiunta di una *particella alfa* fornisce temporaneamente 2 *protoni* e 2 *neutroni*; tuttavia, nella collisione viene emesso un *neutrone*, lasciando un sistema di 15 *neutroni* e 15 *protoni*. Questo gruppo di *30 nucleoni* costituisce un isotopo instabile del *fosforo*, chiamato *fosforo-30*, che decade in un *nucleo* di *silicio* con un tempo di dimezzamento di tre minuti.

[5] A Frédéric Joliot e Irène Curie viene assegnato il Premio Nobel per la Chimica già nel 1935.

profondamente la nostra concezione della *materia*. Tuttavia, questa prima versione della *meccanica quantistica*, comunemente denominata *meccanica quantistica non relativistica*, forgiata per spiegare le proprietà degli *elettroni* confinati all'interno degli *atomi*, ha caratteristiche che la rendevano inadeguata a trattare i fenomeni della fisica dei *nuclei* e delle *particelle elementari*, che in quegli anni si stavano scoprendo. Due sono le limitazioni più rilevanti: la teoria non è conforme ai principi della *relatività* e, in essa, il *campo elettromagnetico* è descritto classicamente. I primi passi per superare queste limitazioni sono stati fatti già alla fine degli anni Venti, grazie a due importanti sviluppi teorici: 1) la teoria quantistica del *campo elettromagnetico*, che ha chiarito il concetto di *fotone*; 2) l'equazione d'onda relativistica per l'*elettrone (Equazione di Dirac)*.

15.4.1 Campo Elettromagnetico e Campi Quantistici

Il concetto di *campo di forze* è abbastanza antico. Esso è nato nella meccanica classica alla fine del XVIII secolo [8], quando i fisici matematici del tempo hanno trovato conveniente descrivere le *interazioni gravitazionali* immaginando che ciascuna massa generi una perturbazione nello spazio circostante e che questa perturbazione sia rappresentabile definendo in ogni punto dello spazio un *vettore*, che ha la proprietà di fornire l'intensità, la direzione e il verso della *forza gravitazionale* agente su un'altra massa posta in quel punto. Per molto tempo si è ritenuto che questo modo di rappresentare le *interazioni gravitazionali* non contenesse nulla di concettualmente nuovo rispetto al concetto di interazione a distanza descritta da Newton. E' stato con lo sviluppo dell'*elettromagnetismo* nel XIX secolo che il concetto di *campo* ha cominciato a mostrare la sua utilità. L'idea di uno spazio in cui sono presenti *campi elettrici* e *magnetici*, prodotti dalle cariche e dalle correnti elettriche, così come lo stesso termine *campo*, sono stati introdotti dal grande fisico e chimico inglese Michael Faraday (1791–1867). L'interpretazione dei fenomeni elettrici e magnetici in termini di *campi* è diventata la procedura normale della fisica con l'arrivo e il trionfo della teoria di Maxwell.

Il concetto di *campo elettromagnetico* (e, più in generale, di *campo di forze*) ha avuto un'ulteriore evoluzione con l'avvento della teoria della *relatività ristretta*, formulata da Einstein nel 1905. Il principio di relatività e la costanza della velocità della luce nei sistemi di riferimento inerziali hanno richiesto l'elaborazione di nuove regole per descrivere il modo in cui le coordinate spaziali e temporali dei *campi* variano quando si cambia il sistema di riferimento. Le *trasformazioni di Lorentz* ne sono un tipico esempio. Inoltre, la riformulazione del principio di conservazione dell'energia, secondo cui c'è equivalenza tra massa ed energia, ha avuto un impatto rilevante sulla concezione della *materia nucleare*.

La prima applicazione della *meccanica quantistica* ai *campi*, invece che alle *particelle*, si trova in uno degli articoli fondativi scritto da Born, Heisenberg e Jordan già nel 1926 [9]. Nella loro trattazione gli autori hanno sfruttato la proprietà del *campo elettromagnetico* di poter essere espresso come una sovrapposizione di *onde piane*, denominate *modi normali* di oscillazione. In analogia con la trattazione di Planck della radiazione di corpo nero, gli autori hanno mostrato che i *modi normali* sono assimilabili a *oscillatori armonici* quantizzabili secondo le regole della *meccanica quantistica*. Ne consegue che la loro energia è quantizzata in multipli interi del *quanto di oscillazione*, dato dal prodotto della *frequenza di oscillazione* ν per la *costante* h di Planck ($E = h\nu$), come previsto da Einstein nel 1905. Grazie a questo lavoro l'idea di *fotone* ha ricevuto per la prima volta una rigorosa formulazione matematica [8].

Il passo successivo è stato fatto da Dirac l'anno successivo. In un classico articolo, pubblicato nel 1927 [10], Dirac ha mostrato come l'interazione tra *cariche elettriche*, (mediata dal *campo elettromagnetico)* possa essere descritta, dal punto di vista quantistico, come il risultato di uno scambio di *fotoni*. Nel processo i *fotoni*, *particelle* del *campo elettromagnetico*, vengono continuamente *creati* e *distrutti*. L'articolo di Dirac ha anche chiarito il meccanismo, postulato da Bohr nella sua teoria atomica del 1913, secondo cui un *elettrone*, in uno stato eccitato dell'*atomo*, transisce verso uno stato di minore energia emettendo spontaneamente *radiazione elettromagnetica* sotto forma di *fotoni*.

La quantizzazione del *campo elettromagnetico* ha introdotto per la prima volta l'idea che le *particelle* di un *campo quantistico* (in questo caso i *fotoni*) possono essere create e distrutte nei processi di interazione e che questi *processi di creazione e distruzione* siano la manifestazione dell'esistenza del *campo* stesso. Questa idea ha aperto la strada alla formulazione di teorie quantistiche capaci di spiegare la comparsa e la scomparsa di *particelle*, che si osserva nelle reazioni nucleari e nei processi radioattivi.

Nella formulazione iniziale della *meccanica quantistica* (la *meccanica quantistica non relativistica*) sviluppata da Heisenberg e Schroedinger, *particelle* e *radiazione* sono trattate in modo asimmetrico, in quanto le *particelle materiali* (allora essenzialmente *elettroni* e *protoni*), pur dotate di una natura ondulatoria, mantengono una propria individualità e il loro numero non può variare durante i processi fisici. Questa asimmetria è stata superata grazie a Jordan e Wigner e a Heisenberg e Pauli [8], i quali, in articoli del triennio 1928–30, hanno mostrato come il concetto di *campo* possa essere esteso anche alle *particelle materiali* e come sia definibile un *campo* specifico per ogni tipo di *particella elementare*. Le *particelle* vengono ad essere i *quanti* del proprio *campo*, allo stesso modo in cui il *fotone* è il *quanto* del *campo elettromagnetico*. Inoltre, grazie al principio di equivalenza tra massa ed energia introdotto dalla teoria della relatività, se in un processo l'energia in gioco è sufficientemente elevata, diventa possibile creare *particelle materiali*, proprio come vengono creati i *fotoni* quando un *atomo* perde energia.

E' importante sottolineare come questi primi passi nella costruzione della *teoria quantistica* dei *campi* abbiano introdotto una nuova concezione della *materia*: la *materia* è divenuta un insieme di *campi*, soggetti alle regole della *relatività ristretta* e della *meccanica quantistica*; le *particelle* sono divenute *eccitazioni* dei *campi*; i processi fisici sono la conseguenza della *dinamica quantistica* dei *campi*. Questo punto di vista è rimasto valido fino ai giorni nostri e costituisce il dogma centrale della *teoria quantistica dei campi* [8]. Analogamente innovativa è diventata la rappresentazione delle *interazioni* tra *particelle*. Come le *interazioni elettromagnetiche* tra *particelle* elettricamente cariche sono il risultato di uno scambio di *fotoni*, allo stesso modo si è cominciato ad ipotizzare che le *forze nucleari* siano il risultato di uno scambio delle *particelle mediatrici* associate ai *campi* che descrivono le *interazioni nucleari*. Vedremo come questo nuovo modo di rappresentare le *interazioni* si sia dimostrato estremamente fruttuoso per la comprensione delle *forze nucleari* ancora sconosciute.

15.4.2 Equazione di Dirac. Positrone e Antimateria

Come abbiamo accennato in precedenza, nel 1928 Paul Dirac, nell'ambito degli sforzi per la costruzione di una *meccanica quantistica relativistica*, ha elaborato un'equazione quantomeccanica per l'*elettrone*, consistente con la *relatività ristretta* [11]. Questa importante equazione, successivamente battezzata *equazione di Dirac*, spiega in modo naturale l'esistenza dello *spin* dell'*elettrone*, (postulato da Uhlenbeck e Goudsmit nel 1925), del *momento di dipolo magnetico* dell'*elettrone* e della *struttura fine* degli *spettri atomici*. Tuttavia, essa ha una caratteristica, che, all'inizio, è stato difficile da accettare sul piano fisico: oltre ai consueti *autostati* di *energia positiva*, essa ammette analoghi *autostati* di *energia negativa*, il cui significato fisico era difficile da stabilire. Inoltre, l'esistenza di *autostati* di *energia negativa* creava l'ulteriore problema di comprendere perché gli *elettroni* di *energia positiva* non vi "cadessero" dentro, dato che i sistemi fisici tendono naturalmente a transire verso gli stati di energia più bassa.

La spiegazione immaginata da Dirac è stata che gli *autostati* di *energia negativa* sono normalmente pieni di *elettroni* e costituiscono un sottofondo di materia neutra e normalmente invisibile, il *principio di esclusione* di Pauli impedendo ad altri *elettroni* di andare ad occuparli [12]. Dirac ha però osservato che questi *elettroni* non sono completamente invisibili. Infatti, se viene eccitato con energia sufficiente, uno di essi può essere rimosso dal suo sito, lasciando un *buco* vuoto (*hole*, in inglese). In presenza di un *campo elettromagnetico*, questo *buco* si comporta come una *particella* di *carica elettrica positiva* avente la stessa massa dell'*elettrone*. Dirac ha denominato *antielettroni* queste ipotetiche particelle, argomentando che esse si sarebbero *annichilate* al contatto con gli *elettroni*.[6] Risulta ovvio che la dimostrazione dell'esistenza di queste nuove particelle avrebbe rappresentato un forte supporto alla teoria di Dirac.

L'esistenza di *particelle* di *carica elettrica positiva* con la stessa massa degli *elettroni* è stata confermata sperimentalmente nel 1932, quando lo scienziato americano Carl D. Anderson (1905–1991) ha scoperto la loro presenza nei *raggi cosmici* (Per

---

[6] Si noti che la spiegazione di Dirac ricalca da vicino i concetti di *bande di energia* nei solidi e di *buche* nei semiconduttori, che erano stati messi a punto in quegli anni per spiegare le proprietà di trasporto nella materia condensata.

maggiori informazioni si veda *I Raggi Cosmici* nell'Appendice E) e le ha battezzate *positroni*. Nel racconto di Anderson [13]:

> ... si sono quindi ottenuti risultati che logicamente potevano essere interpretati solo in termini di particelle di carica positiva e di massa dello stesso ordine di grandezza di quella normalmente posseduta dall'elettrone libero negativo. L'attuale teoria elettronica di Dirac fornisce un mezzo per descrivere molti dei fenomeni che governano la produzione e l'annichilazione dei positroni. Blackett e Occhialini suggerirono per primi che la comparsa di coppie di elettroni positivi e negativi può essere intesa nei termini di questa teoria come la *creazione* di una coppia costituita da un elettrone positivo e uno negativo nelle vicinanze di un nucleo atomico.

Questi risultati costituiscono la base dell'articolo pubblicato da Anderson nel settembre 1932, che annuncia l'esistenza di *elettroni positivi* liberi, battezzati *positroni*, identificati con gli *antielettroni* previsti da Dirac. Si tratta della prima evidenza sperimentale dell'esistenza di *particelle* di quella che sarà denominata *antimateria*.

Poco dopo la scoperta del *positrone* la natura degli stati di energia negativa dell'equazione di Dirac e il concetto di *antimateria* sono stati definitivamente chiariti all'interno della *teoria quantistica dei campi*. Nel 1934, Furry e Oppenheimer [14] e Pauli e Weisskopf [15] hanno dimostrato come la *teoria quantistica dei campi* incorpori naturalmente l'idea di *antimateria*. Infatti, la teoria prevede che per ogni tipo di *particella* deve esistere una corrispondente *antiparticella*, con la stessa massa ma carica elettrica opposta. Inoltre, essa descrive la *creazione* e la *distruzione* delle *coppie particella-antiparticella*, senza che sia necessario ipotizzare l'esistenza di particelle inosservabili di energia negativa [8]. Si è successivamente scoperto che il dualismo trovato nell'equazione di Dirac è una caratteristica profonda e universale della *materia* descritta dalla *teoria quantistica dei campi* [16]. A conferma di tale universalità, nel 1955 a Berkeley (USA) è stato scoperto sperimentalmente l'*antiprotone* e l'anno successivo l'*antineutrone*.

15.5 Il Decadimento Beta e il Neutrino

Agli inizi degli anni Trenta era ormai accertato che nel *decadimento beta*, uno dei fenomeni di base della fisica nucleare, un *nucleo* iniziale si trasforma in un *nucleo* secondario, avente una carica positiva accresciuta di un'unità, emettendo un *elettrone*. Tuttavia, il fenomeno presentava un aspetto che ne rendevano difficile la comprensione: i decadimenti sembravano avvenire senza rispettare la conservazione dell'*energia*. Infatti, l'*energia cinetica* dell'*elettrone* emesso non era costante, come richiesto in un decadimento con due *particelle* finali, ma variava con continuità, assumendo valori che andavano da un valore massimo fino a zero. Inoltre, alcuni processi di decadimento sembravano violare anche il principio di *conservazione* del *momento angolare* e le regole della statistica dei sistemi composti [6].

Per superare queste difficoltà, nel 1931 Wolfgang Pauli ha ipotizzato che nel processo di *decadimento beta*, oltre all'*elettrone*, venga emessa una nuova particella, la cui *energia cinetica* sia pari all'*energia* mancante. Affinché continuino a valere il principio di *conservazione della carica elettrica*, del *momento angolare* e le *regole della statistica*, questa particella deve avere una *massa trascurabile*, essere *priva di carica elettrica* e avere uno *spin* pari a $\frac{1}{2}h/2\pi$. Queste caratteristiche la rendono di difficile rivelazione e spiegavano perché non era ancora stata osservata.

La proposta è stata inizialmente accolta con scetticismo dalla comunità scientifica, proprio perché postulava l'esistenza di una nuova *particella fondamentale*, non rivelata sperimentalmente e di difficile rivelazione. Tuttavia, l'ipotesi ha ricevuto un autorevole supporto, qualche anno dopo, quando Enrico Fermi ha dimostrato come la nuova particella, battezzata *neutrino* (piccola particella neutra!) dai fisici del gruppo di Roma, fosse un elemento essenziale nella teoria del *decadimento beta* da lui pubblicata nel 1934 [17], teoria che si è rivelata di grande successo.[7]

Nell'elaborazione della sua teoria sul *decadimento beta* Enrico Fermi utilizza alcuni dei concetti alla base della *teoria quantistica* del *campo elettromagnetico*. Con l'accettazione del modello di un *nucleo* composto da *protoni* e *neutroni*, il *decadimento beta nucleare* era stato identificato con la reazione in cui un *neutrone* si trasforma in un *protone* emettendo un *elettrone*. Questo processo presentava due problemi: il primo era l'apparente non conservazione dell'energia, per la cui soluzione Pauli aveva proposto l'esistenza del *neutrino*, il secondo era legato all'origine dell'*elettrone* emesso, adesso che si era esclusa la presenza di *elettroni* all'interno dei *nuclei*. La teoria di Fermi risolve questi problemi assumendo, in analogia con i processi di *emissione e assorbimento* di *fotoni*, che l'*elettrone* e il *neutrino* vengano creati nell'atto del decadimento, come conseguenza dell'interazione dei loro *campi* con quelli del *protone* e del *neutrone*. Si tratta della prima teoria che affronta il problema della *creazione* e della *distruzione* di particelle materiali. Inoltre, essa postula l'esistenza di un nuovo tipo di interazione, l'*interazione* (o *forza*) *debole*, che agisce all'interno dei *nuclei* ed è responsabile del decadimento.

15.6 Interazioni Forti. L'Isospin

Nei primi anni Trenta l'accettazione del modello di *nuclei* stabili composti da *neutroni* e *protoni* (nonostante la repulsione coulombiana tra le cariche positive) porta in primo piano il problema della natura delle forze capaci di tenerli uniti. Risulta ovvio che queste forze, che vengono battezzate *forze nucleari forti* o *interazioni forti*, debbano essere molto più grandi delle *forze elettromagnetiche* ed essere capaci di agire anche su particelle prive di carica (i *neutroni*). Inoltre, già dai primi esperimenti di diffusione delle *particelle alfa* fatti da Rutherford e collaboratori era risultato chiaro che esse hanno un raggio di azione molto corto (dell'ordine di 10^{-15} m).

Per spiegarne le caratteristiche, nel 1932, subito dopo la scoperta del *neutrone*, Heisenberg avanza alcune ipotesi, destinate a rimanere alla base delle successive indagini teoriche sulle forze nucleari e sulla struttura dei nuclei. Di particolare

[7] La conferma sperimentale dell'esistenza del neutrino è stata data dagli scienziati statunitensi Clyde Cowan (1919–1974) e Frederick Reines (1918–1988) soltanto nel 1956, venticinque anni dopo l'ipotesi di Pauli.

importanza risulta l'ipotesi dello *spin isotopico* o *isospin*, concepito in analogia con lo *spin* dell'*elettrone* per spiegare la simmetria dell'*interazione forte* rispetto al *protone* e al *neutrone*.

In seguito all'introduzione dello *spin* dell'*elettrone* da parte di Uhlenbeck and Goudsmit, Pauli nel 1927 aveva formulato una teoria quantistica del *momento angolare di spin*, concepito come una proprietà puramente quanto-meccanica, priva di analogo classico.[8] Secondo la teoria di Pauli, gli stati di base di una particella di *spin* $\frac{1}{2}h/2\pi$ (denominati *spinori*) hanno solo due componenti. Essi sono *autostati* del *momento di spin totale* e della *sua componente lungo z*. Gli *autovalori* della *componente z* possono assumere solo due valori $+\frac{1}{2}h/2\pi$ e $-\frac{1}{2}h/2\pi$, che corrispondono ad *autostati*, rispettivamente, paralleli o antiparalleli alla direzione *z*. In presenza di *interazioni* che non dipendono dalla direzione dello *spin* (*simmetria di spin*) i due stati sono *degeneri* (hanno la stessa energia).

L'idea di Heisenberg di *spin isotopico* nasce dall'osservazione che il *protone* e il *neutrone* hanno una massa quasi uguale.[9] Heisenberg ipotizza che le due particelle avrebbero massa identica, se su di esse agissero solo le *interazioni forti*, e che la piccola differenza di massa sia dovuta all'effetto dell'*interazione elettromagnetica* che agisce sul *protone*. Per rendere quantitativo questo concetto Heisenberg teorizza che il *protone* e il *neutrone* possiedano, oltre allo *spin ordinario*, un ulteriore tipo di *spin*, lo *spin isotopico* o *isospin*, rispetto al quale le *interazioni forti* sono simmetriche. Pertanto, il *protone* e il *neutrone* corrisponderebbero ai due autostati di un'unica particella, il *nucleone*, caratterizzati dall'avere direzioni opposte dello *spin isotopico*.

In base al *teorema di simmetria* (Si veda *Simmetrie, Invarianza e Leggi di Conservazione* nell'Appendice E), se l'*interazione forte* è invariante rispetto alle rotazioni nello spazio dell'*isospin*, ne consegue che l'*isospin* stesso è conservato in tutte le *interazioni forti*, proprio come il *momento angolare* è conservato nei processi con invarianza rotazionale nello spazio ordinario. Per quanto riguarda l'origine dell'*interazione forte*, Heisenberg suggerisce, in analogia con lo *scambio* di un *elettrone* che lega i due nuclei della molecola di idrogeno ionizzata (H_2^+), che possa originare dallo *scambio* di una nuova particella, ancora sconosciuta, di *spin zero*.

Dopo lo sviluppo della teoria di Fermi del *decadimento beta*, si congettura che il meccanismo di scambio ipotizzato da Heisenberg possa coincidere con lo *scambio* di *elettroni* e *neutrini* tra i *nucleoni* proposto da Fermi [18]. Si trova, tuttavia, che le *interazioni* così calcolate sono molto più piccole delle *interazioni forti* [19].

Nel 1935, per superare l'impasse, mantenendo l'idea di fondo che le *interazioni forti* siano dovute allo *scambio* delle *particelle* di un *campo di forze*, Yukawa ipotizza l'esistenza di un nuovo *campo*, da lui denominato *campo mesonico* [20]. Inoltre, dimostra che il raggio di azione di un *campo di forze* è inversamente proporziona-

---

[8] Si ricordi che il *momento angolare* di *spin* dell'*elettrone* non è attribuibile ad una rotazione della massa dell'elettrone intorno al proprio asse, anche se questo modello classico aiuta nella comprensione delle sue proprietà. L'*elettrone*, per quanto ne sappiamo, è una particella puntiforme e lo spin è una proprietà intrinseca della particella stessa.

[9] La massa del protone è $M_p = 938{,}28$ MeV/c^2 quella del neutrone è $M_n = 939{,}57$ MeV/c^2.

le alla *massa* delle *particelle* scambiate. Su questa base prevede che la particella associata al nuovo *campo*, battezzata *mesone*,[10] debba avere una massa circa 200 volte più grande di quella dell'*elettrone*. L'idea di associare il raggio di azione di una forza alla massa di una particella è risultata essere un concetto fondamentale nella *teoria quantistica dei campi*.

La teoria di Yukawa sembra ricevere un immediato supporto sperimentale quando, nel 1937, due differenti gruppi di ricercatori americani [21] scoprono la presenza nei raggi cosmici di due nuove *particelle* sconosciute, una positiva l'altra negativa, aventi una massa di circa 240 masse elettroniche e una vita media di pochi milionesimi di secondo. Poiché hanno caratteristiche molto simili a quelle previste per i mediatori delle *interazioni forti*, le nuove *particelle*, denominate *mesotroni*, vengono inizialmente identificate con i *mesoni* di Yukawa.

Concludiamo questo capitolo sottolineando che la *teoria quantistica* del *campo elettromagnetico*, la *teoria di Fermi* del *decadimento beta* e la *teoria di Yukawa* delle *interazioni forti* hanno costituito il modello per tutti i successivi sviluppi, che hanno portato all'attuale comprensione della *materia nucleare* e delle *particelle elementari*.

Riferimenti bibliografici

1. Soddy F (1922) The origins of the conceptions of isotopes. Nobel Lecture, December 12
2. Close F (2015) Nuclear Physics: a very short introduction. Oxford University Press, New York
3. Aston F W (1922) Mass spectra and isotopes. Nobel Lecture, December 12
4. Dennison D M (1927) A Note on the Specific Heat of the Hydrogen Molecule. Proc. R. Soc. Lond. A 115:483–486
5. Fermi E. (1930) Über die magnetischen Momente der Atomkerne. Z. Physik 60: 320–333
6. Segre E (1964) Nuclei e Particelle. Zanichelli, Bologna
7. Joliot F (1935) Chemical evidence of the transmutation of elements Nobel Lecture, December 12
8. Weinberg S (1977) The Search for Unity: Notes for a History of Quantum Field Theory. Daedalus 106: 17–35
9. Born M, Heisenberg, W, Jordan P (1926) Zur Quantenmechanik II. Z. Physik 36: 336–363
10. Dirac P A M (1927) The Quantum Theory of the Emission and Absorption of Radiation. Proc. Roy. Soc. Lond. A114: 243–265
11. Dirac P A M (1928) The quantum theory of the electron. Proc. Roy. Soc. Lond. A117: 610–624
12. Dirac P A M (1930) A Theory of Electrons and Protons. Proc. Roy. Soc. Lond. A126: 360–365
13. Anderson C D (1936) The production and properties of positrons. Nobel Lecture, December 12
14. Furry W H, Oppenheimer J R (1934) On the Theory of the Electron and Positive. Physical Review 45: 245–262
15. Pauli W, Weisskopf V (1934) The Quantization of the Scalar Relativistic Wave Equation. Helvetica Physica Acta, 7:709–731
16. Griffiths D (2004) Introduction to Elementary Particles. Wiley-VCH Verlag GmbH & Co. KGaA, Weinheim
17. Fermi E (1934) Versuch einer Theorie der β-Strahlen. Z. Physik 88: 161–177

[10] Così denominato dal greco *mesos* (intermedio), perché di massa intermedia tra l'elettrone e il protone.

18. Yukawa H (1949) Meson theory in its developments. Nobel Lecture, December 12
19. Tamm I G (1934) Exchange Forces between Neutrons and Protons, and Fermi's Theory. Nature 133: 981
20. Yukawa H (1935) On the Interaction of Elementary Particles. Proc. Phys.-Math. Soc. Japan 17: 48–57
21. Neddermeyer S H, Anderson C D (1937) Note on the Nature of Cosmic-Ray Particles. Physical Review 51:884–891

Capitolo 16
Dal Muone ai Quark

Alla fine della Seconda Guerra Mondiale comincia un periodo nel quale lo studio della *materia nucleare* e delle *particelle elementari* diventa il settore preminente della fisica, anche sull'onda del generale interesse per lo sviluppo dell'energia e degli armamenti nucleari. Il periodo si apre con la scoperta del *muone* e del *pione*. In questi anni entrano in funzione i primi moderni acceleratori che portano alla scoperta di un numero crescente di *particelle elementari*. Molte di queste hanno proprietà così peculiari da meritare l'appellativo di *particelle strane*. La proliferazione del numero di particelle e la complessità delle loro interazioni mettono in luce una realtà fisica complicata e di difficile comprensione. Le *interazioni forti* e *deboli*, che governano i fenomeni subnucleari, si rivelano essere molto più complesse di quelle *elettromagnetiche*. Questo periodo di difficoltà si chiude con la chiarificazione apportata dal modello basato sui *quark*.

16.1 Proliferazione di Particelle

Nel decennio che ha preceduto l'inizio della Seconda Guerra Mondiale il quadro generale della struttura dei *nuclei* e delle *particelle elementari* era sembrato abbastanza definito. I *nuclei* sono aggregati di due tipi di *particelle elementari*, *protoni* e *neutroni*, collettivamente denominate *nucleoni*. All'interno dei *nuclei* agiscono, oltre alle *interazioni elettromagnetiche*, due nuove interazioni, l'*interazione forte*, responsabile delle forze che tengono insieme i *nucleoni*, e l'*interazione debole*, che governa il *decadimento beta*. Esistono alcune *particelle* più leggere, l'*elettrone*, il *positrone*, il *mesotrone* e il *neutrino*, i cui ruoli sembrano ben compresi. Nei primi anni del dopoguerra, quando la ricerca scientifica, dopo gli impegni della guerra, può riprendere il suo cammino autonomo, cominciano ad aversi le prime evidenze di come, nel mondo subnucleare, la realtà sia molto più complessa di quanto ritenuto fino ad allora. Le prime avvisaglie sono fornite dalla scoperta di nuove *particelle* difficili da inquadrare negli schemi correnti e dal loro numero che tende a moltiplicarsi. La prima di queste nuove particelle inaspettate è il *muone*.

© The Author(s), under exclusive license to Springer Nature Switzerland AG 2025

F. Evangelisti, *Il concetto di materia*, https://doi.org/10.1007/978-3-031-83565-0_16

16.1.1 Muone e Pione

Abbiamo visto come, nel 1937, fosse stata scoperta nei raggi cosmici una nuova particella, il *mesotrone*, che sembrava avere tutte le caratteristiche del *mesone* previsto dalla teoria di Yukawa come mediatore delle *interazioni forti*. Come tale esso era stato inizialmente interpretato e la scoperta era sembrata dare un supporto sperimentale alla teoria. Tuttavia, con il progredire delle caratterizzazioni, si erano trovate caratteristiche che rendevano dubbia l'attribuzione: i *mesotroni* sembravano essere significativamente più leggeri di quanto previsto da Yukawa e sembravano avere un tempo di vita troppo lungo.

Che i *mesotroni* non possano essere i *mesoni* di Yukawa viene dimostrato in modo inequivocabile nel 1946 dai fisici italiani Marcello Conversi (1917–1988), Ettore Pancini (1915–1981) ed Oreste Piccioni (1915–2002). Con un esperimento, che secondo molti fisici segna l'inizio della moderna fisica delle *particelle elementari*, Conversi e collaboratori mostrano come i *mesotroni*, quando attraversano i materiali, interagiscono solo debolmente con i *nuclei*, una caratteristica incompatibile con il ruolo di mediatori delle *interazioni forti*. Inoltre, il loro tempo di vita è molto più lungo di quanto compatibile con la teoria di Yukawa.

La situazione viene definitivamente chiarita l'anno successivo, quando un gruppo di ricercatori dell'università di Bristol dimostra che le nuove *particelle* presenti nei raggi cosmici sono di due tipi, con masse che differiscono tra loro di circa il 30% [1]. La *particella* più pesante ha un tempo di vita molto più breve e decade producendo quella più leggera, che altro non è che il *mesotrone* scoperto da Anderson e Neddermeyer. Alla luce delle nuove scoperte il *mesotrone* viene ribattezzato *mesone* μ (*mu*) per distinguerlo dalla *particella* più pesante, che viene battezzata *mesone* π (o *pione*). Test successivi dimostrano che il *pione* interagisce fortemente con i *nucleoni* e che le sue caratteristiche coincidono con quelle previste dalla teoria di Yukawa: la particella responsabile delle *interazioni forti* sembra essere stata trovata. Appare invece chiaro che il *mesone* μ non è affatto un *mesone*, ossia una particella che interagisce fortemente con i *nuclei*. Il suo nome viene ulteriormente cambiato in *muone*. Il *muone* viene ad essere la prima particella subatomica la cui scoperta è completamente inaspettata e a cui non si riesce ad attribuire un ruolo, un fatto che testimonia un'imbarazzante inadeguatezza delle teorie.

Le successive caratterizzazioni hanno mostrato che *pioni* e *muoni* hanno proprietà di base molto differenti. I *pioni* sono di tre tipi, contraddistinti, rispettivamente, da carica positiva (π^+), negativa (π^-) e nulla (π^0), hanno tutti *spin 0* e *momento di dipolo magnetico* nullo. I muoni sono di due tipi, uno positivo (μ^+) e uno negativo (μ^-), hanno *spin* $\frac{1}{2}$ e *momento di dipolo magnetico diverso* da zero. Anche le modalità di decadimento appaiono diversificate: i *pioni* carichi decadono in *muoni* e *neutrini*; il *pione* neutro in due *fotoni*; i *muoni* in *elettroni* o *positroni* e due *neutrini*.[1]

[1] Le reazioni esatte sono: ($\pi^+ \rightarrow \mu^+ + \nu_\mu$); ($\pi^- \rightarrow \mu^- + \overline{\nu}_\mu$); ($\pi^0 \rightarrow 2\gamma$); ($\mu^+ \rightarrow e^+ + \nu_e + \overline{\nu}_\mu$); ($\mu^- \rightarrow e^- + \overline{\nu}_e + \nu_\mu$); $\overline{\nu}_\mu$ e $\overline{\nu}_e$ denotano antineutrini.

16.1.2 Particelle Strane

Poco dopo la scoperta dell'esistenza del *mesone* e del *pione*, comincia l'individuazione di una varietà di nuove *particelle* e il panorama diventa progressivamente sempre più complesso. Alcune delle nuove *particelle* sono dotate di caratteristiche inusuali e vengono battezzate *particelle strane*.

Nel dicembre 1947 i fisici britannici George Rochester (1908–2001) and Clifford Butler (1922–1999) pubblicano dei dati sui raggi cosmici che dimostrano l'esistenza di due nuove *particelle* aventi una massa circa pari alla metà di quella del *protone* [2]. Una di esse è neutra e decade in una coppia di *particelle* più leggere di carica opposta.[2] La seconda è una *particella* carica il cui decadimento appare più difficile da determinare.[3] Queste *particelle* (attualmente denominate *kaoni*) si comportano per certi aspetti come *pioni* pesanti, e così la famiglia dei *mesoni* viene estesa per includerli. Molti altri *mesoni* vengono scoperti successivamente.

Sempre nei raggi cosmici viene scoperta, nel 1950, dal gruppo di Anderson in California, una nuova particella neutra più pesante dei *nucleoni*, che decade in un *protone* e un *mesone* (Si tratta dell'attuale barione Λ). Varie altre particelle più pesanti dei *nucleoni* vengono scoperte negli anni successivi (Σ, Ξ, Δ, ...).

Nei primi anni '50 entrano in funzione i primi moderni acceleratori di particelle (il Cosmotron a Brookhaven [USA] nel 1952 e il Bevatron a Berkeley [USA] nel 1954) e ben presto diventa possibile produrre e studiare le nuove *particelle* in laboratorio. Si scopre che esse sono non solo inaspettate, ma hanno una caratteristica sorprendente che le rende *strane*: sono prodotte in abbondanza in tempi molto brevi (di circa 10^{-23} s), ma decadono in modo relativamente lento (tipicamente con tempi di circa 10^{-10} s). Questo fatto è interpretato come evidenza che il meccanismo implicato nella loro produzione sia del tutto diverso da quello che governa il loro decadimento. I tempi caratteristici di creazione e di decadimento dimostrano che le *particelle strane* sono il prodotto di *interazioni forti*, ma decadono grazie a *interazioni deboli*. Nel 1953 Murray Gell-Mann (1929–2019) e Kazuhiko Nishijima (1926–2009) suggeriscono un modo per rendere quantitative queste osservazioni, che si sarebbe rivelato di grande successo [3]. Essi propongono di assegnare a ciascuna particella un nuovo *numero quantico*, la *stranezza*, che si conserva nelle *interazioni forti*, ma non si conserva nelle *interazioni deboli*.

Il problema della natura delle nuove *particelle* entra nella problematica, allora aperta, volta a stabilire dei criteri per cui alcune reazioni avvengono ed altre no. Il problema si era posto già negli anni '30 in seguito alla scoperta dei *neutroni* e allo studio dei decadimenti relativi. In particolare, bisognava capire perché un *neutrone* libero decade mentre i *protoni* liberi sembrano assolutamente stabili. Alla fine degli anni '30 il fisico e matematico svizzero Ernst Stueckelberg (1905–1984) aveva

---

[2] Caratterizzazioni successive dimostrano trattarsi di una *particella* di massa circa doppia di quella del *pione*, che decade in π^+ e π^-: un mesone attualmente denominato K^0 (*kaone*; $\to \pi^+ + \pi^-$).

[3] Caratterizzazioni successive dimostrano trattarsi di una *particella* di massa simile a quella del K^0, che decade in 2 π^+ e π^-: un *mesone* attualmente denominato K^+ ($K^+ \to \pi^+ + \pi^+ + \pi^-$).

avanzato l'ipotesi che esista una legge di conservazione, secondo cui le particelle *pesanti* (a quel tempo, *protoni* e *neutroni*) non possono decadere trasformandosi in particelle *leggere* [3]. La ragione fondamentale per credere in questa legge di conservazione derivava dal fatto che non era stato osservato alcun fenomeno in cui una *particella pesante* era scomparsa senza la formazione di un'altra *particella pesante*. In particolare, il *protone* appariva del tutto stabile anche se la sua disintegrazione in altre particelle non avrebbe violato nessuna delle leggi di conservazione conosciute. Nel 1953, in seguito alla scoperta delle nuove particelle, l'idea viene riformulata dal fisico olandese Abraham Pais (1918–2000) come *legge di conservazione del numero barionico* [4]. Secondo Pais le *particelle pesanti*, da lui ribattezzate *barioni (pesanti*, in greco), sono caratterizzate dall'avere un *numero barionico* B, il cui valore totale si deve conservare in qualsiasi processo fisico. Pais assegna $B = +1$ ai *barioni* e $B = -1$ agli *antibarioni*. La conservazione del *numero barionico* giustifica il *decadimento beta* del *neutrone* ($B = 1$, prima e dopo la reazione) e la stabilità del *protone* (non esistono *barioni* più leggeri in cui possa decadere). Per quanto riguarda le nuove particelle scoperte, risulta evidente che, per conservare il *numero barionico* nelle reazioni osservate, quelle più pesanti devono essere assegnate alla famiglia dei *barioni*. Inoltre, Pais suggerisce che le particelle strane vengano prodotte in coppia via *interazione forte*, ma decadano via *interazione debole* quando sono separate l'una dall'altra.

16.1.3 Risonanze

Negli anni '50 l'utilizzo di macchine capaci di accelerare le *particelle* ad energie elevate porta alla generazione di una varietà di nuove *particelle*, denominate per lungo tempo *risonanze* a causa del loro tempo di vita estremamente breve. Il loro numero diventa rapidamente molto grande (oggi se ne contano centinaia). Il moltiplicarsi delle *risonanze* rende il panorama delle *particelle elementari* sempre più incomprensibile. L'inizio di questo filone di ricerca lo dobbiamo a Enrico Fermi, che, all'indomani dell'entrata in funzione del *sincrociclotrone* da 450 MeV a Chicago, decide di avviare un programma di ricerche sulle *reazioni pione-protone*, ottenute facendo incidere su *idrogeno* liquido un fascio di *mesoni* π (*pioni*) prodotti nell'acceleratore. Con gli acceleratori si possono ottenere fasci di *mesoni* intensi e ben definiti in energia. L'obiettivo primario degli esperimenti è lo studio delle *interazioni forti*, che, secondo la teoria di Yukawa, sono mediate dai *mesoni* π, scoperti nei raggi cosmici qualche anno prima.

I primi risultati delle ricerche, pubblicati nel 1952 [5], mostrano che nella collisione del *pione* e del *protone* si forma uno stato quasi legato, che si manifesta come un picco nella *sezione d'urto*. Lo stato, che ha una vita molto breve (10^{-23} s), si comporta come una vera e propria particella con una massa ben definita e viene battezzato *risonanza* (Si tratta dell'attuale *risonanza* Δ (*delta*)). Si tratta della prima di una lunga serie di *risonanze nucleari*, che sarebbero state scoperte in seguito a varie energie. Nell'immediato lo studio della *risonanza* Δ ha anche un importante risvolto dal punto di vista teorico, in quanto le sue caratteristiche risultano spiegabili utilizzando il concetto di *isospin*, introdotto da Heisenberg nel 1932, e rappresenta un'ulteriore dimostrazione della conservazione dell'*isospin* nelle *interazioni forti*.

16.1.4 Particelle Elementari o Composite?

Negli anni Cinquanta, a rendere il panorama ancora più complesso, contribuiscono le evidenze che i *nucleoni* possano avere una struttura interna ed essere composti da entità più elementari. Le prime evidenze in tal senso erano venute anni prima dalla determinazione precisa dei *momenti di dipolo magnetico* del *protone* e del *neutrone*.

Nel caso del *protone*, il *momento di dipolo magnetico* era stato misurato nel 1933 dal fisico tedesco Otto Stern (1888–1969) e collaboratori.[4] Secondo la teoria di Dirac il *momento di dipolo magnetico* di una *particella elementare* di *spin* $\frac{1}{2}h/2\pi$ dovrebbe avere un valore definito, legato al rapporto tra carica elettrica e massa. Si era invece trovato un valore circa due volte e mezzo maggiore di quanto previsto dalla teoria. Questa discrepanza, rimasta allora inspiegata, è ritenuta la prima evidenza del fatto che il *protone* ha una struttura complessa e non è una *particella elementare*.

Ancora più sorprendente si era rivelato il caso del *neutrone*. Secondo la teoria, per avere un *momento di dipolo magnetico* una *particella elementare* deve avere sia uno *spin* che una *carica elettrica* diversi da zero. Poiché il *neutrone* ha *carica elettrica* nulla, ci si aspettava che non avesse un *momento di dipolo magnetico*. La determinazione sperimentale, fatta nel 1940 dagli scienziati Luis Alvarez (1911–1988) e Felix Bloch (1905–1983), ha mostrato che esso è diverso zero e negativo: un risultato assolutamente inaspettato, che è rimasto un enigma fino allo sviluppo del modello a *quark* negli anni Sessanta.

Nei primi anni Cinquanta il fisico americano Robert Hofstadter (1915–1990) e i suoi collaboratori hanno fatto uno studio sistematico della *diffusione* (*scattering*) di *elettroni* di alta energia incidenti sui *nuclei*, con lo scopo di acquisire informazioni sulla distribuzione della carica elettrica nei *nucleoni*. L'utilizzo degli *elettroni*, che interagiscono con i *nuclei* solo attraverso l'*interazione elettromagnetica*, ha permesso di interpretare i dati sperimentali mediante la ormai consolidata elettrodinamica quantistica e la teoria di Dirac. I risultati degli esperimenti hanno fornito una chiara evidenza di come il *protone* non sia puntiforme ma abbia una dimensione finita [6]. Si è trovato che il suo raggio è sorprendentemente "grande" (sulla scala nucleare), pari a circa $0{,}8 \times 10^{-13}$ cm. Questi risultati si sono aggiunti alle numerose evidenze indirette che hanno fatto ritenere che i *nucleoni* abbiano una struttura complessa e possano essere composti da entità più elementari.

---

[4] Per la sua scoperta Stern ha ricevuto il premio Nobel nel 1943.

16.2 I Quark

La proliferazione del numero di *particelle*, la varietà di reazioni e decadimenti osservati, le prime evidenze della natura complessa di alcune di esse, hanno naturalmente dato luogo ad un concomitante sforzo di classificazione e di comprensione dal punto di vista teorico. Si è notato che le *particelle* possono essere divise in due grandi categorie in base alla loro risposta alle *interazioni forti*: quelle più leggere come l'*elettrone*, il *muone* e il *neutrino* che non ne risentono e sono state denominate *leptoni*; la pletora di quelle più pesanti che invece ne sono soggette e sono state denominate *adroni*. Gli *adroni* sono a loro volta stati divisi in due grandi famiglie, i *barioni* e i *mesoni*, distinti principalmente per avere, i primi, *spin semi-intero* e, i secondi, *spin intero*. Inoltre, ha cominciato a prendere corpo l'idea che solo alcune di esse siano realmente *elementari* (*fondamentali*) e che l'apparente proliferazione sia dovuto al fatto che molte sono sistemi composti di due o più *particelle fondamentali* in differenti stati di eccitazione.

Già nel 1949, di fronte alle prime scoperte di nuove *particelle*, Enrico Fermi aveva cercato di verificare la plausibilità di una teoria in cui alcune *particelle* risultassero dalla combinazione di altre *particelle* assunte come *fondamentali*. Insieme al suo assistente Chen Ning Yang, Fermi aveva pubblicato un articolo [7] in cui veniva discussa l'ipotesi che i *mesoni* π potessero essere *particelle composite* formate dall'associazione di un *nucleone* con un *antinucleone*. Nell'articolo gli autori commentavano:

> Da una discussione estremamente cruda del modello risulta che un tale *mesone* sotto molti aspetti avrebbe proprietà simili a quelle del *mesone* della teoria di Yukawa. ... Purtroppo, non siamo riusciti a elaborare una teoria soddisfacente, relativisticamente invariante, per i nucleoni, tra cui tali forze attrattive dovrebbero agire.

Il problema della elementarità delle *particelle* e della loro composizione, sollevato da Fermi e Yang, ha esercitato un'importante influenza sullo sviluppo teorico della fisica delle *particelle elementari*, aprendo il filone di ricerche che avrebbe alla fine portato alla soluzione. Al modello di Fermi e Yang si è ispirato il teorico giapponese Shoichi Sakata (1911–1970), il quale nel 1956 ha generalizzato l'idea, proponendo un modello in cui i *barioni* erano costituiti da una combinazione di tre particelle (il *protone*, il *neutrone* e il *barione lambda*), che, insieme alle loro antiparticelle, erano assunte come *costituenti fondamentali*. L'inclusione del *barione lambda*, una *particella strana*, permetteva di fornire alle combinazioni la giusta *quantità di stranezza*.[5] Pur non essendo appropriata la scelta delle tre *particelle fondamentali*, l'intuizione di Sakata, che i *barioni* allora conosciuti potessero essere descritti come combinazioni di tre *particelle* di base, si è rivelata corretta ed è alla base del modello basato sui *quark* proposto da Gell-Mann e Zweig nel 1964.

Nel 1961, all'interno di questa linea di ricerche teoriche, grazie a Murray Gell-Mann (1929–2019) e Yuval Ne'eman (1925–2006), viene fatto il primo passo determinante verso la costruzione dell'odierno *Modello Standard*, che si ritiene descriva

[5] Si ricordi che nel 1953 Gell-Mann e Nishijima avevano teorizzato di assegnare a ciascuna *particella* un nuovo numero quantico, la *stranezza*, che si conserva nelle *interazioni forti*.

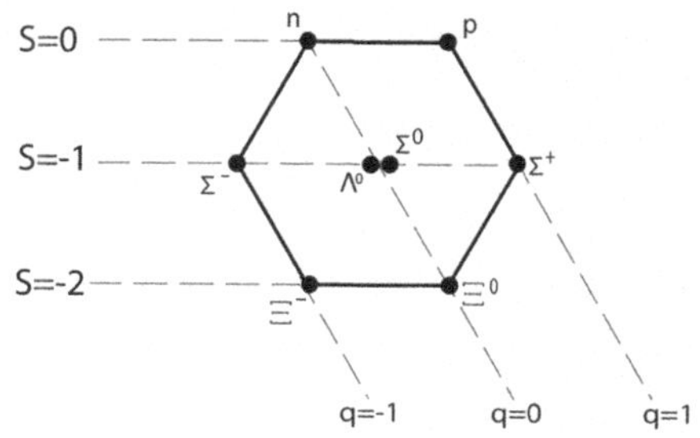

Figura 16.1 Ottetto barionico di spin $\frac{1}{2}$

la *materia subnucleare*. Questi autori mostrano come i *barioni* e i *mesoni* allora conosciuti possano essere classificati se si assume che le *interazioni forti* siano invarianti rispetto alle operazioni di simmetria di un *gruppo di simmetria* denominato $SU(3)$ [Si veda *Simmetrie, Invarianza e Leggi di Conservazione* nell'Appendice E].

Il punto di partenza della teoria è la generalizzazione dell'idea alla base del concetto di *isospin*, introdotto da Werner Heisenberg nel 1932. Secondo Heisenberg, se si trascura la loro piccola differenza di massa e se le *interazioni forti* sono invarianti rispetto alle rotazioni nello spazio dell'*isospin*, il *protone* e il *neutrone* sono i due stati degeneri corrispondenti all'allineamento parallelo e antiparallelo all'asse z della componente z dell'*isospin*. Nel linguaggio della teoria dei gruppi, i due *nucleoni* corrispondono alla *rappresentazione irriducibile bidimensionale* del gruppo di simmetria dell'*isospin*, denominato $SU(2)$, che è lo stesso che descrive le operazioni di simmetria dello *spin ordinario*.

In analogia con Heisenberg, Gell-Mann e Ne'eman assumono che, se fossero soggetti solo a *interazioni forti*, gli otto *barioni* più leggeri, aventi *spin* $\frac{1}{2}$ e masse simili (i due *nucleoni* (*protone e neutrone*), il *barione* Λ, i due *barioni* Ξ e i tre *barioni* Σ) sarebbero degeneri (avrebbero la stessa massa) e, quindi, dovrebbero appartenere ad una rappresentazione irriducibile di un *gruppo di simmetria* delle *interazioni forti*, che abbia il *gruppo SU(2)* di *isospin* come sottogruppo. Gli autori mostrano come la *rappresentazione irriducibile regolare* del *gruppo SU(3)* abbia effettivamente dimensione 8 e, quindi, che gli otto *barioni* leggeri possono costituire un *ottetto barionico* di $SU(3)$. All'interno dell'*ottetto* i *barioni* possono essere classificati in base alla *stranezza* S e alla *carica elettrica* q: se disposti su di un piano contraddistinto dai valori di S (linee orizzontali) e di q (linee diagonali) gli otto *barioni* formano un esagono caratteristico con due *barioni* al centro, come mostrato nella Fig. 16.1.

In maniera analoga, gli otto *mesoni* più leggeri (i tre *mesoni* π, i quattro *mesoni* K e il *mesone* η), possono essere raggruppati a formare un *ottetto*, *ottetto mesonico*, appartenente alla stessa *rappresentazione irriducibile* di $SU(3)$. Disposti su di un piano S-q essi danno luogo ad un analogo schema esagonale, mostrato nella Fig. 16.2.

Nella sua presentazione Murray Gell-Mann ha denominato la teoria *The Eightfold Way*,[6] tradotto in italiano come *la via dell'ottetto*.

[6] Il termine inglese *eightfold way* allude al *Noble Eightfold Path* del buddismo.

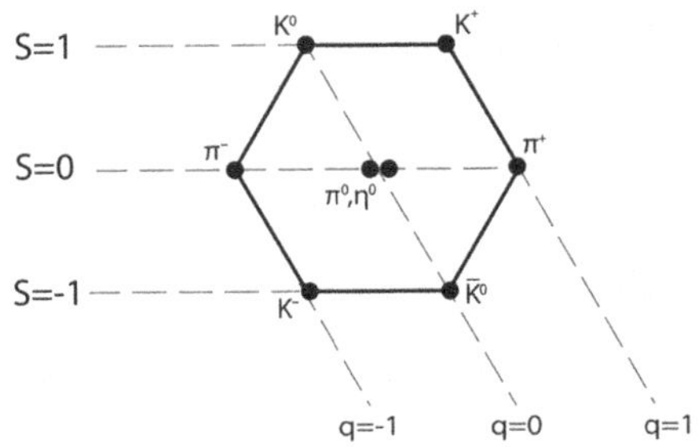

Figura 16.2 Ottetto mesonico

Ad ulteriore supporto della teoria, Gell-Mann ha mostrato come i nove *barioni* di *spin* 3/2 allora conosciuti (i quattro *barioni* Δ, i tre *barioni* Σ^*, i due *barioni* Ξ^*) potessero essere accomodati all'interno della *rappresentazione irriducibile* di dimensione 10 (*decupletto*) del *gruppo SU(3)*. Tuttavia, per completare lo schema mancava un decimo *barione*, che avrebbe dovuto avere *stranezza* -3 e *carica elettrica* -1. Gell-Mann, confidando sulla bontà della teoria, ha predetto la sua esistenza, ne ha calcolato la massa e ha suggerito un esperimento per rivelarlo. Nel 1964 il *barione* mancante, denominato Ω^-, è stato effettivamente scoperto, con le caratteristiche predette [8]. Negli anni successivi ciascun nuovo *adrone* ha trovato il suo posto all'interno dei *multipletti* di $SU(3)$. Da allora nessuno ha più dubitato della correttezza della *via dell'ottetto*.

Nei primi anni '60 l'uso della teoria dei gruppi si è quindi dimostrato molto soddisfacente nella classificazione degli *adroni* conosciuti e nel mettere ordine nel crescente proliferare di *particelle*. Tuttavia, lo schema risultante aveva una caratteristica incomprensibile dal punto di vista della teoria dei gruppi, che destava qualche incertezza riguardo la fondatezza della teoria: tutte le *particelle* conosciute si collocavano nelle *rappresentazioni irriducibili* di dimensione più alta del *gruppo SU(3)*, mentre le rappresentazioni di dimensione più bassa, in particolare quella *fondamentale*, rimanevano vuote. Nel 1964 Gell-Mann e, in modo indipendente, George Zweig hanno mostrato come il mistero venga risolto supponendo che i *barioni* e i *mesoni* della *via dell'ottetto* non siano *particelle* semplici ma siano combinazioni di tre *costituenti fondamentali*, battezzati *quark* da Gell-Mann (*assi* da Zweig).

Nel modello, i *barioni* sono particelle complesse composte da tre *quark* (gli *antibarioni* da tre *antiquark)* e i *mesoni* da un *quark* e da un *antiquark*. I tre *quark*, battezzati *up, down* e *strange* e denotati *u, d* e *s*, hanno *spin* $\frac{1}{2}$ e carica elettrica frazionaria ($u = 2/3\ e$, $d = -1/3\ e$, $s = -1/3\ e$). Quanto alla *stranezza*, *u* e *d* hanno *stranezza* 0 e *s stranezza* $-$ 1.

Il modello a *quark* spiega in modo naturale l'origine dei *multipletti adronici*. A titolo di esempio in Fig. 16.3 e in Fig. 16.4 sono mostrate le composizioni *dell'ottetto barionico* di *spin* $\frac{1}{2}$ e dell'*ottetto mesonico*. Il protone è formato da due *quark up* e un *quark down* (*uud*), il neutrone da un *quark up* e due *quark down* (*udd*), ecc. La stessa combinazione di *quark* può dare luogo a un certo numero di *particelle* diverse: il barione Δ^+ e il *protone* sono entrambi composti da due *quark u* e un *quark d*; il *mesone* π^+ e il *mesone* ρ^+ sono entrambi ($u\overline{d}$); e così via. Quindi *particelle*

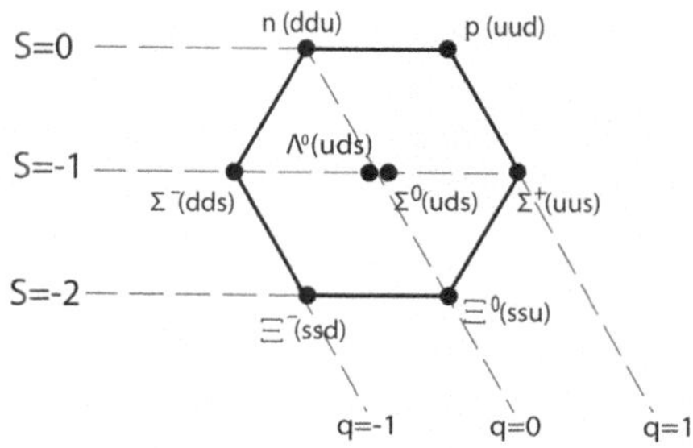

Figura 16.3 *Quark* contenuti nei *barioni* dell'*ottetto barionico* di *spin 1/2*

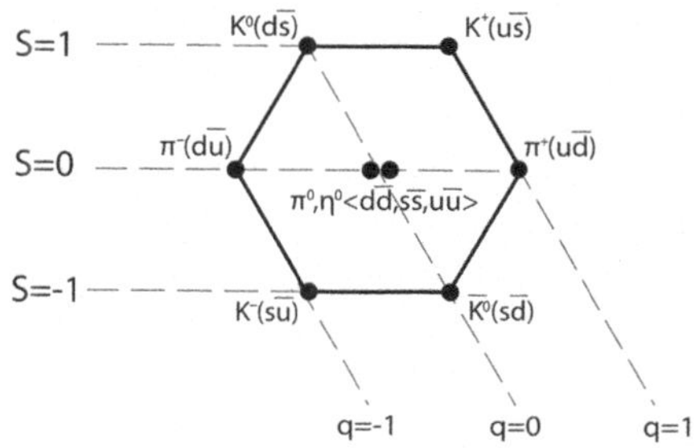

Figura 16.4 *Quark* contenuti nei *mesoni* dell'*ottetto mesonico*

diverse sono il risultato di una diversa modalità di aggregazione degli stessi *quark*, in maniera analoga ai differenti stati di un *atomo*.

Come il modello di Bohr del 1913 ha svolto un ruolo chiave nella comprensione della struttura degli *atomi*, così il modello a *quark* ha rappresentato un passo fondamentale negli sviluppi che hanno portato alla determinazione della struttura delle *particelle nucleari* e alla soluzione del puzzle posto dalle *interazioni forti*.

16.2.1 Colore dei Quark

Nell'immediato, il *modello a quark* elaborato da Gell-Mann e Zweig ha avuto un grosso problema concettuale dovuto al fatto che la composizione di alcuni *barioni* sembrava violare il *principio di esclusione* di Pauli. Il *principio di esclusione*, che nella formulazione iniziale affermava che due *elettroni* non possono occupare lo stesso stato quantico, era stato generalizzato da Pauli nel 1940 con la dimostrazione del teorema che connette lo *spin* delle *particelle* alla statistica. Secondo questo teorema, la *regola di esclusione* si applica a tutte le *particelle* di *spin semi-intero* e quindi anche ai *quark*, i quali hanno *spin* $1/2$. Nello schema di Gell-Mann e Zweig, il *barione* Δ^{++} consiste di tre *quark up (uuu)* nello stesso stato, il *barione* Δ^{-} *(ddd)* di tre *quark down* nello stesso stato e il *barione* Ω^{-} *(sss)* di tre *quark strange* nello stesso stato: tutte e tre i *barioni* sembravano pertanto violare il *principio di esclusione* [3].

La soluzione per questo dilemma è stata proposta nel 1964 dal fisico teorico statunitense Oscar W. Greenberg, il quale, analizzando le possibili statistiche, ha fatto notare come la contraddizione potesse essere risolta se si assume che i *quark* abbiano una *carica* (nascosta) di nuovo tipo a tre valori, contraddistinta da un nuovo *numero quantico interno*, successivamente battezzato *colore* [9].[7] L'anno successivo i teorici Moo-Young Han (1934–2016) and Yoichiro Nambu (1921–2015) [10] hanno mostrato come, dal punto di vista della *teoria dei gruppi*, il *colore* è, per le *interazioni forti*, l'analogo della *carica elettrica* per l'*elettromagnetismo* [9].

Pertanto, secondo questo nuovo schema, ciascun *quark* ha tre *autostati di colore* rigorosamente degeneri. La denominazione (convenzionale) più usata per i tre *stati di colore* è *red (rosso)*, *green (verde)* e *blue (blu)*. Il *colore* (o *carica di colore*) viene ad essere la sorgente delle *interazioni forti*, in maniera analoga a come la *carica elettrica* è la sorgente delle *interazioni elettromagnetiche*. Tutti gli *adroni* sono dotati di *cariche di colore*. Vale la regola che tutte le *particelle* dotate di *colore* sono *incolori* (o *bianche*), nel senso che le quantità di *cariche di colore* presenti si bilanciano in modo da dare una risultante nulla. Questa regola discrimina tra combinazioni di *quark* possibili e combinazioni non-possibili: i *barioni* sono *incolori* perché sono costituiti da tre *quark* di tre *colori* reciprocamente complementari; i *mesoni* sono sovrapposizioni *incolori* di *quark* e *antiquark*. Negli anni successivi sulla base di questo schema è stata costruita la teoria che si ritiene descrivere correttamente le *interazioni forti* e costituisce una parte integrante del *Modello Standard*: la *cromodinamica quantistica* (*QCD* da *quantum chromodynamics*)

16.2.2 Esistenza dei Quark

Il modello a tre *particelle costituenti*, proposto da Gell-Mann e Zweig, ha avuto il merito immediato di mostrare perché la simmetria del *gruppo SU(3)* e la *via dell'ottetto* avevano avuto successo nel mettere ordine all'interno del complicato panorama degli *adroni*. Tuttavia, nei primi anni, la maggior parte dei fisici e lo stesso Gell-Mann hanno considerato i *quark* come un comodo schema mnemonico per i calcoli matematici basati sul *gruppo SU(3)* e sono rimasti scettici riguardo alla loro esistenza come reali *particelle*. Questo scetticismo era dovuto alle molteplici caratteristiche inusuali che i *quark* sembravano possedere, prima fra tutte la *carica elettrica* frazionaria, al tempo in cui si considerava scontato che le *cariche elettriche elementari* fossero sempre intere. Tuttavia, il motivo principale dello scetticismo era dovuto al fatto che non si riusciva ad isolare queste fantomatiche particelle, nonostante i numerosi tentativi fatti. Questa circostanza andava contro l'*assioma* vigente che tutte le grandezze fisiche debbano essere rivelabili e misurabili sperimentalmente. Inoltre, benché gli esperimenti di *diffusione* (*scattering*) *elettrone-protone* eseguiti negli anni Cinquanta avevano mostrato come il *protone* non avesse una natura puntiforme, ma fosse abbastanza esteso sulla scala nucleare

[7] Ovviamente il *numero quantico colore* non ha niente a che vedere con il colore come caratteristica della luce. Il termine *colore* come proprietà dei *quark* è usato nello stesso spirito con cui si usa il termine *sapore* per indicare i differenti tipi di *quark*.

(circa 0,8 × 10^{-15} m), il suo carattere di *particella elementare* non era ancora stato messo seriamente in discussione quando è stato elaborato il modello a *quark* [11].

Le opinioni sull'esistenza dei *quark* cominciano a cambiare verso la fine degli anni Sessanta, quando gli esperimenti forniscono le prime evidenze dirette della presenza di *oggetti* puntiformi all'interno dei *nucleoni*.

La prima di queste evidenze è fornita da una serie di nuovi esperimenti di *scattering elettrone-protone* fatti con *elettroni* di alta energia presso lo Stanford Linear Accelerator Center (SLAC; California) dagli scienziati statunitensi Jerome Friedman, Henry Kendal e Richard Taylor alla fine degli anni '60.[8] La motivazione di base degli esperimenti è quella di sondare la distribuzione della carica elettrica del *protone* utilizzando una sonda, l'*elettrone*, che non ha *interazioni forti* con i *protoni*, ma solo *interazioni* di *carattere elettromagnetico* (e quindi ben conosciute). Il nuovo acceleratore fornisce fasci di *elettroni* di energie fino a 21 *GeV*, di gran lunga le più alte di quelle fino ad allora disponibili, che permettono di studiare i *nucleoni* con risoluzioni spaziali molto maggiori di quanto fosse stato possibile in precedenza. I risultati delle nuove misure mostrano che, ad alte energie, la *sezione d'urto* ha un andamento molto caratteristico in funzione della *quantità di moto*. Come aveva mostrato qualche tempo prima il fisico teorico statunitense James Bjorken, questo andamento peculiare si ha se all'interno del *protone* sono presenti "oggetti" puntiformi responsabili dello *scattering* degli *elettroni*. Nel 1968 questa interpretazione riceve un'autorevole conferma dal *modello a partoni*, proposto da Feynman. Nel suo modello, sviluppato inizialmente per calcolare le *interazioni forti* tra *adroni*, Feynman ipotizza che gli *adroni* siano composti da costituenti puntiformi che chiama *partoni*. Il modello a *partoni* è in grado di spiegare gli aspetti salienti dei risultati sperimentali. Il lavoro di Feynman stimola gran parte delle successive ricerche che portano all'identificazione dei costituenti puntiformi (*partoni*) con i *quarks* [12].

La conferma del modello di *nucleoni* costituiti da *partoni* e l'identificazione dei *partoni* con i *quark* ha richiesto alcuni anni di ulteriori ricerche ed è stato il risultato di una continua interazione tra teorie ed esperimenti. Tra questi, lo *scattering anelastico* dei *neutrini* ha fornito test rigorosi dell'identificazione dei *partoni* con i *quark* e della correttezza del modello a *quark*. Il commento del relatore alla presentazione dei primi dati nel 1972 è stato [13]:

> … i dati preliminari sulle sezioni d'urto dei neutrini forniscono una sorprendente verifica della correttezza del modello di Gell-Mann e Zweig degli adroni composti da quarks.

In sostanza, nei primi anni Settanta si arriva alla conclusione che, fra quelli allora disponibili, il modello a *quark* sia l'unico in grado di spiegare in modo soddisfacente le caratteristiche sperimentali delle *interazioni elettrone-nucleone* e *neutrino-nucleone*. In base al modello, gli sperimenti di *scattering* ad alta energia altro non osservavano che collisioni con i *quark* [12]. Ma, nell'immediato, l'evento che contribuisce a confermare definitivamente la correttezza della teoria dei *quark* è la scoperta, nel 1974, di un nuovo *quark* da parte dei gruppi diretti da Burton Richter e Samuel Ting [3] (illustrata nel prossimo capitolo).

[8] Per questi esperimenti Friedman, Kendal e Taylor hanno ricevuto il Premio Nobel per la fisica nel 1990.

Riferimenti bibliografici

1. Lattes C M G, Muirhead H, Occhialini G P S, Powell C F (1947) Processes Involving Charged Mesons. Nature 159: 694–697
2. Rochester G D, Butler C C (1947) Evidence for the existence of new unstable elementary particles. Nature 160: 855–857
3. Griffiths D (2004) Introduction to Elementary Particles. Wiley-VCH Verlag GmbH & Co. KGaA, Weinheim
4. Pais A (1953) On the Baryon-meson-photon System. Progress of Theoretical Physics 10: 457–469
5. Anderson H L (1955) Meson Experiments with Enrico Fermi. Rev. Mod. Phys. 27: 269
6. Hofstadter R (1961) The electron-scattering method and its application to the structure of nuclei and nucleons. Nobel Lecture, December 11
7. Fermi E, Yang C N (1949) Are mesons elementary particles?. Physical Review 76: 1739
8. Barnes V E et al (1964) Observation of a hyperon with strangeness minus three. Physical Review Letters 12: 204–206
9. Greenberg O W (2008) The Color Charge Degree of Freedom in Particle Physics. arXiv:0805.0289 [physics.hist-ph]
10. Han M Y, Nambu Y (1965) Three-Triplet Model with Double SU(3) Symmetry. Physical Review 139: B1006–1010.
11. Taylor R E (1990) Deep Inelastic Scattering: The Early Years. Nobel Lecture, December 8
12. Kendall H W (1990) Deep Inelastic Scattering: Experiments on the Proton and the Observation of Scaling. Nobel Lecture, December 8
13. Friedman J I (1990) Deep Inelastic Scattering: Comparisons with the Quark Model. Nobel Lecture, December 8

Capitolo 17
Il Modello Standard

Nel ventennio che è seguito all'introduzione del modello a *quark*, la ricerca sperimentale e teorica ha perseguito con successo vari obiettivi che hanno portato all'individuazione delle *particelle fondamentali*, che attualmente si ritiene costituiscano la *materia* ordinaria, e alla formulazione delle teorie di campo, che descrivono le *interazioni* fra queste *particelle*. Ne è nato uno schema teorico coerente, denominato Modello Standard, che rappresenta la presente concezione della *materia* sulla scala subatomica.

17.1 Nuovi Quark e Leptoni

Charm

Fin dalla nascita del modello a *quark* nel 1964 autorevoli fisici teorici avevano sostenuto con varie argomentazioni che dovesse esistere un quarto *quark*. Si tenga presente che la possibilità che i *mesoni* e i *barioni* non siano *particelle elementari*, ma siano costituiti da *quark*, aveva drasticamente cambiato la visione della struttura di *nuclei* e *particelle*: la materia veniva ad essere costituita da un numero piccolo di *particelle fondamentali* divise in due famiglie, i quattro *leptoni* allora conosciuti e i tre *quark* del modello di Gell-Mann e Zweig. Ci si aspettava una qualche simmetria tra le due classi di particelle. I quattro *leptoni* erano raggruppati in due *generazioni*, la prima costituita dall'*elettrone*, particella leggera e stabile, e dal suo *neutrino*, la seconda costituita dal *muone*, particella più pesante e instabile, e dal suo *neutrino*. Già nel 1964 l'apparente asimmetria tra il numero di *leptoni* (4) e quello dei *quark* (3) aveva portato i fisici statunitensi James Bjorken e Sheldon Glashow a suggerire che potesse esserci un quarto *quark*, da loro battezzato *charm* [1]. Il nuovo *quark* avrebbe dovuto avere carica $q = 2/3$ e un proprio numero quantico, che si sarebbe conservato nelle *interazioni forti* ed *elettromagnetiche*, ma non si sarebbe conservato nelle *interazioni deboli*. In questo modo anche i *quark* sarebbero stati raggruppati in due *generazioni*, la prima composta da *up* e *down*, la seconda da *charm* e *strange*.

© The Author(s), under exclusive license to Springer Nature Switzerland AG 2025

F. Evangelisti, *Il concetto di materia*, https://doi.org/10.1007/978-3-031-83565-0_17

Nel 1970 i fisici teorici Sheldon Glashow, John Iliopoulos e Luciano Maiani mostrano in un celebre articolo [2] come l'esistenza del *quark charm* fornisca una soluzione elegante ad alcuni problemi aperti nella descrizione delle *interazioni deboli*, in particolare l'ampiezza del canale di decadimento del *mesone* K^0 nella coppia (μ^+, μ^-). Gli autori sono anche in grado di predire numerose proprietà della ipotetica nuova particella, dando ulteriore credibilità all'ipotesi della sua esistenza.

Nel 1974 due gruppi di ricercatori statunitensi diretti, rispettivamente da Burton Richter e Samuel Ting pubblicano la scoperta di una nuova *particella*, un *mesone*, denominato J da Ting e ψ da Richter. Si tratta di una *particella* con caratteristiche inusuali, elettricamente neutra e molto pesante, la cui massa è più di tre volte la massa del *protone*. Ciò che la rende atipica è il suo tempo di vita, circa mille volte più lungo di quello degli *adroni* che decadono attraverso *interazioni forti* [3]. Dopo un acceso dibattito sulla sua natura, la nuova particella viene identificata essere un *mesone* formato dall'ipotizzato nuovo *quark charm* e dal suo *antiquark*. Negli anni 1975 e 1976 vengono scoperte altre particelle che contengono il *quark charm* tra i propri costituenti e tutti i dubbi restanti sulla sua esistenza vengono dissipati.[1]

Tau

Negli anni Sessanta cominciano ad apparire articoli teorici che prospettano la possibilità dell'esistenza di *leptoni* più pesanti dell'*elettrone* e del *muone* e alla fine del decennio l'idea che possa esistere una terza *generazione* di *leptoni*, formata da un *leptone pesante* e dal suo *neutrino*, è considerata una possibilità concreta. Di conseguenza alla fine del decennio cominciano i primi esperimenti volti alla sua scoperta.

Le prime ricerche, nel 1969, le dobbiamo ad un gruppo italiano, diretto da Antonino Zichichi, che utilizza Adone, l'anello di accumulazione per *elettroni* e *positroni* realizzato a Frascati e appena entrato in funzione. Questi primi tentativi, però, non danno risultati, in quanto, come si sarebbe scoperto successivamente, l'energia di Adone non è sufficiente per creare la nuova *particella*. Il nuovo *leptone*, battezzato *tau*, viene rivelato in una serie di esperimenti condotti negli anni 1974–77 dal fisico statunitense Martin Perl (1927–2014) e dai suoi collaboratori presso lo Stanford Linear Accelerator Center (SLAC).[2] Si tratta di una particella massiva (la massa è circa doppia di quella del *protone*), di carica elettrica negativa (come l'*elettrone* e il *muone*) e vita media pari a $2{,}9 \times 10^{-13}$ s.

Bottom (Beauty)

L'esistenza del *leptone tau* ha rotto ancora una volta la simmetria tra il numero di *quark* e quello di *leptoni* e, di conseguenza, la comunità dei fisici si è subito attivata per verificare l'esistenza di possibili nuove generazioni di *quark*. L'esistenza di una di terza *generazione* di *quark* era già stata teorizzata nel 1973 dai fisici teorici giapponesi Makoto Kobayashi e Toshihide Maskawa, per spiegare le caratteristiche del decadimento dei *quark* dovuto alle *interazioni deboli* [4]. La teoria di Kobayashi

[1] Nel 1976, Samuel Ting e Burton Richter hanno ricevuto il Premio Nobel per la loro scoperta.

[2] Perl ha ricevuto il premio Nobel per la Fisica nel 1995.

e Maskawa ampliava quella proposta un decennio prima dallo scienziato italiano Nicola Cabibbo per spiegare le anomalie osservate nei decadimenti deboli leptonici [5].

Il primo *quark* di terza *generazione* è stato trovato nel 1977, quando è stata annunciata la scoperta di una nuova *particella* da parte del team diretto da Leon Lederman, operante al Fermi National Accelerator Laboratory (Chicago). La *particella*, denominata *Y*, è stata identificata come un *mesone* costituito da un *quark* di nuova generazione, battezzato *bottom*, e dal suo *antiquark*.[3] Questa nuova scoperta, avvenuta poco tempo dopo la scoperta del *quark charm*, ha fatto sì che anche i fisici più scettici si convincessero dell'esistenza dei *quark*.

Top

La scoperta del *quark bottom* nel 1977 ha reso fortemente plausibile anche l'esistenza di un sesto *quark*, il *top*, a completare la coppia di *terza generazione*. L'aspettativa generale era che esso sarebbe stato trovato rapidamente, anche se si sapeva che doveva essere più pesante del *quark bottom* e avrebbe richiesto molta più energia per essere creato nelle collisioni. Non ci si aspettava che fosse così pesante da richiedere altri 18 anni prima che la sua esistenza venisse confermata. Infatti, solo quando è entrato in funzione il *collider* (*collisore*) *protone-antiprotone* Tevatron, presso il Fermi National Accelerator Laboratory (Fermilab), vicino a Chicago, si è potuto sperimentare alle energie corrispondenti alla massa del *top* (circa 180 GeV/c^2). Nel 1995, il Fermilab ha annunciato che una serie di esperimenti durati circa due anni avevano prodotto le prove dell'esistenza del *quark top*.

17.2 Interazioni Forti, Deboli ed Elettromagnetiche

La scoperta delle nuove *particelle fondamentali* è stata accompagnata dal concomitante sforzo di chiarimento della natura delle loro *interazioni*. Come abbiamo visto, era emersa molto presto l'evidenza che la dinamica dei *nuclei* e delle *particelle elementari* sia governata da tre tipi di *interazioni*: l'*interazione elettromagnetica*, l'*interazione debole* e l'*interazione forte*.[4] Inoltre, era anche emerso che la strada più promettente per trattare le *interazioni nucleari* passava per la costruzione di *teorie quantistiche relativistiche* dei *campi*, di cui la *quantizzazione* del *campo elettromagnetico* rappresentava il modello.

La costruzione della *teoria quantistica* del *campo elettromagnetico*, denominata QED (da *Quantum Electrodynamics*) è iniziata con i lavori di Dirac alla fine degli anni Venti (si veda il Cap. 15); ha superato notevoli difficoltà concettuali (tra cui il più rilevante è stato il problema degli *infiniti*) nei decenni successivi; ha infine ricevuto il suo assetto definitivo alla fine degli anni Quaranta grazie, principalmente,

[3] Al momento della scoperta è stato proposto anche il nome alternativo *beauty* (*bellezza*) per il nuovo *quark*. La dizione *bottom* è diventata predominante, anche se entrambe, caratterizzate dalla stessa iniziale "b", sono tuttora usate.

[4] L'interazione gravitazionale è trascurabile su scala microscopica.

ai contributi fondamentali del fisico teorico giapponese Sin-Itiro Tomonaga e dei fisici teorici americani Julian Schwinger e Richard P. Feynman.[5]

La QED si è rivelata una teoria di estremo successo per la descrizione delle *interazioni elettromagnetiche* ed è servita come modello per tutte le successive teorie di campo quantistiche. In particolare, una caratteristica si è rivelata essenziale per la costruzione delle teorie che descrivono le *interazioni forti* e le *interazioni deboli*, la cosiddetta *invarianza di gauge* o *invarianza di scala*. Nel caso della QED l'*invarianza* di *gauge* consiste nel richiedere che le equazioni (la *Lagrangiana*), che descrivono l'*elettrone* e la sua interazione con il *campo elettromagnetico*, siano invarianti se si moltiplica per un fattore di fase il *campo* associato all'*elettrone*. L'importanza del concetto di *invarianza di gauge* è stata messa in evidenza dal matematico e fisico Hermann Weyl (1885–1955), che ha mostrato come l'imposizione dell'*invarianza* di *gauge locale* dia luogo alla corretta forma dell'*interazione elettromagnetica*. Alla luce del *teorema di Noether* sulla *simmetria*, l'*invarianza di gauge* implica l'esistenza di un *gruppo* di operazioni di *simmetria di gauge* (o *simmetria di scala*): determinare la corretta forma dell'*interazione elettromagnetica* è equivalente ad imporre l'*invarianza* rispetto alle *operazioni* del *gruppo di simmetria di gauge*. Le trasformazioni di fase che danno luogo all'*invarianza di gauge* nella *QED* formano il gruppo delle rotazioni di una circonferenza su se stessi, denominato U(1).

Sulla scia della *QED* è stata definita *teoria di gauge* ogni teoria che si basa sull'*invarianza di gauge* per determinare la struttura matematica di una *interazione*. Sono *teorie di gauge* la *cromodinamica quantistica (QCD)* e la *teoria elettrodebole* che descrivono, rispettivamente, le *interazioni forti* e le *interazioni deboli* nel Modello Standard.

Il primo tentativo significativo di introdurre una *teoria di gauge* per descrivere l'*interazione forte* che tiene uniti i *nucleoni* nel *nucleo* atomico viene compiuto negli anni Cinquanta dai fisici teorici Chen Ning Yang e Robert Mills [6]. Generalizzando l'*invarianza* di *gauge* dell'*elettromagnetismo*, essi hanno elaborato una teoria basata sul *gruppo di simmetria* dello spazio dello *spin isotopico*, il *gruppo SU(2)*. Yang e Mills hanno avuto il grande merito di individuare la procedura da seguire per estendere una *teoria di gauge* ad un *gruppo* di più alta simmetria. Tuttavia, la loro teoria ha una particolarità che, nell'immediato, ha fatto ritenere che fosse inapplicabile alle interazioni che governano le forze nucleari. Essa, infatti, richiede che le particelle mediatrici delle forze abbiano massa nulla, analogamente a quanto accade per il *fotone*, particella mediatrice delle forze elettromagnetiche. Nel caso delle *interazioni forti* e delle *interazioni deboli* non c'era nessuna evidenza sperimentale dell'esistenza di queste particelle mediatrici prive di massa e la teoria di Yang e Mills è stata accantonata per molto tempo. E' stato solo a partire dagli anni Sessanta, dopo i grandi progressi nella conoscenza del settore, in particolare l'avvento del *modello a quark*, che si sono aperte le strade verso la QCD, la Teoria Elettrodebole e il Modello Standard.

[5] Per l'importanza dei loro contributi i tre scienziati sono stati insigniti del premio Nobel nel 1965.

17.2.1 Interazioni Deboli

Sin dagli inizi delle ricerche sui *nuclei* e sulle *particelle elementari* era stato evidente che la comprensione completa dei fenomeni nucleari era strettamente legata alla comprensione delle *interazioni deboli*, responsabili di molti dei decadimenti dei *leptoni* e *degli adroni*. La teoria di Fermi del *decadimento beta* è stata la prima teoria di successo che ne ha descritto gli effetti. Nella sua teoria Fermi ha trattato il processo come un'interazione di *contatto* tra le particelle coinvolte, che avviene in un singolo punto e quindi non richiede lo scambio di particelle mediatrici del campo. L'interazione debole ha un raggio di azione estremamente corto, per cui, alle basse risoluzioni dei primi esperimenti, il modello di Fermi ha rappresentato una buona approssimazione della realtà e ha dato ottimi risultati. Tuttavia, secondo la *teoria quantistica dei campi*, le interazioni sono dovute allo scambio delle particelle del campo responsabile, denominate *bosoni di gauge*. Pertanto, la costruzione della corretta teoria ha richiesto l'identificazione dei *bosoni di gauge* mediatori della *forza debole* e, successivamente, la dimostrazione sperimentale della loro esistenza.

Come abbiamo visto a proposito della teoria di Yukawa (vedi Cap. 15) c'è una correlazione inversa tra il raggio di azione di una forza e la massa delle *particelle mediatrici*. Di conseguenza, il raggio di azione estremamente corto delle *forze deboli* implica che i *bosoni* mediatori dell'interazione debbano avere una massa considerevolmente grande. Poiché nella teoria di Yang-Mills le particelle mediatrici hanno massa nulla, il problema della massa è stato, all'inizio, il principale ostacolo alla sua applicazione alle *interazioni deboli*.

La soluzione del problema delle masse mancanti è stata elaborata nel 1964 dal fisico britannico Peter Higgs [7] e, indipendentemente, dai fisici François Englert, Robert Brout, Gerald Guralnik, Carl R. Hagen e Thomas Kibble. L'idea di base è stata di supporre l'esistenza di un nuovo *campo* (successivamente denominato *campo di Higgs*), che permea l'intero universo. Il *campo di Higgs* può interagire con i *campi* delle *particelle* con un meccanismo denominato *rottura spontanea* della *simmetria del sistema*. Come conseguenza dell'interazione, l'attraversamento del *campo di Higgs* richiede alle *particelle* una certa quantità di energia che si manifesta nelle equazioni come un termine di massa. Questo meccanismo, denominato *meccanismo di Higgs*, contribuisce alla massa dei *quark* e dei *leptoni* pesanti. Anche i *bosoni* mediatori delle *interazioni deboli* interagiscono con il *campo di Higgs* acquisendo una massa, a differenza dei *fotoni* che possono attraversarlo senza interagire.

Il meccanismo di Higgs ha permesso di risolvere il problema delle masse mancanti nella teoria di Yang e Mills. Su queste basi è stata formulata dai fisici teorici Sheldon Lee Glashow, Steven Weinberg e Abdus Salam la teoria finale che unifica le *interazioni deboli* e quelle *elettromagnetiche*. Proprio come le *interazioni elettromagnetiche* sono prodotte dallo scambio di *fotoni*, così le *interazioni deboli* sono prodotte dallo scambio di tre *bosoni*, due carichi ($W^{\pm}$) e uno neutro (Z°). Come le sorgenti delle *forze elettromagnetiche* sono le *cariche elettriche*, le *interazioni deboli* sono originate dalle *cariche deboli*. Sia i *leptoni* che i *quark* hanno *cariche deboli* e sono soggetti alle *interazioni deboli*.

Nel 1983 l'esistenza dei tre *bosoni* W^+, W^- *e* Z^0 è stata confermata dagli esperimenti del gruppo diretto da Carlo Rubbia nei laboratori del CERN a Ginevra. Questi esperimenti rappresentano uno straordinario trionfo tecnico e sono stati di fondamentale importanza per confermare la correttezza della *teoria elettrodebole*, che costituisce una parte essenziale del Modello Standard.

La conferma finale dell'esattezza del *meccanismo di Higgs* si è avuta nel 2013 con la dimostrazione sperimentale dell'esistenza del *campo di Higgs*. Analogamente a quanto succede per gli altri campi, anche l'esistenza del *campo di Higgs* comporta la presenza delle sue *particelle*, i *quanti* del *campo*, denominati *bosoni di Higgs*. Il *bosone* di Higgs, una particella di massa pari a 125 GeV/c^2, è stato rilevato negli esperimenti ATLAS e CMS, condotti nei laboratori del CERN a Ginevra. Dopo la sua scoperta, Peter Higgs e François Englert sono stati insigniti del premio Nobel per la fisica per averne previsto l'esistenza.

17.2.2 Interazioni Forti

Negli anni Sessanta, in parallelo con le ricerche sulla esistenza dei *quark* e sulla natura delle *interazioni deboli*, si cerca di costruire la teoria delle *interazioni forti*. Nella teoria di Yukawa del 1934 il mediatore delle *forze forti* era il *mesone* π, ma questa ipotesi era diventata insostenibile in seguito alla scoperta dell'esistenza di una pletora di *mesoni* e della natura composita dei *nucleoni*. Nel modello in cui gli *adroni* sono costituiti da *quark*, le *interazioni forti* sono responsabili della loro *coesione* e la teoria deve definirne le modalità di interazione. Questa teoria è stata completata negli anni Settanta, grazie all'apporto di molto autori, in particolare di David Politzer, David Gross e Frank Wilczek (che hanno avuto il premio Nobel nel 2005 per i loro contributi), ed è stata denominata *Cromodinamica Quantistica* (o *QCD* da *Quantum Chromodynamics*).

L'essenza della teoria è che le *interazioni forti* sono descritte in un modo simile alla QED. Proprio come le *interazioni elettromagnetiche* tra *particelle elettricamente cariche* sono prodotte dallo scambio di *fotoni*, così le *interazioni forti*, le cui sorgenti sono le *cariche di colore*, sono prodotte dallo scambio di particelle denominate *gluoni*. I *quark* che formano un *adrone* sono quindi tenuti insieme da un continuo scambio di *gluoni*. La differenza principale tra *gluoni* e *fotoni* è che i *fotoni* sono di un solo tipo e sono elettricamente neutri, mentre ci sono otto tipi di *gluoni* e tutti portano *cariche di colore*. Essendo carichi i *gluoni* interagiscono fortemente tra loro e si emettono a vicenda. Come risultato di questa interazione non lineare, la propagazione dei *gluoni* attraverso il vuoto è sostanzialmente diversa dalla propagazione dei *fotoni*, e le *forze di colore* sono notevolmente più complesse delle *forze elettromagnetiche*. La *carica di colore* di un *quark* diminuisce man mano che ci addentriamo nella nube di *gluoni* che circonda il *quark*. Ciò significa che, nel limite di distanze infinitamente piccole tra i *quark*, l'*interazione* di *colore* tende a zero. A questo fenomeno è stato dato il nome di *libertà asintotica*. Viceversa, all'aumentare della distanza tra i *quark* si ha una crescita delle *cariche di colore* e dell'*interazione*. A distanze $r \sim 10^{-13}$ cm, l'*interazione* di *colore* diventa molto grande. Si ritiene che il rafforzamento di questa interazione con la distanza determini il *confinamento* dei *quark*, ovvero l'impossibilità di ottenere singoli *quark* liberi.

17.3 Sinossi del Modello Standard

Alla classificazione delle *particelle fondamentali* e all'insieme delle teorie che ne descrivono le *interazioni* (brevemente illustrate nel presente capitolo) si dà la denominazione di *Modello Standard*. Quindi, secondo il *Modello Standard* la *materia* è costituita da 12 *particelle fondamentali* (con le rispettive antiparticelle), che interagiscono tramite 3 *interazioni fondamentali*, mediate dalle *particelle mediatrici delle forze*.

Le 12 *particelle fondamentali* sono puntiformi e prive di struttura e sono divise in due gruppi, 6 *quark* (*up, down, charm, strange, top, bottom*) e 6 *leptoni* (*elettrone, neutrino elettronico, muone, neutrino muonico, tauone, neutrino tauonico*), a loro volta divisi in 3 generazioni. I *quark* di prima generazione (*up* e *down*) e i *leptoni* di prima generazione (*elettrone* e *neutrino elettronico*) sono stabili, le altre particelle tendono a decadere. I *quark up* e *down*, costituenti dei *protoni* e dei *neutroni*, gli *elettroni* e i *fotoni* sono i costituenti degli *atomi* della *materia ordinaria* e sono, quindi, le *particelle fondamentali* più comuni.

Le *particelle* mediatrici delle *interazioni* sono il *fotone* (mediatore della *interazione elettromagnetica*), i *bosoni W e Z* (mediatori dell'*interazione debole*), i *gluoni* (mediatori dell'*interazione forte*).

Le *cariche* generatrici delle *interazioni* sono le *cariche elettriche* (generatrici dell'*interazione elettromagnetica*), le *cariche deboli* (generatrici dell'*interazione debole*), le *cariche di colore* (generatrici dell'*interazione forte*).

Tutte le *particelle* emergono come *quanti* dei *campi quantistici associati*: i *fotoni* sono i *quanti* del *campo elettromagnetico*; i *leptoni* e i *quark* sono i *quanti* dei *campi di Dirac* pertinenti; i *gluoni* sono i *quanti* degli otto *campi di gauge* $SU(3)$; i *bosoni W e Z* sono i *quanti* dei *campi di Proca* pertinenti.

Infine, il Modello Standard include il *bosone di Higgs*, il cui *campo* permea l'universo ed è responsabile dell'acquisizione di massa da parte delle altre *particelle fondamentali*.

Riferimenti bibliografici

1. Bjorken B J, Glashow S L (1964) Elementary Particles and SU(4). Physics Letters 11: 255–257
2. Glashow S L, Iliopoulos J, Maiani L (1970) Weak Interactions with Lepton-Hadron Symmetry. Physical Review D 2: 1285–1292
3. Griffiths D (2004) Introduction to Elementary Particles. Wiley-VCH Verlag GmbH & Co. KGaA, Weinheim
4. Kobayashi M, Maskawa T (1973) CP Violation in the Renormalizable Theory of Weak Interaction. Progress of Theoretical Physics 49: 652–657.
5. Cabibbo N (1963) Unitary Symmetry and Leptonic Decays. Physical Review Letters 10: 531–533
6. Yang C N, Mills R L (1954) Conservation of Isotopic Spin and Isotopic Spin Invariance. Physical Review 94:191–195
7. Higgs P W (1964) Broken Symmetries and the Masses of Gauge Bosons. Physical Review Letters 13: 508–509

Appendice A

Esperimenti di Lavoisier

A partire dal 1772, Lavoisier ha effettuato una serie di esperimenti per studiare la *combustione* di sostanze non metalliche, come lo *zolfo* e il *fosforo*, la *calcinazione* di *metalli*, come lo *stagno* e il *piombo*, e la *riduzione* di *ossidi* di *piombo*, come il *litargirio* e il *minio*.

Gli esperimenti con il *fosforo* sono descritti nell'opuscolo *Opuscules Physiques et Chimiques* (completato nel 1773 e pubblicato nel 1774). Il *fosforo* veniva bruciato in una campana di vetro tenuta sul *mercurio* in presenza di *aria*. La combustione provocava la formazione di un *residuo* sotto forma di una polvere bianca e un aumento del livello del *mercurio* all'interno della campana. L'aumento di livello del *mercurio* era dovuto alla diminuzione del volume di *aria* presente e dimostrava che, durante la formazione del *residuo*, parte dell'*aria* veniva assorbita. Quando la *combustione* cessava spontaneamente, il *fosforo* rimanente non poteva più essere bruciato nell'*aria* residua, la quale non sosteneva neanche la normale *combustione*, come testimoniato dallo spegnimento della fiamma di una candela.[1] La polvere bianca asciutta,[2] che si era formata, era più pesante del *fosforo* bruciato e l'aumento di peso corrispondeva approssimativamente ad un quinto del peso del volume di *aria* iniziale [Partington J R (1989) A Short History of Chemistry. Dover Publications, New York]. Discutendo i risultati ottenuti, Lavoisier ha scritto [Brock W H (1993) The Chemical Tree. W. W. Norton & Company, New York] che:

> questo aumento di peso deriva dalla prodigiosa quantità di *aria* che viene *fissata* durante la *combustione* e si combina con i vapori.

Lavoisier prosegue:

> Quello che si osserva nella *combustione* del *fosforo* e dello *zolfo* può avvenire con tutti i corpi che acquistano peso nella *combustione* e nella *calcinazione* e io sono persuaso che l'aumento di peso delle *calci metalliche* sia dovuto alla stessa causa. L'esperimento con il *litargirio*[3] ha completamente confermato le mie congetture. Io ho effettuato la riduzione

---

[1] L'aria residua era solo *azoto*.

[2] Si trattava di *anidride fosforica* (P_2O_5).

[3] Il *litargirio* è una delle forme minerali naturali della *calce* del *piombo* (*ossido di piombo (PbO)*).

© The Author(s), under exclusive license to Springer Nature Switzerland AG 2025
F. Evangelisti, *Il concetto di materia*, https://doi.org/10.1007/978-3-031-83565-0

> del *litargirio* in un recipiente chiuso, usando l'apparato di Hales, e ho osservato che una considerevole quantità di *aria* si libera al momento del passaggio dalla *calce* al *metallo* e che questa *aria* occupa un volume mille volte più grande della quantità di *litargirio* usata. Questa scoperta mi sembra una delle più interessanti fatte dal tempo di Stahl . . .

Gli esperimenti di *calcinazione* dello *stagno* e del *piombo* sono descritti in una memoria che Lavoisier ha presentato all'Accademia nell'aprile 1774. La *calcinazione* era fatta racchiudendo i *metalli* in una storta di vetro sigillata, che veniva pesata prima e dopo la *calcinazione*. Il sistema sigillato non mostrava alcuna variazione di peso e per Lavoisier questo confutava la teoria di Boyle, che aveva spiegato l'aumento di peso del *residuo* della *calcinazione* come dovuto al fissaggio di *particelle ignee ponderabili* provenienti dal riscaldamento esterno. Quando, successivamente, Lavoisier apriva il collo della storta, notava un ingresso di *aria*, che ha ritenuto prendesse il posto di quella fissata nel *metallo* durante la *calcinazione*. Di conseguenza Lavoisier ha assunto che il leggero aumento di peso causato dall'ingresso dell'*aria* fosse uguale al peso dell'*aria* che si era combinata con il metallo.

A questo stadio delle sue ricerche non sembra che Lavoisier avesse chiaro quale fosse la componente dell'*aria ordinaria* che interveniva nella *combustione* e nella *calcinazione*, né quale fosse la natura dell'*aria ordinaria*. Nell'ottobre 1774 Priestley ha visitato Parigi e ha riferito alla comunità scientifica parigina della sua scoperta dell'*aria deflogisticata*, ottenuta dalla *calce rossa* del *mercurio* e anche dal *piombo rosso*. Nei mesi successivi Lavoisier ha studiato e ripetuto gli esperimenti di Presley e ha fatto ulteriori esperimenti che lo hanno convinto dell'esistenza dell'*aria deflogisticata* come della *parte più pura ed eminentemente respirabile* dell'*aria*.

Alla fine di questo ciclo di studi Lavoisier ha raggiunto la consapevolezza di cosa accade quando si riscalda il *mercurio* e i *metalli* in genere e si è reso conto che ci sono due passaggi essenziali. Quando il *mercurio* viene riscaldato in *aria* a temperature non troppo elevate, esso si *calcina* gradatamente, combinandosi con la parte *attiva* dell'*aria (ossigeno)*, da lui chiamata *aria pura* (l'*aria deflogisticata* di Priestley) e lasciando un'*aria residua (azoto)*, che non sostiene la *combustione* e la *respirazione*, da lui inizialmente chiamata *mofette atmosphérique* (cioè, aria atmosferica irrespirabile). Quando, a sua volta, la *calce* che si è formata viene riscaldata a temperature più alte, essa si decompone nei suoi costituenti, il *mercurio* e l'*aria pura*. La conferma sperimentale definitiva è stata ottenuta da Lavoisier con un famoso esperimento, descritto in una memoria presentata nel 1777, nel quale ha riprodotto tutto il ciclo *calcinazione/scomposizione-della*-calce, determinando in maniera esatta il peso di ciascun componente dopo ogni passaggio e mostrando, infine, che, se univa di nuovo il volume di *aria pura* e il volume di *mofette atmosphérique* liberati nel ciclo, si riotteneva l'*aria ordinaria*.

Composizione dell'Acqua

È stato il chimico francese Pierre Macquer (1718–1784) il primo a notare nel 1777 la formazione di umidità su di una porcellana tenuta sopra la fiamma di *aria infiammabile (idrogeno)* [Ihde A J (1984) The development of modern chemistry. Dover Publications, New York], ma la sua osservazione era passata inosservata. La formazione di umidità nei recipienti in cui si bruciava *aria infiammabile* è stata di nuovo notata da Priestley nel 1781, mentre, su suggerimento di Volta, sperimentava l'uso di scariche elettriche per accendere l'*aria infiammabile* stessa. I risultati di questi esperimenti sono stati da lui riferiti a James Watt e a Cavendish e quest'ultimo li ha continuati con il suo permesso. I risultati di Cavendish sono riportati nella sua memoria intitolata *Experiments on air* del 1784.

Come primo passo Cavendish ha dimostrato che, quando l'*aria infiammabile* e l'*aria ordinaria* erano fatte esplodere in un recipiente chiuso di rame o di vetro, non c'era una perdita di peso come era stato supposto in precedenza. Successivamente, usando varie miscele delle due *arie* egli è giunto alla conclusione che [Partington J R (1989) A Short History of Chemistry. Dover Publications, New York]:

> quando *aria infiammabile* e *aria ordinaria* sono fatte esplodere nelle giuste proporzioni, quasi tutta l'*aria infiammabile* e circa un quinto dell'*aria ordinaria* perdono la loro *elasticità* e sono condensate in una *rugiada* che si forma sul vetro.

Per esaminare meglio la natura di questa *rugiada* Cavendish ha bruciato i due *gas* in un esperimento in cui il prodotto della combustione passava attraverso un tubo cilindrico di vetro sufficientemente lungo (8 piedi) in modo che si avesse la sua condensazione.

> In questo modo fino a *135 grani* di *liquido* si sono condensati nel cilindro. Il *liquido* non aveva né sapore né odore e non lasciava nessun sedimento quando evaporava, né emetteva alcun odore pungente durante l'evaporazione. In breve, esso sembrava *acqua* pura.

Risultati simili egli li ha ottenuti successivamente accendendo *aria infiammabile (idrogeno)* e *aria deflogisticata (ossigeno)* con una scarica elettrica, analogamente a quanto fatto da Priestley.

I risultati sperimentali mostravano chiaramente che l'*aria infiammabile (idrogeno)* e l'*aria deflogisticata (ossigeno)* si combinavano a formare *acqua* e Cavendish li ha interpretati sulla base della teoria del *flogisto*. Egli dice [Partington J R (1989) A Short History of Chemistry. Dover Publications, New York]:

> Penso che dobbiamo concedere che l'*aria deflogisticata* sia in realtà nient'altro che *acqua deflogisticata* ossia *acqua* privata del suo *flogisto*; e che l'*aria infiammabile* sia o puro *flogisto*, come il Dr. Priestley e Mr. Kirwan suppongono, o *acqua* unita a *flogisto*.[4]

Alla luce dei suoi recenti risultati Cavendish ha ritenuto la seconda alternativa la più probabile, cioè che l'*aria deflogisticata* fosse *acqua* meno *flogisto* e che l'*aria infiammabile* fosse (*acqua* più *flogisto*). Pertanto, la reazione, interpretata secondo la teoria del *flogisto*, era:

$$\begin{matrix} \textit{aria infiammabile} \\ (\textit{acqua} + \textit{flogisto}) \end{matrix} + \begin{matrix} \textit{aria deflogisticata} \\ (\textit{acqua} - \textit{flogisto}) \end{matrix} \Rightarrow \textit{acqua}$$

Quindi Cavendish ha continuato a ritenere che l'*acqua* fosse un elemento, come asserito dalla tradizione aristotelica, e che la reazione esplosiva tra le due *arie* fosse dovuta ad una redistribuzione del *flogisto*. Tuttavia, nella memoria in cui riporta i suoi risultati c'è anche un addendo in cui egli dice che i risultati potevano anche essere spiegati dalla nuova teoria di Lavoisier.

[4] Ricordiamo che Cavendish, nel 1766, aveva supposto che l'*aria infiammabile* fosse puro *flogisto*.

Appendice B

Equazione di Krönig-Clausius

Le ipotesi di base su cui è stata costruita la *teoria cinetica* sono:

a) il gas è costituito da un gran numero di *particelle* microscopiche identiche di massa m (assimilabili ai *punti materiali* della meccanica newtoniana) distribuite uniformemente nello spazio e in costante movimento casuale;
b) le *particelle* sono piccole in confronto con le distanze che le separano e, pertanto, il volume totale occupato dalle *particelle* è trascurabile rispetto al volume del contenitore;
c) le *particelle* collidono tra loro e con le pareti del recipiente con urti perfettamente elastici;
d) il tempo in cui avviene una collisione è trascurabile rispetto all'intervallo di tempo tra due collisioni successive.
e) nell'intervallo di tempo tra gli urti, le *particelle* si muovano di moto rettilineo uniforme;
f) la *pressione*, come grandezza macroscopica che il gas esercita sulle pareti del contenitore, è il risultato del grande numero di urti microscopici delle *particelle* sulle pareti. Ciascun urto genera una *forza* pari alla variazione della *quantità di moto per unità di tempo*.

L'*equazione di Krönig-Clausius* è

$$p\,V = \frac{1}{3}\,N\,m\,u^2$$

dove p e V sono la *pressione* e il *volume* del *gas*, N il numero totale di *particelle*, m la massa e u_2 la *velocità quadratica media* delle *particelle*.[5] Nella sua derivazione ci si basa sulle ipotesi generali elencate più sopra, che rendono il problema

[5] La *velocità quadratica media* di un insieme di particelle è la media delle loro *velocità* al quadrato. La *velocita quadratica media* è diversa da zero anche quando la *velocità media* è zero. Per capirlo si consideri il semplice esempio di due *particelle* che si muovono con *velocità* uguali, ma opposte, $u_1 = v$ e $u_2 = -v$, la loro velocità media è $\langle u \rangle = \frac{u_1+u_2}{2} = \frac{v-v}{2} = 0$; la velocità quadratica media è $\langle u^2 \rangle = \frac{u_1^2+u_2^2}{2} = \frac{v^2+(-v)^2}{2} = v^2$.

© The Author(s), under exclusive license to Springer Nature Switzerland AG 2025

F. Evangelisti, *Il concetto di materia*, https://doi.org/10.1007/978-3-031-83565-0

perfettamente definito e trattabile utilizzando metodi matematici elementari (come viene mostrato qui di seguito).

Per calcolare la pressione gli autori hanno seguito il seguente ragionamento. Innanzi tutto, si osserva che, pur avendo le singole particelle velocità diverse, gli effetti legati al loro moto possono essere valutati attribuendo a ciascuna di esse la loro velocità media. Data l'omogeneità macroscopica del *gas* si deve inoltre assumere uguale probabilità per tutte le direzioni della *velocità*. Scrive Clausius [Clausius R (1957) The Nature of the Motion which we call Heat. Ann. der Physik, 100: pp. 353–80]:

> Sulla base delle precedenti assunzioni è evidente che, nell'unità di tempo, ciascuna *particella* colpirà una parete tante volte quante volte le sarà possibile, seguendo la sua traiettoria, viaggiare dalla parete in questione sino a quella opposta e poi tornare indietro.

Pertanto, se indichiamo con x la direzione normale a due pareti parallele del recipiente che contiene il *gas* e u_x la componente della *velocità media* in questa direzione, nell'intervallo di tempo Δt la particella, se non subisce urti, percorre una distanza totale $L = u_x \Delta t$ nel suo procedere avanti e dietro tra le due pareti. Quindi, se d è la distanza tra le due pareti, il numero di urti nell'intervallo di tempo Δt è

$$\frac{L}{2d} = \frac{u_x \Delta t}{2d}$$

e il numero di urti per unità di tempo è

$$\frac{u_x}{2\,d}$$

Se N è il numero di *particelle* contenute nel recipiente, si ha per il numero totale di urti per unità di tempo:

$$N\,\frac{u_x}{2\,d}$$

Se le *particelle* hanno massa m, dalla conservazione della quantità di moto in un urto elastico si ottiene che la quantità di moto trasferita alla parete in ciascun urto è:

$$2\,m\,u_x$$

La quantità di moto totale trasferita per unità di tempo, pari al momento trasferito in ciascun urto moltiplicato il numero di urti per unità di tempo, è

$$2\,m\,u_x\,\frac{N\,u_x}{2\,d} = \frac{N\,m\,u_x^2}{d}$$

La *forza* esercitata da questi urti, secondo la seconda legge della dinamica, è pari alla variazione della quantità di moto per unità di tempo, ossia, nel nostro caso, alla quantità di moto totale trasferita per unità di tempo. In definitiva si ha per la forza esercitata sulla parete dagli urti delle particelle:

$$F = \frac{N\, m\, u_x^2}{d}$$

e per la pressione, che è la forza divisa per l'area su cui si esercita:

$$p = \frac{F}{A} = \frac{N\, m\, u_x^2}{A\, d} = \frac{N\, m\, u_x^2}{V}$$

dove si è indicata con A la superficie del recipiente e con $V = Ad$ il suo volume. Nella formula appare la velocità quadratica media che è diversa da zero anche quando la velocità media è zero.

Nell'espressione la pressione è legata alla velocità quadratica media nella direzione x, per procedere ci dobbiamo chiedere come essa sia legata alla velocita quadratica media totale. Data l'omogeneità macroscopica del *gas* e la sua isotropia (vale a dire che esso si comporta in maniera identica in tutte le direzioni) e dato il grandissimo numero di particelle, possiamo assumere che la velocità quadratica media abbia lo stesso valore in tutte le direzioni, ossia $u_x^2 = u_y^2 = u_z^2$. Da cui: $u^2 = u_x^2 + u_y^2 + u_z^2 = 3\, u_x^2$

Sostituendo nella relazione precedente si ottiene la relazione di Krönig-Clausius:

$$p\, V = \frac{1}{3}\, N\, m\, u^2 \equiv \frac{2}{3}\left(\frac{1}{2} N\, m\, u^2\right)$$

dove $\frac{1}{2} N\, m\, u^2$ è l'energia cinetica totale delle particelle o *vis viva*, come era denominata ai tempi di Clausius.

Energia Cinetica e Temperatura

Utilizzando l'*equazione di stato* dei gas, si può anche dimostrare che la *vis viva* è proporzionale alla temperatura del gas. L' *equazione di stato* dei gas, che regola la variazione simultanea delle tre grandezze macroscopiche (pressione, volume, temperatura), che caratterizzano appunto lo stato di un *gas*, è stata ottenuta empiricamente da Benoit Clapeyron nel 1834, combinando la legge empirica di Boyle-Mariotte e le due leggi empiriche formulate da Gay-Lussac nel 1802.

La legge di Boyle-Mariotte afferma:

> In condizioni di *temperatura* costante il prodotto della *pressione* p del *gas* per il *volume* V da esso occupato è costante: $[pV = costante]$.

Le due leggi di Gay-Lussac nel 1802 affermano:

> In una trasformazione a *pressione* costante il *volume* di un *gas* ideale è direttamente proporzionale alla *temperatura* $[V = V_0(1 + \alpha t)]$;
>
> in una trasformazione a *volume* costante la *pressione* di un gas ideale è direttamente proporzionale alla temperatura $[p = p_0(1 + \alpha t)$;
>
> t *temperatura* espressa in gradi centigradi e α il coefficiente di dilatazione termica.

Nella sua prima formulazione, l'*equazione di stato* aveva la forma $pV = C(1/\alpha + t)$ con C una costante caratteristica dei gas. La formulazione utilizzata da Clausius è quella attuale che tiene anche conto della legge di Avogadro e utilizza la scala assoluta delle *temperature*, definita come $T = t + 1/\alpha$, con $1/\alpha = 273{,}15$. Essa è:

$$p\,V = R\,T$$

Con R la costante universale dei gas e si riferisce ad una mole di gas, vale a dire ad un numero di *particelle* (*atomi o molecole*) pari al numero di Avogadro $N_A = 6{,}03 \times 10^{23}$.

Dal confronto delle due relazioni si ottiene

$$\left(\frac{1}{2}\,N_A m\,u^2\right) = \frac{3}{2}\,R\,T$$

E si ha per l'energia cinetica media delle singole *particelle* (*atomi o molecole*)

$$\left(\frac{1}{2} m\,u^2\right) = \frac{3}{2}\,\frac{R}{N_A}\,T \equiv \frac{3}{2}\,k\,T$$

dove $k = 1{,}380 \times 10^{-23}$ [*joule per grado*] è la costante di Boltzmann.

Oscillatore Armonico

In fisica, un *oscillatore armonico* è un sistema meccanico costituito da una particella (considerata puntiforme) di massa m che, quando viene spostata dalla sua posizione di equilibrio, è soggetta ad una forza di richiamo F proporzionale allo spostamento x. La forza di richiamo è, quindi, $\mathbf{F} = -k\,\mathbf{x}$ e viene denominata *forza elastica*, k è una costante positiva caratteristica del sistema in questione.

Esempi di *oscillatori armonici* macroscopici sono le masse collegate a molle, i pendoli (per piccoli angoli di spostamento), i sistemi acustici. Gli *oscillatori armonici* si trovano ampiamente in natura e sono sfruttati in molti dispositivi artificiali, come orologi e circuiti radio.

Il modello dell'*oscillatore armonico* è molto importante in fisica, perché qualsiasi *massa* soggetta a *forze*, in equilibrio stabile, si comporta come un *oscillatore armonico* per piccoli spostamenti intorno alla posizione di equilibrio (vale a dire, ogni forza di richiamo è proporzionale allo spostamento per piccoli spostamenti).

Indicando con $x(t)$ la posizione della particella al tempo t e applicando il secondo principio della dinamica (*forza uguale a massa per accelerazione*) si si ha per l'equazione del moto:

$$ma = F = -kx \rightarrow m\frac{d^2x}{dt^2} = F = -kx$$

dove $a = \frac{d^2x}{dt^2}$ è l'*accelerazione* della particella.

La soluzione di questa equazione differenziale è del tipo:

$$x(t) = A\cos(\omega_0 t + \varphi) \text{ con } \omega_0 = \sqrt{\frac{k}{m}}$$

La massa esegue oscillazioni periodiche di ampiezza A intorno alla posizione di equilibrio ($x = 0$), con periodo $T = \frac{2\pi}{\omega_0}$. La posizione al tempo t dipende dalla fase φ, che determina la posizione iniziale a $t = 0$.

Si ha per l'energia dell'oscillatore armonico:

$$E = \frac{1}{2}m\,v^2 + \frac{1}{2}k\,x^2 = \frac{1}{2}m\,\omega_0{}^2 A^2[\sin(\omega_0 t + \varphi)]^2 + \frac{1}{2}k\,A^2[\cos(\omega_0 t + \varphi)]^2 = k\,A^2$$

L'energia è costante ed oscilla con continuità da cinetica a potenziale e viceversa.

Se l'oscillatore armonico è situato in un fluido viscoso si ha una forza aggiuntiva, proporzionale alla velocità v della particella, che tende ad opporsi al moto, del tipo $-\gamma m v$, e il moto dell'oscillatore diventa smorzato.

Oscillatore di Lorentz

Nella sua *Teoria dell'elettrone* Lorentz ha assunto che gli *atomi* e le *molecole* che compongono la *materia* siano assimilabili a microscopici *oscillatori armonici*, le cui particelle oscillanti siano anche dotate di carica elettrica negativa ($-e$). A causa della carica elettrica, in presenza di un'onda elettromagnetica di frequenza ω l'oscillatore armonico è soggetto ad una forza aggiuntiva del tipo $F = -eE(\omega)$, dove $E(\omega)$ è il campo elettrico dell'onda. Se assumiamo anche la presenza di un attrito viscoso, l'equazione del moto per l'oscillatore diventa:

$$ma = -\gamma m v - k\,x - e\vec{E}(\omega)$$

A causa della carica elettrica, in presenza del campo elettrico di un'onda elettromagnetica di frequenza ω, l'oscillatore armonico compie delle oscillazioni forzate a tale frequenza, con una ampiezza che dipende da quanto ω differisce dalla frequenza ω_0 propria dell'oscillatore stesso.

Dal punto di vista elettromagnetico queste *cariche oscillanti* si comportano come minuscoli *dipoli hertziani*, assorbendo ed emettendo la radiazione elettromagnetica.

Misura del Rapporto e/m (Carica/Massa)

In occasione del conferimento del premio Nobel, Thomson illustra nel seguente modo il metodo usato per determinare la *velocità*, la *carica* e la *massa* delle particelle che costituiscono i *raggi catodici* [Thomson J J (1906) Carriers of negative electricity. Nobel Lecture, December 11, 1906]:

Determinazione della velocità

Il principio del metodo utilizzato è il seguente: Quando una particella che trasporta una carica "e" si muove con velocità "v" attraverso le linee di forza di un campo magnetico, posizionato in modo che le linee di forza magnetica siano ad angolo retto rispetto al movimento della particella, se "H" è il campo magnetico, la particella in movimento sentirà l'effetto di una forza uguale a "Hev". Questa forza agisce nella direzione che è ad angolo retto rispetto alle linee di forza magnetica e alla direzione di movimento della particella. Se si ha anche un campo elettrico di intensità "X", il raggio catodico sarà soggetto ad una forza "eX". Se i campi elettrici e magnetici sono disposti in modo tale da contrastarsi l'un l'altro, allora, quando la forza "Hev" dovuta al campo magnetico viene regolata per bilanciare la forza dovuta al campo elettrico "eX", la macchia verde di fosforescenza dovuta ai raggi catodici che colpiscono la fine del tubo sarà indisturbata, e si ha

$$Hev = Xe \Rrightarrow v = \frac{X}{H}$$

Quindi, se misuriamo, come possiamo fare senza difficoltà, i valori di X e H quando i raggi non sono deflessi, possiamo determinare il valore di v, la velocità delle particelle. In un tubo con vuoto molto spinto questa può essere fino ad $1/3$ della velocità della luce, cioè circa 60.000 miglia al secondo; in tubi con vuoti minori la velocità non supera le 5.000 miglia al secondo, ma in tutti i casi in cui i raggi catodici sono prodotti nei tubi, la loro velocità è molto maggiore della velocità di qualsiasi altro corpo in movimento di cui siamo a conoscenza. È, per esempio, molte migliaia di volte la velocità media con cui le molecole di idrogeno si muovono a temperature normali, o addirittura a qualsiasi temperatura finora realizzata.

Determinazione del rapporto e/m (carica/massa)

Avendo trovato la velocità dei raggi, torniamo a sottoporli all'azione del solo campo elettrico. In questo caso le particelle che formano i raggi risentono di una forza costante "Xe". Il problema è simile a quello di un proiettile lanciato orizzontalmente con una velocità "v" che cade per effetto della gravità. Sappiamo che nel tempo "t", il proiettile si abbasserà di una altezza pari a $\frac{1}{2}\, g\, t^2$, dove "g" è l'accelerazione dovuta alla gravità. Nel nostro caso l'accelerazione è dovuta al campo elettrico ed è pari a Xe/m, dove "m" è la massa della particella. Il tempo "t" è pari a l/v, dove "l" è la lunghezza del percorso e "v" la velocità.

Quindi lo spostamento "d" della macchia di fosforescenza dove i raggi colpiscono il vetro è uguale a:

$$d = \frac{1}{2} \frac{Xe}{m} \frac{l^2}{v^2}$$

Possiamo facilmente misurare questo spostamento d, e quindi possiamo trovare e/m dall'equazione:

$$\frac{e}{m} = \frac{2d}{X} \frac{v^2}{l^2}$$

Appendice C

Complemento su Effetto Fotoelettrico
Negli esperimenti sull'*effetto fotoelettrico* si studia l'andamento della *corrente fotoelettrica* (ossia, la corrente generata dalla *radiazione elettromagnetica* che incide sul catodo) al variare delle caratteristiche (*frequenza* e *intensità*) della *radiazione elettromagnetica ultravioletta* e al variare della *tensione* applicata tra catodo e anodo.

Nella Fig. C.1 è mostrato il tipico andamento della *corrente fotoelettrica* i in funzione della tensione applicata V, misurata per tre differenti valori ($I_1 < I_2 < I_3$) dell'*intensità* della *radiazione* (mantenuta a *frequenza* fissata). Le curve mostrano come la *corrente* saturi per *tensioni* positive e vada a zero per un preciso valore V_0 della *tensione* negativa. Il valore di saturazione dipende dall'*intensità* della radiazione e cresce al crescere dell'*intensità*.

Nella Fig. C.2 è mostrato l'andamento tipico della *corrente fotoelettrica* i in funzione della tensione applicata V, misurata per tre differenti valori ($\lambda_1 > \lambda_2 > \lambda_3$) della *lunghezza d'onda* della *radiazione elettromagnetica* (mantenuta a intensità fissata). Le curve mostrano che, in questo caso, V_0 dipende dalla lunghezza d'onda della luce, mentre la corrente di saturazione non varia. Il modulo di V_0 cresce al diminuire della *lunghezza d'onda* (ossia, al crescere della *frequenza*).

La presenza di una *tensione* di soglia $-V_0$ indica che gli *elettroni* sono emessi con un'energia cinetica massima pari a eV_0. Infatti, a *tensioni* negative il campo elettrico

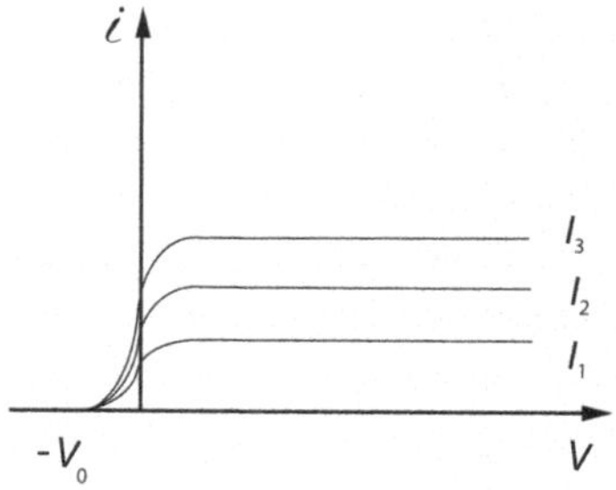

Figura C.1 *Corrente fotoelettrica i* in funzione della *tensione* applicata V, per tre differenti valori ($I_1 < I_2 < I_3$) dell'intensità della *radiazione elettromagnetica*

© The Author(s), under exclusive license to Springer Nature Switzerland AG 2025

F. Evangelisti, *Il concetto di materia*, https://doi.org/10.1007/978-3-031-83565-0

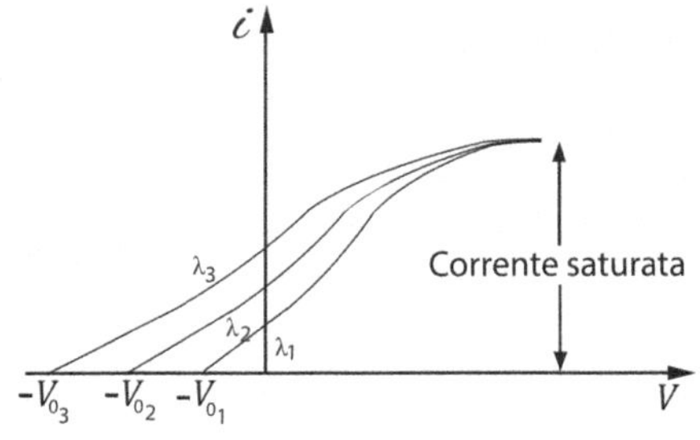

Figura C.2 *Corrente fotoelettrica i* in funzione della *tensione applicata* V, per tre differenti valori ($\lambda_1 > \lambda_2 > \lambda_3$) della *lunghezza d'onda* della *radiazione elettromagnetica*

tra anodo e catodo decelera gli *elettroni* e il valore zero della corrente segnala che nessun elettrone ha una energia cinetica tale da superare la barriera potenziale. Vale quindi la relazione:

$$E_{max} = \frac{1}{2}mv_{max}^2 = eV_0$$

La caratteristica più rilevante dell'effetto fotoelettrico è rappresentata dal fatto che la *corrente fotoelettrica* è eccitata solo da radiazioni di *frequenza* maggiore (di *lunghezza d'onda* minore) di un determinato valore, che è caratteristico del *metallo* del fotocatodo. Le radiazioni di *frequenza* minore di questo valore di soglia non emettono elettroni, non importa quanto siano intense e per quanto tempo irradino il fotocatodo. Infine, una altra caratteristica importante è che l'emissione di *elettroni* è concomitante con l'irradiazione e non si osservano ritardi tra l'istante di illuminazione e il momento dell'emissione.

Le caratteristiche illustrate dell'*effetto fotoelettrico* non si riescono a spiegare utilizzando la teoria classica delle onde elettromagnetiche e dell'interazione tra radiazione e materia. Innanzi tutto, nella teoria classica, l'energia che l'elettrone riceve dalla radiazione dipende dal campo elettrico dell'onda e quindi cresce con la sua intensità e non dipende dalla frequenza. Al crescere dell'intensità, pertanto, dovrebbe crescere l'energia cinetica massima e dovrebbe essere possibile generare fotoelettroni con radiazione di qualunque frequenza, in contrasto con le osservazioni. Inoltre, sempre secondo la teoria classica, l'energia assorbita dagli elettroni dipende anche dal tempo di irraggiamento; di conseguenza, anche con radiazione di bassa intensità, se il tempo di irraggiamento è sufficientemente lungo, si dovrebbero ottenere energie cinetiche sufficienti a produrre l'effetto. Questo contrasta con l'osservazione che, per ogni intensità, si ha simultaneità fra illuminazione ed emissione di elettroni. Infine, c'è l'aspetto più rilevante della dipendenza dell'energia cinetica e della soglia di fotoemissione dalla frequenza della radiazione, non spiegabile in nessun modo da un meccanismo di interazione classico.

Nel 1905, nell'articolo intitolato *On a Heuristic Viewpoint Concerning the Production and Transformation of Light*, Einstein ha mostrato come tutte le caratteristiche dell'*effetto fotoelettrico* potessero essere spiegate se si assume che l'energia E che gli *elettroni* ricevono dalla *radiazione elettromagnetica* sia quantizzata e sia legata alla *frequenza* secondo la regola di quantizzazione proposta da Planck per

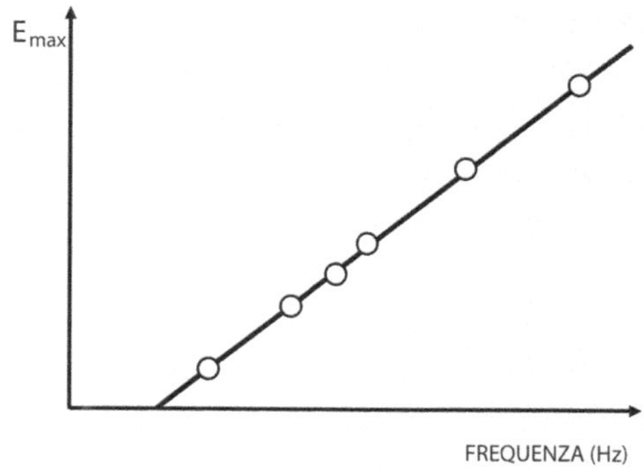

Figura C.3 Andamento dell'energia cinetica degli elettroni in funzione della frequenza della luce ottenuto da Millikan sul sodio

spiegare lo spettro della radiazione di corpo nero:

$$E = h\nu$$

Partendo da questa ipotesi Einstein propone la seguente relazione per la massima energia degli *elettroni* foto-emessi:

$$E_{max} = eV_0 = h\nu - W$$

dove W è una costante caratteristica del *metallo* usato, che fornisce una misura dell'energia necessaria per "far uscire" l'*elettrone* dal *metallo* stesso (*funzione lavoro*).

Risulta chiaro che la verifica sperimentale di questa relazione fornisce una prova determinante a favore della teoria di Einstein e dell'ipotesi di quantizzazione dell'energia della *radiazione elettromagnetica*. La prima verifica sperimentale è stata fatta nel 1916 e la dobbiamo allo scienziato americano Robert Millikan (1868–1953). Nei suoi esperimenti Millikan ha utilizzato come fotocatodo il *sodio*, che ha la soglia fotoelettrica più bassa di tutti i metalli e su cui la *corrente fotoelettrica* è eccitabile anche con luce visibile. Come è evidente dalla Fig. C.2 per ogni frequenza usata è possibile determinare i valori di V_0 e E_{max} corrispondenti. La relazione di Einstein ci dice che se si riporta E_{max} al variare della frequenza si ha una retta la cui la pendenza è h/e (*costante di Planck* divisa per la *carica elettrica*) e il cui valore per ($E_{max} = 0$) è la *funzione lavoro* W del metallo. I dati ottenuti sul *sodio* da Millikan sono mostrati nella Fig. C.3. Essi dimostrano l'esattezza della relazione ipotizzata da Einstein e hanno fornito una stima della costante di Planck con un'accuratezza dello 0,5%.

Complemento sulla Teoria di Bohr

Nell'articolo del 1913 Bohr prende in esame la situazione più semplice, in cui l'*atomo* consiste di un *nucleo* di carica positiva *Ze* (*e* è la carica dell'elettrone) e di un *elettrone* che ruota su di un'orbita circolare sotto l'effetto della forza di attrazione coulombiana tra le cariche di segno opposto. Ponendo $Z = 1$ si ottiene l'atomo di idrogeno, con $Z = 2$ si ha l'elio ionizzato, una volta.

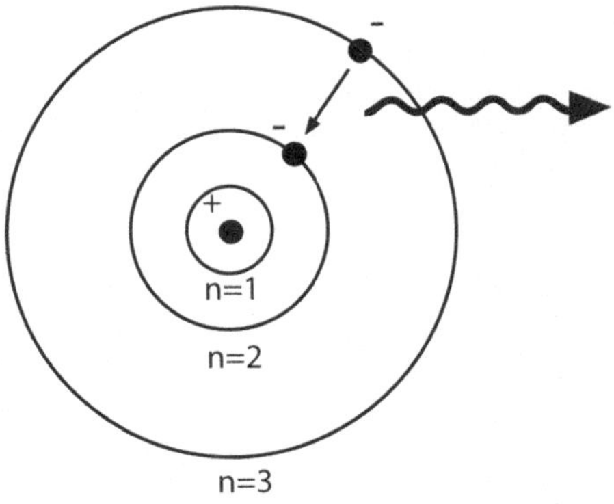

Figura C.4 Atomo di Bohr: rappresentazione schematica delle orbite e del processo di emissione della radiazione elettromagnetica

Per sviluppare la sua teoria Bohr introduce l'ipotesi, allora rivoluzionaria, che il *momento della quantità di moto* (o *momento angolare) L* dell'*elettrone* sia *quantizzato*, vale a dire che possa assumere solo valori pari a multipli interi del *quanto di azione h* di Plank diviso per 2π. In formule:

$$L = n\frac{h}{2\pi}; \; n = 1, 2, 3, \ldots$$

Questa ipotesi è equivalente a postulare che solo alcune *orbite* siano permesse per l'*elettrone*, in contrasto con quanto previsto dalla fisica classica. Bohr postula inoltre che queste *orbite* siano *stazionarie* (ossia non varino nel tempo) e che l'*elettrone* che le percorre *non irradi*.

Utilizzando questi possibili valori del *momento angolare* Bohr calcola i possibili valori dell'energia dell'*elettrone*, che dipendono da n e sono anch'essi quantizzati e ottiene:

$$E_n = -\frac{2\pi^2 m e^4 Z^2}{h^2}\,\frac{1}{n^2}$$

dove m è la massa dell'elettrone. A ciascun valore di E_n corrisponde un'orbita circolare il cui raggio cresce al crescere di n (Fig. C.4).

Infine, per spiegare le serie di righe spettrali, Bohr fa la seconda e, a quel tempo, più radicale assunzione, che la radiazione elettromagnetica sia emessa o assorbita dall'*elettrone* in concomitanza con il salto da un'orbita stazionaria all'altra. Come abbiamo visto, l'analisi empirica delle righe spettrali aveva mostrato che le frequenze delle righe dell'atomo di idrogeno erano date dalla formula:

$$\nu = R\left(\frac{1}{{n_1}^2} - \frac{1}{{n_2}^2}\right)$$

In coerenza con questa regola empirica, Bohr fa l'assunzione che *la frequenza delle righe spettrali*, moltiplicata per la costante di Planck, sia pari alla differenza di

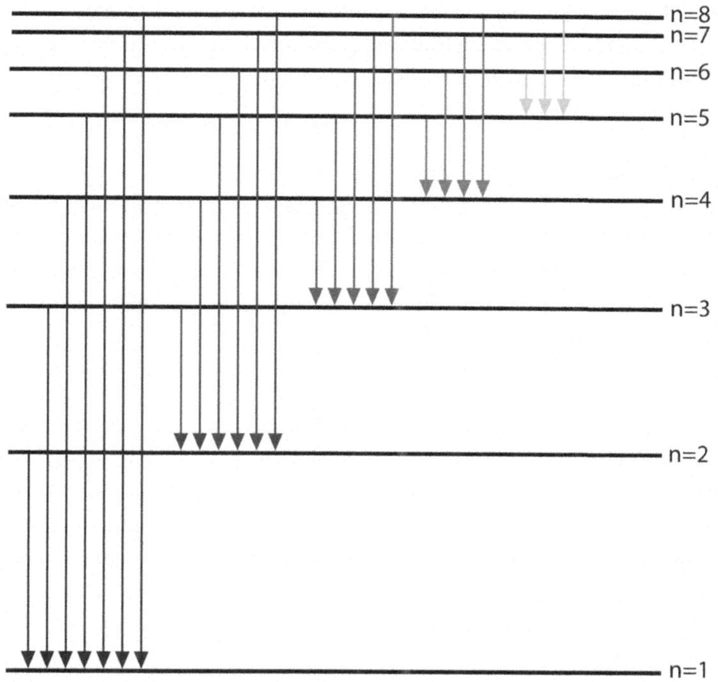

Figura C.5 Rappresentazione schematica dei livelli di energia dell'atomo di Bohr e delle transizioni che danno luogo alle serie di righe. Serie di Lyman: transizioni verso il livello $n = 1$. Serie di Balmer: transizioni verso il livello $n = 2$. Serie di Paschen: transizioni verso il livello $n = 3$. Serie di Brackett: transizioni verso il livello $n = 4$. Serie di Pfund: transizioni verso il livello $n = 5$

energia delle due orbite tra cui transisce l'elettrone:

$$h\nu = E_{n_2} - E_{n_1} = \frac{2\pi^2 m e^4 Z^2}{h^2}\left(\frac{1}{n_1^2} - \frac{1}{n_2^2}\right)$$

Questa espressione coincide con la formula empirica di Rydberg se si pone $Z = 1$ e si assume per la costante di Rydberg:

$$R = \frac{2\pi^2 m e^4}{h^3}$$

La teoria predice in modo sorprendentemente accurato le serie di righe dell'atomo di idrogeno (si veda Fig. C.5). Inoltre, fornisce un'espressione teorica esatta per la costante R di Rydberg.

Come ulteriore successo della teoria, Bohr mostra come essa permetta di identificare l'origine delle *righe* osservate dal fisico e astronomo americano Edward Pickering anni prima nello spettro della stella ζ-Puppis, che al momento erano ancora attribuite a qualche forma di *idrogeno*. Bohr dimostra che se nella sua formula si pone $Z = 2, n_1 = 4$ e $n_2 = 5, 6, 7, \ldots$ si ottengono frequenze in eccellente accordo con quelle della *serie* misurata da Pickering e conclude che le *righe* appartengono ad *atomi* di *elio* ionizzato, i quali consistono di un singolo *elettrone* che ruota intorno ad un *nucleo* di carica positiva pari a $2e$.

Raggi X ed Esperimenti di Moseley
Nel 1909, ancor prima che sia stabilita la loro natura, i fisici britannici Charles Barkla (1877–1944) e Charles Sadler trovano che i *raggi X* sono generalmente composti da una componente più penetrante o *radiazione dura* e una componente meno penetrante o *radiazione molle*, componenti che vengono denominate, rispettivamente, *radiazione* (o *raggi*) *K* e *radiazione* (o *raggi*) *L*.

Nei suoi esperimenti condotti nel 1913, Moseley misura sia la *radiazione K* che quella *L* degli *elementi* che, nella tavola periodica, vanno dall'*alluminio* all'*oro*. Egli dispone di una strumentazione capace di maggiore risoluzione rispetto a quella di Barkla e Sadler, strumentazione che, per disperdere i *raggi X*, utilizza il metodo della diffrazione attraverso i cristalli e sfrutta la legge di Bragg per determinarne le *lunghezze d'onda*. Moseley trova che la *radiazione K* è tipicamente composta da due *righe*, da lui denominate K_α (la più intensa e di maggiore lunghezza d'onda delle due) e K_β, sovraimposte ad un fondo continuo, come mostrato a titolo di esempio nella Fig. C.6. Egli trova, inoltre, che anche la *radiazione L* è composta da più righe molto vicine in frequenza.

Analizzando i dati Moseley scopre che esiste una relazione sistematica, oggi nota come *legge di Moseley*, tra le *frequenze* dei *raggi X* prodotti e il *numero atomico Z* degli *elementi* usati come bersaglio. Infatti, riportando in un diagramma il *numero atomico Z* in funzione della radice quadrata della *frequenza* delle righe, egli ottiene una serie di rette, da cui ricava che la relazione tra *frequenza* e *numero atomico* è:

$$\nu = CR(Z - \sigma)^2$$

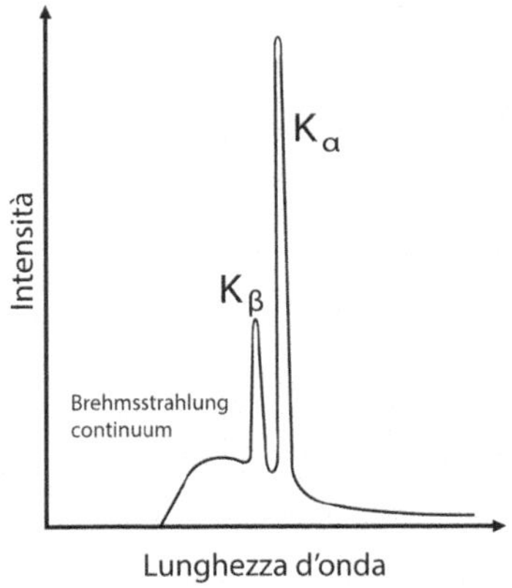

Figura C.6 Tipico spettro di emissione dei *raggi X*, che mostra le righe K_α e K_β e il continuo di Bremsstrahlung

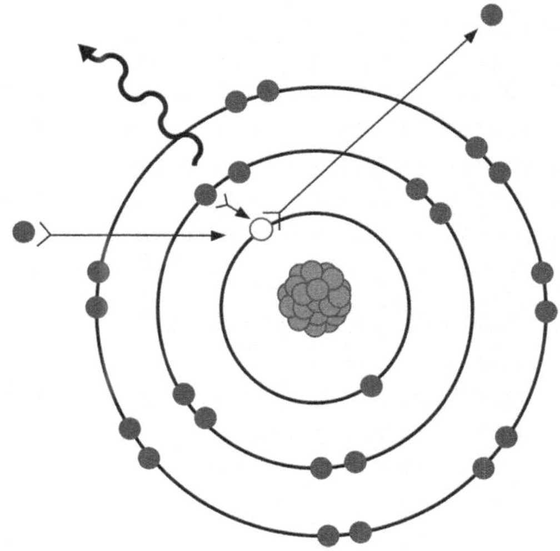

Figura C.7 Rappresentazione schematica dei *gusci* di *elettroni* e del processo di emissione delle *righe* K_α

dove R è la costante di Rydberg, mentre C e σ sono due parametri il cui valore dipende dalla radiazione utilizzata. Nel caso delle righe K_α si trova $C = 3/4$ e $\sigma = 1$.

Moseley mostra come questi risultati siano in accordo con la teoria di Bohr, che prevede proprio una dipendenza dell'energia dal quadrato della carica Z del *nucleo*. A questo fine la teoria stessa deve essere generalizzata e si deve assumere che, negli atomi a più *elettroni*, questi siano disposti in stati stazionari corrispondenti ad orbite di raggio crescente, caratterizzate dal *numero quantico principale* n. Gli *elettroni* negli stati con lo stesso n costituiscono un *guscio* (*shell* in inglese), come mostrato schematicamente nella Fig. C.7.

Moseley ipotizza che l'emissione della *radiazione X* sia dovuta al salto di un elettrone da un'orbita all'altra. Nel caso delle *righe K* il processo inizia con l'espulsione di un *elettrone* del *guscio* $n = 1$, come conseguenza dell'impatto dei *raggi catodici*, e la radiazione K_α viene emessa quando un elettrone del livello $n = 2$ va ad occupare il livello $n = 1$ rimasto vuoto (Fig. C.7).

Se si assume che valga la relazione di Bohr, l'energia degli *elettroni* nel *guscio* n-simo è

$$E_n = -\frac{R(Z-\sigma)^2}{n^2}$$

dove la costante σ è introdotta da Moseley per tenere conto dell'effetto di schermo della carica del *nucleo* dovuto alla presenza degli altri *elettroni*. Ne consegue che la formula empirica per le righe K_α può essere riscritta come:

$$\nu = R(Z-1)^2\left(\frac{1}{1^2} - \frac{1}{2^2}\right) = R(Z-1)^2\frac{3}{4}$$

In perfetto accordo con quanto trovato sperimentalmente.

Un discorso analogo si applica alle righe L. Nel caso della riga più intensa, denominata L_α, Moseley ottiene dal grafico sperimentale i valori $C = 5/36$ e $\sigma = 7{,}4$. Assumendo che la radiazione L_α sia emessa quando un *elettrone* del *guscio* $n = 3$ va ad occupare un livello $n = 2$ rimasto vuoto, egli mostra che il valore $C = 5/36$ si ottiene scrivendo la formula empirica come:

$$\nu = R(Z - 7{,}4)^2\left(\frac{1}{2^2} - \frac{1}{3^2}\right) = R(Z - 7{,}4)^2\frac{5}{36}$$

Spettri Ottici dei Metalli Alcalini

Gli spettri ottici dei *metalli alcalini* sono, dopo quelli dell'*idrogeno*, i più semplici da classificare. La loro analisi ha condotto Ryberg alla scoperta della sua formula generatrice della *frequenza* delle *righe*:

$$\nu = R\left(\frac{1}{(n_1 + \mu_1)^2} - \frac{1}{(n_2 + \mu_2)^2}\right)$$

Essi sono organizzati in quattro *serie* denominate, per ragioni storiche, *serie principale*, serie *sharp* (*netta*), *serie diffusa* e *serie fondamentale*. In accordo con la *formula di Rydberg*, la *frequenza* delle *righe* di ciascuna *serie* si ottiene come differenza di due termini: un primo termine, in cui n_1 è un intero caratteristico della serie, che rimane fisso, e μ_1 una costante anch'essa caratteristica della serie; un secondo termine in cui n_2 è un intero variabile caratteristico delle singole righe e μ_2 un'altra costante caratteristica della serie ($n_2 > n_1$). Inoltre, nel 1896, sia Rydberg sia il fisico britannico di origine tedesca Arthur Schuster (1851–1934) hanno messo in evidenza alcune relazioni, conosciute successivamente come legge di Rydberg-Schuster, molto importanti per la successiva razionalizzazione delle serie. In base alla legge di Rydberg-Schuster le formule che generano le quattro serie, valide per tutti gli elementi alcalini sono:

serie principale $$\nu^p = R\left(\frac{1}{(n_1 + S)^2} - \frac{1}{(n_2 + P)^2}\right) \equiv (n_1\mathrm{s} - n_2\mathrm{p})$$

serie sharp $$\nu^s = R\left(\frac{1}{(n_1 + P)^2} - \frac{1}{(n_2 + S)^2}\right) \equiv (n_1\mathrm{p} - n_2\mathrm{s})$$

serie diffusa $$\nu^d = R\left(\frac{1}{(n_1 + P)^2} - \frac{1}{(n_2 + D)^2}\right) \equiv (n_1\mathrm{p} - n_2\mathrm{d})$$

serie fondamentale $$\nu^f = R\left(\frac{1}{(n_1 + D)^2} - \frac{1}{(n_2 + F)^2}\right) \equiv (n_1\mathrm{d} - n_2\mathrm{f})$$

dove S, P, D e F designano le costanti μ_1 e μ_2 nelle diverse serie per ogni elemento. L'ultima colonna mostra la notazione abbreviata, attualmente dominante nei testi di fisica atomica.

La teoria di Bohr-Sommerfeld ha permesso una identificazione diretta tra i termini delle *serie* spettroscopiche e i *livelli* di energia: il *numero n* dei *termini spettroscopici* viene identificato con il *numero quantico principale n*, mentre le lettere

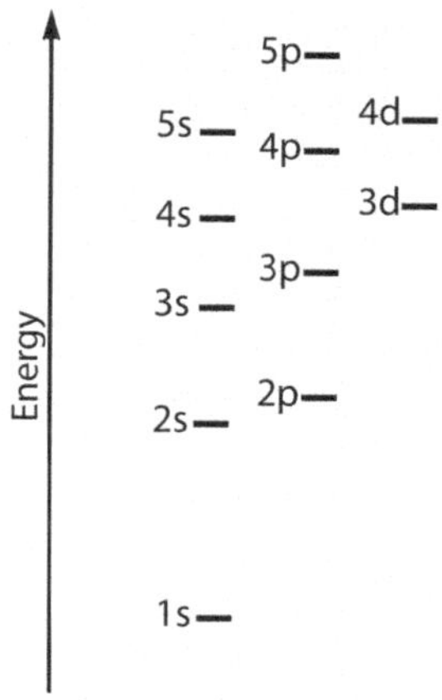

Figura C.8 Schema dei livelli di energia dei metalli alcalini

s, p, d e f corrispondono, rispettivamente, ai valori 1, 2, 3 e 4 del *numero quantico azimutale* k.[6] Nel caso delle orbite degli *atomi alcalini* ci si aspettano importanti differenze rispetto al calcolo di Sommerfeld, fatto per l'*atomo* di *idrogeno*, il cui unico *elettrone* è soggetto al potenziale puramente coulombiano del *nucleo*.

Nel caso degli *atomi alcalini* il potenziale a cui è soggetto l'elettrone esterno corrisponde al potenziale del *nucleo* "schermato" dalle cariche degli *elettroni* nei *gusci* interni e questo potenziale dipende dall'orbita percorsa. Un *elettrone* in un'orbita ellittica si avvicina maggiormente al nucleo di quanto non faccia in un'orbita circolare e, pertanto, è soggetto ad un potenziale maggiormente attrattivo. Ne consegue che gli stati con differente k corrispondenti allo stesso n vengono ad avere energie differenti, contrariamente a quanto accade per l'*idrogeno*, dove l'energia dei livelli non dipende da k. In generale gli stati con $k = 1$ ($l = 0$) (*termini s*) sono più legati degli stati con $k = 2$ ($l = 1$) (*termini p*), i quali a loro volta sono più legati degli stati con $k = 3$ ($l = 2$) (*termini d*), e così via, come mostrato nel diagramma della Fig. C.8.

Per maggiore chiarezza esaminiamo a titolo di esempio lo schema dei livelli dell'*elettrone* esterno del *litio* (Li). Il litio ($Z = 3$) è il terzo elemento della tavola periodica e viene subito dopo l'elio ($Z = 2$). Secondo il *principio di riempimento* si ottiene aggiungendo un elettrone all'*atomo* di *elio* e una carica positiva al suo *nucleo*. Ne risulta un *atomo* con due *elettroni* nel *guscio* pieno $n = 1$, mentre il terzo *elettrone* va ad occupare un'orbita $n = 2$. Per $n = 2$ sono possibili due orbite, una circolare corrispondente a $k = 2$ ($l = 1$) (*termine p*) e una ellittica corrispondente a $k = 1$ ($l = 0$) (*termine s*). Lo stato con $k = 1$ essendo quello di energia più bassa è quello occupato dal nuovo elettrone allo stato stazionario. Le transizioni ottiche che danno luogo alle quattro *serie spettroscopiche* sono mostrate nella Fig. C.9.

[6] Si tenga presente che, nella formulazione finale della meccanica quantistica, è stato introdotto il *numero quantico azimutale* l legato a k dalla relazione $l = k - 1$, per cui nei testi attuali di fisica atomica si ha che s, p, d e f corrispondono, rispettivamente, ai valori 0, 1, 2 e 3 del *numero quantico azimutale* l.

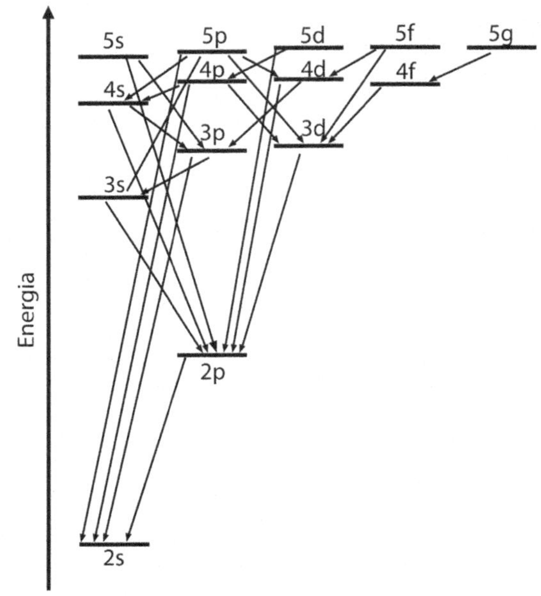

Figura C.9 Livelli di energia dell'elettrone più esterno del *litio* e transizioni ottiche permesse

Dall'ispezione dello schema delle transizioni permesse è immediatamente apparente che avvengono solo transizioni in cui il *numero quantico azimutale* dello stato iniziale e quello dello stato finale differiscono di una unità. Poiché k è la misura del *momento angolare* in unità $h/2\pi$ questo significa che nella transizione l'*elettrone* guadagna o perde un *quanto* di *momento angolare*. La conservazione del *momento angolare* richiede che questa quantità sia scambiata con l'*onda elettromagnetica* emessa o assorbita. Ricordiamo che il fatto che un'*onda elettromagnetica* sia dotata di un *momento angolare* è stato messo in evidenza già da Lorentz e, successivamente da Poincaré e da Abraham, nei primi anni del Novecento.

Il processo di emissione della *radiazione elettromagnetica* nelle *serie spettrali* è stato studiato dal fisico polacco Wojciech Rubinowicz (1889–1974), il quale nel 1918 ha dimostrato il *principio di selezione* (o *regola di selezione*), secondo cui avvengono solo transizioni ottiche in cui la variazione del *numero quantico azimutale* è pari a ± 1.

Appendice D

Accoppiamento di Russell-Saunders

L'*accoppiamento di Russell-Saunders* tra i *momenti angolari* permette di determinare la struttura fine dei livelli di energia negli atomi in cui la shell esterna ha due o più elettroni e si basa sull'osservazione empirica che la struttura fine viene riprodotta se si assume un particolare schema di interazione tra gli elettroni della shell. Per semplicità lo schema è illustrato per il caso di una shell con due *elettroni*, che riguarda gli *atomi* del *II gruppo* del *sistema periodico* (*elio* e *metalli alcalino-terrosi*).

Lo schema si applica per determinare la struttura fine dei livelli corrispondenti a stati in cui un *elettrone* della *shell* esterna viene eccitato mentre l'altro *elettrone* rimane nello stato di energia più bassa. I livelli di energia sono contraddistinti dalla terna di *numeri quantici* (*n, l, m*). Si assume che le *interazioni residue*[7] tra i due *elettroni* esterni siano: l'interazione tra i *moti di spin* degli *elettroni* (denominata *interazione spin-spin*, la cui origine era ancora sconosciuta quando Russell e Saunders hanno proposto il loro schema), l'interazione tra i loro *moti orbitali* (denominata *interazione orbita-orbita*) e l'*interazione* tra il *moto di spin* e il *moto orbitale* (*interazione spin-orbita*). Nello schema di *accoppiamento di Russell-Saunders* si assume che l'*interazione spin-spin* sia la più forte, seguita dall'*interazione orbita-orbita* e che l'interazione *spin-orbita* sia la più debole.[8] Questa differenza tra le intensità delle *interazioni* comporta che il *momento di spin totale* (risultante dalla somma dei *momenti di spin* degli *elettroni* esterni) e il *momento orbitale totale* (risultante dalla somma dei *momenti angolari orbitali*) siano entrambi definiti e conservati in modo indipendente e si abbia una *debole interazione* tra gli stati caratterizzati dai due

[7] L'interazione principale tra i due *elettroni* è quella dovuta alla repulsione coulombiana, ma la maggior parte di questa è già contenuta nello schema di prima approssimazione descritto in precedenza.

[8] Va tenuto presente che in realtà Russell e Saunders nel loro articolo utilizzano ancora il concetto di *momento angolare* del *core* dell'*atomo* invece del *momento di spin* dell'*elettrone*, in quanto il concetto di *spin* non era ancora stato introdotto. Per evitare inutili difficoltà aggiuntive, l'esposizione del loro *schema di accoppiamento* viene qui fatta utilizzando i concetti moderni.

© The Author(s), under exclusive license to Springer Nature Switzerland AG 2025
F. Evangelisti, *Il concetto di materia*, https://doi.org/10.1007/978-3-031-83565-0

momenti angolari totali. Queste ipotesi sono in grado di spiegare le caratteristiche degli spettri di righe dell'*elio* e degli *elementi* del *II gruppo* nel modo seguente.

Consideriamo gli effetti dell'interazione dovuta agli *spin* (*interazione spin-spin*). Secondo le regole quanto-meccaniche di composizione dei *momenti angolari*, per il *momento di spin totale* $\boldsymbol{S} = \boldsymbol{s}_1 + \boldsymbol{s}_2$, somma *dei momenti di spin*, $\boldsymbol{s}_1$ e $\boldsymbol{s}_2$, dei due *elettroni*, si hanno due possibilità: *spin* paralleli, a cui corrisponde uno *spin totale* $S = 1$; *spin* antiparalleli, a cui corrisponde uno *spin totale* $S = 0$. Se supponiamo la presenza di una *interazione spin-spin* che dipende dall'orientazione relativa degli *spin* dei due elettroni, abbiamo una correzione all'energia che comporta la separazione dei livelli corrispondenti ad $S = 0$ da quelli corrispondenti a $S = 1$, separazione che è alla base della distinzione tra *orto-elio* e *para-elio* e dello schema di livelli mostrata nella Fig. 12.3.

Per quanto riguarda l'*interazione* tra i *moti orbitali* (*interazione orbita-orbita*), essa non interviene poiché nelle *serie normali* dell'*elio* (e dei *metalli alcalino-terrosi*) un *elettrone* rimane nello stato *1s* ($n = 1$, $l = 0$) e il *momento orbitale totale* L coincide con il *momento orbitale* dell'elettrone eccitato.

La *struttura fine* e l'apertura dei livelli in *tripletti* e *singoletti* è dovuta all'*interazione spin-orbita* tra il moto spaziale caratterizzato *momento angolare orbitale totale* L e il moto di spin caratterizzato dal *momento di spin totale* S. Per determinarla, consideriamo il *momento angolare totale* J ($J = L + S$) dell'*atomo*, somma del *momento angolare totale di spin* S e del *momento angolare orbitale totale* L. Secondo le regole quanto-meccaniche di composizione dei *momenti angolari*, esso può assumere i valori $L - S$, $L - S + 1$, $L - S + 2, \ldots, L + S$ (pari a $2S + 1$ valori) se L è maggiore o uguale a S o i valori $S - L$, $S - L + 1$, $S - L + 2$, $\ldots, S + L$ (pari a $2L + 1$ valori) se S è maggiore o uguale a L. Di conseguenza, quando $S = 0$ (*spin antiparalleli*) il *momento angolare totale* J può avere un solo valore ($J = L$), mentre quando $S = 1$ (*spin paralleli*) J può avere tre valori distinti ($J = L - 1, L, L + 1$).[9] Se assumiamo che ci sia una interazione (*interazione spin-orbita*) tra il *moto di spin*, caratterizzato dal *momento totale di spin* S, e il *moto spaziale*, caratterizzato dal *momento totale orbitale* L, e che questa interazione dipenda dall'orientamento reciproco fra S e L, consegue che i *termini* che hanno gli stessi valori di L e S, ma differenti valori di J, vengono ad avere energie differenti, dando luogo ad una *struttura fine* di *singoletti* (se $S = 0$) e di *tripletti* (se $S = 1$). Infine, poiché nelle transizioni ottiche lo *spin* degli *elettroni* non cambia, non si hanno transizioni tra i due tipi di livelli elettronici e si hanno due insiemi distinti di *serie di righe*: quelle del *para-elio* corrispondenti agli stati con $S = 0$ e quelle dell'*orto-elio* corrispondenti agli stati con $S = 1$.

Indistinguibilità e Interazione di Scambio

Il requisito che le *funzioni d'onda* di un sistema di *particelle identiche* debbano soddisfare il *principio di esclusione di Pauli* e il *concetto di indistinguibilità* hanno un forte impatto sulla forma delle soluzioni possibili. Il *concetto di indistinguibilità* implica che il risultato della misura delle proprietà fisiche *misurabili* non possa di-

[9] Per $L = 0$ si ha solo $J = 1$.

pendere da come sono contrassegnate le *particelle identiche* e questo è equivalente a dire che i risultati non devono cambiare se si effettua uno scambio di coordinate, una *permutazione*, delle particelle all'interno del sistema.

La rilevanza di questo concetto può essere illustrata considerando l'esempio di un sistema di *due particelle identiche*. Abbiamo visto che, nella *meccanica quantistica*, le proprietà fisiche misurabili dipendono dalla *funzione d'onda* Ψ, il cui modulo quadro dà la probabilità di trovare le particelle in un certo punto dello spazio ad un determinato istante. Se indichiamo con $\Psi(1,2)$ la *funzione d'onda* delle due particelle, dove 1 rappresenta l'insieme delle coordinate spaziali e di spin della prima particella e 2 quello della seconda, e $\Psi(2,1)$ la *funzione d'onda* in cui l'elettrone 1 ha preso il posto dell'elettrone 2 e viceversa, l'indistinguibilità delle particelle richiede che le due probabilità siano assolutamente identiche, ossia:

$$|\Psi(1,2)|^2 = |\Psi(2,1)|^2$$

Si può dimostrare, utilizzando le proprietà delle autofunzioni quantomeccaniche, che la relazione è soddisfatta se Ψ è tale che:

$$\Psi(2,1) = \Psi(1,2) \quad \Leftrightarrow \quad \textit{funzione simmetrica per lo scambio delle due particelle}$$

$$\Psi(2,1) = -\Psi(1,2) \quad \Leftrightarrow \quad \textit{funzione antisimmetrica per lo scambio delle due particelle}$$

Questa condizione vale in generale: le funzioni d'onda di un sistema composto da due o più particelle identiche devono essere o *simmetriche* o *antisimmetriche* per lo scambio di due delle sue particelle. Vediamone le conseguenze su di un sistema di due *elettroni*, considerando il caso dell'*elio*.

Abbiamo visto come l'interazione dominante per ciascun *elettrone* sia quella dovuta alla sua attrazione da parte del *nucleo*. Su questa base e a questo livello di approssimazione, la funzione d'onda di ciascun elettrone è determinata dai quattro numeri quantici n, l, m, s. Se indichiamo con $\psi_{n_1 l_1 m_1 s_1}(1)$ e $\psi_{n_2 l_2 m_2 s_2}(2)$ le due funzioni d'onda, la *funzione d'onda simmetrica* del sistema ha la forma:

$$\Psi_S = \psi_{n_1 l_1 m_1 s_1}(1)\psi_{n_2 l_2 m_2 s_2}(2) + \psi_{n_2 l_2 m_2 s_2}(1)\psi_{n_1 l_1 m_1 s_1}(2),$$

mentre la *funzione d'onda antisimmetrica* del sistema ha la forma:

$$\Psi_A = \psi_{n_1 l_1 m_1 s_1}(1)\psi_{n_2 l_2 m_2 s_2}(2) - \psi_{n_2 l_2 m_2 s_2}(1)\psi_{n_1 l_1 m_1 s_1}(2)$$

Risulta evidente che, se n_1, l_1, m_1, s_1 è uguale a n_2, l_2, m_2, s_2 e, quindi $\psi_{n_1 l_1 m_1 s_1}(1) = \psi_{n_2 l_2 m_2 s_2}(2)$, Ψ_A è uguale a zero: le *funzioni antisimmetriche* soddisfano il *principio di esclusione di Pauli*! Ne consegue che la condizione che gli *elettroni* soddisfino il *principio di esclusione* è equivalente a richiedere che le *funzioni d'onda* di un sistema di due o più *elettroni* siano *antisimmetriche* per lo scambio di due *elettroni*. Questa proprietà puramente quantomeccanica ha conseguenze rilevanti per la struttura degli *atomi* e della *materia* in generale. Una di queste, tra le più importanti, è il manifestarsi di una nuova interazione tra gli elettroni, che non ha analogo classico e che va sotto il nome di *interazione di scambio*. Nel caso dell'*elio* essa spiega la notevole differenza di energia tra gli omologhi stati di *singoletto* e *tripletto*.

Per comprendere il meccanismo dell'interazione di scambio consideriamo più dettagliatamente le funzioni d'onda dei singoli elettroni rappresentate come $\psi_{n_1 l_1 m_1 s_1}(1)$ e $\psi_{n_2 l_2 m_2 s_2}(2)$. Esse possono essere rappresentate come il prodotto di una funzione delle coordinate spaziali e una funzione dello spin [in simboli $\psi_{n_1 l_1 m_1 s_1}(1) = \psi_{n_1 l_1 m_1}(r_1)\, \chi_{s_1}$ e $\psi_{n_2 l_2 m_2 s_2}(2) = \psi_{n_2 l_2 m_2}(r_2)\, \chi_{s_2}$].

Segue dallo *schema di accoppiamento di Russell-Saunders* che la funzione d'onda antisimmetrica Ψ_A dei due *elettroni* può essere costruita in due modi: 1) prodotto di una *funzione d'onda* dello *spin totale simmetrica* moltiplicata per una *funzione d'onda spaziale antisimmetrica*; 2) prodotto di una *funzione d'onda* dello *spin totale antisimmetrica* moltiplicata per una *funzione d'onda spaziale simmetrica*. Il primo caso si applica agli stati di *tripletto*, mentre il secondo si applica agli stati di singoletto. Questo comporta che gli stati di *tripletto* hanno una *funzione d'onda spaziale antisimmetrica*, mentre gli stati di *singoletto* hanno una *funzione d'onda spaziale simmetrica*. In simboli:

$$\Psi_{Tripletto} = \psi_{n_1 l_1 m_1}(r_1)\, \psi_{n_2 l_2 m_2}(r_2) - \psi_{n_2 l_2 m_2}(r_1)\, \psi_{n_1 l_1 m_1}(r_2)$$
$$\Psi_{Singoletto} = \psi_{n_1 l_1 m_1}(r_1)\, \psi_{n_2 l_2 m_2}(r_2) + \psi_{n_2 l_2 m_2}(r_1)\, \psi_{n_1 l_1 m_1}(r_2)$$

È evidente che le due funzioni d'onda danno luogo a due ampiezze di probabilità differenti e, di conseguenza, se si considera il contributo all'energia dovuto alla repulsione coulombiana tra i due *elettroni*, questo debba essere differente per i due tipi di stati. La differenza di energia tra i due stati nasce, quindi, dalla richiesta di indistinguibilità delle *particelle* e può essere pensata come un nuovo tipo di *interazione* tra *particelle*, l'*interazione di scambio*, in quanto legata allo *scambio* di *particelle*.

La Molecola di Idrogeno Ionizzata

La molecola di idrogeno ionizzata è la molecola più semplice, composta da un *elettrone* e due *nuclei* di *idrogeno* (due *protoni*). Lo schema di ragionamento che porta alla soluzione dell'equazione di Schroedinger corrispondente può essere illustrato come segue.

L'idea di base è quella di calcolare l'*energia* dell'*elettrone* al variare della distanza R dei due *nuclei*, partendo da una situazione iniziale in cui essi siano così distanti che ciascuno di essi non risenta l'effetto della presenza dell'altro. Convenzionalmente questo corrisponde a una distanza *infinita*: $R = \infty$.

Quando R è molto grande, il sistema è costituito da un *atomo* di *idrogeno neutro* (H) e un *atomo* di *idrogeno ionizzato* (H^+). Indicando con A l'*atomo neutro* e B l'*atomo ionizzato*, il sistema è ($H_A + H_{B^+}$). L'*energia* dell'*elettrone* coincide con l'*energia* dello stato fondamentale dell'*idrogeno* (*stato 1s*, ossia $n = 1$, $l = 0$) e la *funzione d'onda* coincide con quella dello stato fondamentale dell'*atomo* A, che è una funzione 1s che dipende solo dalla distanza dell'*elettrone* dal *nucleo* e che

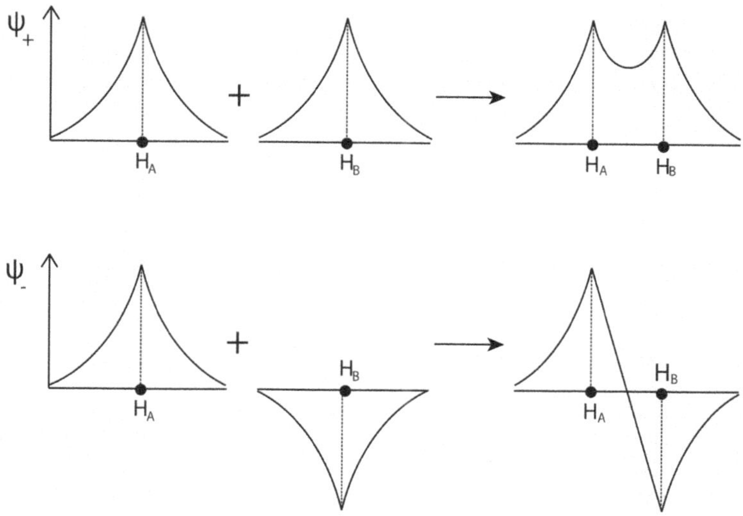

Figura D.1 Rappresentazione schematica delle *funzioni d'onda* $\Psi_+(r)$ e $\Psi_-(r)$. A grande distanza dei *nuclei* (sinistra) esse consistono di due *autofunzioni* 1s dell'*idrogeno* imperturbate; a distanza ravvicinata (destra) c'è un sostanziale aumento dell'ampiezza tra i due *nuclei* nel caso di $\Psi_+(r)$, mentre l'ampiezza rimane piccola per $\Psi_-(r)$

possiamo indicare come

$$\Phi_{1s}^{A} = \Phi_{1s}(r - R_A)$$

dove r denota la posizione dell'*elettrone* e R_A quella del *nucleo* A.

Tuttavia, è ugualmente possibile che l'*elettrone* sia legato al nucleo B e che il sistema sia $(H_{A^+} + H_B)$ e che la *funzione d'onda* dell'*elettrone* coincida con quella dello stato fondamentale dell'*atomo* B:

$$\Phi_{1s}^{B} = \Phi_{1s}(r - R_B)$$

Poiché entrambe le situazioni hanno uguale probabilità, la *funzione d'onda* corretta deve dare la stessa probabilità per l'*elettrone* di trovarsi vicino a ciascuno dei due *nuclei*. Ci sono due soluzioni che soddisfano questa condizione:

$$\Psi_+(r) = \left(\Phi_{1s}^{A} + \Phi_{1s}^{B}\right); \Psi_-(r) = \left(\Phi_{1s}^{A} - \Phi_{1s}^{B}\right)$$

che sono rappresentate schematicamente nella Fig. D.1.

L'evoluzione delle due funzioni quando i due *nuclei* si avvicinano è illustrato negli schemi di destra. Si vede che, al diminuire della distanza, l'ampiezza di probabilità dello stato $\Psi_+(r)$ aumenta nella regione tra i due nuclei e questo comporta un aumento della probabilità di trovare l'elettrone in questa regione. Nel caso dello stato $\Psi_-(r)$ l'ampiezza di probabilità si mantiene nulla al centro della molecola, a causa dell'interferenza distruttiva tra le due funzioni d'onda Φ_{1s}^{A} e Φ_{1s}^{B}.

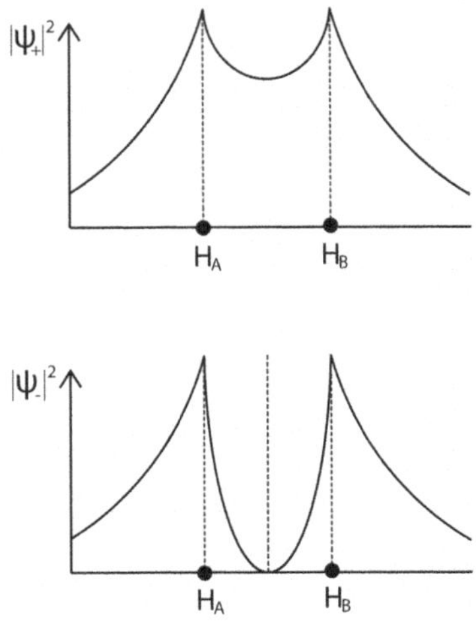

Figura D.2 Rappresentazione schematica delle probabilità $|\Psi_+(r)|^2$ and $|\Psi_-(r)|^2$ a distanza ravvicinata dei *nuclei*

Il confronto delle due probabilità $|\Psi_+(r)|^2$ e $|\Psi_-(r)|^2$ di trovare l'*elettrone* è mostrato nella Fig. D.2. Nel caso dello stato $\Psi_+(r)$ c'è una probabilità sostanziale di trovare l'elettrone tra i due nuclei, mentre questa è praticamente zero nello stato $\Psi_-(r)$.

L'andamento delle energie E_+ e E_- dei due stati elettronici $\Psi_+(r)$ and $\Psi_-(r)$ al variare della distanza dei *nuclei* è mostrato nella Fig. D.3. L'effetto stabilizzante della carica negativa tra i due *protoni* è confermato dall'andamento dell'energia E_+. Al diminuire della distanza l'energia diminuisce, dimostrando che lo stato diventa progressivamente più stabile, fino a raggiungere un minimo corrispondente alla distanza di equilibrio dei due nuclei nella molecola. Per distanze minori la repulsione tra i protoni diventa dominante, dando origine a un rapido aumento dell'energia. La presenza di un minimo di energia è la caratteristica di una *molecola stabile*.

Per quanto riguarda l'energia dello stato $\Psi_-(r)$, la ridotta probabilità di trovare l'*elettrone* tra i due *nuclei* comporta il predominio della repulsione tra i due *protoni* a tutte le distanze, come dimostrato dall'aumento di E_- al diminuire di R.

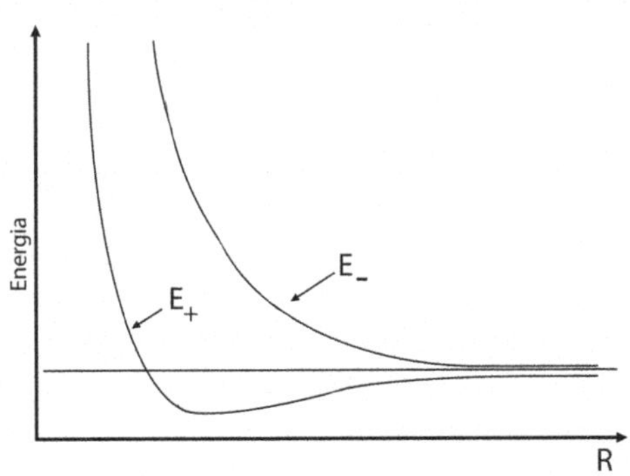

Figura D.3 Andamento delle energie E_+ e E_- dei due stati elettronici al variare della distanza R tra i due *nuclei*

In conclusione, vediamo che la trattazione quantistica del problema fornisce una soluzione di energia più bassa, che corrisponde all'esistenza di una *molecola* H_{2^+} stabile e uno stato eccitato che comporta la dissociazione della *molecola* stessa. I due stati vengono chiamati, rispettivamente, *stato legante* e *stato anti-legante*.

Il Gas di Elettroni Liberi Classico

I presupposti fondamentali del *gas di elettroni liberi*, come immaginato da Drude, sono:

1. L'interazione di un *elettrone* con gli altri *elettroni* e con gli *ioni* avviene solo durante una *collisione* ed è trascurabile tra le *collisioni*. Pertanto, tra le *collisioni*, in assenza di forze esterne, gli *elettroni* si muovono di moto rettilineo e uniforme. In presenza di forze esterne, tra le *collisioni* gli *elettroni* si muovono secondo le leggi del moto della meccanica classica.
2. Come nella *teoria cinetica dei gas*, le *collisioni* sono eventi istantanei che alterano bruscamente la *velocità* degli *elettroni*. Secondo Drude, le *collisioni* degli *elettroni* con gli *ioni* sono la causa della resistenza elettrica.
3. È possibile definire un intervallo di tempo τ, variamente noto come *tempo di rilassamento* o *tempo di collisione* o *tempo libero medio* tra *collisioni*, tale che ogni *elettrone* subisca in media una *collisione* ogni intervallo τ. Si presume che il tempo τ sia indipendente dalla *posizione* e dalla *velocità* dell'*elettrone*.
4. Si suppone che l'*elettrone* emerga da ogni collisione con una *velocità* che non è correlata a quella che aveva prima della collisione. La nuova *velocità* è diretta in modo casuale e ha un valore medio che dipende dalla *temperatura* prevalente nel luogo in cui si è verificata la *collisione*, più caldo è il luogo, maggiore è la *velocità*.

Nel gas di elettroni liberi l'*energia* degli *elettroni* (in assenza di forze esterne) è solamente di tipo cinetico ed è data da:

$$E = \frac{1}{2}mv^2 = \frac{p^2}{2m}$$

dove m è la *massa*, v la *velocità* e $p = mv$ è la *quantità di moto*. Dal punto di vista grafico, questa relazione che lega E a v e p (*relazione di dispersione*) rappresenta una parabola. La probabilità che l'*elettrone* abbia un determinato valore dell'*energia* e quindi della *velocità* e della *quantità di moto* è dato dalla legge di distribuzione di Maxwell-Boltzmann.

In presenza di forze esterne applicate, dovute a campi elettrici o magnetici, la risposta degli *elettroni* segue il secondo principio della dinamica.

Queste assunzioni hanno permesso a Drude di calcolare la *conducibilità elettrica* σ di un *metallo*, che è data dalla formula (*formula di Drude*):

$$\sigma = \frac{e^2 N \tau}{m}$$

dove N è la *densità* degli *elettroni* (numero di elettroni per unità di volume), m ed e sono la *massa* e la *carica* dell'*elettrone* e τ è il *tempo libero medio* fra gli urti.

La *conducibilità* dipende linearmente dalla densità N degli elettroni, che però non era ancora conosciuta ai tempi di Drude. Di conseguenza non era possibile confrontare l'espressione teorica con i valori sperimentali. Il confronto sperimentale poteva però essere fatto con il rapporto κ/σ, tra *conducibilità termica* κ e *conducibilità elettrica* σ, che i fisici tedeschi Gustav Wiedemann (1826–1899) e Rudolph Franz (1826–1902) avevano misurato nel lontano 1853. Wiedemann e Franz avevano scoperto che questo rapporto, a parità di *temperatura*, aveva approssimativamente lo stesso valore in *metalli* diversi. Da allora la costanza del rapporto κ/σ nei *metalli* era stata denominata legge di *Wiedemann-Franz* ed aveva rappresentato un altro "mistero" in attesa di spiegazione.

Nel 1872 era stato dimostrato empiricamente da Ludvig Lorenz che il rapporto κ/σ era proporzionale alla temperatura T, per cui la legge di legge di Wiedemann-Franz era riassunta dall'espressione:

$$\frac{\kappa}{\sigma} = L\,T$$

con L una costante di proporzionalità, indipendente dalla natura del *metallo*, denominata *numero di Lorenz*.

Facendo uso della teoria cinetica di Boltzmann, Drude ha calcolato il *flusso di calore* dovuto agli *elettroni* liberi in un gradiente di temperatura, e da questo ha ottenuto la *conducibilità termica* κ. Entrambe le conducibilità dipendono linearmente dalla *densità* degli *elettroni*, che quindi si elide nel rapporto κ/σ. Utilizzando le espressioni per le due conducibilità, Drude ha calcolato il *numero di Lorenz* L e ha trovato un valore che mostrava un accordo *strabiliante* con il dato sperimentale.[10] La teoria di Drude è stata la prima derivazione microscopica della *conducibilità*, sia *elettrica* che *termica*, e ha rappresentato la prima spiegazione della *legge di Wiedemann-Franz*.

Elettroni Liberi di Sommerfeld

Nella teoria quantistica di Sommerfeld, gli *elettroni liberi* diventano particelle quantistiche descritte da una *funzione d'onda*, ubbidiscono al *principio di Pauli* e sono distribuiti in energia secondo la *statistica di Fermi-Dirac*.

Le *funzioni d'onda* degli *elettroni liberi* sono *onde piane*, le cui *quantità di moto* soddisfano la relazione di de Broglie

$$p = \frac{h}{\lambda}$$

Le *lunghezze d'onda* λ possibili si ottengono dalla condizione che λ sia un sottomultiplo della lunghezza L del cristallo, ossia $L = n\,\lambda$ dove n è un numero intero. Di conseguenza la *quantità di moto* viene ad essere quantizzata secondo la relazione:

$$p_n = \frac{h}{\lambda_n} = \frac{hn}{L} = \hbar k_n$$

---

[10] Successivamente si è dimostrato che l'accordo era fortuito, dovuto a due errori che si compensavano.

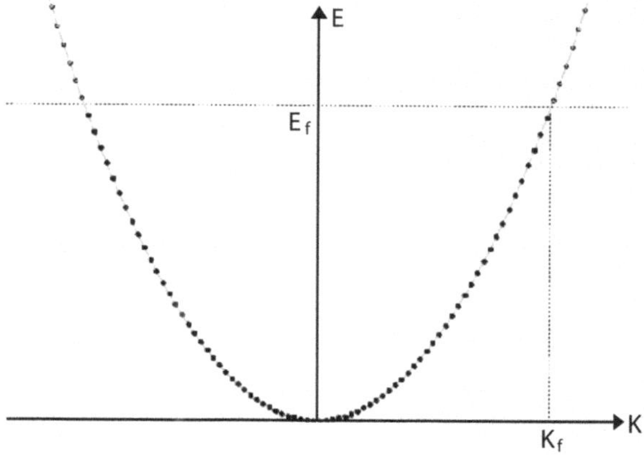

Figura D.4 Energia degli stati elettronici permessi (rappresentati dai pallini) per il gas di *elettroni liberi* di Sommerfeld. E_F è l'energia del livello di Fermi e k_F il vettore d'onda di Fermi

dove si è introdotto il *vettore d'onda* $k_n = \frac{2\pi n}{L}$ (detto anche *momento cristallino* nella fisica dei solidi) e $\hbar = \frac{h}{2\pi}$ (*h tagliato*)

Anche l'*energia cinetica* degli elettroni viene ad essere quantizzata:

$$E_n = \frac{p_n^2}{2m} = \frac{\hbar^2 k_n^2}{2m} = \frac{\hbar^2}{2m}\left(\frac{2\pi n}{L}\right)^2$$

e solo alcuni valori sono permessi, come mostrato schematicamente nelle Fig. D.4.

La differenza più rilevante rispetto al gas di *elettroni liberi classico*, si ha quando si introduce il *principio di Pauli*, in base al quale ciascuno stato quantico può contenere un solo *elettrone*. Per ciascuno valore di k_n si hanno in realtà due stati quantici, corrispondenti alle due possibili orientazioni dello *spin*. Se indichiamo con N il numero totale di *elettroni liberi* del gas e assumiamo che la temperatura sia molto bassa (idealmente $T = 0$), la legge di *distribuzione di Fermi-Dirac* ci dice che gli *elettroni* occupano gli N stati di energia più bassa. Lo stato elettronico occupato di massima energia è detto *livelli di Fermi* (E_F in Fig. D.4) ed ha un ruolo rilevante nelle proprietà fisiche dei metalli. Questa distribuzione degli *elettroni* nei livelli di energia permessi è profondamente diversa da quella prevista dalla *statistica classica di Maxwell-Boltzmann*.

Le considerazioni fin qui riportate si riferiscono, per ragioni di semplicità, ad un solo grado di libertà, ossia il solido è considerato unidimensionale. Se si considerano solidi tridimensionali, le considerazioni fatte vanno estese ai tre gradi di libertà. Il *vettore d'onda* $\boldsymbol{k}$ diventa una grandezza vettoriale, le cui componenti sono:

$$\frac{2\pi n_1}{L_1}, \frac{2\pi n_2}{L_2}, \frac{2\pi n_3}{L_3}$$

dove L_1, L_2, L_3 sono le lunghezze degli spigoli del solido assunto come un parallelepipedo e n_1, n_2, n_3 sono interi. Analogamente sia la *quantità di moto*, che la *velocità* degli elettroni diventano grandezze vettoriali. Nonostante la quantizzazione, in presenza di forze esterne applicate continua a valere la seconda legge della dinamica.

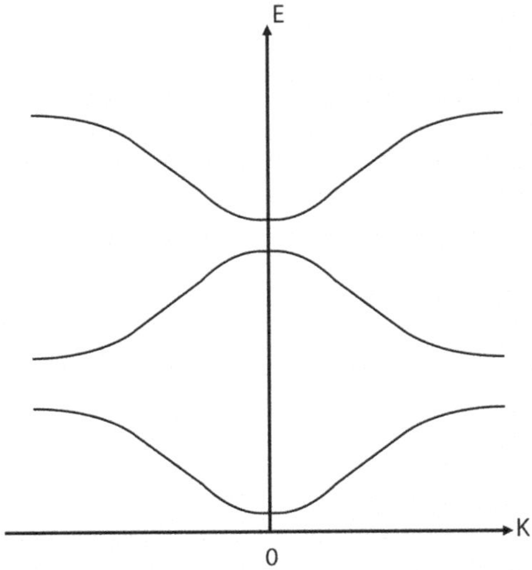

Figura D.5 Rappresentazione schematica delle relazioni di dispersione $E(\boldsymbol{k})$ delle *bande* di *energie permesse* separate da *gap* di *energie proibite*

Elettroni di Bloch

Nel caso degli elettroni di Bloch, i valori possibili di *energia* si distribuiscono in una sequenza di *bande* di *energie permesse*, separate da intervalli (*gap*) di *energie proibite* (Fig. D.5). Ciascuna *banda di energie permesse* è caratterizzata da una propria relazione di dispersione $E = E(\boldsymbol{k})$, dove $\boldsymbol{k}$ è il *vettore d'onda* (*momento cristallino*).

La dinamica degli elettroni di Bloch dipende dalla relazione $E(\boldsymbol{k})$ di ciascuna banda e può differire in modo sostanziale da quella degli *elettroni liberi*, la cui relazione di dispersione è data da $E(\boldsymbol{k}) = \frac{\hbar^2 k^2}{2m}$. Ne consegue che non è più valida la relazione di proporzionalità diretta tra *quantità di moto* e *vettore d'onda*, né quella tra *velocità* e *vettore d'onda*, ossia:

$$\boldsymbol{p} \neq \hbar\boldsymbol{k};\ \boldsymbol{v} \neq \frac{\hbar\boldsymbol{k}}{m}$$

Analogamente non è più valida la *II legge* della *dinamica*.

Lo studio della *dinamica* degli *elettroni di Bloch* ha, tuttavia, mostrato che gli *elettroni* si comportano come se avessero una *massa* il cui valore dipende dal *vettore d'onda* $\boldsymbol{k}$ e dalla *dispersione* $E(\boldsymbol{k})$ della banda di energia a cui appartengono. Questa massa, denominata *massa efficace*, è proporzionale all'inverso della curvatura della funzione $E(\boldsymbol{k})$. Utilizzando la *massa efficace*, possiamo quindi esprimere formalmente la *dinamica* di un *elettrone di Bloch*, sollecitato da una *forza* $\boldsymbol{F}$, mediante l'equazione:

$$\boldsymbol{F} = m^*(\boldsymbol{k})\,\boldsymbol{a}$$

dove $m^*(\boldsymbol{k})$ indica la *massa efficace*.

La dinamica degli *elettroni* di Bloch può differire grandemente dal comportamento di un *elettrone libero classico*. Questo è particolarmente vero sulla sommità di una *banda* (si veda la seconda *banda* di Fig. D.5) dove all'aumentare di $\boldsymbol{k}$ il valore dell'energia diminuisce invece di aumentare. Questo comporta che, in presenza di un *campo elettrico*, un elettrone posto nel massimo della banda acquista una *accelerazione* e una *velocità* negative.

Appendice E

I Raggi Cosmici

Lo studio dei *raggi cosmici* è un settore di indagine fisica nato dalle ricerche sulle radiazioni penetranti che si riscontrano sulla superficie terrestre e che ha fornito importanti informazioni sulle reazioni nucleari e sull'esistenza di nuove particelle.

La consapevolezza che nell'atmosfera terrestre esistano *raggi* (*radiazioni*) capaci di ionizzare l'aria e renderla debolmente conduttrice si era diffusa fin dal tempo delle prime ricerche quantitative sull'elettricità, agli inizi dell'Ottocento, quando si era osservato come oggetti isolati, elettricamente carichi, tendessero progressivamente a scaricarsi. La natura delle *radiazioni* responsabili era però rimasta a lungo sconosciuta.

La scoperta della radioattività naturale da parte di Becquerel nel 1896 ha portato ad ipotizzare che i misteriosi *raggi* potessero essere proprio le radiazioni emesse nei processi radioattivi e ha fornito un forte impulso al loro studio. Nei primi anni del Novecento queste indagini sono diventate più precise grazie all'invenzione da parte del fisico e padre gesuita Theodor Wulf (1868–1946) di uno speciale *elettroscopio*, in grado di misurare la velocità di ionizzazione dell'aria contenuta in una camera sigillata.

Nel 1911, utilizzando l'*elettroscopio di Wulf*, lo scienziato italiano Domenico Pacini (1878–1934) dimostra che la maggioranza dei *raggi* misteriosi ha origini diverse dalla radioattività terrestre. Nei suoi esperimenti Pacini confronta il tasso di ionizzazione a varie profondità marine e trova che esso diminuisce considerevolmente con l'aumento della profondità, cosa che non dovrebbe avvenire se il fenomeno fosse dovuto alla radioattività terrestre.

Nel 1912 lo scienziato tedesco Victor Hess (1883–1964), dimostra definitivamente che la maggioranza dei *raggi* proviene dallo spazio. Facendo misure a bordo di una mongolfiera egli mostra che la ionizzazione aumenta in modo considerevole con l'altezza. Inoltre, ripetendo le misure durante un'eclisse solare e trovando che il tasso di ionizzazione rimane praticamente invariato, egli è in grado di escludere che la maggioranza dei raggi possano provenire dal sole. Poiché provengono principalmente dall'esterno del Sistema Solare, i *raggi* vengono ribattezzati *raggi cosmici* (o *radiazione cosmica*).

© The Author(s), under exclusive license to Springer Nature Switzerland AG 2025
F. Evangelisti, *Il concetto di materia*, https://doi.org/10.1007/978-3-031-83565-0

Con il progredire delle ricerche sui *nuclei* e sulle *particelle*, i *raggi cosmici* vengono visti come possibile fonte di nuove informazioni e divengono l'oggetto di assidui studi volti a determinarne la natura, la composizione, l'energia e l'origine. Si stabilisce che si tratta per la maggior parte di *particelle* di alta energia, principalmente *protoni* e altri *nuclei atomici ionizzati*. All'impatto con l'atmosfera terrestre, queste *particelle*, battezzate *raggi cosmici primari*, hanno frequenti urti con gli *atomi* dell'atmosfera. Gli *urti* danno luogo a reazioni nucleari e producono sciami di *particelle* secondarie (*raggi cosmici secondari*). alcune delle quali raggiungono la superficie terrestre. Diventa subito evidente che lo studio dei *raggi cosmici* permette di investigare nuove *reazioni nucleari* e può dare importanti informazioni sulla composizione dei *nuclei* e sulle *particelle elementari*. Una prima conferma della rilevanza di questi studi viene dalla scoperta del *positrone* nel 1932. L'importanza del filone di ricerca è sancita dall'attribuzione del premio Nobel a Victor Hess e Carl Anderson nel 1936, al primo per la *scoperta dei raggi cosmici*, al secondo per la *scoperta del positrone*.

Simmetrie, Invarianza e Leggi di Conservazione

L'analisi dei fenomeni fisici ha messo in luce l'esistenza di una sottile e profonda correlazione tra le *leggi di conservazione*[11] delle grandezze fisiche e le *proprietà di simmetria*[12] esibite dai fenomeni stessi. I primi esempi di questa correlazione sono già contenuti nella meccanica di Galileo e Newton e riguardano la conservazione della *quantità di moto* e del *momento della quantità di moto* (o *momento angolare*). La formalizzazione della correlazione tra *simmetrie* e *leggi di conservazione* è opera della matematica tedesca Emmy Noether (1882–1935). Il *teorema di Noether*, detto anche *teorema di simmetria*, pubblicato nel 1917, afferma che:

> Ogni simmetria della natura produce una legge di conservazione e, viceversa, ogni legge di conservazione rivela una simmetria di fondo.

Il teorema rappresenta la generalizzazione del concetto di *costante del moto* contenuto nella formulazione di Lagrange e di Hamilton della meccanica classica.

La formalizzazione fisico-matematica della correlazione tra *simmetrie* e *leggi di conservazione* ha portato alla costruzione di una potente metodologia di analisi teorica, che attualmente costituisce una sezione rilevante della meccanica sia classica che quantistica. In *meccanica quantistica* la determinazione delle operazioni di *simmetria* di un sistema fisico permette di individuare le grandezze fisiche che si conservano e i *numeri quantici* appropriati. Inoltre, fornisce la conoscenza di proprietà importanti dei livelli di energia e degli autostati quantici (degenerazione dei livelli, simmetria delle funzioni d'onda, regole di selezione nelle transizioni).

L'utilizzo delle *simmetrie* per la costruzione delle teorie fisiche si basa sulla proprietà che le *operazioni di simmetria* di un certo tipo costituiscono un *gruppo matematico*, che ubbidisce all'*algebra dei gruppi*. La *teoria dei gruppi* è una

[11] Una grandezza fisica si dice conservata se il suo valore non cambia durante l'evoluzione del sistema a cui si riferisce.

[12] Si definisce *operazione di simmetria* di un sistema fisico una trasformazione che lascia invariata la forma delle interazioni e le equazioni del moto.

branca della matematica ben sviluppata, che può realmente essere definita come la matematica alla base del concetto di *simmetria*. L'utilizzo della *teoria dei gruppi* in *meccanica quantistica* costituisce una branca della fisica teorica astratta e sofisticata, difficile da illustrare senza l'ausilio della matematica. Qui di seguito cercheremo di illustrarne lo *spirito*, mantenendo al minimo i riferimenti matematici, utilizzando come esempio la *simmetria rotazionale* dell'*atomo* di *idrogeno*, le cui proprietà fisiche sono state descritte nei capitoli precedenti.

Nell'*atomo* di *idrogeno* l'interazione che lega l'*elettrone* al *protone* è l'interazione coulombiana attrattiva tra due cariche di segno opposto. La forza che agisce sull'*elettrone* è diretta verso il *nucleo*, dipende dal quadrato della distanza e non dipende dalla direzione. In ogni punto dello spazio il *momento della forza* rispetto al centro del sistema è nullo e di conseguenza il *momento angolare* si conserva (non varia al variare della posizione dell'*elettrone*). In meccanica classica, la soluzione delle equazioni del moto ci dice che la traiettoria di una particella soggetta a questo tipo di forze è un'ellisse. In meccanica quantistica, la soluzione dell'equazione di Schroedinger ci dice che le autofunzioni sono *autostati* del *momento angolare* e della sua componente lungo z; l'*energia*, il *momento angolare* e la sua *componente lungo z* sono quantizzati e gli *autovalori* sono caratterizzati dai *numeri quantici* (n, l, m).

Riformuliamo questi risultati utilizzando le proprietà di *simmetria* e il linguaggio della *teoria dei gruppi* nello spirito del *teorema di Noether*. Innanzi tutto, riformuliamo le proprietà della forza utilizzando il linguaggio della *simmetria*. La proprietà, per cui la forza coulombiana a cui è soggetto l'*elettrone* non dipende dalla direzione ma solo dalla distanza, è equivalente ad affermare che l'interazione che governa il *sistema atomo di idrogeno* non varia se il sistema ruota intorno al suo centro: il *sistema atomo di idrogeno* è *invariante* (*simmetrico*) rispetto alle *rotazioni*. Si noti che la *simmetria rotazionale*, vale a dire la proprietà di *invarianza* rispetto alle *rotazioni*, non dipende dalla natura specifica dell'interazione. Per esempio, anche l'*interazione gravitazionale* ha simmetria rotazionale e, infatti, le traiettorie dei pianeti sono ellissi. Questo esempio ci fa sospettare che esistano proprietà fisiche che sono legate solo alla *simmetria rotazionale* e non alla natura del sistema specifico che gode di questa simmetria (la traiettoria delle *particelle*, siano esse *elettroni* o *pianeti*, è una di queste). Ci interessa, quindi, trovare una metodologia generale che ci permetta di individuare le proprietà fisiche che dipendono solo dalla *simmetria* del sistema. Questa metodologia sfrutta il concetto di *gruppo* e l'*algebra* dei *gruppi*, in particolare, la teoria delle *rappresentazioni matriciali* dei *gruppi*.

Come primo passo definiamo le operazioni di simmetria del nostro esempio. Le *rotazioni* sono definite come le operazioni che ruotano il vettore posizione $\boldsymbol{r}$ (e ogni altro vettore) intorno alla sua origine portandolo in $\boldsymbol{r}'$, mantenendone invariata la lunghezza. Si può facilmente verificare, consultando un manuale di Teoria dei Gruppi, che l'insieme delle operazioni di rotazione formano un *gruppo*.

Il passo successivo consiste nella costruzione della rappresentazione matriciale del gruppo. In uno spazio tridimensionale, utilizzando un sistema di riferimento cartesiano, i *vettori* $\boldsymbol{r}(x, y, z)$ e $\boldsymbol{r}'(x', y', z')$ sono legati da una relazione del tipo:

$$x' = a_{11}x + a_{12}y + a_{13}z$$
$$y' = a_{21}x + a_{22}y + a_{23}z$$
$$z' = a_{31}x + a_{32}y + a_{33}z$$

La *tabella* (*matrice*)

$$\begin{pmatrix} a_{11} & a_{12} & a_{13} \\ a_{21} & a_{22} & a_{23} \\ a_{31} & a_{32} & a_{33} \end{pmatrix}$$

è una *rappresentazione* 3×3 (*3 righe* per *3 colonne*) della rotazione R che porta $\boldsymbol{r}$ in $\boldsymbol{r}'$. L'insieme delle *matrici* forma un *gruppo*, denominato SO(3), che costituisce la *rappresentazione fondamentale* del *gruppo* delle *rotazioni*. Si può dimostrare che tutte le *matrici* della rappresentazione sono ottenibili come combinazione di 3 *matrici*, denominate *generatori del gruppo*. I *generatori del gruppo* corrispondono alla rappresentazione matriciale del *momento angolare*, che si conserva. Si noti che questa corrispondenza permette di individuare la *grandezza fisica* che si conserva a prescindere dalla natura specifica (e dalla conoscenza) dell'*interazione* a cui è soggetto il sistema fisico: è sufficiente che esso abbia la *simmetria rotazionale*. Questa è la proprietà chiave che vale in generale per ogni *gruppo di simmetria*.

Infine, la *teoria dei gruppi* ci dice che per ogni *gruppo* si possono costruire molteplici *rappresentazioni*, oltre a quella *fondamentale*, utilizzando per ciascuna rappresentazione *matrici* $n \times n$ dove n è un intero qualunque. Queste *rappresentazioni* si distinguono in *riducibili* ed *irriducibili*. La *teoria dei gruppi* ci dice che c'è una connessione diretta tra gli *autostati quantistici* del sistema fisico e le *rappresentazioni irriducibili* del *gruppo*.

Riguardo al nostro esempio, le *rappresentazioni irriducibili* del *gruppo* SO(3) sono formate da *matrici* con dimensioni pari a tutti gli interi dispari $n = 1, 3, 5, \ldots$. Esse sono legate al *numero quantico* l, che definisce il *momento angolare* (che si conserva), dalla relazione $n = (2l + 1)$. La *rappresentazione* $n = 1$ (unidimensionale) corrisponde a $l = 0$ e $m = 0$ (*stati S*); la *rappresentazione* $n = 3$ (tridimensionale) corrisponde a $l = 1$ e $m = -1, 0, 1$ (*stati P*); la *rappresentazione* $n = 5$ corrisponde a $l = 2$ e $m = -2, -1, 0, 1, 2$ (stati D), ecc. Si noti che i valori possibili di m coincidono con la dimensione della *rappresentazione*. Nel linguaggio della *teoria dei gruppi* questo equivale a dire che le *autofunzioni* corrispondenti ai diversi valori di m sono una *base* per la *rappresentazione irriducibile* corrispondente a $n = 2l + 1$.

In conclusione, riassumiamo i punti salienti dell'applicazione della *teoria dei gruppi* alla *meccanica quantistica*:

1) Si individua il *gruppo* (o i *gruppi*) delle *operazioni di simmetria* che lasciano invariate le interazioni del sistema fisico.[13]

[13] Più rigorosamente: le trasformazioni che lasciano invariata l'Hamiltoniana (somma dell'energia cinetica e di quella potenziale) o la Lagrangiana.

2) Si costruiscono le *rappresentazioni matriciali* delle *operazioni di simmetria* del *gruppo*.
3) Si determinano le *rappresentazioni irriducibili* del *gruppo*.
4) Gli *stati quantistici* possibili del sistema fisico corrispondono alle *rappresentazioni irriducibili*.
5) I *generatori* della *rappresentazione fondamentale* corrispondono alle *grandezze fisiche conservate* del sistema.

In sostanza, le simmetrie permettono di classificare a priori gli stati quantomeccanici.

La correlazione tra simmetria e leggi di conservazione acquista una rilevante importanza pratica nello studio dei nuovi sistemi fisici, perché permette di inferire, dall'analisi delle varie grandezze fisiche, quali possano essere le interazioni a cui è soggetto. Nell'illustrare la relazione tra *simmetria* e *proprietà fisiche* nel caso dell'*atomo* di *idrogeno* siamo partiti dalla conoscenza dell'*interazione* tra *elettrone* e *protone* per individuare le proprietà e il *gruppo* di *simmetria* del sistema e, da questo, le grandezze fisiche conservate. Basandoci sulla correttezza della procedura, possiamo rovesciare la direzione del ragionamento: se si conoscono le *grandezze fisiche conservate* di un sistema fisico, si può risalire al *gruppo di simmetria* e da questo alle caratteristiche delle *interazioni* che governano il sistema. Risulta ovvia la rilevanza di questo strumento di indagine nei casi in cui il problema sia quello di inferire le proprietà di *interazioni sconosciute* a partire dai dati sperimentali. L'utilizzo della *correlazione simmetrie-conservazione* ha avuto un ruolo essenziale nella comprensione teorica della *materia nucleare* e delle *particelle elementari*. Il fisico teorico ungherese Eugene Wigner (1902–1995) è stato il primo, negli anni '30, a mettere in risalto la stretta connessione tra *fisica* e *teoria delle rappresentazioni dei gruppi*.

Indice analitico

© The Author(s), under exclusive license to Springer Nature Switzerland AG 2025
F. Evangelisti, *Il concetto di materia*, https://doi.org/10.1007/978-3-031-83565-0

The manufacturer's authorised representative in the EU is Springer Nature Customer Service Centre GmbH, Europaplatz 3, 69115 Heidelberg, Germany. If you have any concerns regarding our products, please contact ProductSafety@springernature.com

Printed and bound by CPI Group (UK) Ltd, Croydon, CR0 4YY
19/08/2026
02200192-0005